第①章

第②章

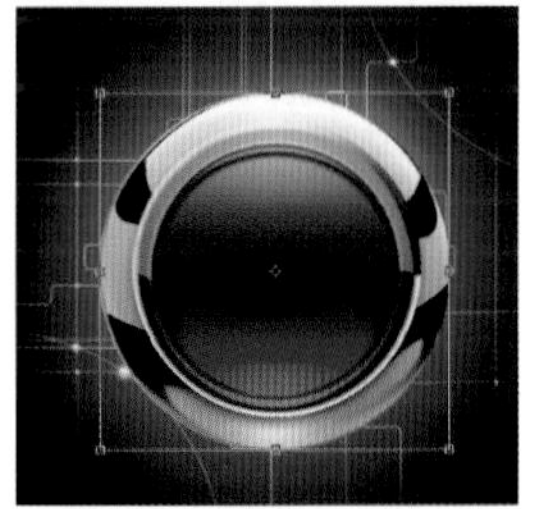

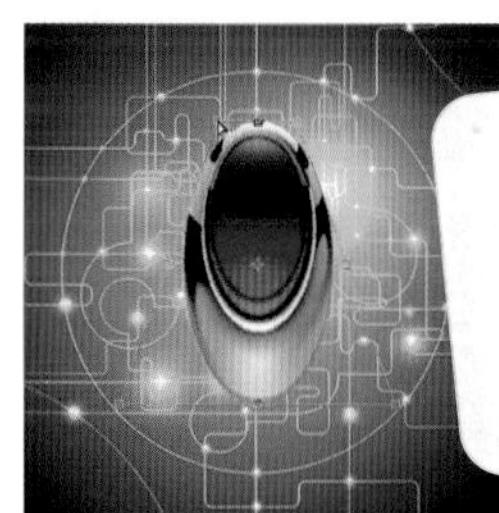

第③章

第④章

第6章

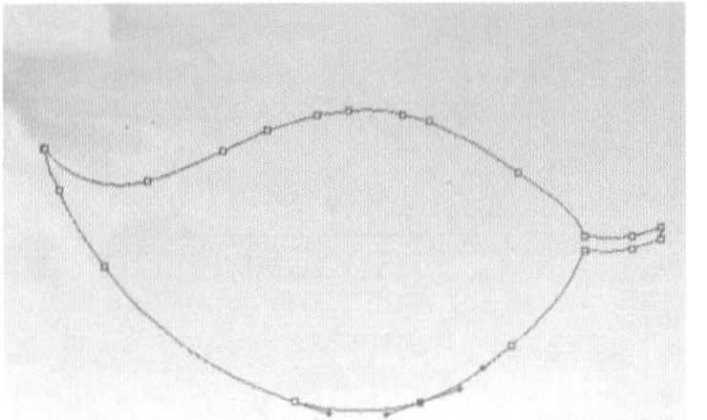
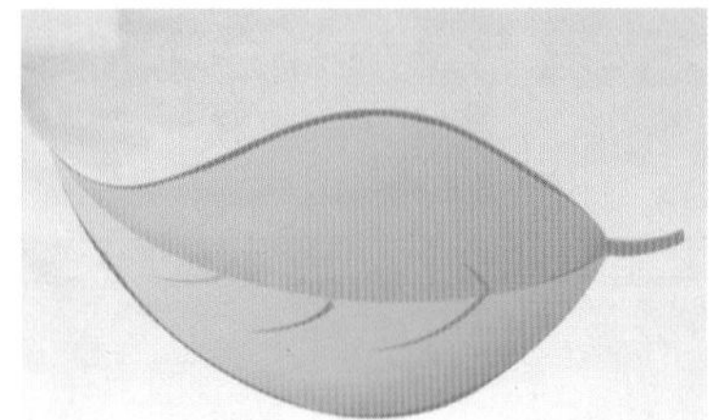

第7章

第8章

第9章

第10章

第11章

第12章

第13章

第15章

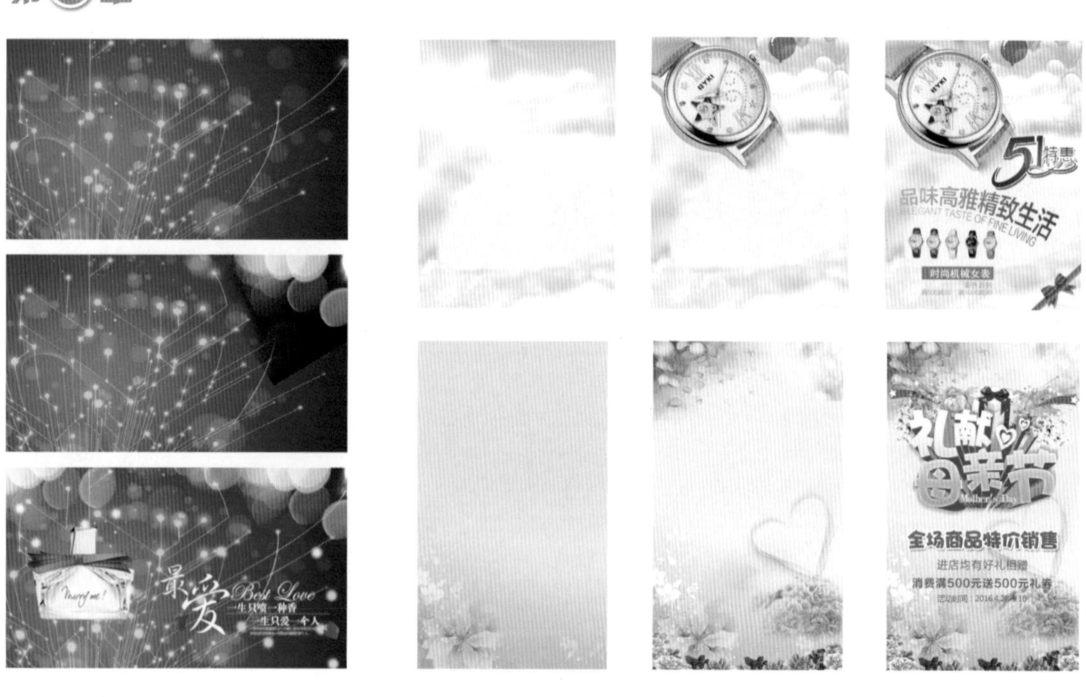
最爱
Best Love
一生只喷一种香
一生只爱一个人
品味高雅精致生活
ELEGANT TASTE OF FINE LIVING
时尚机械女表
礼献母亲节
全场商品特价销售
进店均有好礼相赠
消费满500元送500元礼券

计算机基础与实训教材系列

Photoshop CC 2015 基础教程

刘迪 贺敏 编著

清华大学出版社
北 京

内 容 简 介

Photoshop CC 2015 是 Adobe 公司推出的最新版本图形图像处理软件，其功能强大、操作方便，是当今功能最强大、使用范围最广泛的平面图像处理软件之一。Photoshop 以其良好的工作界面、强大的图像处理功能以及完善的可扩充性成为了摄影师、专业美工人员、平面广告设计者、网页制作者、效果图制作者以及广大电脑爱好者的必备工具。

全书共有 15 章，第 1~14 章为 Photoshop 的软件知识，在软件知识的讲解中配以大量实用的操作练习和实例，让读者在轻松的学习中快速掌握软件的技巧，同时能够对软件知识学以致用。第 15 章主要讲解了 Photoshop 在平面设计领域的综合案例。本书虽然以最新版本 Photoshop CC 2015 进行讲解，但是其中的知识点和操作方法同样适用于 Photoshop CC、Photoshop CS6、Photoshop CS5 等多个早期版本的软件。

本书内容翔实、结构清晰、讲解简洁流畅、实例丰富精美，适合 Photoshop 初中级读者使用，也适合作为高等院校平面设计、Photoshop 培训班以及照片处理和平面设计爱好者的教材。

本书对应的电子课件、实例源文件和习题答案可以到 http://www.tupwk.com.cn/edu 网站下载。

图书在版编目(CIP)数据

Photoshop CC 2015 基础教程 / 刘迪，贺敏 编著. —北京：清华大学出版社，2017
(计算机基础与实训教材系列)
ISBN 978-7-302-45230-0

Ⅰ. ①P… Ⅱ. ①刘… ②贺… Ⅲ. ①图像处理软件—教材 Ⅳ. ①TP391.413

中国版本图书馆 CIP 数据核字(2016)第 257104 号

责任编辑：胡辰浩　袁建华
装帧设计：孔祥峰
责任校对：成凤进
责任印制：何　芊

出版发行：清华大学出版社
网　　址：http://www.tup.com.cn，http://www.wqbook.com
地　　址：北京清华大学学研大厦 A 座　　**邮　　编**：100084
社 总 机：010-62770175　　**邮　　购**：010-62786544
投稿与读者服务：010-62776969，c-service@tup.tsinghua.edu.cn
质 量 反 馈：010-62772015，zhiliang@tup.tsinghua.edu.cn
印 刷 者：三河市君旺印务有限公司
装 订 者：三河市新茂装订有限公司
经　　销：全国新华书店
开　　本：190mm×260mm　**印　张**：22.75　**彩　插**：2　**字　数**：597 千字
版　　次：2017 年 1 月第 1 版　　**印　　次**：2017 年 1 月第 1 次印刷
印　　数：1～3500
定　　价：45.00 元

产品编号：068620-01

编审委员会

计算机基础与实训教材系列

丛书序

计算机已经广泛应用于现代社会的各个领域，熟练使用计算机已经成为人们必备的技能之一。因此，如何快速地掌握计算机知识和使用技术，并应用于现实生活和实际工作中，已成为新世纪人才迫切需要解决的问题。

为适应这种需求，各类高等院校、高职高专、中职中专、培训学校都开设了计算机专业的课程，同时也将非计算机专业学生的计算机知识和技能教育纳入教学计划，并陆续出台了相应的教学大纲。基于以上因素，清华大学出版社组织一线教学精英编写了这套“计算机基础与实训教材系列”丛书，以满足大中专院校、职业院校及各类社会培训学校的教学需要。

一、丛书书目

本套教材涵盖了计算机各个应用领域，包括计算机硬件知识、操作系统、数据库、编程语言、文字录入和排版、办公软件、计算机网络、图形图像、三维动画、网页制作以及多媒体制作等。众多的图书品种可以满足各类院校相关课程设置的需要。

⊙ 已出版的图书书目

《计算机基础实用教程（第三版）》	《Excel 财务会计实战应用（第三版）》
《计算机基础实用教程(Windows 7+Office 2010 版)》	《Excel 财务会计实战应用（第四版）》
《新编计算机基础教程（Windows 7+Office 2010）》	《Word+Excel+PowerPoint 2010 实用教程》
《电脑入门实用教程（第三版）》	《中文版 Word 2010 文档处理实用教程》
《电脑办公自动化实用教程（第三版）》	《中文版 Excel 2010 电子表格实用教程》
《计算机组装与维护实用教程（第三版）》	《中文版 PowerPoint 2010 幻灯片制作实用教程》
《中文版 Office 2007 实用教程》	《Access 2010 数据库应用基础教程》
《中文版 Word 2007 文档处理实用教程》	《中文版 Access 2010 数据库应用实用教程》
《中文版 Excel 2007 电子表格实用教程》	《中文版 Project 2010 实用教程》
《中文版 PowerPoint 2007 幻灯片制作实用教程》	《中文版 Office 2010 实用教程》
《中文版 Access 2007 数据库应用实例教程》	《Office 2013 办公软件实用教程》
《中文版 Project 2007 实用教程》	《中文版 Word 2013 文档处理实用教程》
《网页设计与制作(Dreamweaver+Flash+Photoshop)》	《中文版 Excel 2013 电子表格实用教程》
《ASP.NET 4.0 动态网站开发实用教程》	《中文版 PowerPoint 2013 幻灯片制作实用教程》
《ASP.NET 4.5 动态网站开发实用教程》	《Access 2013 数据库应用基础教程》
《多媒体技术及应用》	《中文版 Access 2013 数据库应用实用教程》

(续表)

《中文版 Office 2013 实用教程》	《中文版 Photoshop CC 图像处理实用教程》
《AutoCAD 2014 中文版基础教程》	《中文版 Flash CC 动画制作实用教程》
《中文版 AutoCAD 2014 实用教程》	《中文版 Dreamweaver CC 网页制作实用教程》
《AutoCAD 2015 中文版基础教程》	《中文版 InDesign CC 实用教程》
《中文版 AutoCAD 2015 实用教程》	《中文版 Illustrator CC 平面设计实用教程》
《AutoCAD 2016 中文版基础教程》	《中文版 CorelDRAW X7 平面设计实用教程》
《中文版 AutoCAD 2016 实用教程》	《中文版 Photoshop CC 2015 图像处理实用教程》
《中文版 Photoshop CS6 图像处理实用教程》	《中文版 Flash CC 2015 动画制作实用教程》
《中文版 Dreamweaver CS6 网页制作实用教程》	《中文版 Dreamweaver CC 2015 网页制作实用教程》
《中文版 Flash CS6 动画制作实用教程》	《Photoshop CC 2015 基础教程》
《中文版 Illustrator CS6 平面设计实用教程》	《中文版 3ds Max 2012 三维动画创作实用教程》
《中文版 InDesign CS6 实用教程》	《Mastercam X6 实用教程》
《中文版 CorelDRAW X6 平面设计实用教程》	《Windows 8 实用教程》
《中文版 Premiere Pro CS6 多媒体制作实用教程》	《计算机网络技术实用教程》
《中文版 Premiere Pro CC 视频编辑实例教程》	《Oracle Database 11g 实用教程》
《中文版 Illustrator CC 2015 平面设计实用教程》	《中文版 AutoCAD 2017 实用教程》
《AutoCAD 2017 中文版基础教程	

二、丛书特色

1. 选题新颖，策划周全——为计算机教学量身打造

本套丛书注重理论知识与实践操作的紧密结合，同时突出上机操作环节。丛书作者均为各大院校的教学专家和业界精英，他们熟悉教学内容的编排，深谙学生的需求和接受能力，并将这种教学理念充分融入本套教材的编写中。

本套丛书全面贯彻"理论→实例→上机→习题"4 阶段教学模式，在内容选择、结构安排上更加符合读者的认知习惯，从而达到老师易教、学生易学的目的。

2. 教学结构科学合理、循序渐进——完全掌握"教学"与"自学"两种模式

本套丛书完全以大中专院校、职业院校及各类社会培训学校的教学需要为出发点，紧密结合学科的教学特点，由浅入深地安排章节内容，循序渐进地完成各种复杂知识的讲解，使学生能够一学就会、即学即用。

对教师而言，本套丛书根据实际教学情况安排好课时，提前组织好课前备课内容，使课堂教学过程更加条理化，同时方便学生学习，让学生在学习完后有例可学、有题可练；对自学者而言，可以按照本书的章节安排逐步学习。

3. 内容丰富，学习目标明确——全面提升“知识”与“能力”

本套丛书内容丰富，信息量大，章节结构完全按照教学大纲的要求来安排，并细化了每一章内容，符合教学需要和计算机用户的学习习惯。在每章的开始，列出了学习目标和本章重点，便于教师和学生提纲挈领地掌握本章知识点，每章的最后还附带有上机练习和习题两部分内容，教师可以参照上机练习，实时指导学生进行上机操作，使学生及时巩固所学的知识。自学者也可以按照上机练习内容进行自我训练，快速掌握相关知识。

4. 实例精彩实用，讲解细致透彻——全方位解决实际遇到的问题

本套丛书精心安排了大量实例讲解，每个实例解决一个问题或是介绍一项技巧，以便读者在最短的时间内掌握计算机应用的操作方法，从而能够顺利解决实践工作中的问题。

范例讲解语言通俗易懂，通过添加大量的“提示”和“知识点”的方式突出重要知识点，以便加深读者对关键技术和理论知识的印象，使读者轻松领悟每一个范例的精髓所在，提高读者的思考能力和分析能力，同时也加强了读者的综合应用能力。

5. 版式简洁大方，排版紧凑，标注清晰明确——打造一个轻松阅读的环境

本套丛书的版式简洁、大方，合理安排图与文字的占用空间，对于标题、正文、提示和知识点等都设计了醒目的字体符号，读者阅读起来会感到轻松愉快。

三、读者定位

本丛书为所有从事计算机教学的老师和自学人员而编写，是一套适合于大中专院校、职业院校及各类社会培训学校的优秀教材，也可作为计算机初、中级用户和计算机爱好者学习计算机知识的自学参考书。

四、周到体贴的售后服务

为了方便教学，本套丛书提供精心制作的PowerPoint教学课件(即电子教案)、素材、源文件、习题答案等相关内容，可在网站上免费下载，也可发送电子邮件至wkservice@vip.163.com索取。

此外，如果读者在使用本系列图书的过程中遇到疑惑或困难，可以在丛书支持网站(http://www.tupwk.com.cn/edu)的互动论坛上留言，本丛书的作者或技术编辑会及时提供相应的技术支持。咨询电话：010-62796045。

前言

Photoshop是Adobe公司推出的图形图像处理软件，其功能强大、操作方便，是当今使用范围最广泛的平面图像处理软件之一。Photoshop也是摄影师、专业美工人员、平面广告设计者、网页制作者、效果图制作者以及广大电脑爱好者的必备工具。

本书定位于 Photoshop 的初、中级读者，从一个图像处理初学者的角度出发，合理安排知识点，运用简练流畅的语言，结合丰富实用的实例，由浅入深地对 Photoshop 图像处理功能进行全面、系统的讲解，让读者在最短的时间内掌握最核心的知识，迅速成为图像处理和设计高手。本书可分为 8 个部分，共计 15 章，具体内容如下。

- 第1部分(第1~2章)：主要讲解 Photoshop 的基础知识、文件的操作、辅助工具的应用、查看图像、调整图像以及编辑图像等。
- 第2部分(第3~4章)：主要讲解 Photoshop 选区的创建和编辑、图像色彩的调整等。
- 第3部分(第5~6章)：主要讲解图形的绘制和修饰、路径和形状的绘制与编辑等。
- 第4部分(第7章)：主要讲解 Photoshop 文字的应用，包括文字的创建和编辑等。
- 第5部分(第8~10章)：主要讲解 Photoshop 图层、通道和蒙版的应用，包括图层的常用操作、各种图层样式的使用、创建通道的基本操作和蒙版的使用等。
- 第6部分(第11~12章)：主要讲解滤镜的应用，包括常用滤镜的设置和应用、滤镜库中的滤镜和其他滤镜的应用等。
- 第7部分(第13章~14章)：主要讲解动作和批处理图像的操作，以及图像输出、打印、印刷等相关知识和操作。
- 第8部分(第15章)：详细讲解如何灵活运用所学知识，使用 Photoshop 进行平面设计方面的综合实例。

本书内容丰富、结构清晰、图文并茂、通俗易懂，适合以下读者学习使用：

(1) 从事平面设计、图像处理、照片处理的工作人员。

(2) 对广告设计、图片处理感兴趣的业余爱好者。

(3) 社会培训班中学习 Photoshop 的学员。

(4) 大中专院校相关专业的学生。

本书分为 15 章，其中哈尔滨商业大学的刘迪编写了第 1~8 章，绥化学院的贺敏编写了第 9~15 章。另外，参加本书编写的人员还有林庆华、王爱群、张甜、张志刚、高嘉阳、付伟、张仁凤、张世全、张德伟、卓超、高惠强、张华曦、董熠君、雷红霞、李从延、瞿代碧、张军、白娟、刘明星、刘广周、许春喜等。我们真切希望读者在阅读本书之后，不仅能开阔视野，而且可以增长实践操作技能，并且从中学习和总结操作的经验和规律，达到灵活运用的水平。鉴于编者水平有限，书中纰漏和考虑不周之处在所难免，欢迎读者予以批评、指正。我们的邮箱是 huchenhao@263.net，电话是 010-62796045。

本书对应的电子课件、实例源文件和习题答案可以到 http://www.tupwk.com.cn/edu 网站下载。

编　者

2016年10月

推荐课时安排

章　名	重点掌握内容	教学课时
第1章　Photoshop 快速入门	1. 图像的基本概念 2. 初识 Photoshop 3. 文件的基本操作 4. 使用辅助工具	3学时
第2章　图像的基本操作	1. 查看图像 2. 调整图像 3. 编辑图像 4. 擦除图像 5. 还原与重做	2学时
第3章　创建与应用选区	1. 创建选区 2. 修改选区 3. 编辑选区	3学时
第4章　图像色彩编辑	1. Photoshop 颜色工具 2. 填充颜色 3. 快速调整色彩色调 4. 精细调整色彩色调 5. 校正图像色彩色调 6. 调整图像特殊颜色	3学时
第5章　绘制与修饰图像	1. 绘制图像 2. 使用图章工具 3. 修饰图像	2学时
第6章　绘制路径和形状	1. 绘制路径 2. 编辑路径 3. 绘制图形	3学时
第7章　创建与编辑文字	1. 创建文字 2. 编辑文字	2学时
第8章　图层的基本操作	1. 了解图层 2. 图层的常用操作 3. 编辑图层 4. 管理图层	3学时

(续表)

章　名	重点掌握内容	教学课时
第 9 章　图层的高级应用	1. 图层混合模式的设置 2. 图层不透明度的设置 3. 混合选项的设置 4. 各种图层样式的使用 5. 复制和粘贴图层样式 6. 缩放图层样式 7. 【样式】面板的使用	3 学时
第 10 章　应用通道和蒙版	1. 认识通道 2. 新建通道 3. 通道的基本操作 4. 应用蒙版	3 学时
第 11 章　滤镜的基本操作	1. 初识滤镜 2. 常用滤镜的设置与应用	2 学时
第 12 章　滤镜的深入解析	1. 滤镜库中的滤镜 2. 其他滤镜的应用	3 学时
第 13 章　动作和批处理图像	1. 动作的使用 2. 动作的编辑 3. 批处理图像	1 学时
第 14 章　图像印刷与输出	1. 图像设计与印刷流程 2. 图像文件的输出 3. 打印图像	1 学时
第 15 章　综合案例解析	1. 香水杂志广告设计 2. 手表海报广告设计 3. 节日促销 DM 单设计	3 学时

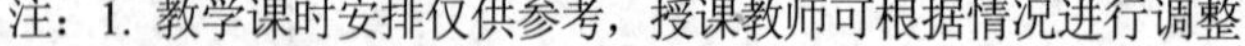

注：1. 教学课时安排仅供参考，授课教师可根据情况进行调整。

2. 建议每章安排与教学课时相同时间的上机练习。

目 

CONTENTS

第1章 Photoshop 快速入门 ······1
1.1 图像的基本概念 ······1
1.1.1 位图 ······1
1.1.2 矢量图 ······2
1.1.3 像素 ······2
1.1.4 分辨率 ······2
1.1.5 图像格式 ······3
1.1.6 图像色彩模式 ······4
1.2 初识 Photoshop ······5
1.2.1 Photoshop 的应用领域 ······5
1.2.2 启动与退出 Photoshop ······6
1.2.3 Photoshop 工作界面 ······8
1.3 文件的基本操作 ······11
1.3.1 新建图像文件 ······11
1.3.2 打开图像文件 ······12
1.3.3 保存图像文件 ······13
1.3.4 关闭图像文件 ······13
1.4 使用辅助工具 ······14
1.4.1 使用标尺 ······14
1.4.2 使用参考线 ······15
1.4.3 使用网格 ······16
1.5 上机实战 ······16
1.5.1 重组 Photoshop 工作面板 ······16
1.5.2 转换图像模式 ······18
1.6 思考与练习 ······19
1.6.1 填空题 ······19
1.6.2 选择题 ······20
1.6.3 操作题 ······20

第2章 图像的基本操作 ······21
2.1 查看图像 ······21
2.1.1 使用导航器查看 ······21
2.1.2 使用缩放工具查看 ······22
2.1.3 使用抓手工具平移图像 ······23
2.2 调整图像 ······23
2.2.1 调整图像大小 ······23
2.2.2 调整画布大小 ······24
2.2.3 调整图像方向 ······25
2.2.4 裁剪图像 ······26
2.3 编辑图像 ······27
2.3.1 移动图像 ······28
2.3.2 复制图像 ······28
2.3.3 缩放图像 ······29
2.3.4 斜切与旋转图像 ······30
2.3.5 扭曲与透视图像 ······30
2.3.6 变形图像 ······30
2.3.7 翻转图像 ······31
2.4 擦除图像 ······32
2.4.1 使用橡皮擦工具 ······32
2.4.2 使用背景橡皮擦工具 ······34
2.4.3 使用魔术橡皮擦工具 ······34
2.5 还原与重做 ······35
2.5.1 通过菜单命令操作 ······35
2.5.2 通过【历史记录】面板操作 ······35
2.5.3 通过组合键操作 ······36
2.6 上机实战 ······37
2.6.1 调整照片大小 ······37
2.6.2 制作立体图像 ······37
2.7 思考与练习 ······39
2.7.1 填空题 ······39
2.7.2 选择题 ······40
2.7.3 操作题 ······40

第3章 创建与应用选区 ······41
3.1 创建选区 ······41
3.1.1 使用矩形选框工具 ······41
3.1.2 使用椭圆选框工具 ······43
3.1.3 使用单行、单列选框工具 ······44
3.1.4 使用套索工具组 ······44
3.1.5 使用【魔棒工具】创建选区 ······46
3.1.6 使用【快速选择工具】 ······47
3.1.7 使用【色彩范围】命令 ······47
3.2 修改选区 ······48
3.2.1 全选和取消选区 ······48
3.2.2 移动图像选区 ······48

3.2.3 增加选区边界…………49
3.2.4 扩展和收缩图像选区…………50
3.2.5 平滑图像选区…………53
3.2.6 羽化选区…………54
3.3 编辑选区…………55
3.3.1 变换图像选区…………55
3.3.2 描边图像选区…………56
3.3.3 存储和载入图像选区…………57
3.4 上机实战…………58
3.4.1 绘制星星和月亮…………58
3.4.2 制作投影图像…………60
3.5 思考与练习…………61
3.5.1 填空题…………61
3.5.2 选择题…………61
3.5.3 操作题…………61
第 4 章 图像色彩编辑…………63
4.1 Photoshop 颜色工具…………63
4.1.1 认识前景色与背景色…………63
4.1.2 【颜色】面板组…………64
4.1.3 吸管工具…………64
4.1.4 存储颜色…………65
4.2 填充颜色…………65
4.2.1 使用命令填充颜色…………66
4.2.2 使用工具填充颜色…………67
4.2.3 填充渐变色…………68
4.3 快速调整色彩色调…………70
4.3.1 自动色调…………70
4.3.2 自动对比度…………71
4.3.3 自动颜色…………71
4.4 精细调整色彩色调…………71
4.4.1 亮度/对比度…………72
4.4.2 色阶…………72
4.4.3 调整曲线…………73
4.4.4 色彩平衡…………75
4.4.5 曝光度…………76
4.5 校正图像色彩色调…………77
4.5.1 自然饱和度…………77
4.5.2 色相/饱和度…………77
4.5.3 匹配颜色…………78
4.5.4 替换颜色…………79
4.5.5 可选颜色…………80
4.5.6 阴影/高光…………80
4.5.7 照片滤镜…………81
4.5.8 通道混和器…………82
4.6 调整图像特殊颜色…………83
4.6.1 去色…………83
4.6.2 渐变映射…………84
4.6.3 反相…………85
4.6.4 色调均化…………85
4.6.5 阈值…………85
4.6.6 色调分离…………86
4.6.7 黑白…………86
4.7 上机实战…………87
4.7.1 为卡通图像填色…………87
4.7.2 调整曝光过度的照片…………88
4.8 思考与练习…………89
4.8.1 填空题…………89
4.8.2 选择题…………90
4.8.3 操作题…………90
第 5 章 绘制与修饰图像…………91
5.1 绘制图像…………91
5.1.1 使用画笔工具…………91
5.1.2 使用铅笔工具…………95
5.2 使用图章工具…………95
5.2.1 使用仿制图章工具…………95
5.2.2 使用图案图章工具…………96
5.2.3 自定义图案…………97
5.3 应用【仿制源】面板…………98
5.4 修饰图像…………99
5.4.1 使用模糊工具…………99
5.4.2 使用锐化工具…………100
5.4.3 使用涂抹工具…………100
5.4.4 使用减淡工具…………101
5.4.5 使用加深工具…………102
5.4.6 使用海绵工具…………103
5.4.7 使用修补工具…………103
5.4.8 使用污点修复画笔工具…………105
5.4.9 使用修复画笔工具…………106
5.4.10 使用内容感知移动工具…………106
5.4.11 使用红眼工具…………108

5.5 上机实战……108
5.5.1 去除照片中人物的皱纹……109
5.5.2 去除照片中的日期……109
5.6 思考与练习……110
5.6.1 填空题……110
5.6.2 选择题……111
5.6.3 操作题……111

第 6 章 绘制路径和形状……113
6.1 认识路径……113
6.1.1 路径的特点……113
6.1.2 路径的结构……114
6.1.3 【路径】面板……114
6.2 绘制路径……114
6.2.1 使用钢笔工具……114
6.2.2 使用自由钢笔工具……117
6.3 编辑路径……118
6.3.1 使用路径选择工具……118
6.3.2 使用直接选择工具……119
6.3.3 复制路径……119
6.3.4 删除路径……120
6.3.5 重命名路径……120
6.3.6 添加与删除锚点……121
6.3.7 路径和选区互换……122
6.3.8 填充路径……123
6.3.9 描边路径……123
6.4 绘制路径……124
6.4.1 创建形状……124
6.4.2 编辑形状……127
6.4.3 自定义形状……128
6.5 上机实战……129
6.5.1 绘制环保图标……129
6.5.2 绘制卡通动物……134
6.6 思考与练习……138
6.6.1 填空题……138
6.6.2 选择题……138
6.6.3 操作题……139

第 7 章 创建与编辑文字……141
7.1 创建文字……141
7.1.1 创建美术文本……141
7.1.2 创建段落文本……142
7.1.3 沿路径创建文字……143
7.1.4 创建文字选区……145
7.2 编辑文字……146
7.2.1 选择文字……146
7.2.2 设置字符属性……146
7.2.3 设置文字段落属性……148
7.2.4 改变文字方向……150
7.2.5 编辑变形文字……150
7.2.6 将文字转换为路径……151
7.2.7 栅格化文字……152
7.3 上机实战……153
7.3.1 制作科技公司名片……153
7.3.2 制作淘宝商品广告……157
7.4 思考与练习……160
7.4.1 填空题……160
7.4.2 选择题……161
7.4.3 操作题……161

第 8 章 图层的基本操作……163
8.1 了解图层……163
8.1.1 什么是图层……163
8.1.2 使用【图层】面板……164
8.2 图层的常用操作……166
8.2.1 选择图层……166
8.2.2 创建普通图层……167
8.2.3 创建填充和调整图层……169
8.2.4 复制图层……170
8.2.5 隐藏与显示图层……172
8.2.6 删除图层……173
8.3 对图层进行编辑……173
8.3.1 链接图层……173
8.3.2 合并图层……174
8.3.3 背景图层转换为普通图层……175
8.3.4 对齐图层……176
8.3.5 分布图层……177
8.3.6 调整图层顺序……178
8.3.7 通过剪贴的图层……179
8.3.8 自动混合图层……181
8.4 管理图层……182
8.4.1 创建图层组……182

8.4.2 编辑图层组…………183
8.5 上机实战…………184
8.5.1 水中舞蹈…………184
8.5.2 鲜花店广告…………186
8.6 思考与练习…………190
8.6.1 填空题…………190
8.6.2 选择题…………190
8.6.3 操作题…………190

第 9 章 图层的高级应用…………193
9.1 图层混合模式和不透明度…………193
9.1.1 设置图层不透明度…………193
9.1.2 设置图层混合模式…………194
9.2 图层样式的应用…………201
9.2.1 关于混合选项…………201
9.2.2 常规混合图像…………202
9.2.3 高级混合图像…………203
9.2.4 投影样式…………204
9.2.5 内阴影样式…………207
9.2.6 外发光样式…………207
9.2.7 内发光样式…………209
9.2.8 斜面和浮雕样式…………209
9.2.9 光泽样式…………211
9.2.10 颜色叠加样式…………211
9.2.11 渐变叠加样式…………212
9.2.12 图案叠加样式…………213
9.2.13 描边样式…………213
9.3 图层样式的管理…………215
9.3.1 复制图层样式…………216
9.3.2 删除图层样式…………217
9.3.3 设置全局光…………217
9.3.4 缩放图层样式…………218
9.3.5 展开和折叠图层样式…………219
9.3.6 使用【样式】面板…………219
9.4 上机实战…………222
9.4.1 珠宝广告…………222
9.4.2 舞蹈招生广告…………223
9.5 思考与练习…………226
9.5.1 填空题…………226
9.5.2 选择题…………227
9.5.3 操作题…………227

第 10 章 应用通道和蒙版…………229
10.1 通道概述…………229
10.1.1 通道分类…………229
10.1.2 通道面板…………230
10.2 新建通道…………231
10.2.1 创建 Alpha 通道…………232
10.2.2 新建专色通道…………233
10.3 通道的基本操作…………233
10.3.1 显示与隐藏通道…………233
10.3.2 复制通道…………234
10.3.3 删除通道…………235
10.3.4 载入通道选区…………235
10.3.5 通道的分离与合并…………235
10.4 应用蒙版…………237
10.4.1 使用快速蒙版…………237
10.4.2 使用图层蒙版…………238
10.4.3 使用矢量蒙版…………240
10.5 上机实战…………241
10.5.1 制作个性边框…………241
10.5.2 为头发染色…………243
10.6 思考与练习…………244
10.6.1 填空题…………244
10.6.2 选择题…………244
10.6.3 操作题…………245

第 11 章 滤镜的基本操作…………247
11.1 初识滤镜…………247
11.1.1 滤镜简介…………247
11.1.2 滤镜的基础操作…………248
11.2 常用滤镜的设置与应用…………249
11.2.1 镜头校正滤镜…………249
11.2.2 液化滤镜…………251
11.2.3 消失点滤镜…………253
11.2.4 滤镜库…………254
11.2.5 智能滤镜…………255
11.3 上机实战…………255
11.3.1 制作搞笑卡通人物…………256
11.3.2 制作朦胧画面…………259
11.4 思考与练习…………260
11.4.1 填空题…………260
11.4.2 选择题…………260

11.4.3　操作题……260

第 12 章　滤镜的深入解析……263

12.1　滤镜库中的滤镜……263

12.1.1　风格化滤镜组……263

12.1.2　画笔描边滤镜组……267

12.1.3　扭曲滤镜组……271

12.1.4　素描滤镜组……275

12.1.5　纹理滤镜组……280

12.1.6　艺术效果滤镜组……283

12.2　其他滤镜的应用……289

12.2.1　像素化滤镜组……289

12.2.2　模糊滤镜组……291

12.2.3　模糊画廊滤镜组……295

12.2.4　杂色滤镜组……297

12.2.5　渲染滤镜组……298

12.2.6　锐化滤镜组……300

12.3　上机实战……301

12.3.1　制作雕刻板图像……302

12.3.2　制作发光的花朵……304

12.4　思考与练习……306

12.4.1　填空题……306

12.4.2　选择题……306

12.4.3　操作题……307

第 13 章　动作和批处理图像……309

13.1　动作的使用……309

13.1.1　认识【动作】面板……309

13.1.2　创建动作组……310

13.1.3　录制新动作……311

13.1.4　保存动作……312

13.1.5　载入动作……312

13.1.6　播放动作……313

13.2　动作的编辑……313

13.2.1　插入菜单项目……313

13.2.2　插入停止命令……314

13.2.3　复制和删除动作……315

13.3　执行默认动作……316

13.4　批处理图像……317

13.4.1　批处理……317

13.4.2　创建快捷批处理方式……319

13.5　上机实战……319

13.6　思考与练习……320

13.6.1　填空题……320

13.6.2　操作题……321

第 14 章　图像印刷与输出……323

14.1　图像设计与印刷流程……323

14.1.1　设计准备……323

14.1.2　设计提案……324

14.1.3　设计定稿……324

14.1.4　色彩校正……324

14.1.5　分色与打样……324

14.2　图像文件的输出……325

14.2.1　将路径图形导入到 Illustrator 中……325

14.2.2　将路径图形导入到 CorelDRAW 中……325

14.3　打印图像……325

14.4　上机实战……326

14.5　思考与练习……327

14.5.1　填空题……327

14.5.2　选择题……327

14.5.3　操作题……327

第 15 章　综合案例解析……329

15.1　香水杂志广告设计……329

15.1.1　制作唯美背景……330

15.1.2　添加主题文字……332

15.2　手表海报广告设计……333

15.2.1　绘制云层效果……334

15.2.2　制作特殊文字……335

15.3　节日促销 DM 单设计……340

15.3.1　制作花团锦簇背景……341

15.3.2　制作立体字效果……343

15.3.3　添加商品信息……344

15.4　思考与练习……345

15.4.1　填空题……345

15.4.2　操作题……346

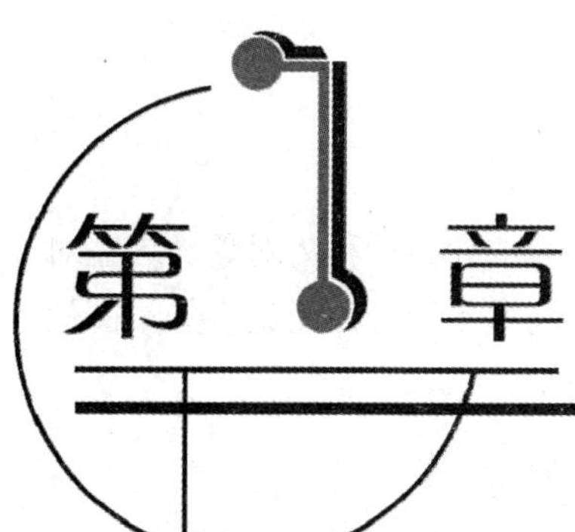

Photoshop 快速入门

学习目标

学习 Photoshop 之前，首先要对图像的基本概念、色彩模式和 Photoshop 工作界面进行了解，并掌握 Photoshop 文件的操作和辅助工具的设置，掌握这些基本知识和操作，有利于整体了解 Photoshop，为后面的学习打下良好的基础。

本章重点

- 图像的基本概念
- 初识 Photoshop
- 文件的基本操作
- 使用辅助工具

1.1 图像的基本概念

Photoshop是一款专门用于图形图像处理的软件。在学习该软件操作技能之前，首先应该对图像的基本概念有一定的认识。

1.1.1 位图

位图也称为点阵图像，是由许多点组成的。其中每一个点即为一个像素，每一个像素都有自己的颜色、强度和位置。将位图尽量放大后，可以发现图像是由大量的正方形小块构成，不同的小块上显示不同的颜色和亮度。位图图像文件所占的空间较大，对系统硬件要求较高，且与分辨率有关。

1.1.2 矢量图

矢量图是以数学的矢量方式来记录图像内容的，其中的图形组成元素被称为对象。这些对象都是独立的，具有不同的颜色和形状等属性，可自由、无限制地重新组合。无论将矢量图放大多少倍，图像都具有同样平滑的边缘和清晰的视觉效果，如图 1-1 所示。

(a) 原图 100% 效果

(b) 放大后依然清晰

图 1-1 矢量图的显示效果

1.1.3 像素

像素是 Photoshop 中所编辑图像的基本单位。可以把像素看成是一个极小的方形的颜色块，每个小方块为一个像素，也可称为栅格。

一个图像通常由许多像素组成，这些像素被排列成横行和竖行，每个像素都是一个方形。用缩放工具将图像放到足够大时，就可以看到类似马赛克的效果，每个小方块即为一个像素。每个像素都有不同的颜色值。文件包含的像素越多，其所包含的信息也就越多，所以文件越大，图像品质越好。

1.1.4 分辨率

图像分辨率是指单位面积内图像所包含像素的数目，通常用像素/英寸和像素/厘米表示。分辨率的高低直接影响图像的效果，使用太低的分辨率会导致图像粗糙，在排版打印时图片会变得非常模糊，如图 1-2 所示；而使用较高的分辨率则会增加文件的大小。

(a) 分辨率为 300

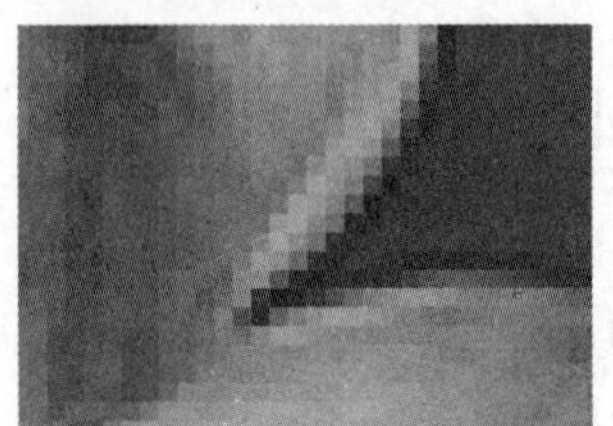
(b) 分辨率为 50

图 1-2 不同分辨率的图像效果

1.1.5　图像格式

Photoshop CC 2015 共支持 20 多种格式的图像，使用不同的文件格式保存图像，对图像将来的应用起着非常重要的作用。我们可以根据工作环境的不同选用相应的图像文件格式，以便获得最理想的效果。下面就来介绍一些常用图形文件格式的特点以及用途。

- PSD(*.PSD)：PSD 图像文件格式是 Photoshop 软件生成的格式，是唯一能支持全部图像色彩模式的格式。可以保存图像的层、通道等许多信息，它是在未完成图像处理任务前，一种常用且可以较好地保存图像信息的格式。
- TIFF(*.TIF)：TIFF 格式是一种无损压缩格式，是为色彩通道图像创建的最有用的格式。因此，TIFF 格式是应用非常广泛的一种图像格式，可以在许多图像软件之间转换。TIFF 格式支持带 Alpha 通道的 CMYK、RGB 和灰度文件，支持不带 Alpha 通道的 Lab、索引颜色和位图文件。另外，它还支持 LZW 压缩。
- BMP(*.BMP)：BMP 格式是微软公司软件的专用格式，也就是常见的位图格式。它支持 RGB、索引颜色、灰度和位图颜色模式，但不支持 Alpha 通道。位图格式产生的文件较大，是最通用的图像文件格式之一。
- JPEG(*.JPG)：JPEG 是一种有损压缩格式，主要用于图像预览及超文本文档，如 HTML 文档等。JPEG 格式支持 CMYK、RGB 和灰度的颜色模式，但不支持 Alpha 通道。在生成 JPEG 格式的文件时，可以通过设置压缩的类型，产生不同大小和质量的文件。压缩越大，图像文件就越小，图像质量就越差。
- GIF(*.GIF)：GIF 格式的文件是8位图像文件，最多为256色，不支持 Alpha 通道。GIF 格式产生的文件较小，常用于网络传输，在网页上见到的图片大多是 GIF 和 JPEG 格式的。GIF 格式与 JPEG 格式相比，其优势在于 GIF 格式的文件可以保存动画效果。
- PNG(*.PNG)：PNG 格式可以使用无损压缩方式压缩文件，它支持24位图像，产生的透明背景没有锯齿边缘，所以可以产生质量较好的图像效果。
- EPS(*.EPS)：EPS 可以包含矢量和位图图形，被几乎所有的图像、示意图和页面排版程序所支持，是用于图形交换的最常用的格式。其最大的优点在于可以在排版软件中以低分辨率预览，而在打印时以高分辨率输出。它不支持 Alpha 通道，可以支持裁切路径。EPS 格式支持 Photoshop 所有的颜色模式，可以用来存储矢量图和位图。在存储位图时，还可以将图像的白色像素设置为透明的效果，它在位图模式下也支持透明。
- PDF(*.PDF)：PDF 格式是 Adobe 公司开发的用于 Windows、MAC OS、UNIX 和 DOS 系统的一种电子出版软件的文档格式，适用于不同平台。PDF 文件可以包含矢量和位图图形，还可以包含导航和电子文档查找功能。在 Photoshop 中将图像文件保存为 PDF 格式时，系统将弹出【PDF 选项】对话框，在其中用户可选择压缩格式。若选择 JPEG 格式，可在【品质】选项中设置压缩比例值或用鼠标拖动滑块来调整压缩比例。

1.1.6 图像色彩模式

常用的色彩模式有RGB(表示红、绿、蓝)模式、CMYK(表示青、洋红、黄、黑)模式、Lab模式、灰度模式、索引模式、位图模式、双色调模式和多通道模式等。

色彩模式除确定图像中能显示的颜色数之外，还影响图像通道数和文件大小，每个图像具有一个或多个通道，每个通道都存放着图像中颜色元素的信息。图像中默认的颜色通道数取决于其色彩模式。常见的色彩模式如下。

- RGB 模式：该模式是由红、绿和蓝3种颜色按不同比例混合而成，也称真彩色模式，是最为常见的一种色彩模式。在【颜色】和【通道】面板中显示的颜色和通道信息如图1-3和图1-4所示。

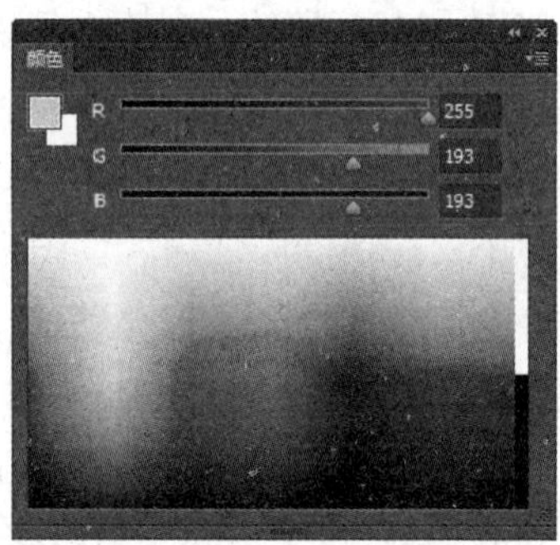

图 1-3 RGB 颜色模式

图 1-4 RGB 通道模式

- CMYK 模式：CMYK 模式是印刷时使用的一种颜色模式，由 Cyan(青)、Magenta(洋红)、Yellow(黄)和 Black(黑)4种色彩组成。为了避免和 RGB 三基色中的 Blue(蓝色)发生混淆，其中的黑色用 K 来表示。在【颜色】和【通道】面板中显示的颜色和通道信息如图1-5和图1-6所示。

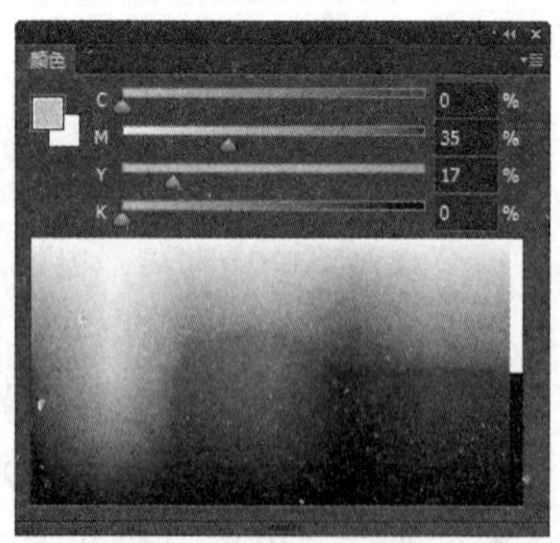

图 1-5 CMYK 颜色模式

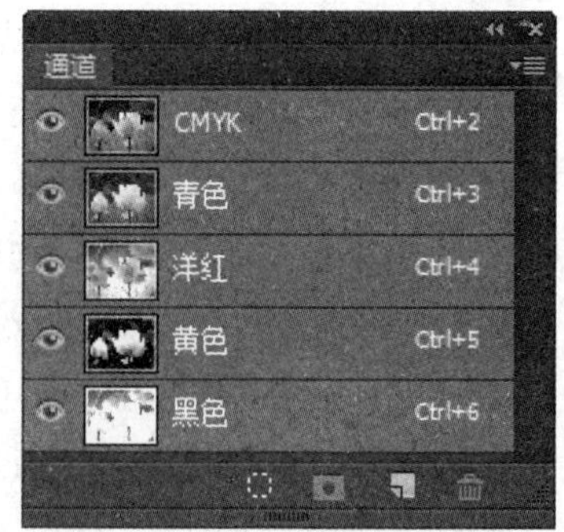

图 1-6 CMYK 通道模式

- Lab 模式：Lab 模式是国际照明委员会发布的一种色彩模式，由 RGB 三基色转换而来。其中 L 表示图像的亮度，取值范围为0～100；a 表示由绿色到红色的光谱变化，取值范围为-120～120；b 表示由蓝色到黄色的光谱变化，取值范围和 a 分量相同。在【颜色】和【通道】面板中显示的颜色和通道信息如图1-7和图1-8所示。

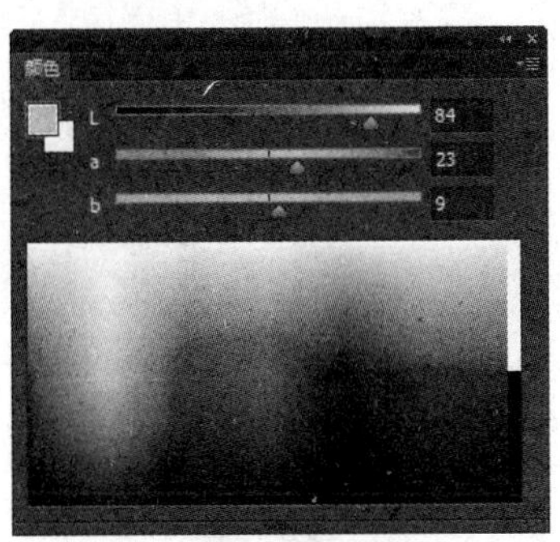

图 1-7　Lab 颜色模式

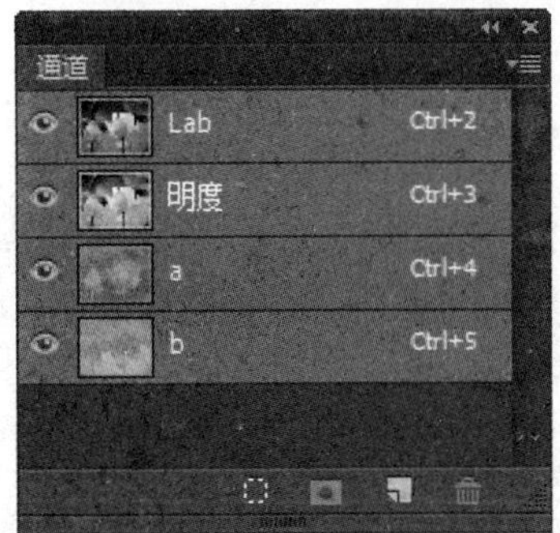

图 1-8　Lab 通道模式

1.2　初识 Photoshop

Photoshop 是 Adobe 公司推出的一款专业的图像处理软件，凭着简单易学、人性化的工作界面，并集图像设计、扫描、编辑、合成以及高品质输出功能于一体，而深受用户的好评。

1.2.1　Photoshop 的应用领域

Photoshop 可以进行图像编辑、图像合成、调整色调和特效制作等操作。Photoshop 应用领域主要包括：数码照片处理、视觉创意、平面设计、建筑效果图后期处理及网页设计等。

- 数码照片处理：使用 photoshop 可以进行各种数码照片的合成、修复和上色操作，如数码照片的偏色校正、更换照片背景、为人物更换发型、去除斑点等，Photoshop 同时也是影楼设计师的得力助手，照片处理效果如图1-9和图1-10所示。

图 1-9　照片处理效果 1

图 1-10　照片处理效果 2

- 视觉创意：通过 Photoshop 的艺术处理可以将原本不相干的图像组合在一起，也可以发挥想象自行设计富有新意的作品，利用色彩效果等在视觉上表现全新的创意，如图1-11所示。
- 平面设计：平面设计是 Photoshop 应用最为广泛的领域，无论是招贴、海报，还是图书封面，这些具有丰富图像的平面印刷品基本都需要使用 Photoshop 对图像进行处理，如图1-12所示。

图 1-11　视觉创意

图 1-12　海报设计

- 建筑效果图后期处理：在制作的建筑效果图中包括许多三维场景时，人物配景和场景颜色常常需要 Photoshop 进行调整，如图1-13所示。
- 网页设计：Photoshop 是必不可少的网页图像处理软件，因此，网络的迅速普及促使更多的人需要学习和掌握 Photoshop，网页设计效果如图1-14所示。

图 1-13　建筑效果图处理

图 1-14　网页设计

1.2.2　启动与退出 Photoshop

在使用 Photoshop 之前，需要学会软件的启动和退出。启动与退出 Photoshop 的方法与大多数的应用程序相似，下面将介绍启动与退出 Photoshop 的具体操作。

1. 启动 Photoshop CC 2015

安装好 Photoshop CC 2015 以后，可以通过如下 3 种常用方法启动 Photoshop CC 2015 应用程序。

- 单击【开始】菜单按钮，然后在【程序】列表中选择相应的命令来启动 Photoshop CC 2015应用程序，如图1-15所示。
- 使用鼠标双击桌面上的 Photoshop CC 2015的快捷图标，可以快速启动 Photoshop CC 2015应用程序，如图1-16所示。

图 1-15　选择命令

图 1-16　双击快捷图标

- 使用鼠标双击 Photoshop 文件即可启动 Photoshop CC 2015应用程序，如图1-17所示。

使用前面介绍的方法启动 Photoshop CC 2015 程序后，将出现如图 1-18 所示的启动画面，随后即可进入 Photoshop CC 2015 工作界面。

图 1-17　双击文件

图 1-18　启动界面

2. 退出 Photoshop CC 2015

在完成 Photoshop CC 2015 应用程序的使用后，用户可以使用如下两种常用方法退出。

- 单击【文件】菜单，然后选择【退出】命令，即可退出 Photoshop CC 2015应用程序，如图1-19所示。
- 单击 Photoshop CC 2015应用程序窗口右上角的【关闭】按钮，退出 Photoshop CC 2015应用程序，如图1-20所示。

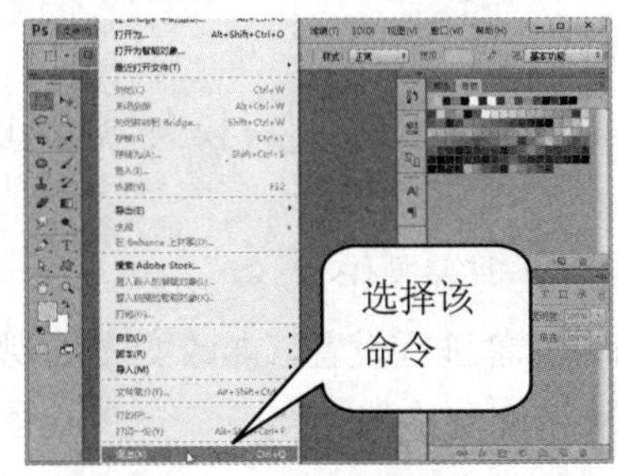

图 1-19　选择【退出】命令

图 1-20　单击【关闭】按钮

技巧

按 Ctrl+Q 组合键，可以快速退出 Photoshop CC 2015 应用程序。

1.2.3 Photoshop 工作界面

启动 Photoshop CC 2015 后，其工作界面如图 1-21 所示，该界面主要由标题栏、菜单栏、工具属性栏、浮动面板、工具箱、图像窗口和状态栏等部分组成。

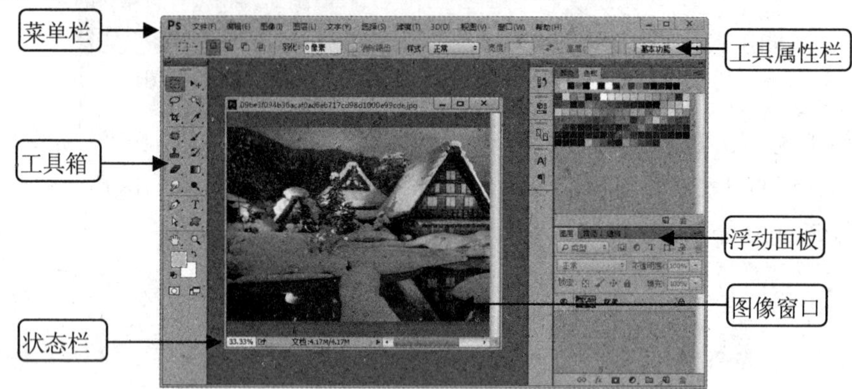

图 1-21 Photoshop 工作界面

1. 菜单栏

Photoshop CC 2015 的菜单包括了进行图像处理的各种命令，共有 11 个菜单项，各菜单项作用如下。

- 文件：在其中可进行文件的操作，如文件的打开、保存等。
- 编辑：其中包含一些编辑命令，如剪切、拷贝、粘贴以及撤销操作等。
- 图像：主要用于对图像的操作，如处理文件和画布的尺寸、分析和修正图像的色彩、图像模式的转换等。
- 图层：在其中可执行图层的创建、删除等操作。
- 文字：用于打开字符和段落面板，以及用于文字的相关设置等操作。
- 选择：主要用于选取图像区域，且对其进行编辑。
- 滤镜：包含众多的滤镜命令，可对图像或图像的某个部分进行模糊、渲染以及扭曲等特殊效果的制作。
- 3D：用于创建3D 图层，以及对图像进行3D 处理等操作。
- 视图：主要用于对 Photoshop CC 2015的编辑屏幕进行设置，如改变文档视图的大小、缩小或放大图像的显示比例、显示或隐藏标尺和网格等。
- 窗口：用于对 Photoshop CC 2015工作界面的各个面板进行显示和隐藏。
- 帮助：通过它可快速访问 Photoshop CC 2015帮助手册，其中包括几乎所有 Photoshop CC 2015的功能、工具及命令等信息，还可以访问 Adobe 公司的站点、注册软件和插件信息等。

选择一个菜单项，系统会展开对应的菜单及子菜单命令，如图 1-22 所示是【图像】菜单中包含的命令。其中灰色的菜单命令表示未被激活，当前不能使用；命令后面的按键组合表示在

键盘中按该键即可执行相应的命令。

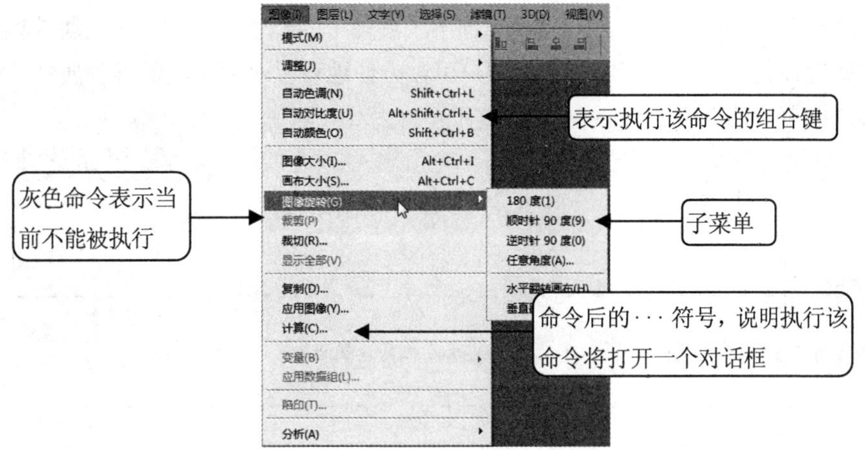

图 1-22 【图像】菜单

2. 工具箱

默认状态下，Photoshop CC 2015 工具箱位于窗口左侧，单击并按住其中的工具按钮，可以展开该工具的子工具对象，如图 1-23 所示列出了工具箱中各工具及子工具的名称。在使用工具的操作中，用户可以通过单击工具箱上方的双三角形按钮▶▶按钮将工具箱变为双列方式，如图 1-24 所示。

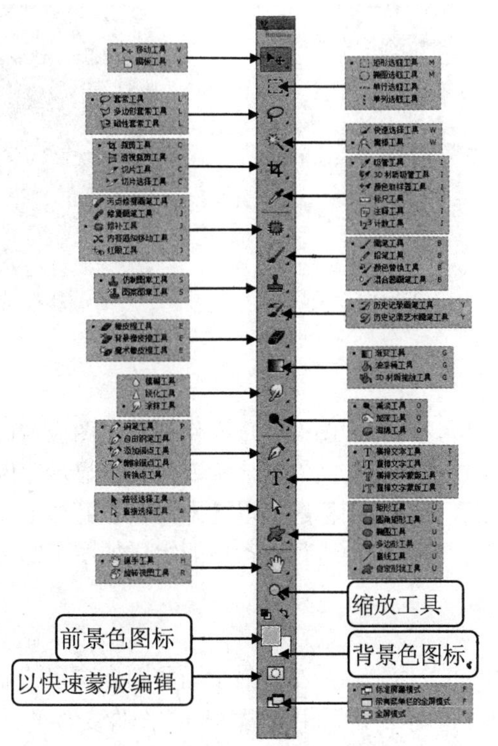

图 1-23 工具及子工具的名称

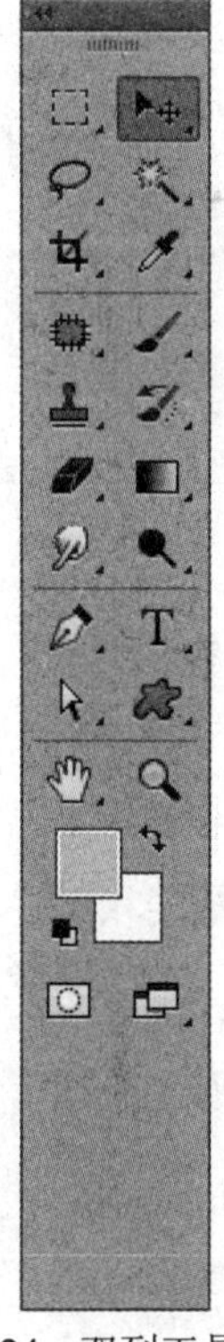

图 1-24 双列工具箱

3. 工具属性栏

工具属性栏位于菜单栏的下方，当用户选中工具箱中的某个工具时，工具属性栏就会变成相应工具的属性设置。在工具属性栏中，用户可以方便地设置对应工具的各种属性。如图 1-25 所示为矩形选框工具的属性栏。

图 1-25　矩形选框工具属性栏

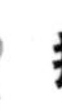

提示

选择【窗口】→【选项】命令，可以显示或隐藏工具的属性栏。

4. 面板

面板是 Photoshop 中非常重要的一个组成部分，通过它可以进行选择颜色、编辑图层、新建通道、编辑路径和撤销编辑等操作。在【窗口】菜单中可以选择需要打开或隐藏的面板。打开的面板都依附在工作界面右边。选择【窗口】→【工作区】→【基本功能(默认)】命令，将得到如图 1-26 所示的面板组合。

单击面板右上方的双三角形按钮◀◀，可以将面板缩小为图标，如图 1-27 所示，要使用缩小为图标的面板时，可以单击所需面板按钮，即可弹出对应的面板，如图 1-28 所示。

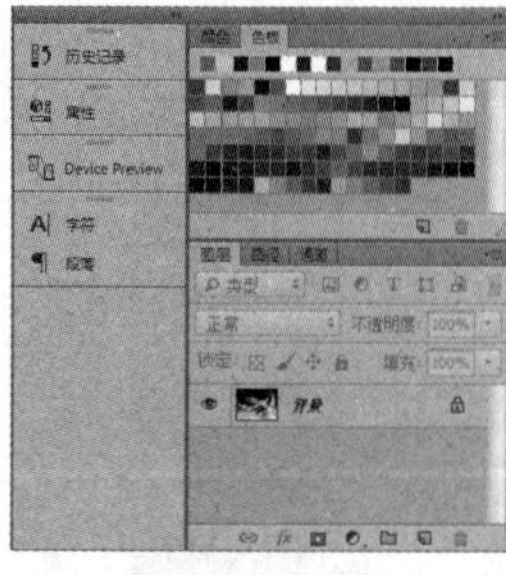

图 1-26　面板

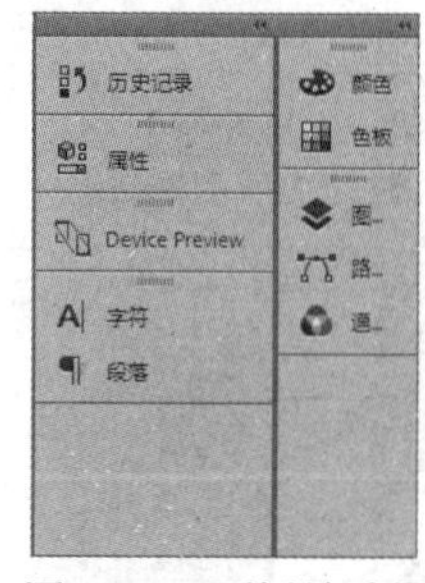

图 1-27　面板缩略图

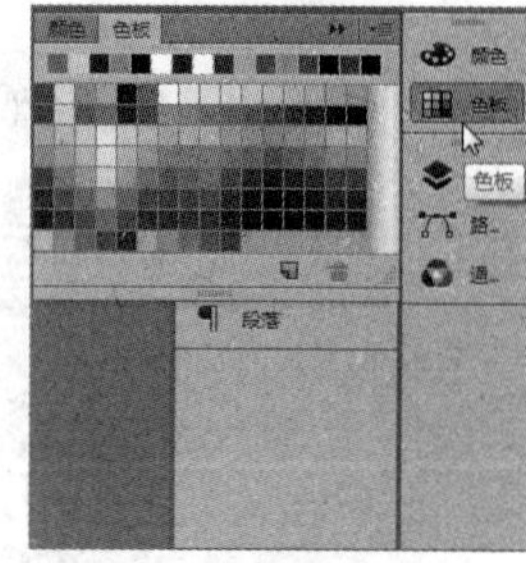

图 1-28　显示面板

5. 图像窗口

图像窗口相当于 Photoshop 的工作区，所有的图像处理操作都是在图像窗口中进行的。在图像窗口的上方是标题栏，标题栏中可以显示当前文件的名称、格式、显示比例、色彩模式、所属通道和图层状态。如果该文件未被存储过，则标题栏以【未命名】并加上连续的数字作为文件的名称。进行图像的各种编辑都是在此区域中进行，窗口的组成如图 1-29 所示。

6. 状态栏

图像窗口底部的状态栏会显示图像相关信息。最左端显示当前图像窗口的显示比例，在其中输入数值后按 Enter 键可以改变图像的显示比例，中间显示当前图像文件的大小，如图 1-30 所示。

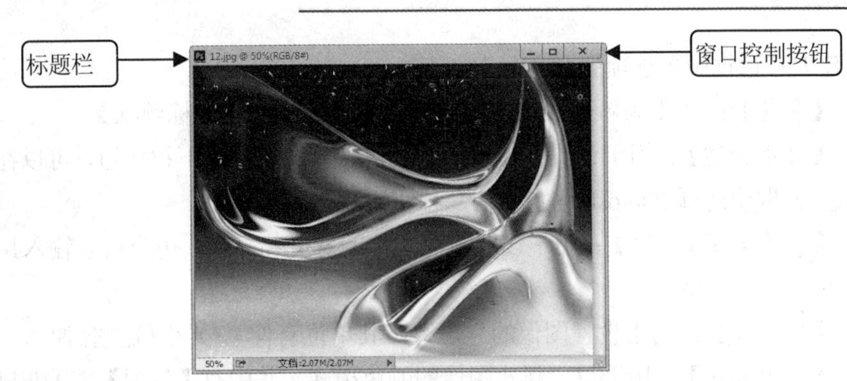

图 1-29　图像窗口

80%		文档:618.9K/618.9K	

图 1-30　状态栏

1.3　文件的基本操作

学习使用 Photoshop 进行图像处理前，需要掌握 Photoshop 文件的基本操作，主要包括打开、新建、保存和关闭文件等。

1.3.1　新建图像文件

在制作一幅新的图像文件之前，首先需要建立一个空白图像文件，具体的操作如下。

【练习 1-1】新建一个空白图像文件。

(1) 启动 Photoshop 应用程序，选择【文件】→【新建】命令，或按 Ctrl+N 组合键，打开【新建】对话框，如图 1-31 所示。

(2) 在【名称】文本框中输入文件的名称，然后设置文件的宽度、高度、分辨率等信息。

(3) 单击【文档类型】选项的下拉按钮，可以在弹出的下拉列表框选择新建文件的规格，如图 1-32 所示。

(4) 设置好新文件信息后，单击【确定】按钮即可新建一个图像文件。

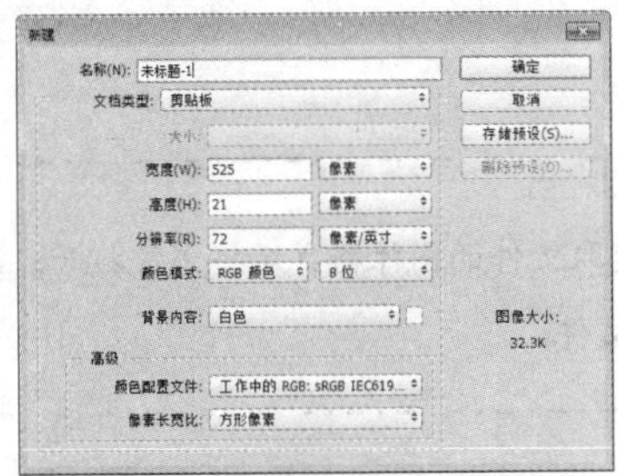

图 1-31　打开【新建】对话框

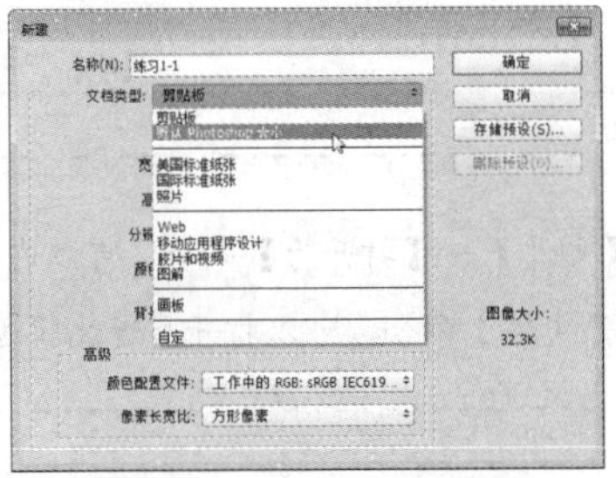

图 1-32　设置文件信息

【新建】对话框中各选项的含义分别如下。

- 【名称】：用于为新建图像文件进行命名，默认为【未标题-X】。
- 【文档类型】：用于设置新建文件的规格，单击右侧的下拉按钮，可以在弹出的下拉列表框中选择 Photoshop 自带的几种图像规格。
- 【宽度】和【高度】：用于设置新建文件的宽度和高度，用户可以输入1~300000之间的任意一个数值。
- 【分辨率】：用于设置图像的分辨率，其单位有像素/英寸和像素/厘米。
- 【颜色模式】：用于设置新建图像的颜色模式，其中有【位图】、【灰度】、【RGB 颜色】、【CMYK 颜色】、【Lab 颜色】5种模式可供选择。
- 【背景内容】：用于设置新建图像的背景颜色，系统默认为白色，也可设置为背景色和透明色。
- 【高级】：在【高级】选项区域中，用户可以对【颜色配置文件】和【像素长宽比】两个选项进行更专业的设置。

1.3.2 打开图像文件

Photoshop 允许用户同时打开多个图像文件进行编辑，选择【文件】→【打开】命令，或按 Ctrl+O 组合键，打开【打开】对话框，在【查找范围】下拉列表框中找到要打开文件所在位置，然后选择要打开的图像文件，如图 1-33 所示，单击【打开】按钮即可打开选择的文件，如图 1-34 所示。

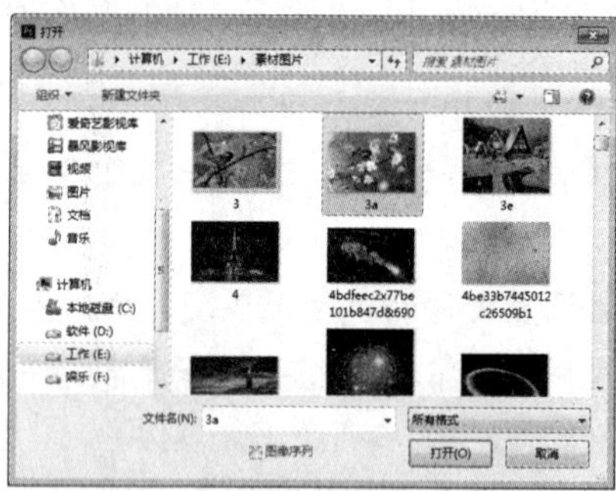

图 1-33 【打开】对话框

图 1-34 打开图像文件

提示

选择【文件】→【打开为】命令，可以在指定被选取文件的图像格式后将文件打开；选择【文件】→【最近打开文件】命令，可以打开最近编辑过的图像文件。

1.3.3　保存图像文件

对图像文件进行编辑的过程中，当完成关键的步骤后，应该即时对文件进行保存，以免因为误操作或者意外停电带来损失。

【练习 1-2】保存图像文件。

(1) 新建一个图像文件，然后对文件中的图像进行随意编辑。

(2) 选择【文件】→【存储】命令，打开【另存为】对话框，然后设置保存文件的路径和名称，如图 1-35 所示。

(3) 单击【保存类型】选项右侧的三角形按钮，在其下拉列表中选择保存文件的格式，如图 1-36 所示。

(4) 单击【保存】按钮，即可完成文件的保存，以后按照保存文件的路径就可以找到并打开此文件。

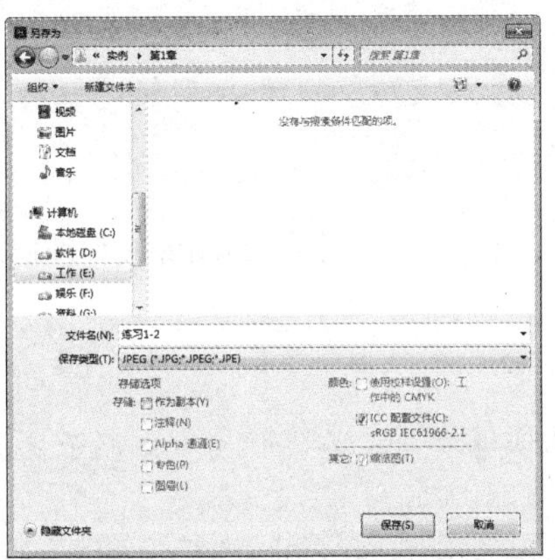

图 1-35　打开【另存为】对话框

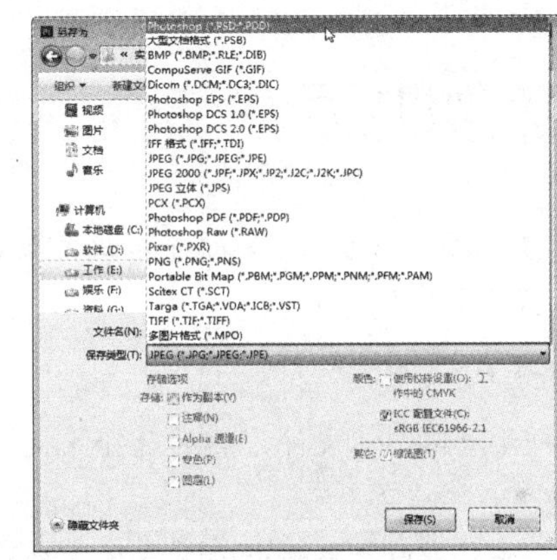

图 1-36　设置文件类型

提示

如果是对已存在或已保存的文件进行再次存储时，只需按 Ctrl+S 键或选择【文件】→【存储】命令，即可按照原路径和名称保存文件。如果要更改文件的路径和名称，则需要选择【文件】→【存储为】命令，即可打开【另存为】对话框，对保存路径和名称进行重新设置。

1.3.4　关闭图像文件

要关闭某个图像文件，而不退出 Photoshop 应用程序，可以使用如下几种方法。

- 单击图像窗口标题栏最右端的【关闭】按钮 ✕。
- 选择【文件】→【关闭】命令。

- 按 Ctrl+W 组合键。
- 按 Ctrl +F4组合键。

提示

按 Ctrl+Q 或 Alt+F4 组合键，不仅可以关闭当前的图像文件，还将关闭 Photoshop 应用程序。

1.4 使用辅助工具

Photoshop 提供了多种图像处理的辅助工具，这些工具虽然对图像不起任何编辑作用，但是可以测量或定位图像，使图像处理更精确，从而提高工作效率。

1.4.1 使用标尺

选择【视图】→【标尺】命令，或者按 Ctrl+R 组合键，即可在打开的图像文件左侧边缘和顶部显示或隐藏标尺，通过标尺可以查看图像的宽度和高度的大小。

【练习 1-3】设置标尺。

(1) 打开一幅图像文件，然后选择【视图】→【标尺】命令，在图像窗口中显示标尺，如图 1-37 所示。

(2) 在标尺上单击鼠标右键，在弹出的快捷菜单中可以选择标尺的单位，如图 1-38 所示。

图 1-37 显示标尺

图 1-38 设置标尺单位

(3) 选择【编辑】→【首选项】→【单位与标尺】命令，打开【首选项】对话框，在其中可以设置标尺的其他信息，如图 1-39 所示。

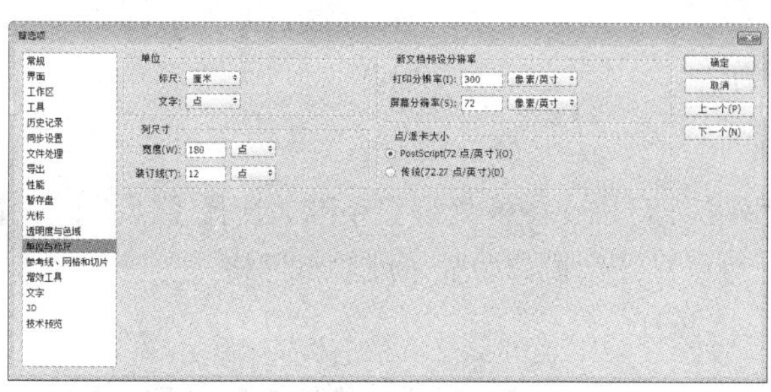

图 1-39　【首选项】对话框

1.4.2　使用参考线

参考线是浮动在图像上的直线，用于给图像处理人员提供参考位置，在打印图像时，参考线不会被打印出来。

【练习 1-4】设置参考线。

(1) 打开一幅图像文件，然后选择【视图】→【新建参考线】命令，打开【新建参考线】对话框，在其中可以设置参考线的取向和位置，如图 1-40 所示。

(2) 设置好参数后，单击【确定】按钮即可在画面中得到参考线，如图 1-41 所示。

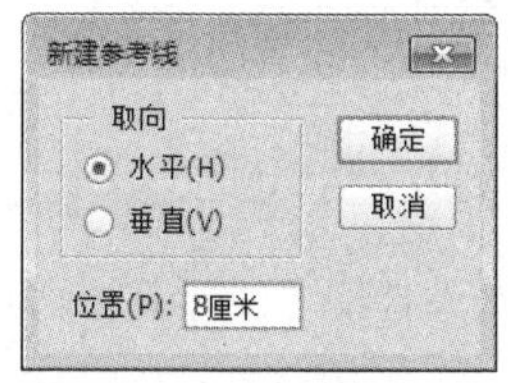

图 1-40　设置参考线

图 1-41　新建的参考线

(3) 将鼠标指针移到标尺处，按住鼠标左键并向图像区域拖动，这时鼠标指针呈✢或✢形状，释放鼠标后即可创建一条参考线，如图 1-42 所示为所创建的垂直参考线。

(4) 双击参考线，或者选择【编辑】→【首选项】→【参考线、网格和切片】命令，打开【首选项】对话框，可以设置参考线的颜色和样式，如图 1-43 所示。

图 1-42　手动添加参考线

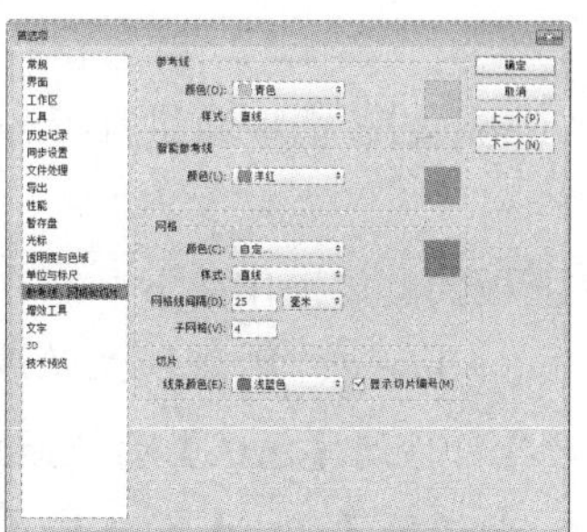

图 1-43　设置参考线属性

1.4.3 使用网格

在图像处理中设置网格线可以让图像处理更精准。选择【视图】→【显示】→【网格】命令，或按【Ctrl+'】键，可以在图像窗口中显示或隐藏网格线。

【练习 1-5】设置网格效果。

(1) 打开一幅图像文件，然后选择【视图】→【显示】→【网格】命令，在图像中显示网格，如图 1-44 所示。

(2) 按 Ctrl+K 组合键打开【首选项】对话框，在【常规】下拉列表中选择【参考线、网格和切片】选项，在【网格】选项栏中设置网格的颜色、样式、网格间距和子网格数量，如图 1-45 所示。

(3) 单击【确定】按钮，完成网格效果的设置。

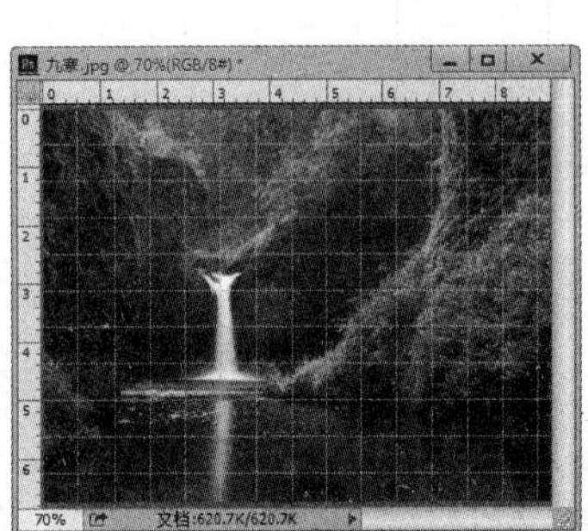

图 1-44　显示网格

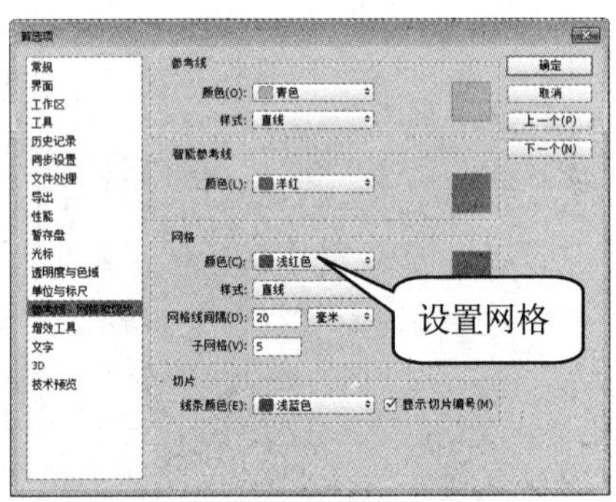

图 1-45　设置网格效果

1.5 上机实战

本小节综合应用所学的 Photoshop 基础知识，包括工作界面和图像的基本概念，练习调整 Photoshop 的工作界面与修改 Photoshop 色彩模式的操作。

1.5.1 重组 Photoshop 工作面板

本节将对 Photoshop 面板组进行拆分，并将拆分后的面板进行重新组合，然后将所做的界面设置进行保存。

重组工作面板的具体操作如下。

(1) 打开 Photoshop CC 2015 的工作界面，如图 1-46 所示。

(2) 将鼠标指针移到【色板】面板组中的标签上，按住鼠标左键不放向左侧拖动，在灰色区域中释放鼠标，即可将【色板】面板从【颜色】面板组中拆分出来，如图 1-47 所示。

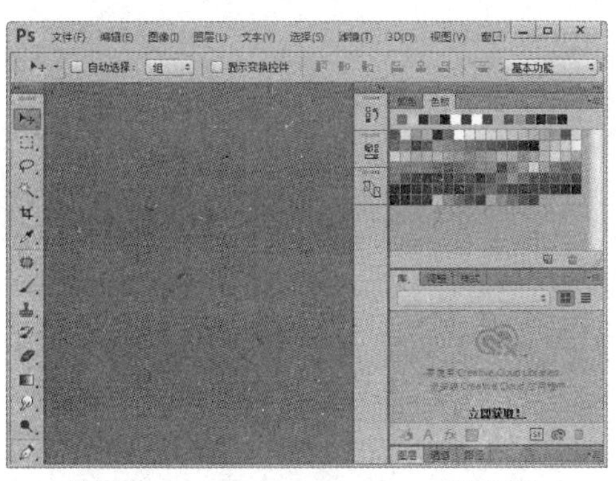

图 1-46　Photoshop CC 2015 工作界面

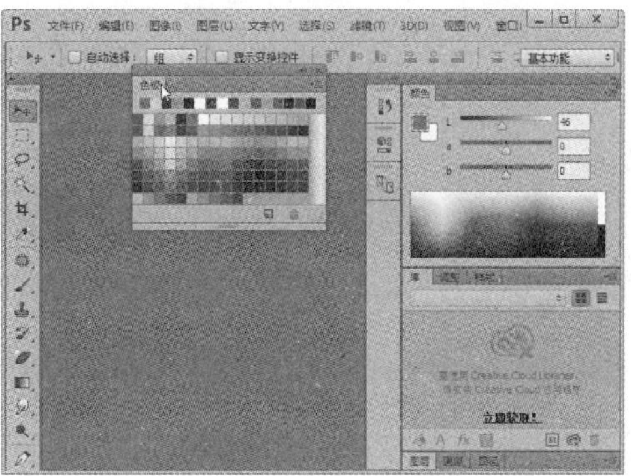

图 1-47　拆分面板效果

(3) 单击【库】面板右上角的快捷菜单按钮，在弹出的菜单中选择【关闭】命令，如图 1-48 所示，即可将【库】面板关闭，如图 1-49 所示。

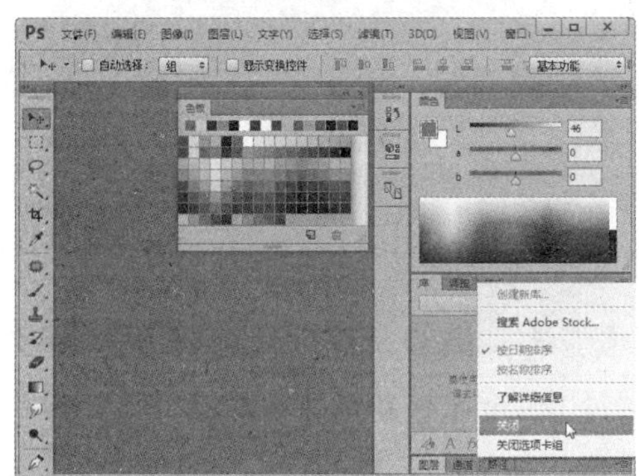

图 1-48　选择【关闭】命令

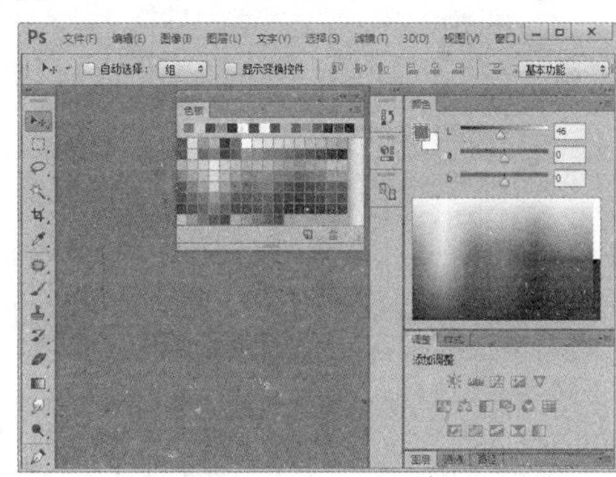

图 1-49　关闭【库】面板

(4) 拖动【调整】面板的标签，将其拖动到【颜色】面板组中，释放鼠标后就完成了面板的合并，如图 1-50 所示。

(5) 参照前面的操作方法，将【样式】和【色板】面板合并到【颜色】面板组中，如图 1-51 所示。

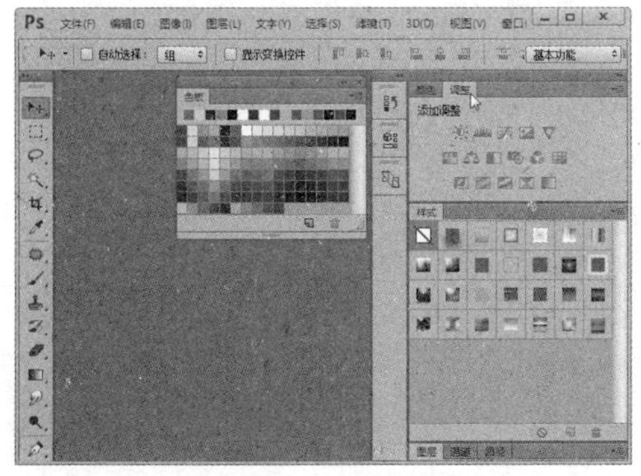

图 1-50　合并面板

图 1-51　合并面板

(6) 单击【图层】缩略面板的标签，即可打开该面板，如图 1-52 所示。

(7) 单击【颜色】面板左侧的按钮，即可展开对应的面板，如图 1-53 所示。

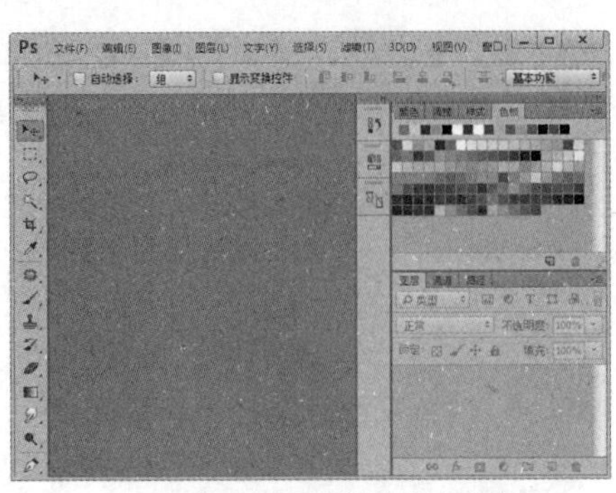

图 1-52　打开【图层】面板

图 1-53　展开面板

(8) 在【图层】中单击右键，在弹出的菜单中选择【折叠为图标】命令，如图 1-54 所示，即可将该列的面板缩小为图标面板，如图 1-55 所示。

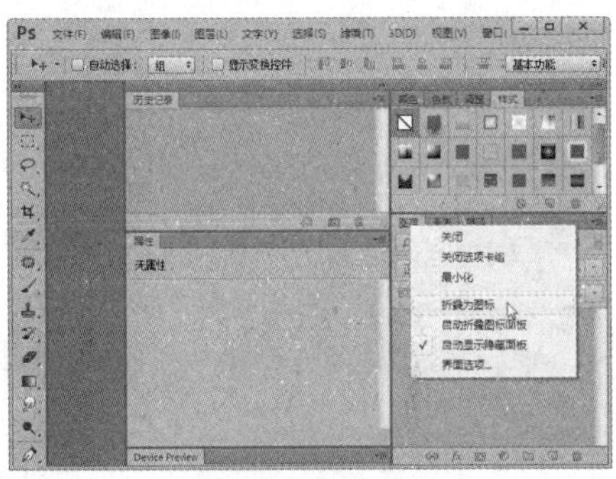

图 1-54　选择命令

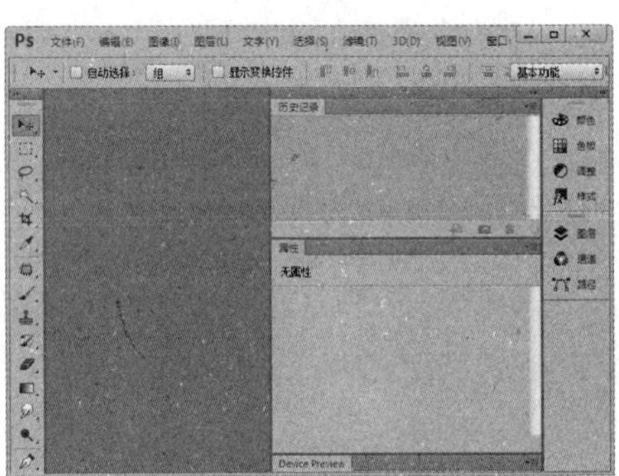

图 1-55　缩小为图标面板

(9) 选择【窗口】→【工作区】→【新建工作区】命令，打开如图 1-56 所示的【新建工作区】对话框，输入名称后单击【存储】按钮，即可存储工作界面，在【工作区】子命令中即可找到新建的界面，如图 1-57 所示。

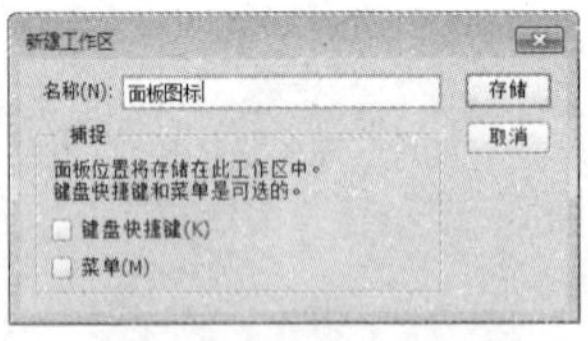

图 1-56　存储工作区

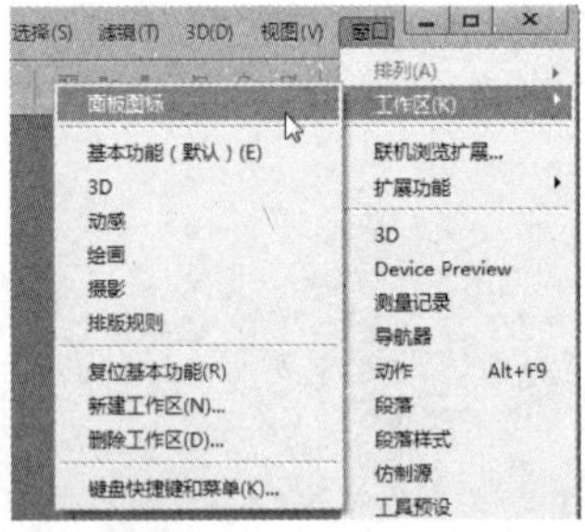

图 1-57　查看工作区

1.5.2　转换图像模式

本案例将对图像转换颜色，将一个 RGB 色彩模式的图像转换为索引颜色模式。转换图像色彩模式的具体操作如下。

(1) 选择【文件】→【打开】命令，在【打开】对话框中找到【荷花.jpg】图像文件，如图 1-58 所示，单击【打开】按钮，打开【荷花.jpg】图像文件，在图像文件标题栏中可以看到当前的图像模式为 RGB，如图 1-59 所示。

图 1-58　选择图像文件

图 1-59　打开素材图像

(2) 选择【图像】→【模式】→【索引颜色】命令，打开【索引颜色】对话框，如图 1-60 所示。

(3) 在对话框中设置好所需参数后，单击【确定】按钮即可完成图像色彩模式的转换，如图 1-61 所示。

图 1-60　【索引颜色】对话框

图 1-61　索引色彩模式

提示

索引颜色模式下的图像文件的信息量比较小，但是该模式下的图像颜色信息会有所丢失，因此该模式的图像通常应用于 Web 领域。

1.6　思考与练习

1.6.1　填空题

1. ________也称为点阵图像，是由许多点组成的。其中每一个点即为一个像素。
2. ________是以数学的矢量方式来记录图像内容的，其中的图形组成元素被称为对象。

3. ________是 Photoshop 中所编辑图像的基本单位。可以把像素看成是一个极小的方形的颜色块，每个小方块为一个像素，也可称为栅格。

4. ________是指单位面积内图像所包含像素的数目，通常用像素/英寸和像素/厘米表示。

5. ________的高低直接影响图像的效果，使用太低的分辨率会导致图像粗糙。

1.6.2 选择题

1. (　　　)图像文件格式是 Photoshop 软件生成的格式，是唯一能支持全部图像色彩模式的格式。

　A. TIF　　　　B. PSD

　C. JPG　　　　D. BMP

2. RGB 模式是由下列哪几种颜色按不同比例混合而成，也称真彩色模式(　　　)。

　A. 红　　　　B. 蓝

　C. 绿　　　　D. 白

3. CMYK 模式是印刷时使用的一种颜色模式，由下列哪几种色彩组成(　　　)。

　A. 青　　　　B. 洋红

　C. 黄　　　　D. 黑

1.6.3 操作题

新建一个名为【练习.PSD】图像文件，设置其宽度和高度分别为 600 像素，分辨率为 150 像素/英寸，如图 1-62 所示。在图像窗口的中间位置创建两条相互垂直的参考线，如图 1-63 所示。

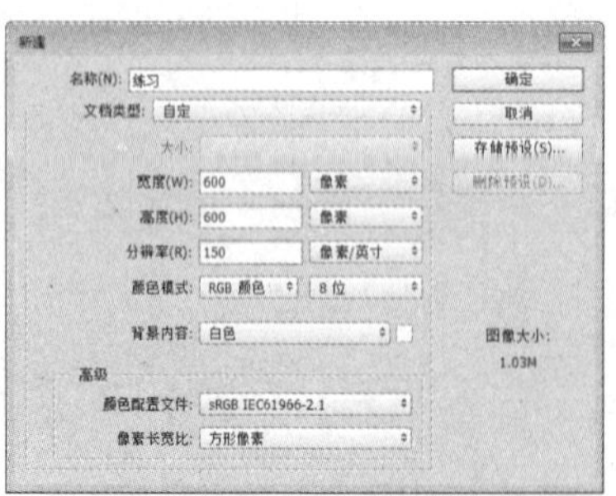

图 1-62　设置新建参数

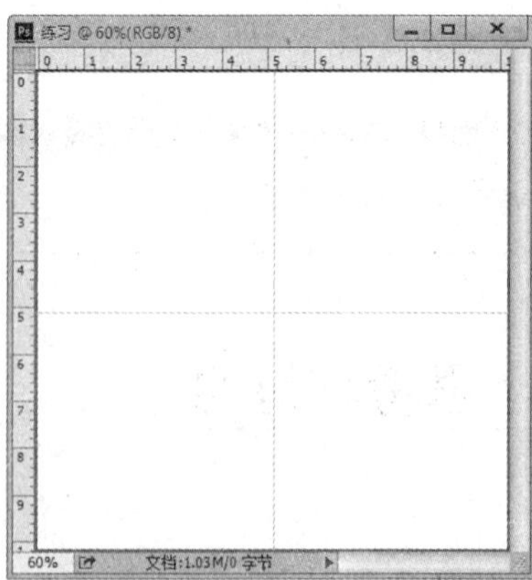

图 1-63　绘制参考线

第2章 图像的基本操作

学习目标

在前一章中学习了 Photoshop 的文件格式、色彩模式等基本知识，本章将学习图像的基本操作，包括查看图像、调整图像大小和方向、变换和裁剪图像，以及还原和重做等。

本章重点

- 查看图像
- 调整图像
- 编辑图像
- 擦除图像
- 还原与重做

2.1 查看图像

在图像处理的过程中，通常需要对编辑的图像进行放大或缩小显示，以利于对图像进行编辑。用户可以通过状态栏、导航器和缩放工具来实现图像的缩放。

2.1.1 使用导航器查看

打开一幅图像文件后，选择【窗口】→【导航器】命令，打开【导航器】面板，该面板中显示当前图像的预览效果，如图 2-1 所示，按住鼠标左键左右拖动【导航器】面板底部滑动条上的滑块，即可对图像显示进行缩放，如图 2-2 所示。

在滑动条左侧的数值框中输入数值，可以直接以设置的比例完成缩放。当图像放大超过

100%时，当前视图中只能观察到【导航器】面板中矩形线框内的图像，将鼠标指针移动到【导航器】面板矩形预览区内，指针将变成手形形状，这时按住左键不放并拖动，可调整图像的显示区域，如图 2-3 所示。

图 2-1　【导航器】面板

图 2-2　拖动滑块缩放显示

图 2-3　调整显示区域

2.1.2　使用缩放工具查看

使用工具箱中的【缩放工具】可放大和缩小图像显示，也可使图像 100%显示。要放大显示图像，可以使用如下两种操作方法。

方法一：在工具箱中单击【缩放工具】按钮，在需要放大显示的图像上单击鼠标，如图 2-4 所示，即可放大显示图像，如图 2-5 所示。

方法二：在工具箱中单击【缩放工具】按钮，在需要放大显示的图像上单击并向右拖动鼠标，即可放大显示图像。

要缩小显示图像，可以使用如下两种操作方法。

方法一：在工具箱中单击【缩放工具】按钮，按住 Alt 键，当指针变为中心有一个减号的图标时，在需要缩小显示的图像上单击鼠标，即可缩小显示图像，如图 2-6 所示。

方法二：在工具箱中单击【缩放工具】按钮，在需要放大的图像上单击并向左拖动鼠标，即可缩小显示图像。

图 2-4　单击鼠标

图 2-5　放大图像

图 2-6　缩小图像

技巧

双击工具箱中的【缩放工具】，图像将以 100%的比例显示。

2.1.3　使用抓手工具平移图像

放大显示图像后，可以使用工具箱中的【抓手工具】在图像窗口中移动图像显示。选择【抓手工具】，在放大的图像窗口中按住鼠标左键拖动，可以移动图像的显示区域，如图 2-7 和图 2-8 所示。

图 2-7　移动图像前

图 2-8　移动图像后

2.2　调整图像

为了更好地使用 Photoshop 绘制和处理图像，用户需要掌握一些常用的图像调整方法，其中包括图像和画布大小的调整，以及图像方向的调整等。

2.2.1　调整图像大小

用户对图像文件进行编辑时，有时需要调整图像的大小，这时可以通过改变图像的像素、高度、宽度和分辨率来调整。

【练习 2-1】通过对话框调整图像大小。

(1) 选择【文件】→【打开】命令，打开一幅图像文件，将鼠标移动到当前图像窗口底端的文档状态栏中，按住鼠标左键不放，可以显示出当前图像文件的宽度、高度和分辨率等信息，如图 2-9 所示。

(2) 选择【图像】→【图像大小】命令，或按 Ctrl+Alt+I 组合键，打开【图像大小】对话框，在此可以重新设置图像的大小，如图 2-10 所示。

- 【图像大小】：显示当前图像的大小。
- 【尺寸】：显示当前图像的长宽值，单击选项中的下拉按钮，可以设置图像长宽的单位。
- 【调整为】：可以在右方的下拉列表中直接选择图像的大小。
- 【宽度/高度】：设置图像的宽度和高度，可以改变图像在屏幕上的显示尺寸大小。
- 【分辨率】：选中该选项，设置图像分辨率的大小。

◉ 【限制长宽比】🔗：默认情况下，图像是按比例进行缩放，单击该按钮，将取消限制长宽比，图像可以不再按比例进行缩放。

图 2-9　显示图像文件信息

图 2-10　设置图像大小

(3) 完成图像大小的设置后，单击【确定】按钮，即可调整图像的大小，在文档状态栏中可以查看调整后的信息，效果如图 2-11 所示。

提示

在【图像大小】对话框中单击【限制长宽比】按钮🔗，可以分别修改【文档大小】的宽度和高度，图像将不再按比例进行缩放，效果如图 2-12 所示。

图 2-11　调整后的图像

图 2-12　非比例调整图像大小

2.2.2　调整画布大小

图像画布大小是指当前图像周围工作空间的大小。使用【画布大小】命令可以精确地设置图像画布的尺寸。

【练习 2-2】调整图像的画布大小。

(1) 打开一幅图像文件，选择【图像】→【画布大小】命令，或右击图像窗口顶部的标题栏，在弹出的快捷菜单中选择【画布大小】命令，如图 2-13 所示。

(2) 在打开的【画布大小】对话框中可以查看和设置当前画布的大小。在【定位】栏中单击箭头指示按钮，以确定画布扩展方向，然后在【新建大小】栏中输入新的宽度和高度，如图 2-14 所示。

图 2-13　选择【画布大小】命令

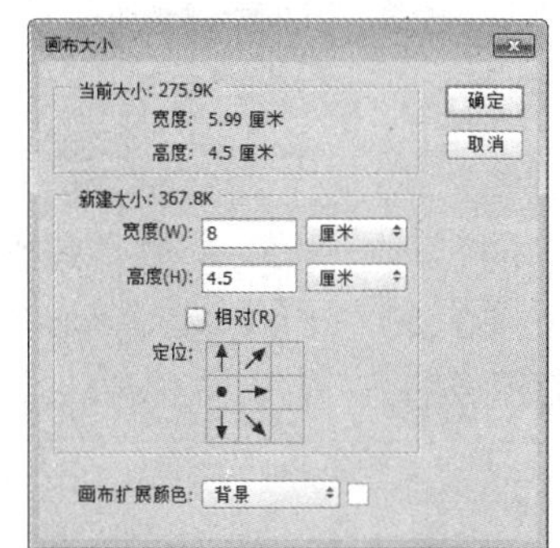

图 2-14　定位和设置画布大小

(3) 在【画布扩展颜色】下拉列表中可以选择画布的扩展颜色，或者单击右方的颜色按钮，打开【拾色器(画布扩展颜色)】对话框，在该对话框中可以设置画布的扩展颜色，如图 2-15 所示。

(4) 设置好画布大小和颜色后，即可修改画布的大小，如图 2-16 所示。

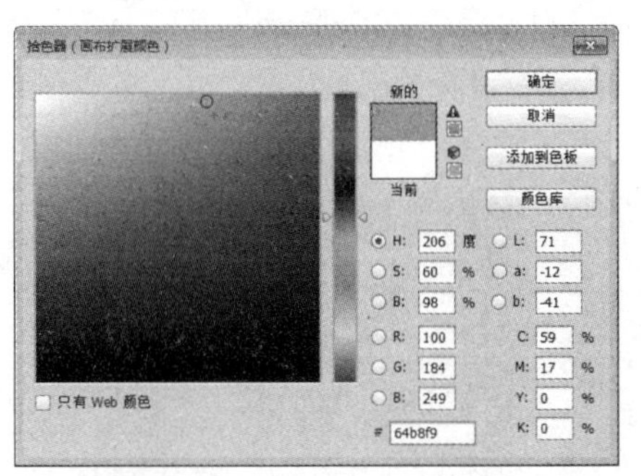

图 2-15　设置画布扩展颜色

图 2-16　修改画布大小

2.2.3　调整图像方向

要调整图像的方向，可以选择【图像】→【旋转画布】命令，在打开的子菜单中选择相应命令来完成，如图 2-17 所示。

- 180度：选择该命令可将整个图像旋转180度。
- 顺时针90度：选择该命令可将整个图像顺时针旋转90度。
- 逆时针90度：选择该命令可将整个图像逆时针旋转90度。
- 任意角度：选择该命令，可以打开如图2-18所示的【旋转画布】对话框，在【角度】文本框中输入要旋转的角度，范围在-359.99～359.99之间，旋转的方向由【顺时针】和【逆时针】单选按钮决定。

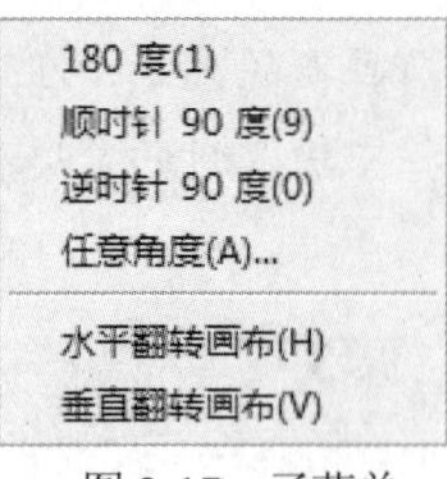

图 2-17　子菜单

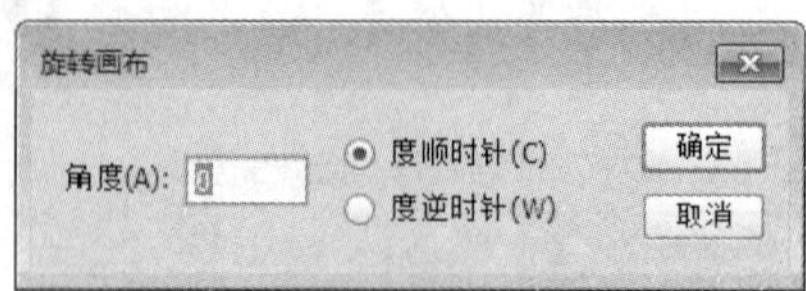

图 2-18　设置旋转角度

- 水平翻转画布：选择该命令可将整个图像水平翻转。
- 垂直翻转画布：选择该命令可将整个图像垂直翻转。

调整图像的方向时，各种翻转效果如图 2-19 所示。

(a) 原图像

(b) 旋转 180 度

(c) 顺时针旋转 90 度

(d) 逆时针旋转 90 度

(e) 水平翻转

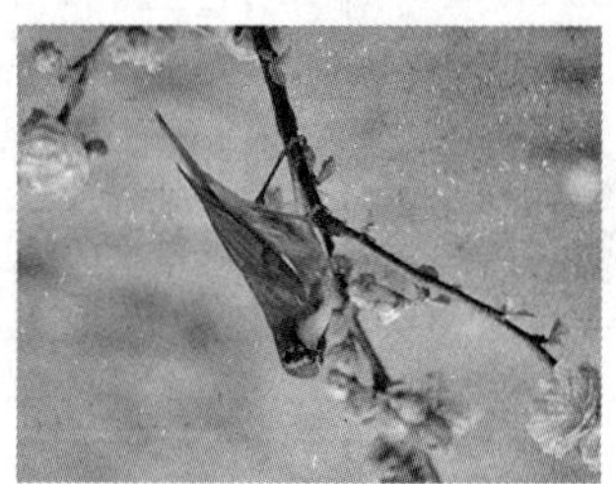

(f) 垂直翻转

图 2-19　各种翻转效果

2.2.4　裁剪图像

使用【裁剪工具】可以将多余部分的图像裁剪掉，从而得到需要的图像。选择【裁剪工具】，在图像中单击并拖动鼠标，将绘制出一个矩形区域，矩形区域内部代表裁剪后图像保留部分，矩形区域外的部分将被删除掉，工具属性栏如图 2-20 所示。

图 2-20　裁剪工具属性栏

- 比例：设置裁剪图像时的比例。
- 清除：清除上次操作设置的高度、宽度以及分辨率等数值。
- 按钮：单击该按钮可以取消当前裁剪操作。
- 按钮：单击该按钮，或按 Enter 键可以对裁剪操作进行确定。

【练习 2-3】裁剪鸟儿照片。

(1) 打开一幅图像文件，选择工具箱中的【裁剪工具】，然后在图像中拖动绘制出一个裁剪矩形区域，如图 2-21 所示。

(2) 将鼠标移动到裁剪矩形框的右方中点上，当其变为双向箭头时拖动鼠标，可以调整裁剪矩形框的大小，如图 2-22 所示。

图 2-21　绘制裁剪区域

图 2-22　调整裁剪区域

(3) 将鼠标移动到裁剪矩形框的四个角外(如右下方角点外)，当其变为旋转箭头时拖动鼠标，可以旋转裁剪矩形框，如图 2-23 所示。

(4) 按 Enter 键，或单击工具属性栏中的【提交】按钮进行确定，即可完成图像的裁剪，裁剪后的图片效果如图 2-24 所示。

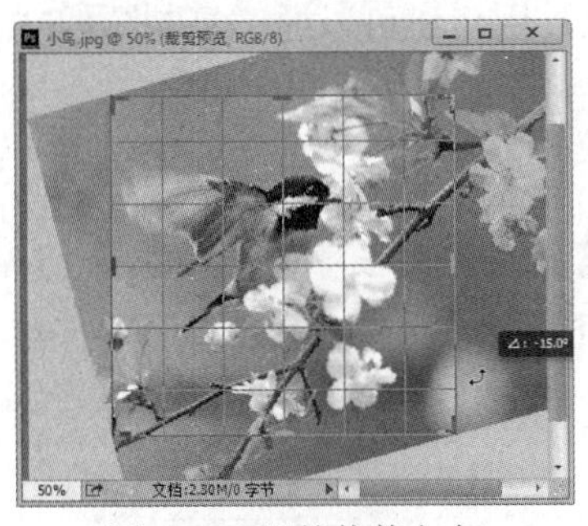

图 2-23　调整裁剪方向

图 2-24　裁剪后的图片

2.3　编辑图像

除了对整个图像进行调整外，还可以对文件中单一的图像进行操作。其中包括移动对象、复制对象、缩放对象、旋转与斜切图像、扭曲与透视图像、翻转图像等。

2.3.1 移动图像

移动图像分为整体移动和局部移动，整体移动是将当前工作图层上的图像从一个地方移动到另一个地方，而局部移动是对图像中的部分图像进行移动。

【练习 2-4】移动按钮图像。

(1) 打开【按钮.psd】分层图像文件，并在【图层】面板中选择【图层 1】图层，如图 2-25 所示。

(2) 在工具箱中选择【移动工具】，然后在按钮图像上按住鼠标左键，将图像拖动到右上角，即可移动该图像，如图 2-26 所示。

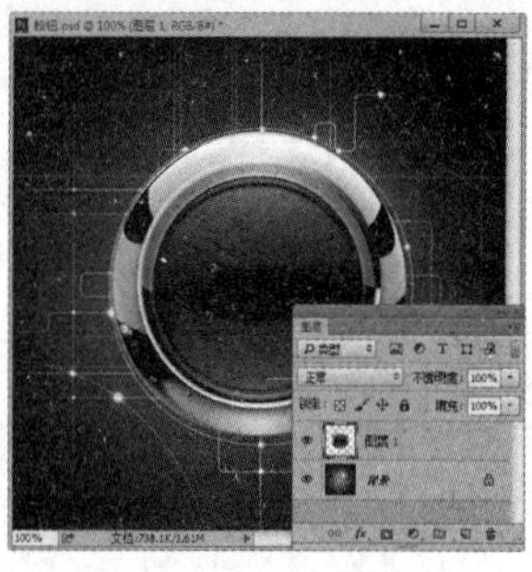

图 2-25　打开图像文件

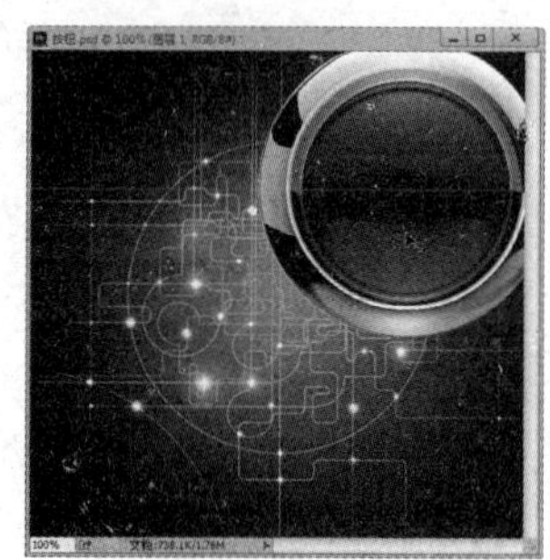

图 2-26　移动图像

2.3.2 复制图像

复制图像可以方便用户快捷地制作出相同的图像，用户还可以通过复制图像文件，将图像中的图层、图层蒙版和通道等都进行复制。

【练习 2-5】复制按钮图像和图像文件。

(1) 打开未编辑过的【按钮.psd】图像文件，在【图层】面板中选择【图层 1】图层。

(2) 选择工具箱中的【移动工具】，按住 Alt 键，同时拖动按钮图像，即可对其进行复制，如图 2-27 所示，在【图层】面板中将显示得到的复制图层，如图 2-28 所示。

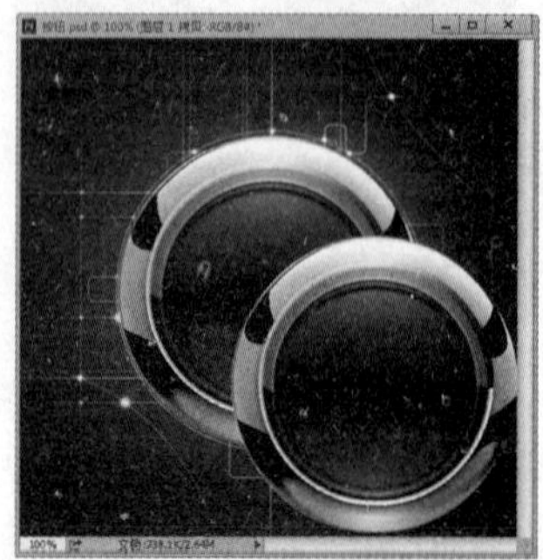

图 2-27　复制图像

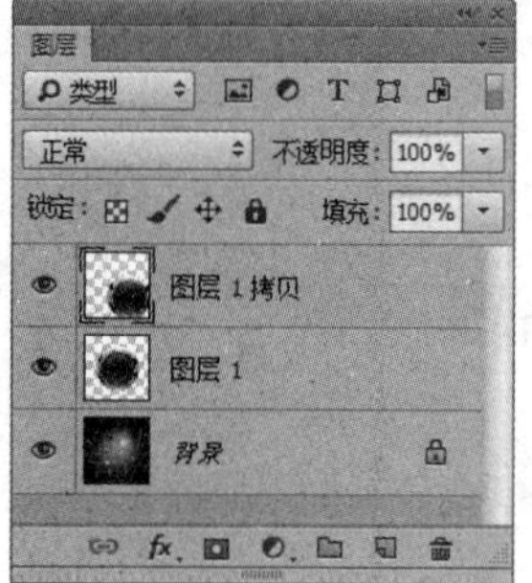

图 2-28　得到的图层

提示

使用选区工具选择需要的图像后，可以使用【编辑】→【复制】和【编辑】→【粘贴】命令对所选图像进行复制。

(3) 选择【图像】→【复制】命令，打开【复制图像】对话框，如图 2-29 所示。

(4) 设置好图像的文件名称后，单击【确定】按钮，即可得到复制的拷贝图像文件，如图 2-30 所示。

图 2-29　【复制图像】对话框

图 2-30　复制的文件

2.3.3　缩放图像

在 Photoshop 里，可以通过调整定界框来改变图像大小。缩放对象的具体操作方法如下：

【练习 2-6】缩放按钮图像。

(1) 打开未编辑过的【按钮.psd】图像文件，并在【图层】面板中选择【图层 1】图层。

(2) 选择【编辑】→【变换】→【缩放】命令，图像周围即可出现一个控制方框，如图 2-31 所示。

(3) 按住 Shift 键拖动控制框任意一个角即可对图像进行等比例缩放，如按住右上角向内拖动，可以等比例缩小图像，如图 2-32 所示。

(4) 将鼠标置于控制方框内，按住鼠标左键进行拖动，可以移动图像，然后按 Enter 键，或双击鼠标，完成图像的缩放，如图 2-33 所示。

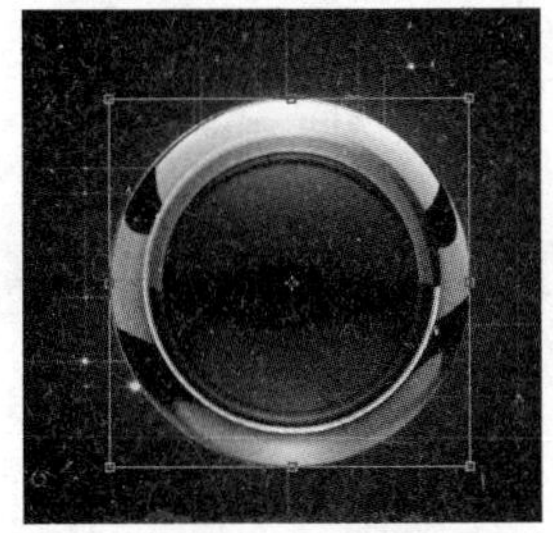

图 2-31　使用【缩放】命令

图 2-32　缩小图像

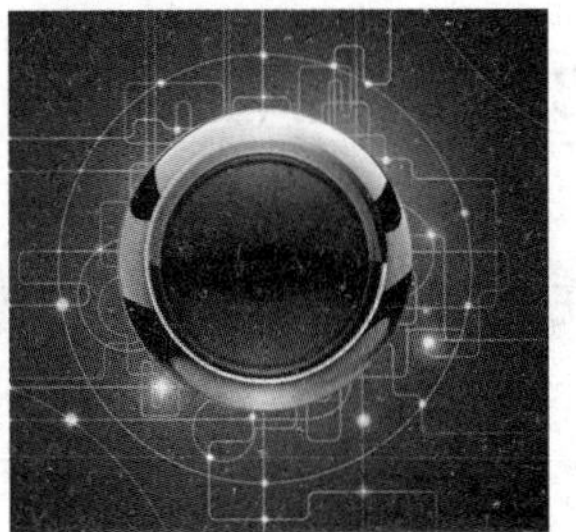

图 2-33　调整好图像位置

2.3.4 斜切与旋转图像

旋转与斜切图像的操作与缩放对象类似，选择【编辑】→【变换】命令，然后在子菜单中选择【斜切】或【旋转】命令，拖动方框中的任意一角即可进行斜切与旋转，如图 2-34 和图 2-35 所示。

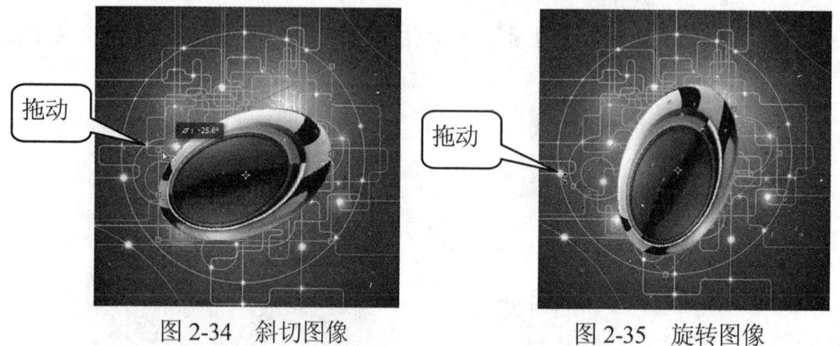

图 2-34　斜切图像　　图 2-35　旋转图像

2.3.5 扭曲与透视图像

使用【扭曲】或【透视】命令，可以为图像增添某些效果。选择【编辑】→【变换】命令，然后在子菜单中选择【扭曲】或【透视】命令，拖动方框中的任意一角即可对图像做扭曲与透视处理，分别如图 2-36 和图 2-37 所示。

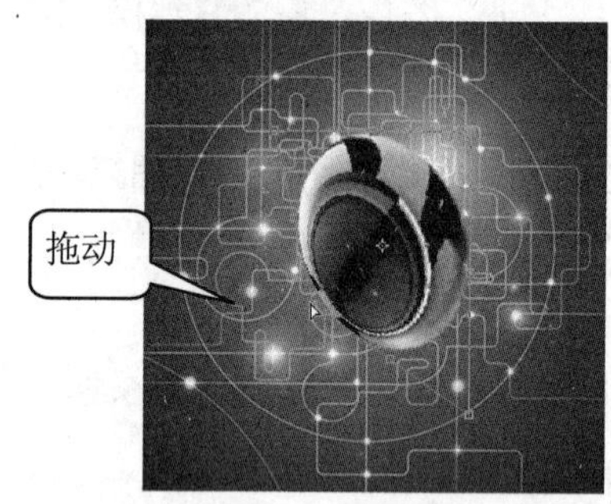

图 2-36　扭曲图像

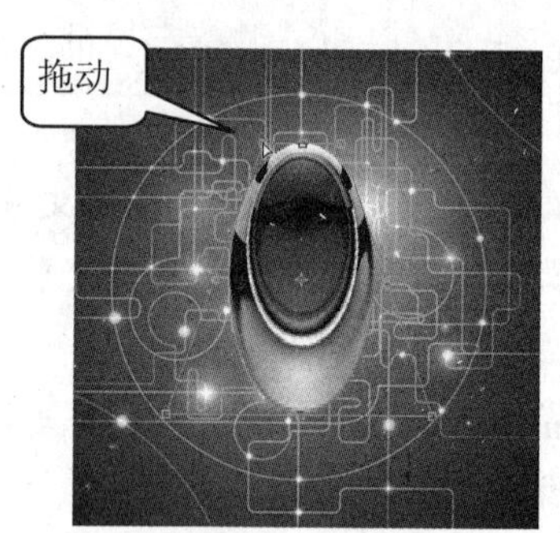

图 2-37　透视图像

2.3.6 变形图像

在 Photoshop 中有一个【变形】命令，使用该命令可以使图像中出现一个网格，通过对网格进行编辑即可达到变形的效果。

【练习 2-7】对按钮图形进行变形操作。

(1) 打开未编辑过的【按钮.psd】图像文件，在【图层】面板中选择需要进行变形操作的图

层。选择【编辑】→【变换】→【变形】命令，在图像中即可出现一个网格图形，如图 2-38 所示。

(2) 按住网格上下左右的小圆点进行拖动，调整控制手柄即可对图像进行变形编辑，如图 2-39 所示。

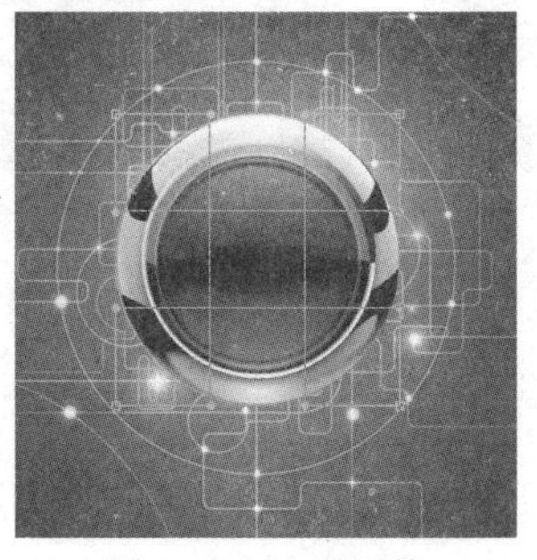

图 2-38　出现网格

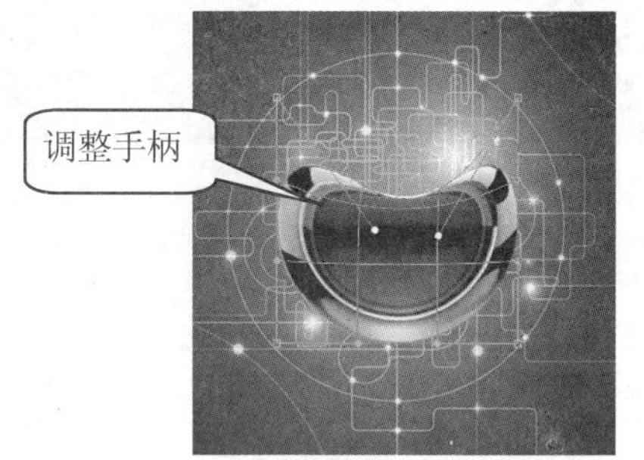

图 2-39　使图像变形

(3) 在属性栏中还有一些固定的形状，在属性栏中单击【变形】选项旁边的三角形按钮，在其下拉列表框中可选择一种变形样式，如选择【旗帜】选项，如图 2-40 所示。

(4) 按 Enter 键即可完成图像的变形操作，效果如图 2-41 所示。

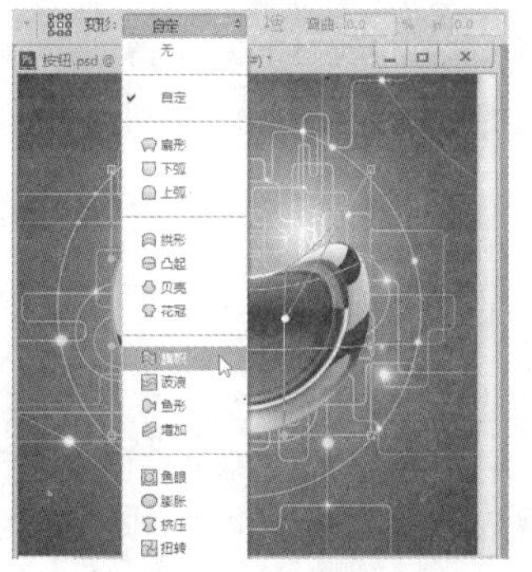

图 2-40　选择变形样式

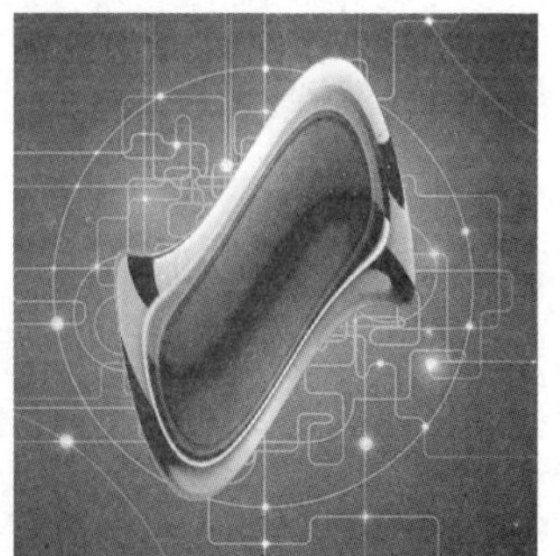

图 2-41　图像变形效果

2.3.7　翻转图像

在图像编辑过程中，如需要使用对称的图像，则可以将图像进行翻转。翻转图像的具体操作方式如下例所示。

【练习 2-8】对按钮进行翻转。

(1) 打开【按钮 2.psd】分层图像文件，在【图层】面板中选择需要翻转的按钮图层，如图 2-42 所示。

(2) 选择【编辑】→【变换】→【水平翻转】命令，可对按钮进行水平翻转，如图 2-43 所示。

(3) 选择【编辑】→【变换】→【垂直翻转】命令，可对按钮进行垂直翻转，如图 2-44 所示。

图 2-42 原图

图 2-43 水平翻转图像

图 2-44 垂直翻转图像

提示

这里的翻转图像是针对分层图像中的单一对象而言，与【水平(垂直)翻转画布】命令是不同的。

2.4 擦除图像

使用橡皮擦工具组中的工具可以方便地擦除图像中的局部图像。橡皮擦工具组中包括【橡皮擦工具】、【背景橡皮擦工具】和【魔术橡皮擦工具】。

2.4.1 使用橡皮擦工具

【橡皮擦工具】主要用来擦除当前图像中的颜色。选择【橡皮擦工具】后，可以在图像中拖动鼠标，根据画笔形状对图像进行擦除。【橡皮擦工具】属性栏如图 2-45 所示。

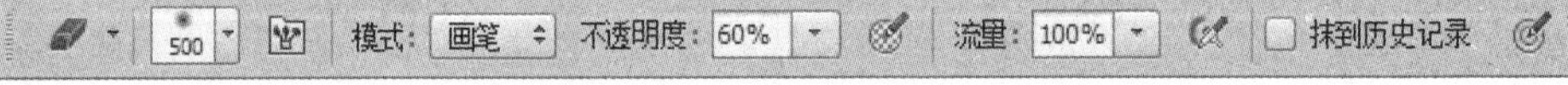

图 2-45 【橡皮擦工具】属性栏

- 模式：单击右侧的三角按钮，在下拉列表中可以选择画笔、铅笔和块3种擦除模式。
- 不透明度：设置参数可以直接改变擦除时图像的透明程度。
- 流量：数值越小，擦除图像的时候画笔压力越小，擦除的图像将透明显示。
- 抹到历史记录：选中此复选框，可以将图像擦除至【历史记录】面板中的恢复点外的图像效果。

【练习 2-9】擦除图像。

(1) 打开一幅图像文件，在工具箱中选择【橡皮擦工具】，然后设置工具箱中的背景色为白色，如图 2-46 所示。

(2) 在工具属性栏中单击【画笔】旁边的三角形按钮，在打开的面板中选择【柔角】样式，然后设置画笔大小，如图 2-47 所示。

图 2-46　打开图像

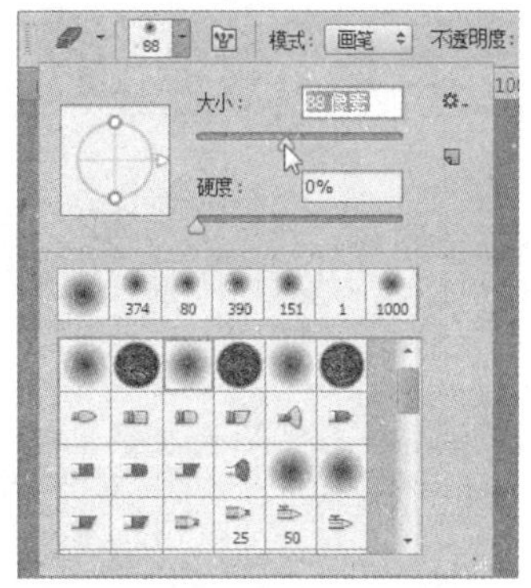

图 2-47　选择并设置画笔

(3) 在图像窗口中拖动鼠标擦除背景图像，擦除的图像呈现背景色，如图 2-48 所示。

(4) 选择【窗口】→【历史记录】命令，打开【历史记录】面板，单击原图文件，即可回到图像原始状态，如图 2-49 所示。

图 2-48　擦除图像

图 2-49　返回原始状态

(5) 在【图层】面板中双击背景图层，在打开的【新建图层】对话框中单击【确定】按钮，将其转换为普通图层，如图 2-50 所示。

(6) 选择【橡皮擦工具】，然后在图像中拖动，擦除背景图像，可以得到透明的背景效果，如图 2-51 所示。

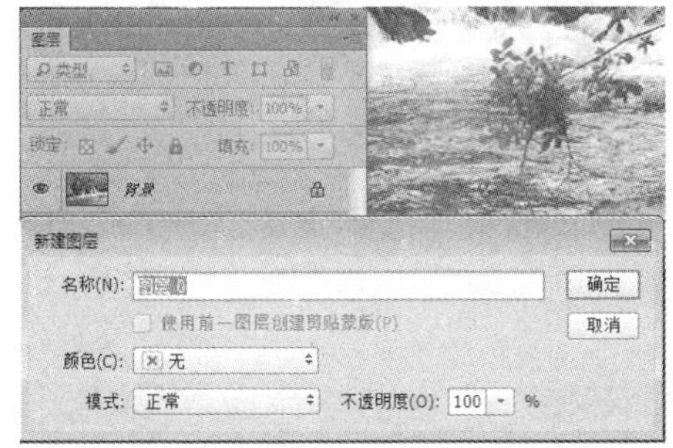

图 2-50　转换背景图层为普通图层

图 2-51　擦除背景图像

2.4.2　使用背景橡皮擦工具

使用【背景橡皮擦工具】可在拖动时将图层上的像素抹成透明，从而可以在抹除背景的同时在前景中保留对象的边缘。通过指定不同的取样和容差选项，可以控制透明度的范围和边界的锐化程度。其属性选项栏中显示各种属性，如图 2-52 所示。

图 2-52　【背景橡皮擦工具】属性栏

- 取样：连续取样按钮：按下此按钮，在擦除图像过程中将连续采集取样点。
- 取样：一次取样按钮：按下此按钮，将第一次单击鼠标位置的颜色作为取样点。
- 取样：背景色板取样按钮：按下此按钮，将当前背景色作为取样色。
- 限制：单击右侧的三角按钮，打开下拉列表，其中【不连续】指整修图像上擦除样本色彩的区域；【连续】指只擦除连续的包含样本色彩的区域；【查找边缘】指自动查找与取样色彩区域连接的边界，在擦除过程中能更好地保持边缘锐化效果。
- 容差：用于调整需要擦除的与取样点色彩相近的颜色范围。
- 保护前景色：选择此选项，可以保护图像中与前景色一致的区域不被擦除。

使用【背景橡皮擦工具】在擦除背景图层的图像时，擦除后的图像将显示为透明效果，背景图层也将自动转换为普通图层，如图 2-53 和图 2-54 所示是擦除背景图层图像时的前后对比效果。

图 2-53　原图像

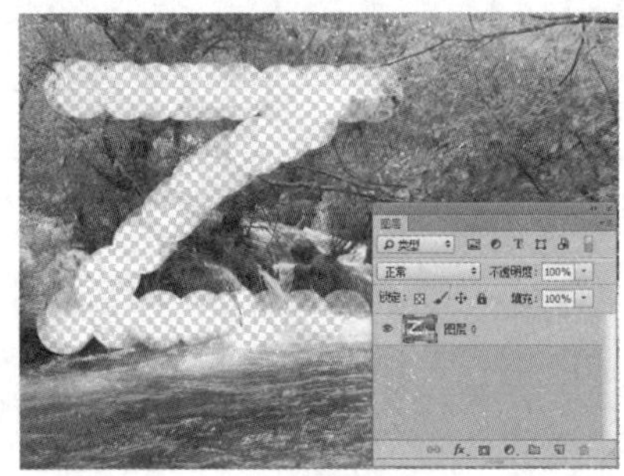

图 2-54　擦除图像后的效果

2.4.3　使用魔术橡皮擦工具

【魔术橡皮擦工具】是魔术棒工具与背景色橡皮擦工具的结合，只需在需要擦除的颜色范围内单击，便可以自动擦除该颜色处相近的图像区域，擦除后的图像背景显示为透明状态。【魔术橡皮擦工具】的属性栏如图 2-55 所示。

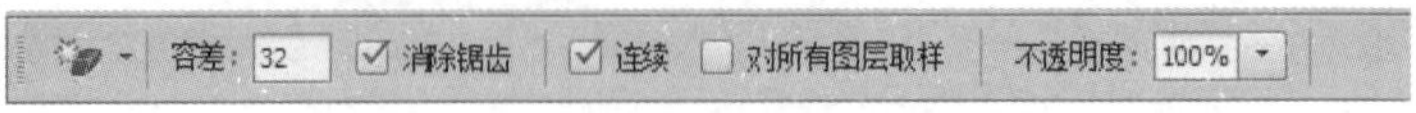

容差：32　☑ 消除锯齿　☑ 连续　☐ 对所有图层取样　不透明度：100%

图 2-55　【魔术橡皮擦工具】属性栏

- 【容差】：在其中输入数值，可以设置被擦除图像颜色与取样颜色之间差异的大小，数值越小，擦除的图像颜色与取样颜色越相近。
- 【消除锯齿】：选中该复选框，会使擦除区域的边缘更加光滑。
- 【连续】：选中该复选框，可以擦除位于点选区域附近，并且在容差范围内的颜色区域，如图2-56所示。取消选中此项，则只要在容差范围内的颜色区域都将被擦除，如图2-57所示。
- 对所有图层取样：选中该复选框，可以利用所有可见图层中的组合数据来采集色样，否则只采集当前图层的颜色信息。

图 2-56　连续擦除效果

图 2-57　非连续擦除效果

2.5　还原与重做

在编辑图像的时候有时会执行一些错误的操作，使用还原图像操作即可轻松返回到原始状态，还可以通过该功能制作一些特殊效果。

2.5.1　通过菜单命令操作

当用户在绘制图像时，常常需要进行反复的修改才能得到理想的效果，在操作过程中通常会遇到撤销之前的步骤重新操作，这时可以通过下面的方法来撤销误操作。

- 选择【编辑】→【还原】命令可以撤销最近一次进行的操作。
- 选择【编辑】→【后退一步】命令可以向前撤销一步操作。
- 选择【编辑】→【前进一步】命令可以恢复被撤销的一步操作。

2.5.2　通过【历史记录】面板操作

当用户使用了其他工具在图像上进行误操作后，可以使用【历史记录】面板来还原图像。【历史记录】面板用来记录对图像所进行的操作步骤，并可以帮助用户恢复到【历史记录】面板中显示的任何操作状态。

【练习 2-10】使用【历史记录】面板进行还原操作。

(1) 打开任意一幅图像文件，选择【窗口】→【历史记录】命令，打开【历史记录】面板，如图 2-58 所示。

(2) 在工具箱中选择【横排文字工具】T，在图像中单击鼠标，然后输入文字，可以看到在【历史记录】面板中已经有了输入文字的记录，如图 2-59 所示。

图 2-58　打开图像

图 2-59　输入文字

(3) 在工具箱中选择【移动工具】，然后将创建的文字拖动到图像窗口的左上方，【历史记录】面板中将出现相应的操作步骤，如图 2-60 所示。

(4) 将鼠标移动到【历史记录】面板中，单击操作的第二步，即创建文字的步骤，可以将图像返回到移动文字前的效果，如图 2-61 所示。

图 2-60　移动文字

图 2-61　还原创建文字

2.5.3　通过组合键操作

当用户在绘制图像时，除了可以使用菜单命令和【历史记录】面板进行还原与重做操作外，也可以使用组合键进行操作。

- 按 Ctrl+Z 组合键可以撤销最近一次进行的操作，再次按 Ctrl+Z 组合键可以重做被撤销的操作。
- 按 Alt+Ctrl+Z 组合键可以向前撤销一步操作。
- 按 Shift+Ctrl+Z 组合键可以向后重做一步操作。

2.6 上机实战

本小节综合应用所学的 Photoshop 图像基本操作，包括查看图像、调整图像和编辑图像等，练习利用 Photoshop 调整照片和制作立体图像的操作。

2.6.1 调整照片大小

本节将对照片的大小进行调整，并将多余的图像裁剪掉。调整照片的具体操作如下。

(1) 启动 Photoshop CC 2015，打开【宝贝.psd】图像文件，如图 2-62 所示。

(2) 选择【图像】→【图像大小】命令，打开【图像大小】对话框，重新设置图像的大小，如图 2-63 所示。

图 2-62　打开照片图像

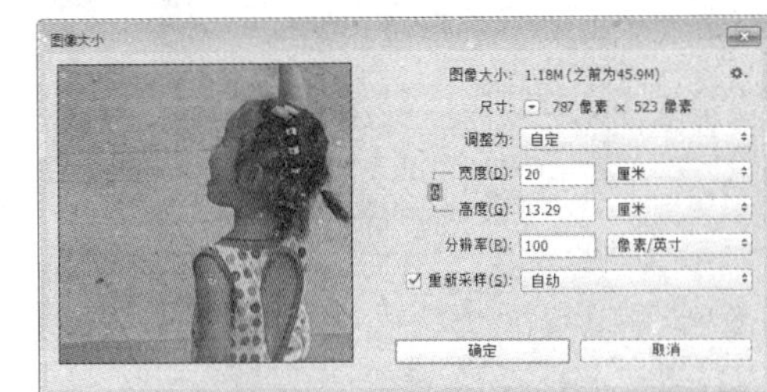

图 2-63　设置图像大小

(3) 单击工具箱中的【裁剪工具】按钮，然后在图像窗口中框选需要的图像区域，并通过拖动裁剪边框调整裁剪的区域，如图 2-64 所示。

(4) 按 Enter 键完成裁剪操作，图像效果如图 2-65 所示。

图 2-64　指定裁剪区域

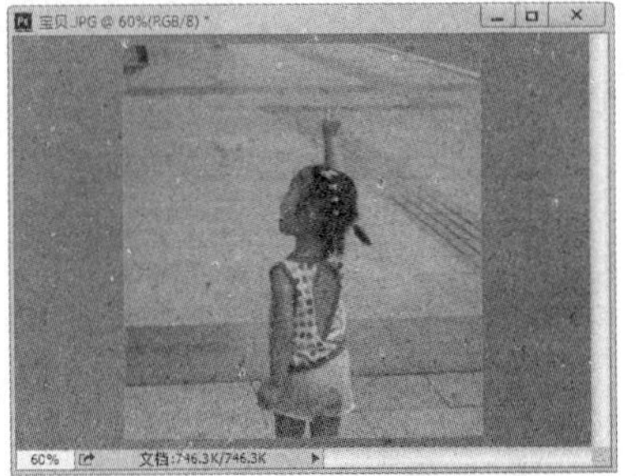

图 2-65　裁剪图像

2.6.2 制作立体图像

本案例将制作立体图像效果，主要练习复制图像、翻转图像和图像透视等操作。制作立体图像效果的具体操作如下。

(1) 打开【风景.psd】图像文件，如图 2-66 所示。选择工具箱中的【移动工具】，按住Alt 键，同时拖动【图层 2】中的图像，对其进行复制，如图 2-67 所示。

图 2-66　打开图像文件

图 2-67　复制图像

(2) 选择【编辑】→【变换】→【垂直翻转】命令，将复制得到的图像垂直翻转，效果如图 2-68 所示。

(3) 使用工具箱中的【橡皮擦工具】将翻转图像的底部擦除，如图 2-69 所示。

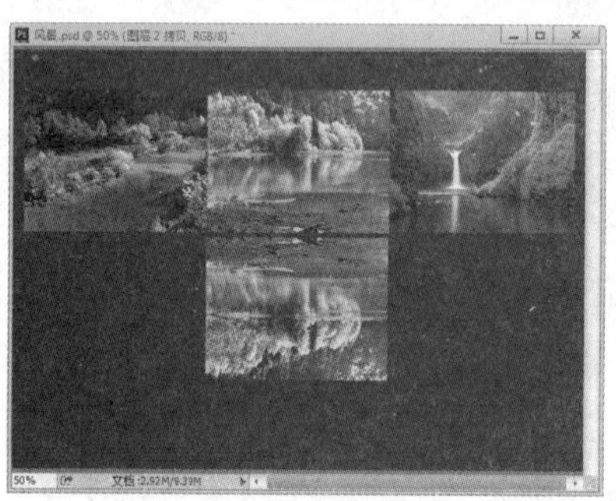
图 2-68　垂直翻转图像

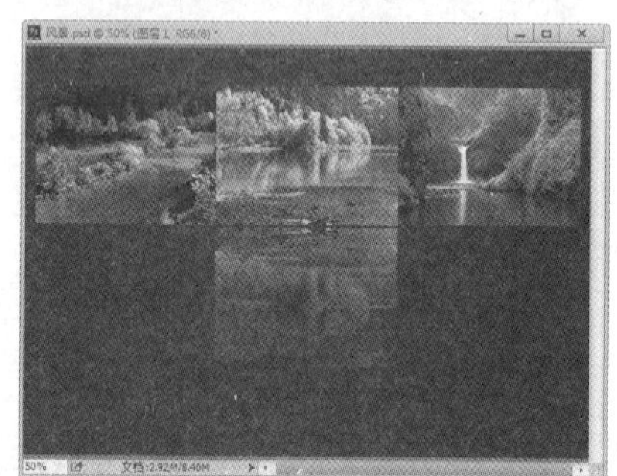
图 2-69　擦除底部图像

(4) 在【图层】面板中单击【图层 1】选项，选中【图层 1】，如图 2-70 所示。

(5) 选择【编辑】→【变换】→【透视】命令，然后对【图层 1】中的图像进行透视调整，如图 2-71 所示。

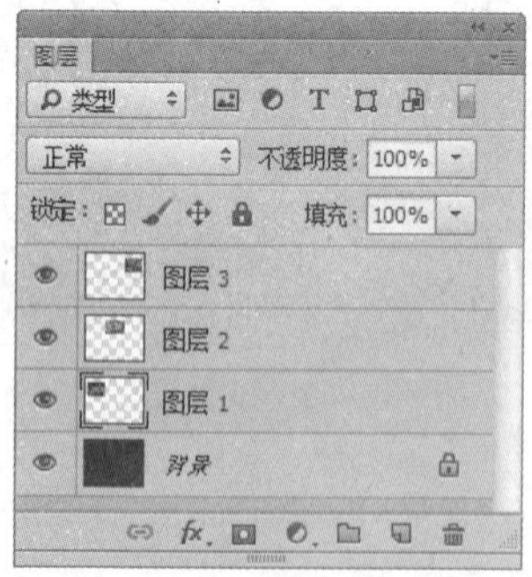

图 2-70　选中【图层 1】

图 2-71　透视调整图像

(6) 选中【图层 3】，然后选择【编辑】→【变换】→【透视】命令，然后对【图层 3】中的图像进行透视调整，如图 2-72 所示。

(7) 选中【图层 1】，然后选择工具箱中的【移动工具】，按住 Alt 键，同时拖动【图层 1】中的图像，对其进行复制，如图 2-73 所示。

图 2-72　透视调整图像

图 2-73　复制【图层 1】

(8) 将复制得到的图像垂直翻转，然后选择【编辑】→【变换】→【扭曲】命令，对翻转后的图像进行变形调整，然后使用【橡皮擦工具】将翻转图像的底部擦除，如图 2-74 所示。

(9) 选中【图层 3】，然后对该图层的图像进行复制、垂直翻转、扭曲和擦除操作，完成本例的制作，如图 2-75 所示。

图 2-74　编辑图像

图 2-75　复制并编辑图像

2.7　思考与练习

2.7.1　填空题

1. 按住鼠标左键左右拖动______________面板底部滑动条上的滑块，即可对图像显示进行缩放。

2. 在工具箱中单击_____________按钮，在需要放大显示的图像上单击鼠标，即可放大显示图像。

3. 放大显示图像后，可以使用工具箱中的_____________在图像窗口中移动图像显示。

4. 使用_____________工具可以将多余部分图像裁剪掉，从而得到需要的那部分图像。

2.7.2 选择题

1. 选择工具箱中的(　　)工具，在按钮图像上按住鼠标左键并拖动，可以移动图像。

A. 移动　　　　B. 选取

C. 文字　　　　D. 裁剪

2. 要调整图像的方向，可以选择(　　)命令，在其子菜单中选择相应命令来完成。

A. 复制　　　　B. 旋转画布

C. 图像大小　　　　D. 画布大小

3. 选择【编辑】→【变换】命令，然后在子菜单中选择(　　)命令，拖动方框中的任意一角即可对图像进行扭曲。

A. 旋转　　　　B. 透视

C. 斜切　　　　D. 扭曲

2.7.3 操作题

打开素材文件【山水.psd】，选择【编辑】→【变换】→【缩放】命令，将文字缩小，然后选择【编辑】→【变换】→【斜切】命令，对文字进行斜切，效果分别如图 2-76、图 2-77 和图 2-78 所示。

图 2-76　打开素材

图 2-77　缩放文字

图 2-78　倾斜文字

第3章 创建与应用选区

学习目标

本章将学习选区的创建与应用，用户可以在图像中创建选区，还可以通过选区命令获取部分图像选区，这样可以保护选区以外的图像不受影响，在图像编辑过程中的任何操作都只对选区内的图像起作用。

本章重点

- 创建选区
- 修改选区
- 编辑选区

3.1 创建选区

在 Photoshop 中建立选区的工具包括：选框工具、套索工具、魔棒工具、色彩范围、蒙版、通道、路径等。创建选区时，可以根据几何形状或像素颜色来选择合适的工具。

3.1.1 使用矩形选框工具

使用【矩形选框工具】可以绘制出矩形选区，并且还可以配合属性栏中的各项设置绘制出一些特定大小的矩形选区。

【练习 3-1】绘制矩形选区。

(1) 打开任意一幅图像文件，在工具箱中选择【矩形选框工具】，将光标移至图像窗口中，按住鼠标左键进行拖动，即可创建出一个矩形选区，如图 3-1 所示。

(2) 按 Ctrl + D 组合键可以取消选区。

(3) 按住 Shift 键在图像中拖动鼠标，可以绘制出一个正方形选区，如图 3-2 所示。

图 3-1　绘制矩形选区

图 3-2　绘制正方形选区

(4) 绘制选区后，工具属性栏如图 3-3 所示，在其中可以对选区进行添加选区、减少选区和交叉选区等各项操作。

羽化: 0 像素　消除锯齿　样式: 正常　宽度:　高度:　调整边缘...

图 3-3　矩形工具属性栏

- ：该按钮主要用于控制选区的创建方式，表示创建新选区，表示添加到选区，表示从选区减去，表示与选区交叉。
- 羽化：在该文本框中输入数值可以在创建选区后得到使选区边缘柔化的效果，羽化值越大，则选区的边缘越柔和。
- 消除锯齿：用于消除选区锯齿边缘，只有在选择椭圆选框工具时才可用。
- 样式：在该下拉列表框中可以选择设置选区的形状。包括【正常】、【固定比例】和【固定大小】3个选项。其中【正常】为默认设置，可创建不同大小的选区；选择【固定比例】所创建的选区长宽比与设置保持一致；【固定大小】选项用于锁定选区大小。
- 调整边缘：单击该按钮，即可打开【调整边缘】对话框，在其中可以定义边缘的半径、对比度和羽化程度等，可以对选区进行收缩和扩充，以及选择多种显示模式。

(5) 单击属性栏中的【添加到选区】按钮，可以再绘制一个矩形选区，如图 3-4 所示，得到添加矩形选区的效果，如图 3-5 所示。

图 3-4　绘制选区

图 3-5　添加的选区

(6) 单击属性栏中的【从选区减去】按钮，并且在【样式】下拉列表框中选择【固定比例】选项，分别设置【宽度】为 2、【高度】为 3，然后在图像中绘制选区，如图 3-6 所示，可以得到减去矩形选区的效果，如图 3-7 所示。

图 3-6　设置属性栏

图 3-7　减去的选区

(7) 按 Ctrl + D 组合键取消选区。

(8) 在属性栏中选择【固定大小】选项，并单击【添加到选区】按钮，在图像窗口中多次单击鼠标，即可得到多个相同大小的选区，如图 3-8 所示。

(9) 按 Delete 键可以使用背景色删除选区内的图像，效果如图 3-9 所示。

图 3-8　绘制相同选区

图 3-9　删除选区内的图像

3.1.2　使用椭圆选框工具

使用【椭圆选框工具】可以绘制椭圆形及正圆形选区，其属性栏中的选项及功能与矩形选框工具相同。

在工具箱中选择【椭圆选框工具】，然后在图像窗口中按下鼠标并拖动，即可创建椭圆形选区，如图 3-10 所示。在绘制椭圆形选区的过程中，按住 Shift 键可以创建正圆选区，如图 3-11 所示。

图 3-10　绘制椭圆选区

图 3-11　绘制正圆选区

技巧

在绘制椭圆形选区的过程中，用户可以按住 Alt 键以光标起点为中心绘制椭圆形选区。也可以按住 Alt + Shift 组合键以光标起点为中心绘制正圆形选区。

3.1.3 使用单行、单列选框工具

使用【单行选框工具】或【单列选框工具】可以在图像窗口中绘制一个像素宽度的水平或垂直选区，且绘制的选区长度会随着图像窗口的尺寸变化。

在工具箱中选择【单行选框工具】或【单列选框工具】选项，然后在图像窗口中单击，即可创建出 1 个像素大小的单行或单列选区，分别如图 3-12 和图 3-13 所示。

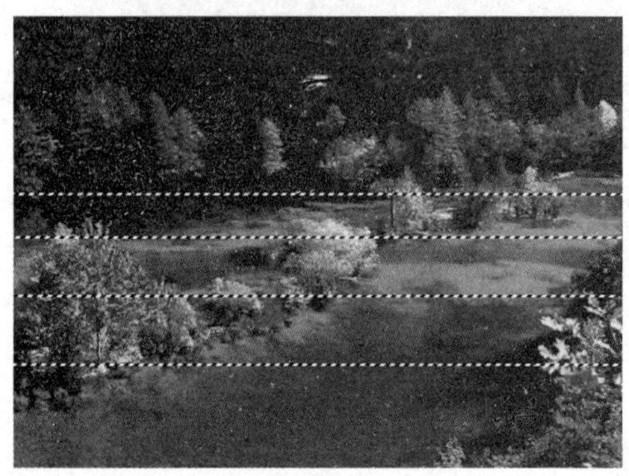

图 3-12　绘制多个单行选区

图 3-13　绘制多个单列选区

3.1.4 使用套索工具组

通过选框工具组只能创建规则的几何图形选区，而在实际工作中，常常需要创建各种不规则形状的选区，这时就可以通过套索工具组来完成，套索工具组中的属性栏选项及功能与选框工具组相同。

1. 套索工具

【套索工具】主要用于创建手绘类不规则选区，所以一般不用来精确定制选区。

选择工具箱中的【套索工具】，将鼠标指针移到要选取的图像的起始点，然后按住鼠标左键不放沿图像的轮廓移动鼠标指针，如图 3-14 所示，完成后释放鼠标，绘制的套索线将自动闭合成为选区，如图 3-15 所示。

图 3-14　按住鼠标拖动

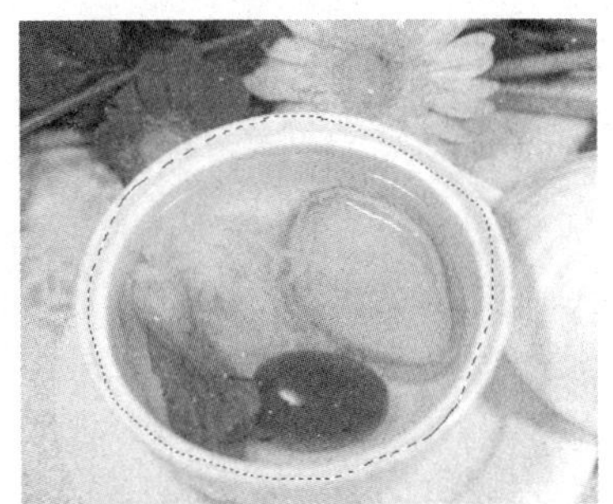

图 3-15　得到选区

2. 多边形套索工具

【多边形套索工具】适用于边界为直线型图像的选取，它可以轻松地绘制出多边形形态的图像选区。

选择工具箱中的【多边形套索工具】，在图像中单击作为创建选区的起始点，然后拖动鼠标再次单击，以创建选区中的其他点，如图 3-16 所示，最后将鼠标移动到起始点处，当鼠标指针变成形态时单击，即生成最终的选区，如图 3-17 所示。

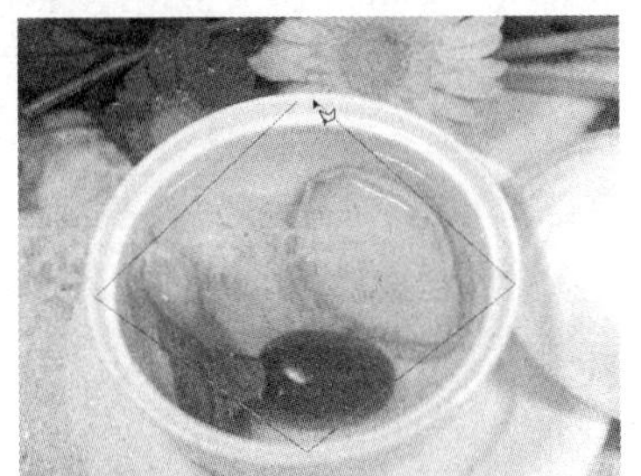

图 3-16　创建多边形选区

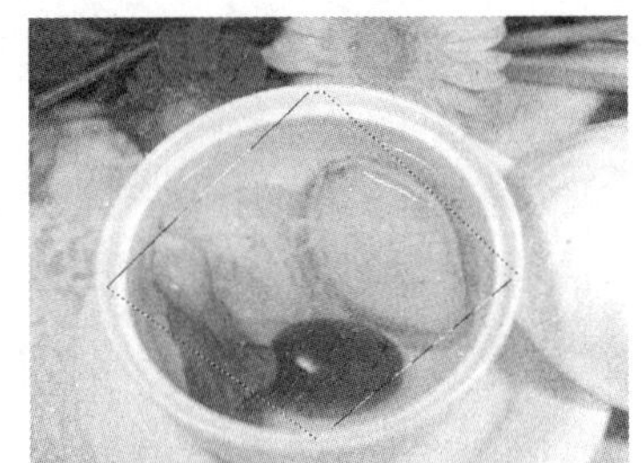

图 3-17　得到选区

3. 磁性套索工具

磁性套索工具可以轻松绘制出外边框较为复杂的图像选区，它可以在图形颜色与背景颜色反差较大的区域创建选区。

选择工具箱中的【磁性套索工具】按钮，按住鼠标左键不放沿图像的轮廓拖动鼠标指针，鼠标经过的地方会自动产生节点，并自动捕捉图像中对比度较大的图像边界，如图 3-18 所示，当到达起始点时单击鼠标即可得到一个封闭的选区，如图 3-19 所示。

图 3-18　沿图像边缘创建选区

图 3-19　得到选区

提示

在使用磁性套索工具时，可能会由于抖动或其他原因而使边缘生成一些多余的节点，这时可以按 Delete 键来删除最近创建的磁性节点，然后再继续绘制选区。

3.1.5 使用【魔棒工具】创建选区

使用【魔棒工具】可以选择颜色一致的图像，从而获取选区，因此该工具常用于选择颜色对比较强的图像。

【练习 3-2】使用【魔棒工具】获取图像选区。

(1) 打开任意一幅图像文件，然后选择工具箱中的【魔棒工具】，其属性栏如图 3-20 所示。

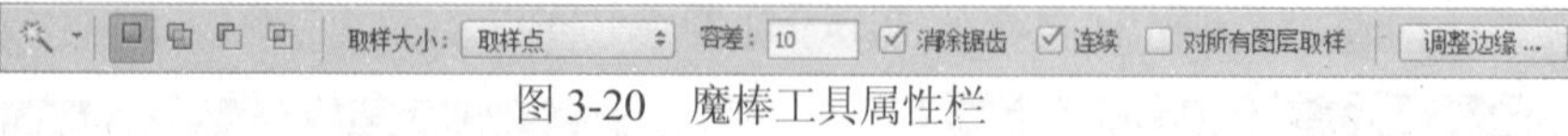

图 3-20 魔棒工具属性栏

- 容差：用于设置选取的色彩范围值，单位为像素，取值范围为0~255。输入的数值越大，选取的颜色范围也越大；数值越小，选择的颜色值就越接近，得到选区的范围就越小。
- 消除锯齿：用于消除选区锯齿边缘。
- 连续：选中该选项表示只选择颜色相邻的区域，取消选中时会选取颜色相同的所有区域。
- 对所有图层取样：当选中该选项后可以在所有可见图层上选取相近的颜色区域。

(2) 在属性栏中设置【容差】值为 20，并选中【连续】复选框，然后在图像中单击背景区域，可以获取部分图像选区，如图 3-21 所示。

(3) 改变属性栏中的【容差】值为 60，然后取消选中【连续】复选框，最后单击图像背景，将得到如图 3-22 所示的图像选区。

图 3-21 获取选区

图 3-22 获取连续选区

3.1.6 使用【快速选择工具】

【快速选择工具】位于魔棒工具组中，使用该工具可以根据拖动鼠标指针范围内的相似颜色来创建选区。

【练习 3-3】使用【快速选择工具】选择背景图像。

(1) 打开任意一幅图像文件，然后选择工具箱中的【快速选择工具】，其属性栏如图 3-23 所示。

(2) 设置画笔大小，如 50 像素，然后在图像中按住鼠标左键进行拖动，鼠标所到之处，即将成为选区，如图 3-24 所示。

图 3-23 快速工具属性栏

图 3-24 获取选区

提示

【快速选择工具】属性栏中的各项设置与其他选区工具基本相同，不同的是增加了一个【画笔】选项，单击该选项，可以在弹出的面板中设置画笔大小。

3.1.7 使用【色彩范围】命令

使用【色彩范围】命令可以在图像中创建与预设颜色相似的图像选区，并且可以根据需要调整预设颜色，比魔棒工具选取的区域更广。

【练习 3-4】使用【色彩范围】命令选择相似颜色的图像。

(1) 打开任意一幅图像文件。

(2) 选择【选择】→【色彩范围】命令，打开【色彩范围】对话框，单击图像中需要选取的颜色，然后再进行【颜色容差】的设置，如图 3-25 所示。

【色彩范围】 对话框中主要选项的作用如下。

- 选择：用来设置预设颜色的范围，在其下拉列表框中分别有取样颜色、红色、黄色、绿色、青色、蓝色、洋红、高光、中间调和阴影等选项。

- 颜色容差：该选项与魔棒工具属性栏中的【容差】选项功能相同，用于调整颜色容差值的大小。

(3) 单击【确定】按钮，回到图像窗口中，可以得到图像选区，如图 3-26 所示。

图 3-25　【色彩范围】对话框

图 3-26　图像选区

3.2　修改选区

在图像中创建好选区后，用户还可以根据需要对选区进行修改，如对选区进行移动、扩展、收缩、增加或平滑等。

3.2.1　全选和取消选区

在一幅图像中，如果要获取整幅图像的选区，可以选择【选择】→【全部】命令，或按 Ctrl＋A 组合键即可全选窗口中的图像。

选区应用完毕后应及时取消选区，否则以后的操作始终只对选区内的图像有效。选择【选择】→【取消选择】命令，或按 Ctrl+D 键即可取消选区。

提示

选择【选择→反选】命令，或按 Shift+Ctrl+I 组合键，可以选取图像中除选区以外的图像区域。该命令常用于配合选框工具、套索工具等选取工具的使用。

3.2.2　移动图像选区

移动图像选区可以使用选框工具直接移动选区，还可以使用移动工具在移动选区的同时移动选区中的图像。

【练习 3-5】移动选区和选区内的图像。

(1) 打开【苹果.jpg】素材图像，然后使用磁性套索工具选择苹果图像，为其创建选区，如图 3-27 所示。

(2) 将鼠标置于选区中，当鼠标变成⊹形状时，按住鼠标进行拖动，可以移动选区，如图 3-28 所示。

图 3-27　绘制选区

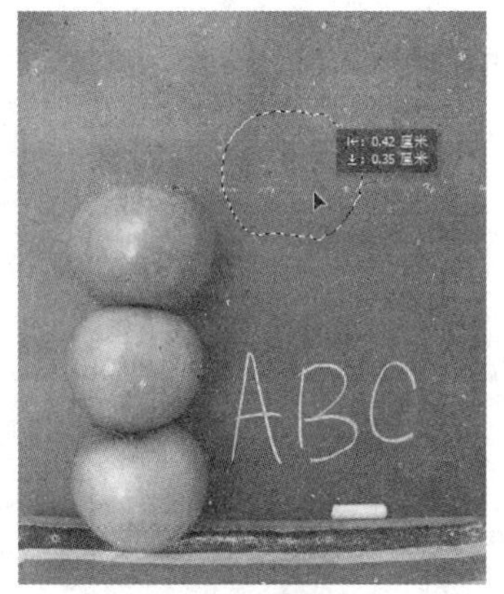

图 3-28　移动选区

(3) 按 Ctrl + Z 组合键撤销一步操作，以便重新选中苹果图像。

(4) 选择工具箱中的【移动工具】，然后移动选区，此时将移动选区及选区内的图像，原位置的图像将以背景色填充，如图 3-29 所示。

(5) 按 Ctrl + Z 组合键撤销移动选区图像的操作。

(6) 选择工具箱中的【移动工具】，然后按住 Alt 键移动选区，此时可以移动并且复制选区中的图像，如图 3-30 所示。

图 3-29　移动选区图像

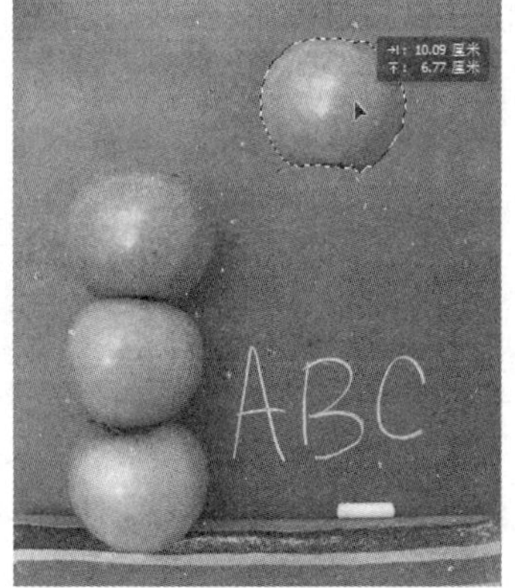

图 3-30　移动并复制选区图像

3.2.3　增加选区边界

Photoshop 有一个用于修改选区的【边界】命令，使用该命令可以在选区边界处向内或向

外增加一条边界。

【练习 3-6】创建选区边界。

(1) 打开一个图像文件，使用适合的选框工具在图像中创建一个选区，如图 3-31 所示。

(2) 选择【选择】→【修改】→【边界】命令，打开【边界选区】对话框，设置【宽度】为 15 像素，如图 3-32 所示。

图 3-31　创建选区

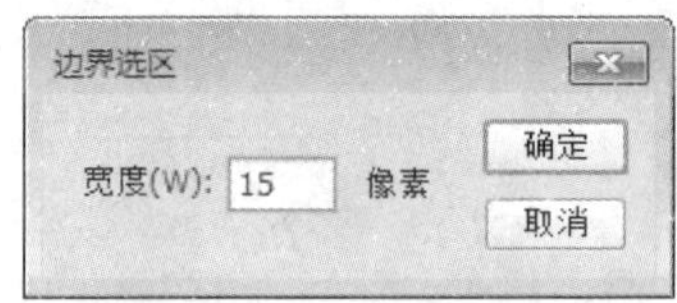

图 3-32　设置边界选区

(3) 单击【确定】按钮，即可得到增加的选区边界，如图 3-33 所示，设置前景色为黄色，按 Alt+Delete 组合键进行选区填充，得到的图像效果如图 3-34 所示。

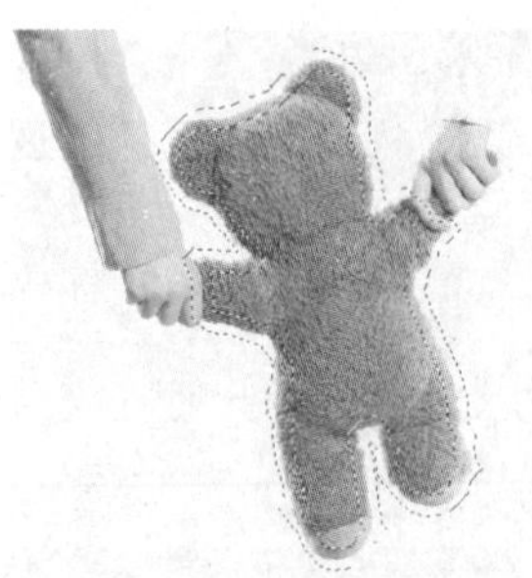

图 3-33　增加选区边界

图 3-34　填充选区

3.2.4　扩展和收缩图像选区

扩展选区是在原始选区的基础上将选区进行扩展；而收缩选区是扩展选区的逆向操作，可以将选区向内进行缩小。

在图像中绘制选区后，选择【选择】→【修改】→【扩展】命令，打开【扩展】对话框设置扩展选区，如图 3-35 所示；选择【选择】→【修改】→【收缩】命令，打开【收缩】对话框设置收缩选区，如图 3-36 所示。

图 3-35　扩展选区

图 3-36　收缩选区

【练习 3-7】制作图像边框。

(1) 打开一幅素材图像文件，使用【矩形选框工具】在图像中绘制一个矩形选区，如图 3-37 所示。

(2) 单击属性栏中的【从选区减去】按钮，然后在选区中再绘制一个矩形选区，得到减选选区效果，如图 3-38 所示。

图 3-37　绘制选区

图 3-38　减选选区

(3) 单击【图层】面板底部的【创建新图层】按钮，新建【图层 1】，如图 3-39 所示，然后填充选区为白色，如图 3-40 所示。

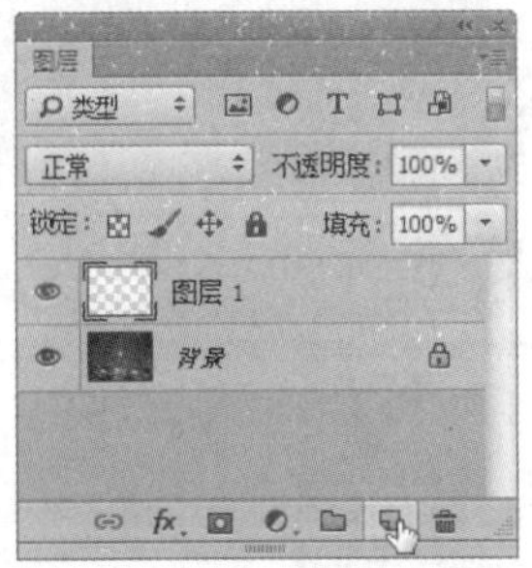

图 3-39　创建图层

图 3-40　填充选区

(4) 选择【选择】→【修改】→【扩展】命令，打开【扩展选区】对话框，设置扩展量为 20 像素，如图 3-41 所示，然后单击【确定】按钮，得到的选区效果如图 3-42 所示。

图 3-41　设置参数

图 3-42　扩展选区

(5) 选择【编辑】→【描边】命令，打开【描边】对话框，设置描边颜色为白色，宽度为 4 像素，然后单击【确定】按钮，如图 3-43 所示。

(6) 按 Ctrl+C 组合键取消选区，得到如图 3-44 所示的描边效果。

计算机基础与实训教材系列

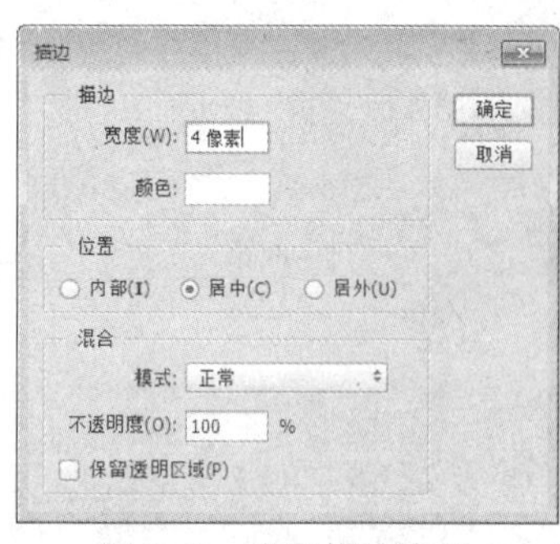

图 3-43　设置描边选项

图 3-44　图像描边效果

(7) 选择矩形选框工具在图像边缘绘制一个矩形选区，如图 3-45 所示。

(8) 选择【编辑】→【描边】命令，打开【描边】对话框，设置描边颜色为白色，宽度为 8 像素，单击【确定】按钮，得到的描边效果如图 3-46 所示。

图 3-45　绘制选区

图 3-46　描边效果

(9) 选择【选择】→【修改】→【收缩】命令，打开【收缩选区】对话框，设置收缩量为 25 像素，如图 3-47 所示。

(10) 单击【确定】按钮，得到收缩后的选区效果，如图 3-48 所示。

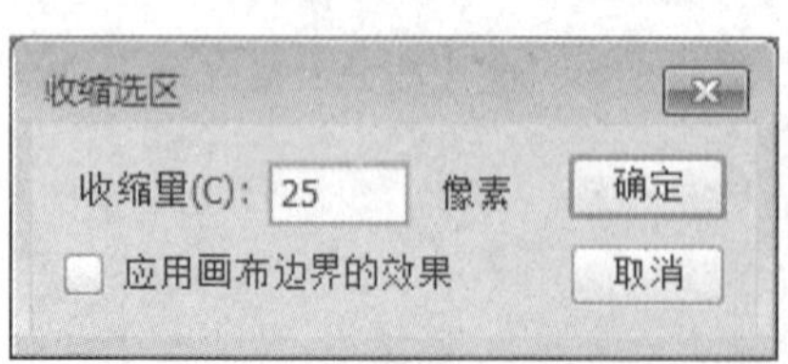

图 3-47　设置收缩参数

图 3-48　选区效果

(11) 选择【编辑】→【描边】命令，打开【描边】对话框，设置描边颜色为白色，宽度为 10 像素，然后单击【确定】按钮，如图 3-49 所示。

(12) 按 Ctrl+C 组合键取消选区，得到最终的描边效果，如图 3-50 所示。

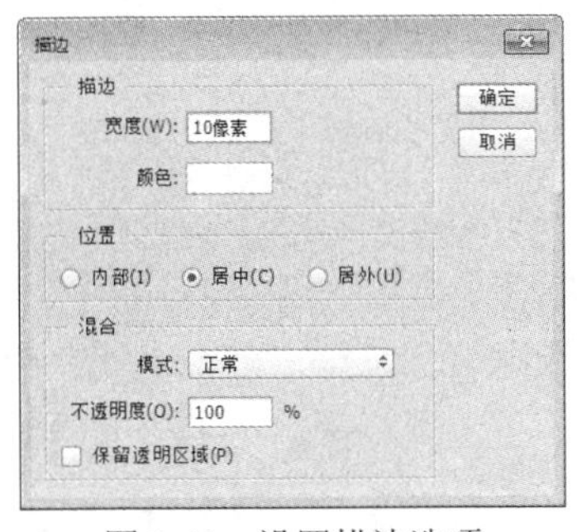

图 3-49　设置描边选项

图 3-50　选区效果

3.2.5　平滑图像选区

使用【平滑】选区命令可以将绘制的选区变得平滑，并消除选区边缘的锯齿。

【练习 3-8】创建平滑选区图像。

(1) 新建一个图像文件，将背景填充为土黄色，然后使用【多边形套索工具】在图像窗口中绘制一个五角星选区，如图 3-51 所示。

(2) 选择【选择】→【修改】→【平滑】命令，打开【平滑选区】对话框，设置【取样半径】为 30 像素，如图 3-52 所示。

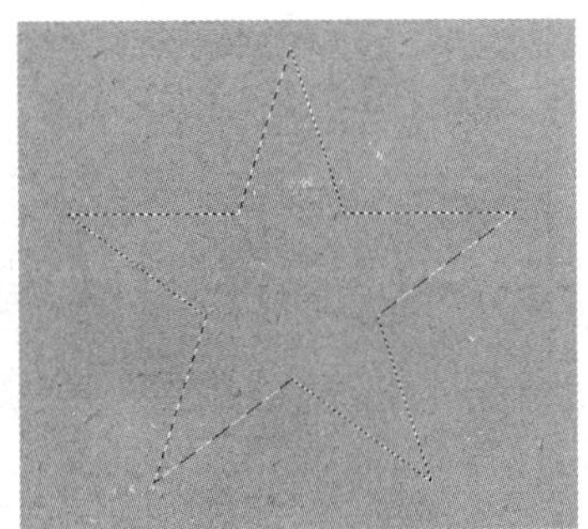

图 3-51　绘制选区

图 3-52　设置平滑选区

(3) 单击【确定】按钮，可以得到平滑的选区，如图 3-53 所示。

(4) 在选区中填充白色，可以观察到选区的平滑状态，如图 3-54 所示。

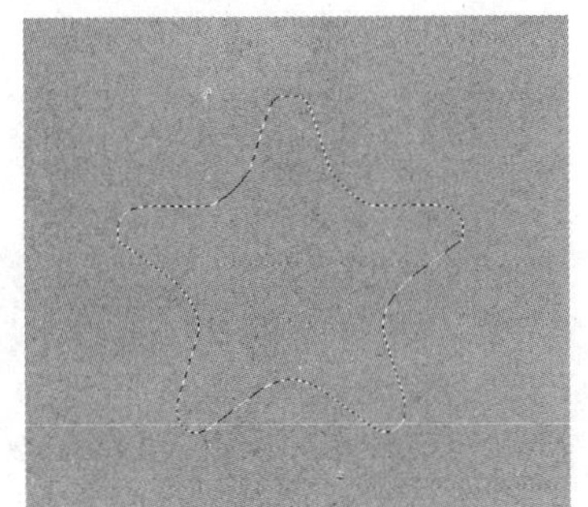

图 3-53　平滑选区

图 3-54　填充选区效果

提示

在【平滑选区】对话框中设置选区平滑度时，【取样半径】值越大，选区的轮廓越平滑，同时也会失去选区中的细节，因此，应该合理设置【取样半径】值。

3.2.6 羽化选区

【羽化】选区命令可以柔和模糊选区的边缘，主要是通过扩散选区的轮廓来达到模糊边缘的目的，羽化选区能平滑选区边缘，并产生淡出的效果。

【练习 3-9】制作羽化图像效果。

(1) 打开【风景.jpg】图像文件，使用【套索工具】在图像中选取蓝天白云，如图 3-55 所示。

(2) 选择【选择】→【修改】→【羽化】命令，打开【羽化选区】对话框，设置【羽化半径】参数为 20 像素，如图 3-56 所示。

图 3-55 绘制选区

图 3-56 设置羽化参数

(3) 单击【确定】按钮进行选区羽化，得到的羽化选区效果如图 3-57 所示。

(4) 在选区中填充白色，可以观察到填充羽化选区的图像效果，如图 3-58 所示。

图 3-57 羽化选区

图 3-58 填充效果

3.3 编辑选区

用户在图像窗口中创建的选区有时并不能达到实际要求，使用 Photoshop 中的选区编辑功能，可以对选区进行一些特殊处理。

3.3.1 变换图像选区

使用【变换选区】命令可以对选区进行自由变形，而不会影响选区中的图像，其中包括移动选区、缩放选区、旋转与斜切选区等。

【练习 3-10】对椭圆选区进行缩放和旋转。

(1) 打开一幅图像文件，然后在图像中绘制一个圆形选区。

(2) 选择【选择】→【变换选区】命令，选区四周即可出现 8 个控制点，如图 3-59 所示。

(3) 拖动控制点即可调整选区大小，按住 Shift + Alt 组合键可以相对选区中心缩放选区，如图 3-60 所示。

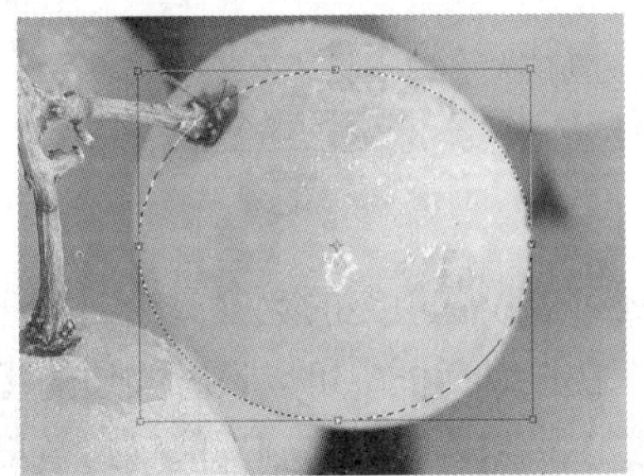

图 3-59　显示控制框

图 3-60　变换选区

(4) 将鼠标置于控制框四方中心的任意控制点上，然后按住并拖动鼠标，可以改变选区宽窄或长短，如图 3-61 所示。

(5) 将鼠标置于控制框四个角点上，然后按住并拖动鼠标，可以旋转选区的角度，如图 3-62 所示。

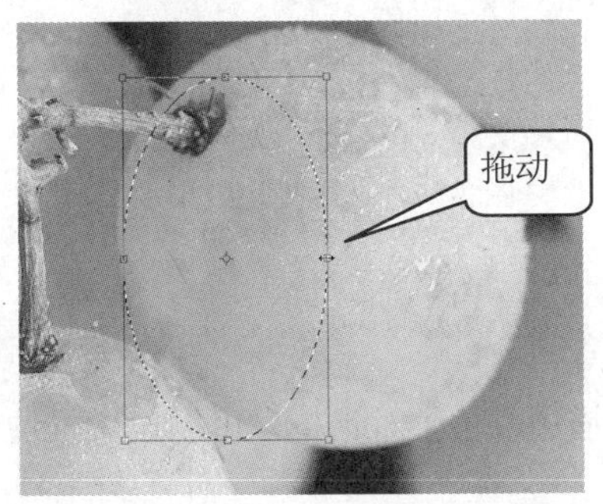

图 3-61　变形选区

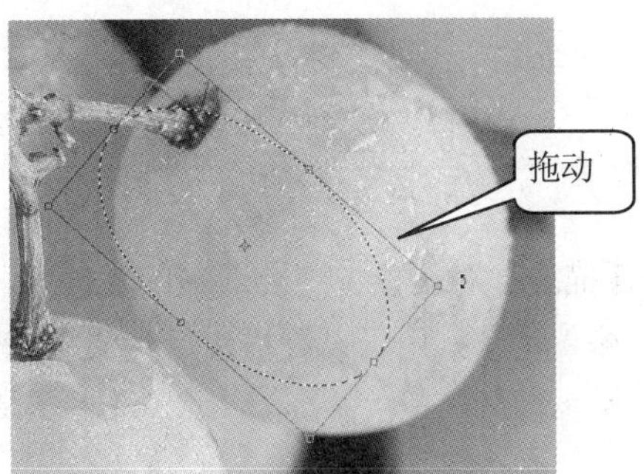

图 3-62　旋转选区

(6) 将鼠标置于控制框内，然后按住并拖动鼠标，可以移动选区的位置，如图3-63所示，按Enter键或双击鼠标，即可完成选区的变换操作，如图3-64所示。

图3-63　移动选区

图3-64　结束选区变换

提示

【变换选区】命令与【自由变换】命令有一些相似之处，都可以进行缩放、斜切、旋转、扭曲、透视等操作；不同之处在于：【变换选区】只针对选区进行操作，不能对图像进行变换，而【自由变换】命令可以同时对选区和图像进行操作，但选区中的图像将出现剪切的效果。

3.3.2　描边图像选区

【描边】命令可以使用一种颜色填充选区边界，还可以设置填充的宽度。绘制好选区后，选择【编辑】→【描边】命令，打开【描边】对话框，在该对话框中可以设置描边的【宽度】值和描边的位置、颜色等，如图3-65所示。单击【确定】按钮，即可得到选区描边效果，如图3-66所示。

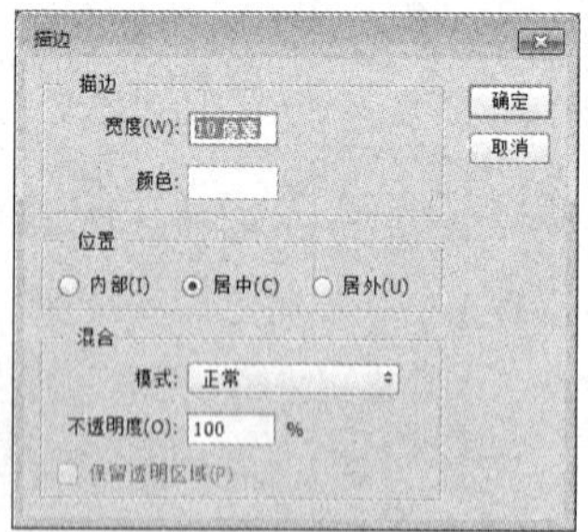

图3-65　【描边】对话框

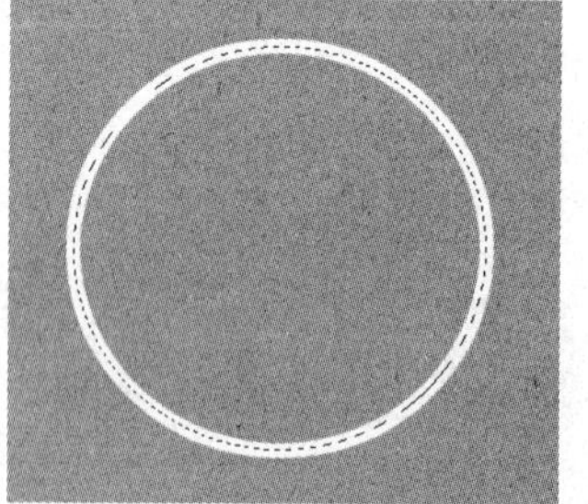

图3-66　选区描边效果

【描边】对话框中主要选项的功能如下。

- 宽度：用于设置描边后生成填充线条的宽度。
- 颜色：单击选项右方的色块，将打开【选取描边颜色】对话框，可以设置描边区域的颜色。
- 位置：用于设置描边的位置，包括【内部】、【居中】和【居外】3个单选按钮。

◉　混合：设置描边后颜色的不透明度和着色模式，与图层混合模式相同。

◉　保留透明区域：选中后进行描边时将不影响原图层中的透明区域。

3.3.3　存储和载入图像选区

在编辑图像的过程中，用户可以保存一些造型较复杂的图像选区，当以后需要使用时，可以将保存的选区直接载入使用。

【练习 3-11】保存心形选区。

(1) 打开【心.jpg】图像文件，如图 3-67 所示。

(2) 使用【魔棒工具】在图像中选中心形图像区域，如图 3-68 所示。

图 3-67　打开图像

图 3-68　选中心形

(3) 选择【选择】→【存储选区】命令，打开【存储选区】对话框，设置储存通道的位置及名称，如图 3-69 所示。

(4) 设置好存储选区的各选项后进行确定，用户可以在【通道】面板中查看到存储的选区，如图 3-70 所示。

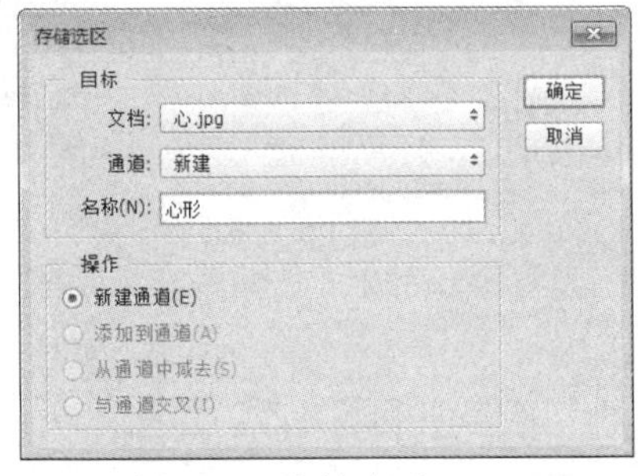

图 3-69　存储选区

图 3-70　存储在通道中的选区

【存储选区】对话框中主要选项的作用如下。

◉　文档：在右方的下拉列表框中可以选择在当前文档中或是在新建文件中创建存储选区的通道。

◉　通道：用于选取作为选区要存储的图层或通道。

◉　名称：用于设置储存通道的名称。

- 操作：用于选择通道的处理方式。

【练习 3-12】载入选区。

(1) 打开【载入选区.psd】图像文件，该图像文件中储存了椭圆和矩形两个选区。

(2) 选择【选择】→【载入选区】命令，打开【载入选区】对话框，在【通道】下拉列表框中选择【椭圆选区】作为载入的选区，如图 3-71 所示。

(3) 单击【确定】按钮，即可将储存好的椭圆选区载入图像窗口中，如图 3-72 所示。

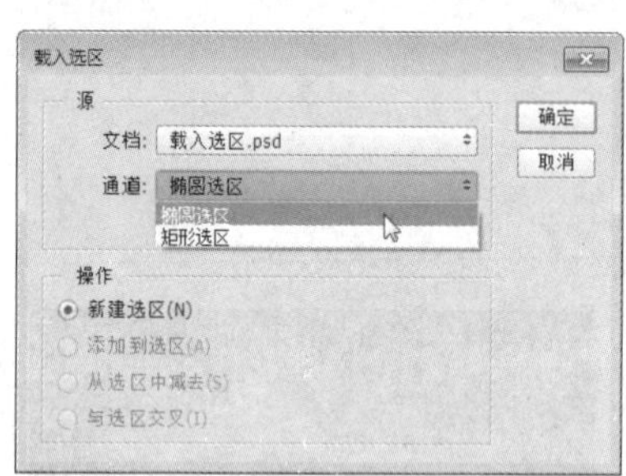

图 3-71　选择要载入的选区

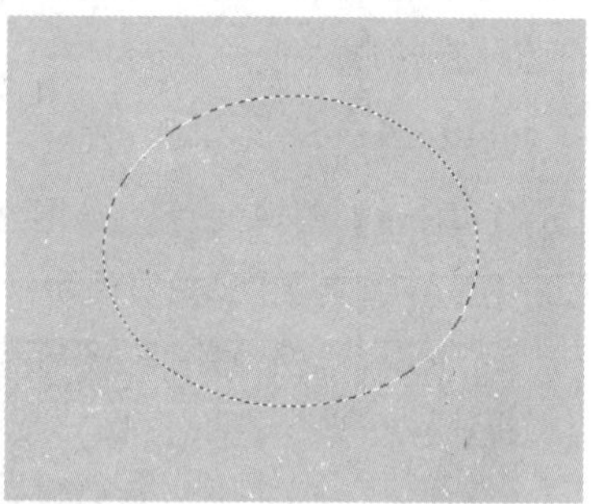

图 3-72　载入的椭圆选区

(4) 选择【选择】→【载入选区】命令，打开【载入选区】对话框，在【通道】下拉列表框中选择【矩形选区】作为载入的选区，如图 3-73 所示。

(5) 单击【确定】按钮，即可将储存好的矩形选区载入图像窗口中，如图 3-74 所示。

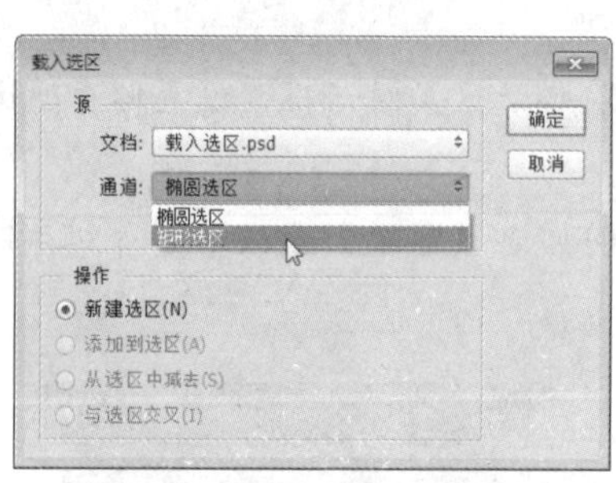

图 3-73　选择要载入的选区

图 3-74　载入的矩形选区

3.4　上机实战

本小节综合运用所学的 Photoshop 选区的应用，包括创建各种不同形状的选区、修改选区和编辑选区等，练习使用选区功能绘制弯弯的月亮和人物投影的操作。

3.4.1　绘制星星和月亮

本例将为星空夜晚添加月亮和星光的效果，打开【星空.jpg】素材图像，如图 3-75 所示，

然后使用【椭圆选框工具】和减选功能，绘制一个月亮选区，并使用白色填充选区，完成月亮的创建，然后继续绘制星光图像，效果如图 3-76 所示。

图 3-75　原图

图 3-76　绘制弯弯的月亮

制作该图像的具体操作如下。

(1) 打开【星空.jpg】图像，选择工具箱中的【椭圆选框工具】，按住 Shift 键在画面左上方绘制一个圆形选区，如图 3-77 所示。

(2) 单击工具属性栏中的【从选区减去】按钮，在圆形选区中拖动选区，得到一个月牙选区，如图 3-78 所示。

图 3-77　绘制圆形选区

图 3-78　减选选区

(3) 设置前景色为白色，按 Alt + Delete 组合键填充选区颜色，如图 3-79 所示。

(4) 按 Ctrl + D 组合键取消选区，然后选择【多边形套索工具】，在画面中绘制星光选区，同样填充为白色，如图 3-80 所示。

(5) 使用同样的方法，绘制其他的星光图像，完成本例的制作。

图 3-79　填充颜色

图 3-80　绘制星光图像

3.4.2 制作投影图像

本例将为茶杯图像制作投影效果，打开【茶杯.jpg】素材图像，如图 3-81 所示，然后通过创建选区、羽化选区和填充选区的操作，创建图像投影效果，如图 3-82 所示。

图 3-81　茶杯图像

图 3-82　添加投影

(1) 打开【茶杯.psd】图像文件，然后在【图层】面板中选中【背景】图层，新建一个图层，如图 3-83 所示。

(2) 使用【多边形套索工具】在图像中绘制出茶杯投影的选区，如图 3-84 所示。

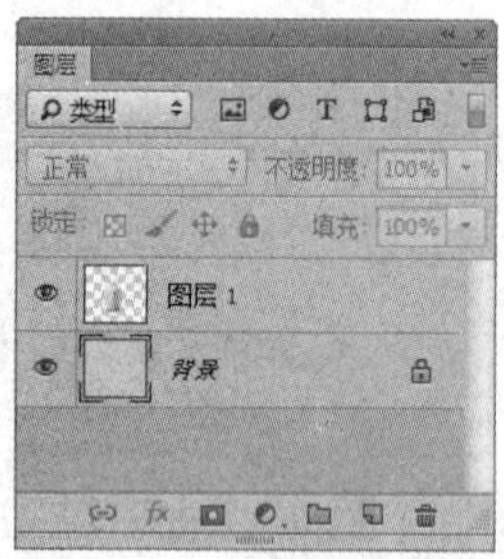

图 3-83　选择背景图层

图 3-84　创建选区

(3) 选择【选择】→【修改】→【羽化】命令，打开【羽化选区】对话框，设置羽化半径值为 15，如图 3-85 所示。

(4) 在工具箱中设置前景色为黑色，背景色为白色。

(5) 在工具箱中选择【渐变填充工具】，在选区中做线性渐变填充，得到的投影效果如图 3-86 所示。

(6) 按 Ctrl + D 组合键取消选区，完成本例的制作。

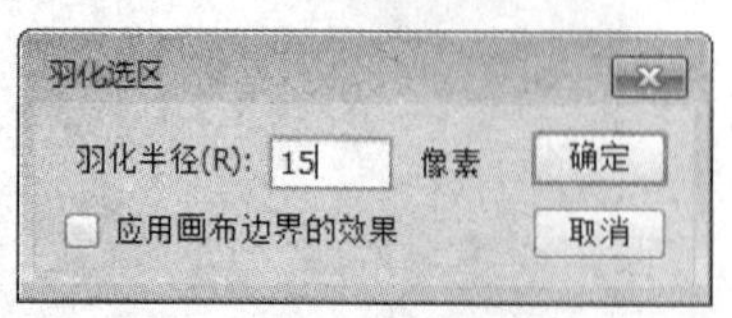

图 3-85　创建选区

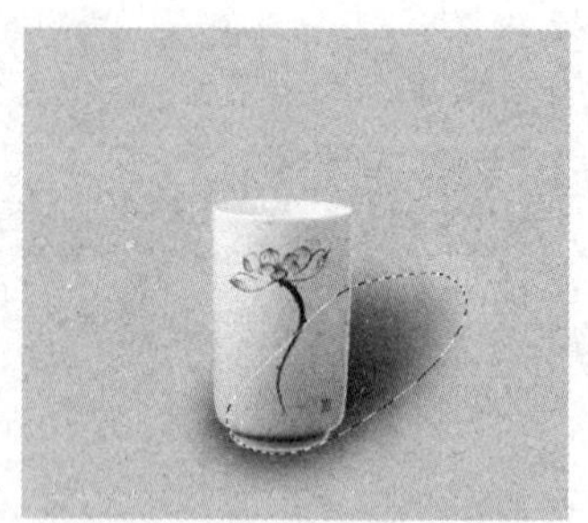
图 3-86　添加投影

3.5 思考与练习

3.5.1 填空题

1. 使用____________工具可以在图像窗口中绘制一个像素宽度的水平或垂直选区，且绘制的选区长度会随着图像窗口的尺寸变化。

2. ____________主要用于创建手绘类不规则选区，所以一般不用来精确定制选区。

3. ____________用于边界为直线型图像的选取，它可以轻松地绘制出多边形形态的图像选区。

4. ____________是在原始选区的基础上将选区进行扩展。

3.5.2 选择题

1. 在绘制椭圆形选区的过程中，可以按住(　　)键以光标起点为中心绘制椭圆选区。

   A. Alt　　　　B. Alt＋Shift
   C. Ctrl　　　　D. Shift

2. 选择【选择】→【修改】→【(　　)】命令，可以将矩形选区变成圆角矩形选区。

   A. 平滑　　　　B. 扩展
   C. 收缩　　　　D. 边界

3. (　　)命令可以使用一种颜色填充选区边界，还可以设置填充的宽度。

   A. 描边　　　　B. 羽化
   C. 边界　　　　D. 扩展

4. (　　)选区命令可以柔和模糊选区的边缘，主要是通过扩散选区的轮廓来达到模糊边缘的目的。

   A. 描边　　　　B. 羽化
   C. 边界　　　　D. 扩展

3.5.3 操作题

练习制作一个写意图像，打开【荷花.jpg】图像文件，如图 3-87 所示，然后创建选区，并使用羽化、填充和描边等功能，得到如图 3-88 所示的效果。

图 3-87　素材图像

图 3-88　制作写意效果

第4章 图像色彩编辑

学习目标

本章将学习图像色彩的调节和编辑。Photoshop 具有强大的调整图像颜色功能，可以调整图像的亮度、对比度、色彩平衡、图像饱和度等。除此之外，还可以调整曝光不足的照片、偏色的图像，以及制作一些特殊图像色彩等。

本章重点

- Photoshop 颜色工具
- 填充颜色
- 快速调整色彩色调
- 精细调整色彩色调
- 校正图像色彩色调
- 调整图像特殊颜色

4.1 Photoshop 颜色工具

当用户在处理图像时，如果要对图像或图像区域进行颜色填充或描边，就需要对当前的颜色进行设置。

4.1.1 认识前景色与背景色

在 Photoshop 中，前景色用于显示当前绘图工具的颜色，背景色用于显示图像的底色。前景色与背景色位于工具箱下方，如图 4-1 所示。单击前景色或背景色，可以打开【拾色器】对话框，在其中可以设置前景色或背景色，如图 4-2 所示是前景色的【拾色器】对话框。

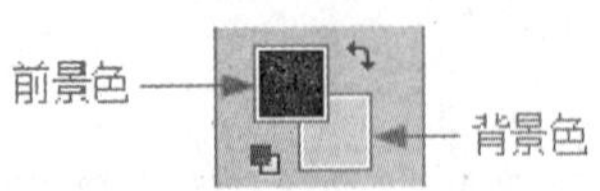

图 4-1　前景色和背景色

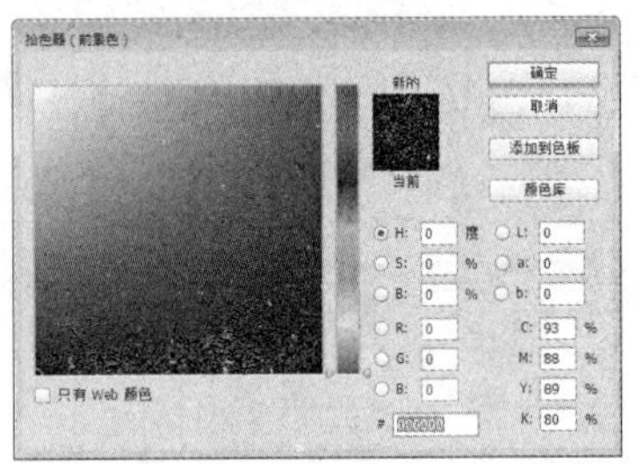

图 4-2　【拾色器】对话框

- 单击前景色与背景色工具右上的图标，可以进行前景色和背景色之间的切换。
- 单击左下的图标，可以将前景色和背景色分别设置成系统默认的黑色和白色。

4.1.2　【颜色】面板组

在 Photoshop 中用户可以通过多种方法来调配颜色，以提高编辑和操作的速度。颜色面板组中有【颜色】面板和【色板】面板，通过这两个面板可以快速设置前景色和背景色。

选择【窗口】→【颜色】命令，打开【颜色】面板，面板左上方的色块分别代表前景色与背景色，如图 4-3 所示。选择其中一个色块，分别拖动 R、G、B 中的滑块即可调整颜色，调整后的颜色将应用到前景色框或背景色框中，用户可直接在颜色面板下方的颜色样本框中单击鼠标，以获取需要的颜色。

选择【窗口】→【色板】命令，打开【色板】面板，该面板由众多调制好的颜色块组成，如图 4-4 所示。单击任意一个颜色块将其设置为前景色，按住 Ctrl 键的同时单击其中的颜色块，则可将其设置为背景色。

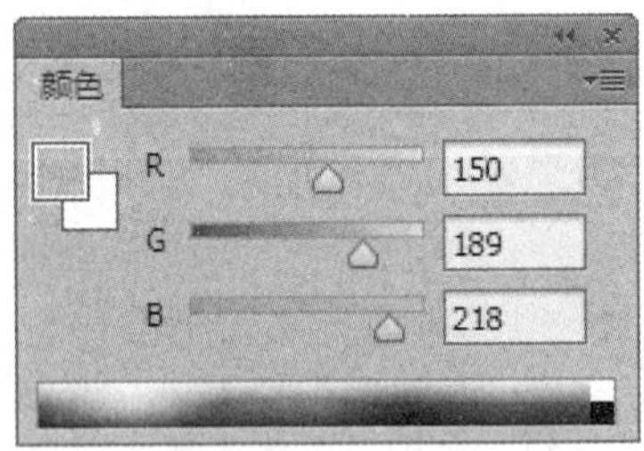

图 4-3　【颜色】面板

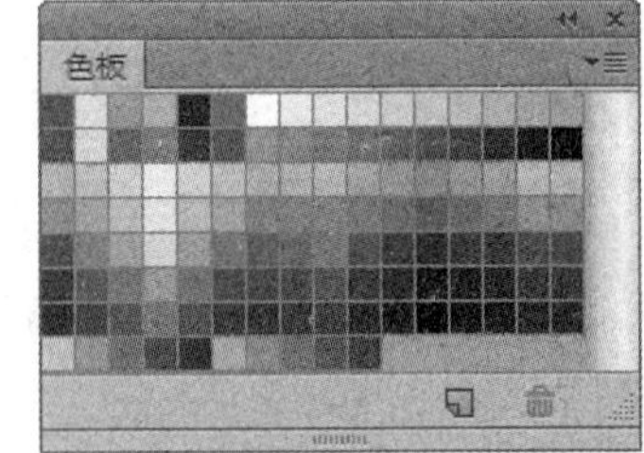

图 4-4　【色板】面板

4.1.3　吸管工具

【吸管工具】主要是通过吸取图像或面板中的颜色，以作为前景色或背景色，在使用该工具前应有打开或新建的图像文件。

在工具箱中单击【吸管工具】，其属性栏设置如图 4-5 所示。将鼠标移动到图像窗口中，单击所需要的颜色，如图 4-6 所示，吸取的颜色将作为前景色；选择【吸管工具】，然后按住 Alt 键在图像中单击，吸取的颜色将作为背景色。

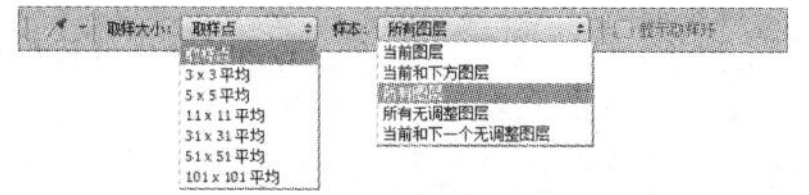

图 4-5　吸管工具属性栏

图 4-6　吸取颜色

- ◉ 取样大小：在其下拉菜单中可设置采样区域的像素大小，采样时取其平均值。
- ◉ 样本：可设置采样的图像为当前图层还是所有图层。

4.1.4　存储颜色

在 Photoshop 中，用户可以将自定义的颜色存储在【色板】面板中，方便以后直接调用。

【练习 4-1】保存颜色。

(1) 在前景色中设置好需要保存的颜色，然后选择【窗口】→【色板】命令，打开【色板】面板，然后将光标移至色板面板，如图 4-7 所示。

(2) 在面板中单击鼠标左键，即可弹出【色板名称】对话框，输入存储颜色的名称后，单击【确定】按钮，完成对颜色的存储，如图 4-8 所示。

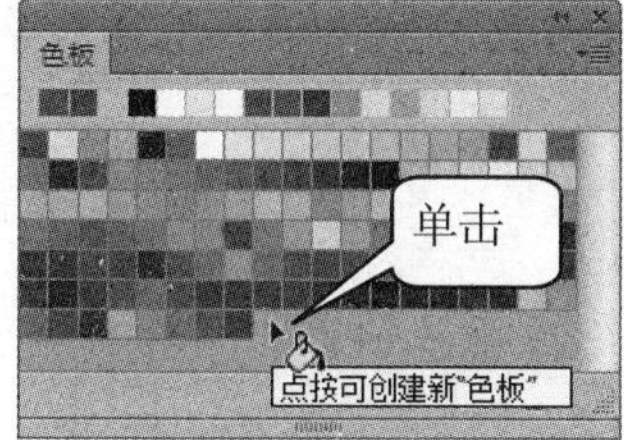

图 4-7　将光标移动到面板中

图 4-8　设置颜色名称

4.2　填充颜色

用户在填充图像前首先需要设置好所需的颜色，在进行填充操作时，就可以将颜色填充到指定的区域中。

4.2.1 使用命令填充颜色

在【编辑】菜单中选择【填充】命令不仅可以填充单一的颜色，还可以进行图案填充。

【练习 4-2】 填充图像背景颜色。

(1) 打开背景图像为单色的【蓝色火焰.jpg】素材图像，如图 4-9 所示。

(2) 选择【魔棒工具】，在属性栏中设置【容差】值为 50，然后单击图像背景获取选区，如图 4-10 所示。

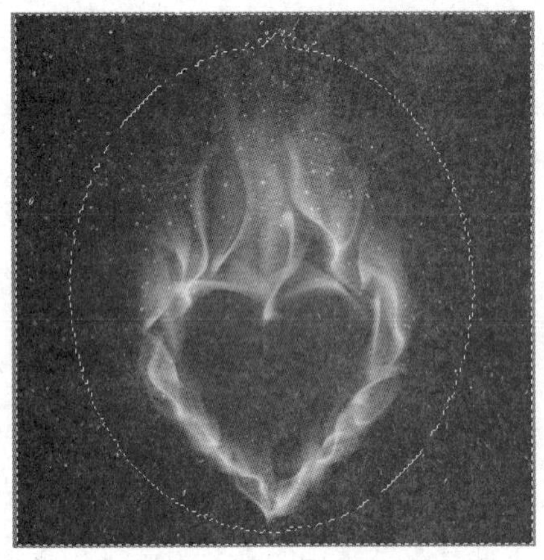

图 4-9 打开素材图像

图 4-10 选择图像背景

(3) 选择【编辑】→【填充】命令，打开【填充】对话框，单击【内容】右侧的三角形按钮，在弹出的下拉菜单中选择【图案】选项，如图 4-11 所示。

(4) 单击【自定图案】三角形按钮，在弹出的下拉面板中选择一种图案，如图 4-12 所示。

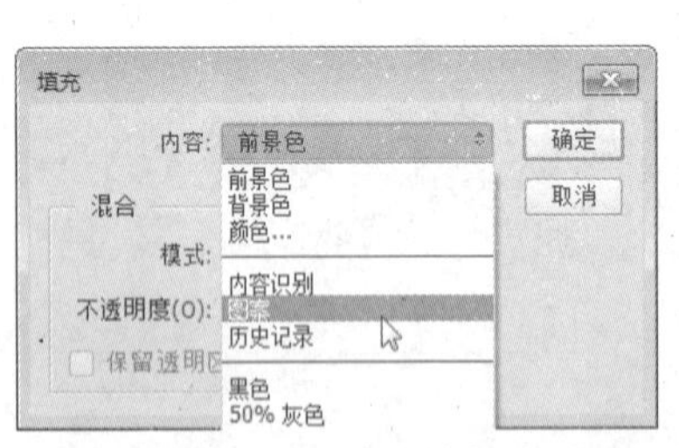

图 4-11 选择填充选项

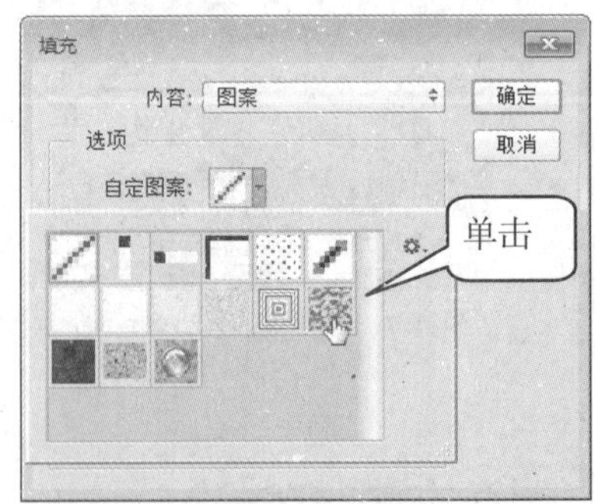

图 4-12 设置图案

(5) 单击【确定】按钮，即可将选择的图案填充到背景选区中，效果如图 4-13 所示。

(6) 将前景色设置为紫色，然后打开【填充】对话框，在【内容】下拉菜单中选择【前景色】选项，然后进行确定，即可使用前景色填充背景选区，如图 4-14 所示。

图 4-13 填充图案

图 4-14 填充颜色

技巧

可以使用快捷键来填充图像颜色，按 Alt + Delete 组合键可以填充前景色，按 Ctrl + Delete 组合键可以填充背景色。

4.2.2 使用工具填充颜色

【油漆桶工具】与【填充】命令的作用相似，可以对图像进行前景色或图案填充。单击【油漆桶工具】，其属性栏的设置如图 4-15 所示。

图 4-15 【油漆桶工具】属性栏

【油漆桶工具】属性栏中各选项的作用如下。

- 前景\图案：在该下拉列表框中可以设置填充的对象是前景色或图案。
- 模式：用于设置填充图像颜色时的混合模式。
- 容差：用于设置填充内容的范围。
- 消除锯齿：用于设置是否消除填充边缘的锯齿。
- 连续：用于设置填充的范围，选中此选项时，油漆桶工具只填充相邻的区域；取消选中此选项，则不相邻的区域也被填充。
- 对所有图层取样：选中该选项，油漆桶工具将对图像中的所有图层起作用。

【练习 4-3】使用【油漆桶工具】填充图像颜色。

(1) 新建一个空白图像文档，然后使用【矩形选框工具】在图像中绘制一个矩形选区，如图 4-16 所示。

(2) 设置前景色为紫色，在工具箱中选择【油漆桶工具】，在属性栏中设置填充色为【前景色】，在选区中单击鼠标，即可在选区内填充前景色，如图 4-17 所示。

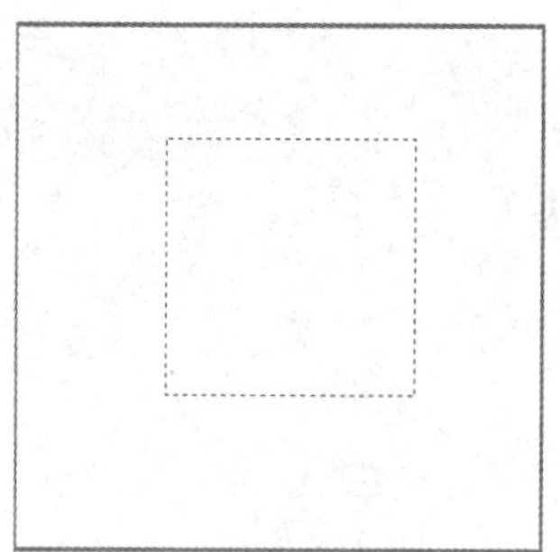
图 4-16　绘制选区

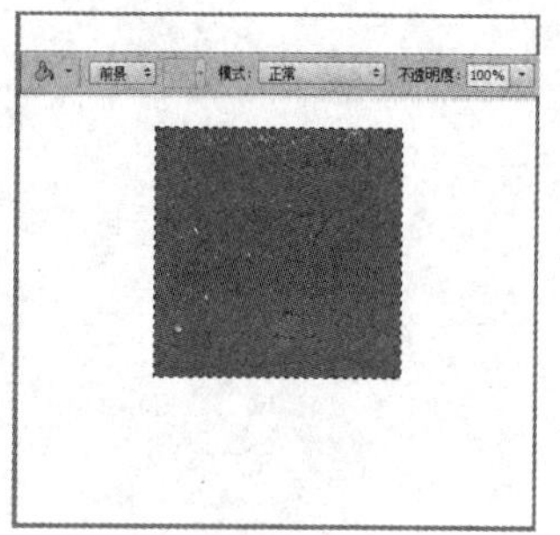
图 4-17　填充颜色

(3) 使用【椭圆选框工具】在矩形图像内绘制一个圆形选区，如图 4-18 所示。

(4) 选择【油漆桶工具】，在属性栏中改变填充方式为图案，然后单击右侧的三角形按钮，在弹出的面板中选择一种图案样式，如图 4-19 所示。

图 4-18　绘制选区

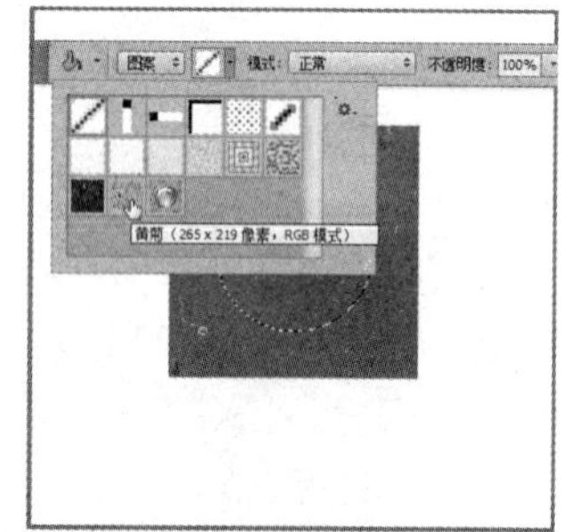
图 4-19　选择图案

(5) 选择好图案后，将光标移动到圆形选区中单击，即可在圆形选区中填充选择的图案，如图 4-20 所示。

(6) 取消选区，在【油漆桶工具】属性栏中选择【网点】图案，然后在图像背景的空白处单击鼠标，将填充整个空白背景图像，如图 4-21 所示。

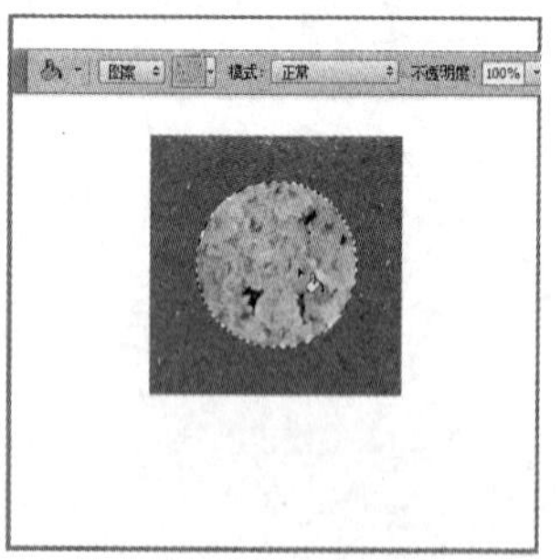
图 4-20　填充图案

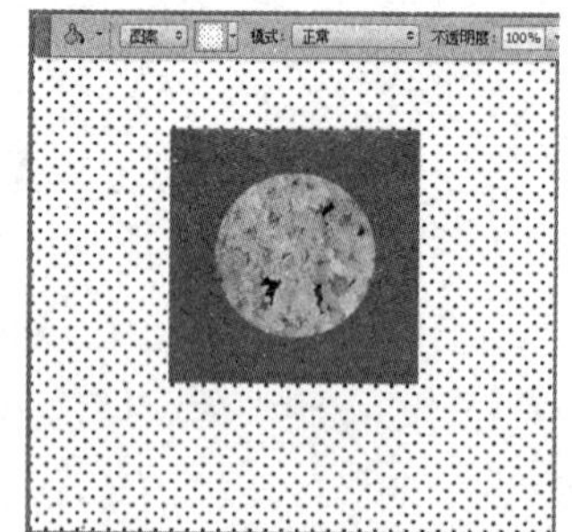
图 4-21　填充背景

4.2.3　填充渐变色

【渐变工具】用于填充图像，并且可以创建多种颜色混合的渐变效果。用户可以直接

选择 Photoshop 中预设的渐变颜色，也可以自定义渐变色。在【油漆桶工具】下拉选项中选择【渐变工具】后，其工具属性栏如图 4-22 所示。

图 4-22　【渐变工具】属性栏

【渐变工具】属性栏中主要选项的作用如下。

- ：单击其右侧的三角形按钮将打开渐变工具面板，其中提供了15种颜色渐变模式供用户选择，单击面板右侧的按钮，在弹出的下拉菜单中可以选择其他渐变色。
- 渐变类型：其中的5个按钮分别代表5种渐变方式，分别是线性渐变、径向渐变、角度渐变、对称渐变和菱形渐变，应用效果如图4-23所示。

(a) 线性渐变

(b) 径向渐变

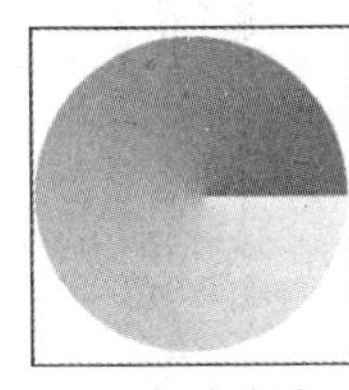

(c) 角度渐变

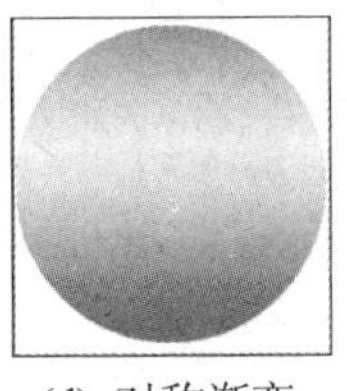

(d) 对称渐变

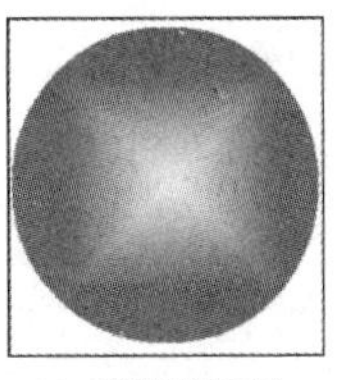

(e) 菱形渐变

图 4-23　5 种渐变的不同效果

- 反向：选中此选项后，产生的渐变颜色将与设置的渐变顺序相反。

【练习 4-4】在图像中进行渐变填充。

(1) 新建一个空白图像文件，选择工具箱中的【渐变工具】，在工具属性栏中单击【线性渐变】按钮，然后单击打开【渐变编辑器】对话框，如图 4-24 所示。

(2) 选择渐变效果编辑条左边下方的色标，双击色标打开【拾色器(色标颜色)】对话框，设置颜色值为 R53,G72,B255，然后单击【确定】按钮，如图 4-25 所示。

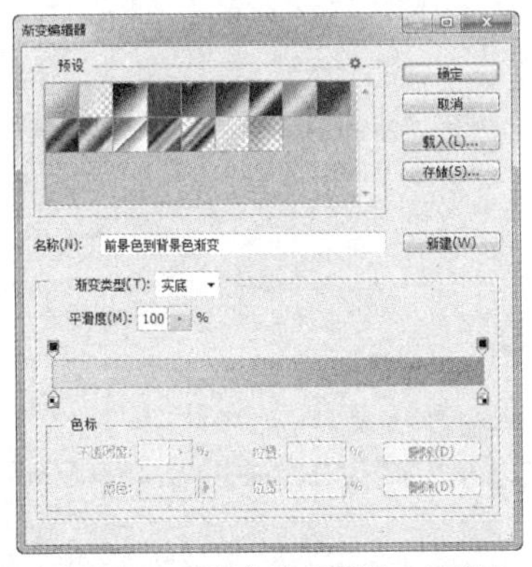

图 4-24　【渐变编辑器】对话框

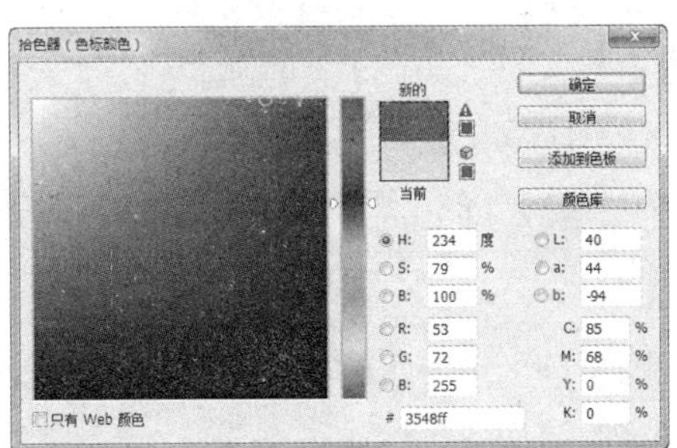

图 4-25　设置颜色

(3) 使用同样的方法设置右边色标颜色为 R234,G248,B79，然后单击【确定】按钮回到【渐变编辑器】对话框，得到的效果如图 4-26 所示。

(4) 在渐变编辑条下方单击鼠标，可以添加一个色标，将该色标颜色设置为白色，然后在【位

置】文本框中输入色标的位置为 45，如图 4-27 所示。

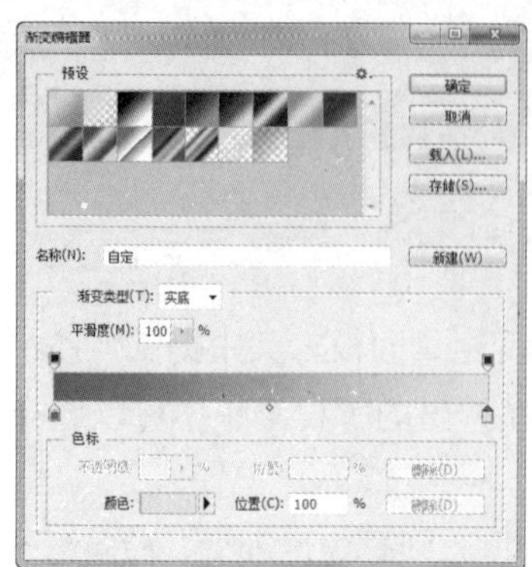
图 4-26　设置右边色标颜色

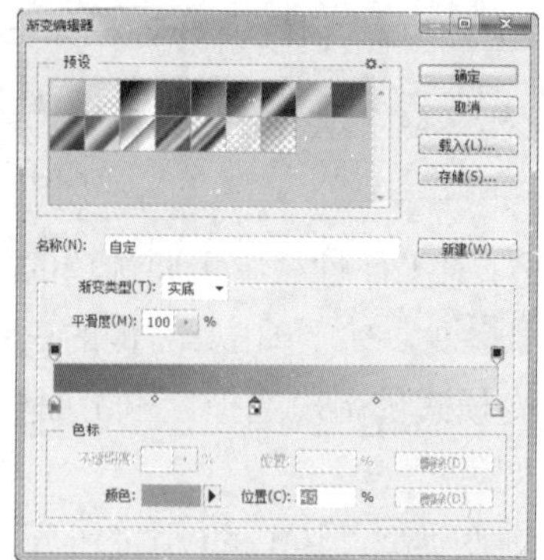
图 4-27　新增并设置色标

(5) 单击【确定】按钮完成渐变色的设置，然后按住鼠标左键在图像窗口左上角向右下角拖动，如图 4-28 所示，完成图像的渐变色填充，效果如图 4-29 所示。

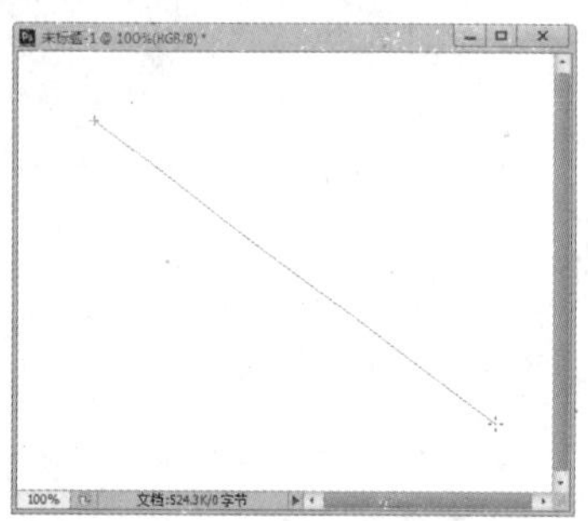
图 4-28　设置渐变色填充方向

图 4-29　渐变色填充效果

4.3　快速调整色彩色调

在 Photoshop 中，有些命令可以快速调整图像的整体彩色，主要包括【自动色调】、【自动对比度】和【自动颜色】3 个命令。

4.3.1　自动色调

当图像总体出现偏色时，可以使用【自动色调】命令自动调整图像中的高光和暗调，使图像具有较好的层次效果。

【自动色调】命令将每个颜色通道中的最亮和最暗像素定义为黑色和白色，然后按比例重新分布中间像素值。默认情况下，【自动色调】命令会剪切白色和黑色像素的 0.5%，来忽略一些极端的像素。

打开一幅需要调整的照片，如图 4-30 所示，这张风景图像有明显的色偏问题。选择【图像】

→【自动色调】命令，系统将自动调整图像的明暗度，去除图像中不正常的高亮区和黑暗区，如图 4-31 所示。

图 4-30　原图

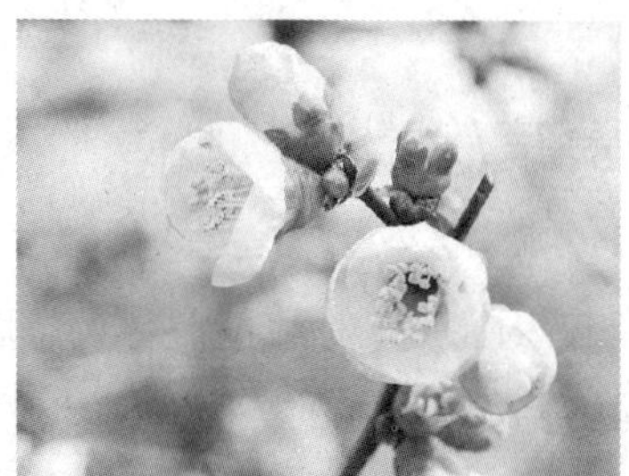

图 4-31　调整自动色调效果

4.3.2　自动对比度

【自动对比度】命令不仅能自动调整图像色彩的对比度，还能调整图像的明暗度。该命令是通过剪切图像中的阴影和高光值，并将图像剩余部分的最亮和最暗像素映射到色阶为 255(纯白)和色阶为 0(纯黑)的程度，让图像中的高光看上去更亮，阴影看上去更暗。如对图 4-30 的图片使用【自动对比度】命令，即可得到如图 4-32 所示的效果。

4.3.3　自动颜色

【自动颜色】命令是通过搜索图像来调整图像的对比度和颜色。与【自动色调】和【自动对比度】相同，使用【自动颜色】命令后，系统会自动调整图像颜色。对图 4-30 的图片使用【自动颜色】命令，即可得到如图 4-33 所示的效果。

图 4-32　自动对比度效果

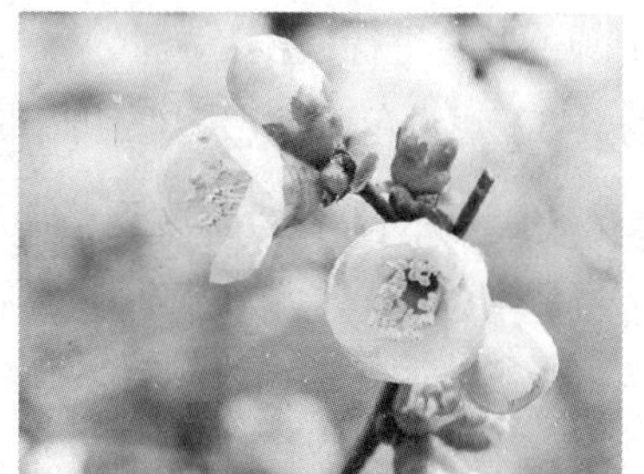

图 4-33　自动颜色效果

4.4　精细调整色彩色调

在图像处理过程中很多时候需要进行色调调整。色调是指一幅图像的整体色彩感觉以及明

暗程度，当用户在一幅效果图中添加另一个图像时，则需要将两幅图像的色调调整一致。通过对图像色调的调整可以提高图像的清晰度，看上去更加生动。

4.4.1 亮度/对比度

使用【亮度/对比度】命令能整体调整图像的亮度/对比度，从而实现对图像色调的调整。

【练习 4-5】调整图像的亮度和对比度。

(1) 打开【戒指.jpg】素材图像，如图 4-34 所示。

(2) 选择【图像】→【调整】→【亮度/对比度】命令，打开【亮度/对比度】对话框，设置【亮度】为-40、【对比度】为 60，如图 4-35 所示。单击【确定】按钮，得到如图 4-36 所示的效果。

图 4-34　打开素材

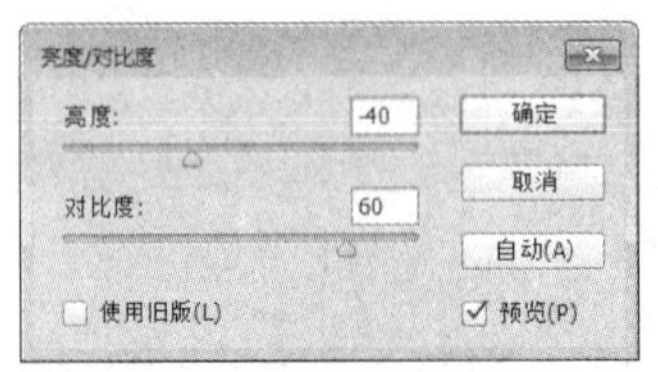

图 4-35　设置亮度/对比度

图 4-36　调整后的效果

4.4.2 色阶

【色阶】命令主要用来调整图像中颜色的明暗度，能对图像的阴影、中间调和高光的强度做调整。该命令不仅可以对整个图像进行操作，还可以对图像的某一选取范围、某一图层图像，或者某一个颜色通道进行操作。

【练习 4-6】通过色阶调整图像明暗度。

(1) 打开【金属.jpg】作为需要调整色阶明暗度的图像文件，如图 4-37 所示。

(2) 选择【图像】→【调整】→【色阶】命令，打开【色阶】对话框，按住鼠标左键向左拖动中间的三角形滑块，然后向左拖动右侧的三角形滑块，如图 4-38 所示。

图 4-37　素材图像

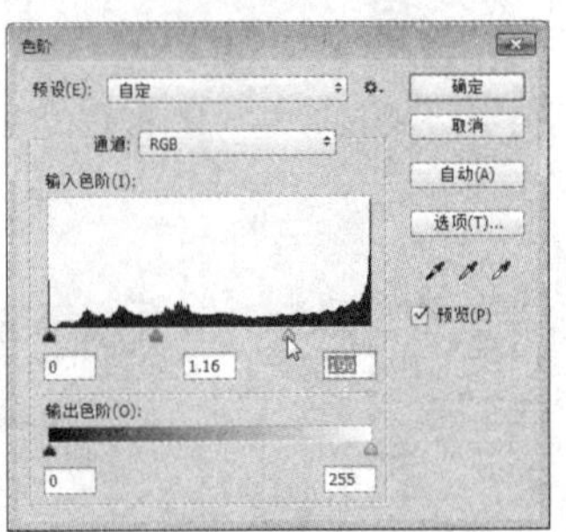

图 4-38　调整输入色阶

【色阶】对话框中主要选项的作用如下。

- 【通道】下拉列表框：用于设置要调整的颜色通道。它包括了图像的色彩模式和原色通道，用于选择需要调整的颜色通道。
- 【输入色阶】文本框：从左至右分别用于设置图像的暗部色调、中间色调和亮部色调，可以在文本框中直接输入相应的数值，也可以拖动色调直方图底部滑条上的3个滑块来进行调整。
- 【输出色阶】文本框：用于调整图像的亮度和对比度，范围为0~255；右边的编辑框用来降低亮部的亮度，范围为0~255。
- 【自动】按钮：单击该按钮可自动调整图像中的整体色调。

(3) 选择【输出色阶】左下方的三角形滑块，向左拖动即可调整图像暗部色调，如图 4-39 所示。单击【确定】按钮，调整色阶后的图像效果如图 4-40 所示。

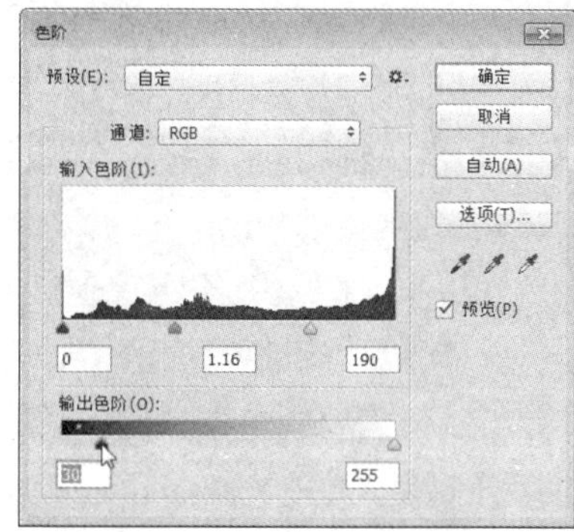

图 4-39　调整输出色阶

图 4-40　图像效果

技巧

按 Ctrl+L 组合键，可以快速打开【色阶】对话框。在【色阶】对话框中的【输入色阶】或【输出色阶】文本框中直接输入色阶值，可以精确地设置图像的色阶参数。

4.4.3　调整曲线

【曲线】命令在图像色彩的调整中使用非常广，它可以对图像的色彩、亮度和对比度进行综合调整，并且在从暗调到高光色调范围内，可以对多个不同的点进行调整。

选择【图像】→【调整】→【曲线】命令，将打开【曲线】对话框，如图 4-41 所示，该对话框中包含了一个色调曲线图，其中曲线的水平轴代表图像原来的亮度值，即输入值；垂直轴代表调整后的亮度值，即输出值。

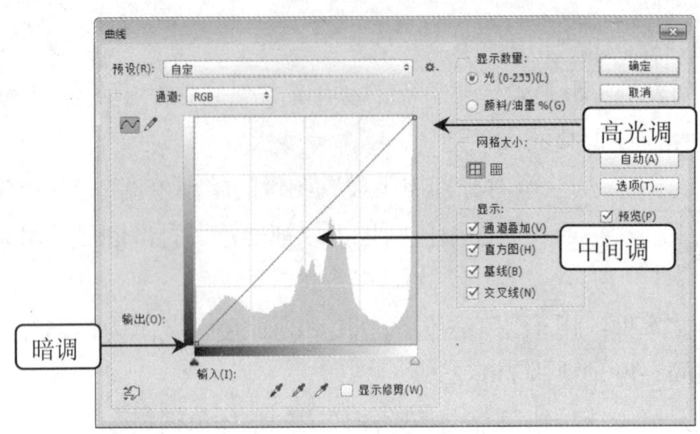

图 4-41 【曲线】对话框

【曲线】对话框中主要选项的作用如下。

- 通道：用于显示当前图像文件的色彩模式，并可从中选取单色通道对单一的色彩进行调整。
- 输入：用于显示原来图像的亮度值，与色调曲线的水平轴相同。
- 输出：用于显示图像处理后的亮度值，与色调曲线的垂直轴相同。
- 编辑点以修改曲线：是系统默认的曲线工具，用来在图表中各处制造节点而产生色调曲线。
- 通过绘制来修改曲线：用铅笔工具在图表上绘制出需要的色调曲线，选中该项，当鼠标变成画笔后，可用画笔徒手绘制色调曲线。

【练习 4-7】通过曲线调整图像色调。

(1) 打开【铁塔.jpg】作为需要调整色调的图像文件，如图 4-42 所示。

(2) 选择【图像】→【调整】→【曲线】命令，打开【曲线】对话框，在曲线上方的【高光调】处单击鼠标，创建一个节点，然后按住鼠标将其向上拖动，如图 4-43 所示

图 4-42 素材文件

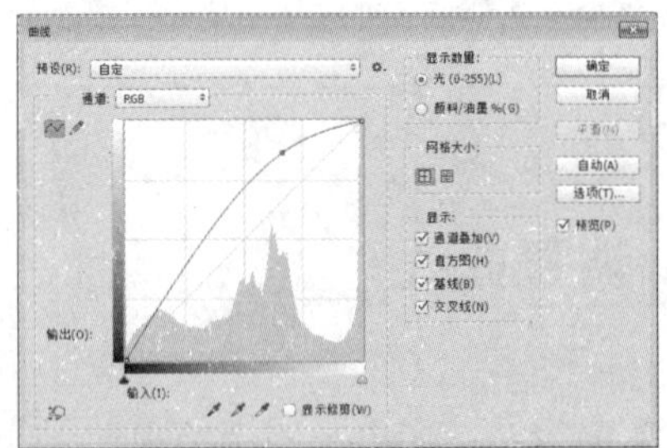

图 4-43 调整曲线

(3) 在曲线的【中间调】与【暗调】之间单击鼠标，创建一个节点，然后将其向下方进行拖动，如图 4-44 所示。

(4) 完成曲线的调整后，单击【确定】按钮，得到调整后的图像效果如图 4-45 所示。

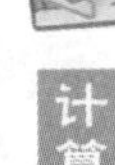

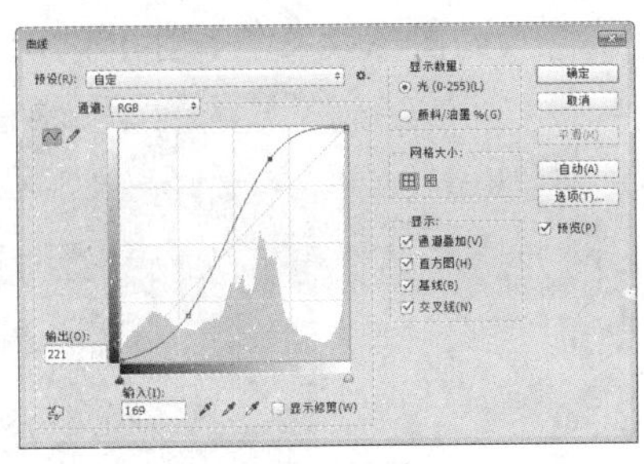

图 4-44　调整曲线

图 4-45　调整后的图像

技巧

按 Ctrl+M 组合键，可以快速打开【曲线】对话框。

4.4.4　色彩平衡

【色彩平衡】命令可以增加或减少图像中的颜色，从而调整整体图像的色彩平衡。运用该命令来调整图像中出现的偏色情况，具有很好的效果。选择【图像】→【调整】→【色彩平衡】命令，打开【色彩平衡】对话框，如图 4-46 所示。

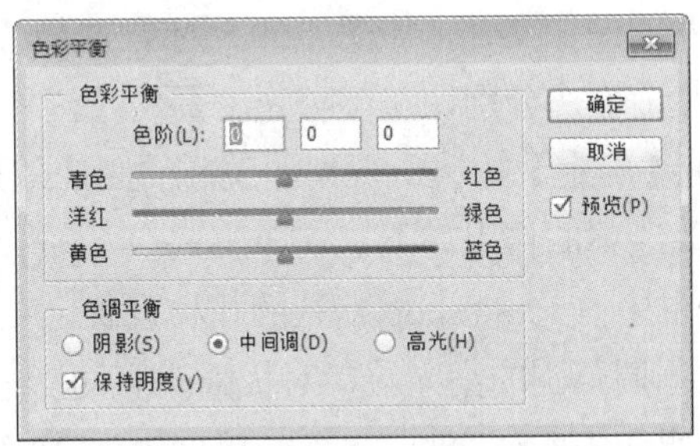

图 4-46　【色彩平衡】对话框

【色彩平衡】对话框中主要选项的作用如下。

- 色彩平衡：用于在【阴影】、【中间调】或【高光】中添加过渡色以平衡色彩效果，也可直接在色阶框中输入相应的值来调整颜色均衡。
- 色调平衡：用于选择用户需要着重进行调整的色彩范围。
- 保持亮度：选中该复选框，在调整图像色彩时可以使图像亮度保持不变。

【练习 4-8】调整图像的色彩。

(1) 打开【茶杯.jpg】作为需要调整色彩的图像文件，如图 4-47 所示。

(2) 选择【图像】→【调整】→【色彩平衡】命令，打开【色彩平衡】对话框，单击青色和红色之间的三角形滑块，将其向红色拖动，然后在分别按住第二排的三角形滑块，添加洋红色，如图 4-48 所示。

(3) 单击【确定】按钮返回到画面中，得到调整颜色后的图像效果，如图 4-49 所示。

图 4-47 素材图像

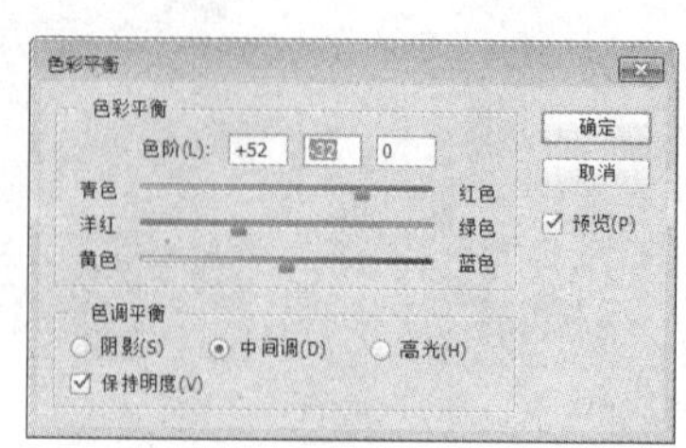

图 4-48 调整图像色彩

图 4-49 调整后的图像

技巧

按 Ctrl+B 组合键，可以快速打开【色彩平衡】对话框。

4.4.5 曝光度

【曝光度】命令主要用于调整 HDR 图像的色调，也可用于 8 位和 16 位图像。【曝光度】是通过在线性颜色空间(灰度系数 1.0)而不是当前颜色空间执行计算而得出的。

打开一幅需要调整曝光度的图像文件，如图 4-50 所示。选择【图像】→【调整】→【曝光度】命令，打开【曝光度】对话框，分别调整【曝光度】、【位移】和【灰度系数校正】参数为 1.43、-0.0040、0.83，单击【确定】按钮，得到调整后的图像效果如图 4-51 所示。

【曝光度】对话框中主要选项的作用如下。

- 预设：该下拉列表框中有 Photoshop 默认的几种设置，可以进行简单的图像调整。
- 曝光度：用于调整色调范围的高光端，对极限阴影的影响很轻微。
- 位移：用于调整阴影和中间调变暗，对高光的影响很轻微。
- 灰度系数校正：使用简单的乘方函数调整图像灰度系数。处于负值时会被视为它们的相应正值，也就是说，虽然这些值为负，但仍然会像正值一样被调整。

图 4-50 打开图像

图 4-51 调整图像曝光度

4.5　校正图像色彩色调

对于图形设计者而言，校正图像的色彩非常重要。在 Photoshop 中，设计者不仅可以运用【调整】菜单对图像的色调进行调整，还可以对图像的色彩进行有效的校正。

4.5.1　自然饱和度

【自然饱和度】能精细地调整图像饱和度，以便在颜色接近最大饱和度时最大限度地减少颜色的流失。使用【自然饱和度】命令在调整人物图像时还可防止肤色过度饱和。

【练习 4-9】增加图像饱和度。

(1) 打开【花朵.jpg】作为需要调整饱和度的图像文件，如图 4-52 所示。

(2) 选择【图像】→【调整】→【自然饱和度】命令，打开【自然饱和度】对话框，分别将【自然饱和度】和【饱和度】下面的三角形滑块向右拖动，以增加图像的饱和度，如图 4-53 所示。

(3) 调整图像饱和度到合适的值后，单击【确定】按钮完成操作，得到如图 4-54 所示的效果。

图 4-52　素材图像

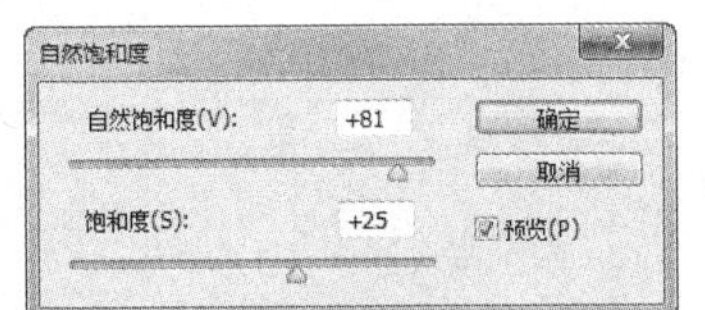

图 4-53　调整图像饱和度

图 4-54　调整后的效果

4.5.2　色相/饱和度

使用【色相/饱和度】命令可以调整图像中单个颜色成分的色相、饱和度和亮度，从而实现图像色彩的改变。还可以通过给像素指定新的色相和饱和度，为灰度图像添加颜色。

【练习 4-10】调整图像颜色。

(1) 打开【花朵.jpg】作为需要调整颜色的图像文件。

(2) 选择【图像】→【调整】→【色相/饱和度】命令，打开【色相/饱和度】对话框，分别调整色相为 30、饱和度为 45、明度为 0，如图 4-55 所示。

(3) 完成后单击【确定】按钮返回到图像中，得到的效果如图 4-56 所示。

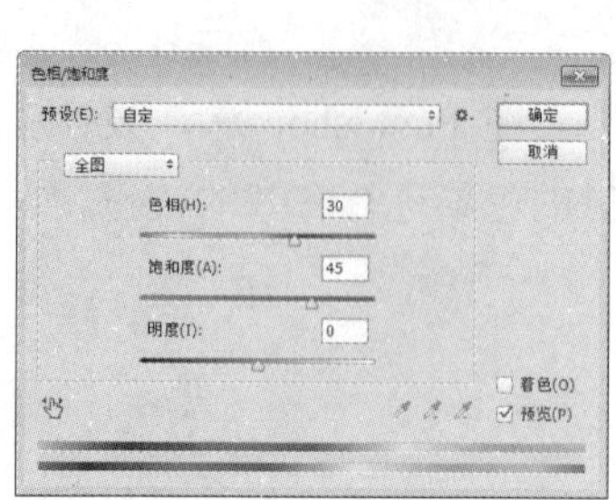

图 4-55　调整参数

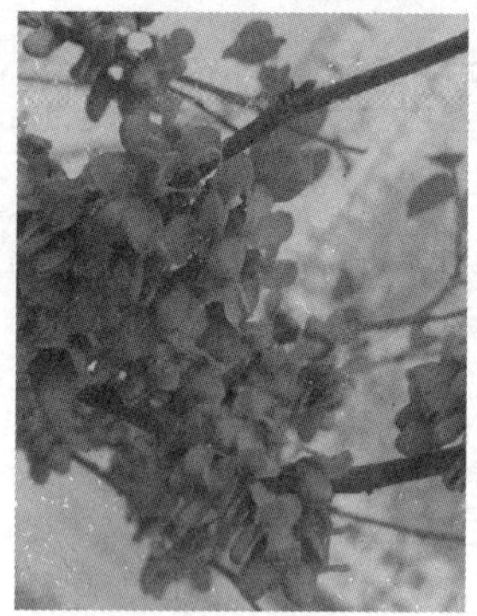
图 4-56　图像效果

【色相/饱和度】对话框中主要选项的作用如下。

- 全图(编辑)：用于选择作用范围。如选择【全图】选项，则将对图像中所有颜色的像素起作用，其余选项表示对某一颜色成分的像素起作用。
- 色相/饱和度/明度：调整所选颜色的色相、饱和度或亮度。
- 着色：选中该复选框，可以将图像调整为灰色或单色的效果。

提示

在【色相/饱和度】对话框中选中【着色】复选框，可以对图像进行单色调整，此时，对话框中的【全图】下拉列表框将处于不可用状态。

4.5.3　匹配颜色

使用【匹配颜色】命令可以使另一个图像的颜色与当前图像中的颜色进行混合，从而达到改变当前图像色彩的目的。它还允许用户通过更改图像的亮度、色彩范围来调整图像中的颜色。

【练习 4-11】混合图像颜色。

(1) 打开【向阳花.jpg】和【背景.jpg】作为需要混合图像颜色的图像文件，如图 4-57 和图 4-58 所示。

图 4-57　花朵图像

图 4-58　背景图像

(2) 选择【向阳花.jpg】文件作为当前文件。

(3) 选择【图像】→【调整】→【匹配颜色】命令，打开【匹配颜色】对话框，【目标】选项栏会自动选择【向阳花.jpg】素材图像，然后在【源】下拉列表框中选择【背景.jpg】素材图像，再调整图像的亮度、颜色强度和渐隐参数，如图 4-59 所示。

(4) 完成参数的设置后，单击【确定】按钮，对图像进行匹配颜色后的效果如图 4-60 所示。

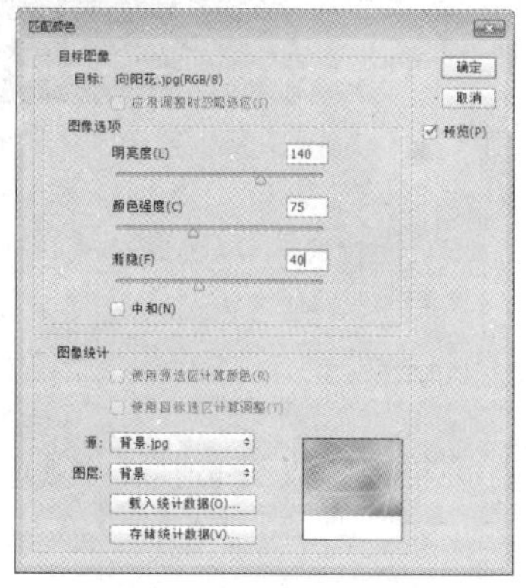

图 4-59　调整匹配颜色

图 4-60　图像效果

【匹配颜色】对话框中主要选项的作用如下。

- 目标图像：用于显示当前图像文件的名称。
- 图像选项：用于调整匹配颜色时的亮度、颜色强度和渐隐效果。
- 图像统计：用于选择匹配颜色时图像的来源或所在的图层。

提示

需要注意的是：在使用【匹配颜色】命令时，图像文件的色彩模式必须是 RGB 模式，否则该命令将不能使用。

4.5.4　替换颜色

使用【替换颜色】命令可以调整图像中选取的特定颜色区域的色相、饱和度和亮度值，将指定的颜色替换掉。

【练习 4-12】替换图像中的颜色。

(1) 打开【蜡烛.jpg】作为需要替换颜色的图像文件，如图 4-61 所示。

(2) 选择【图像】→【调整】→【替换颜色】命令，打开【替换颜色】对话框，使用吸管工具在图像中单击红色图像，然后设置【颜色容差】为 125，再设置替换颜色的色相、饱和度和明度，如图 4-62 所示。

(3) 设置好各参数后，单击【确定】按钮，得到替换颜色后的效果，如图 4-63 所示。

图 4-61　素材图像

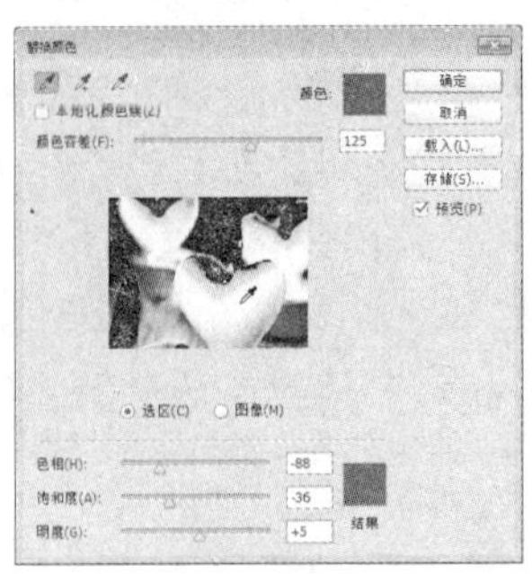

图 4-62　设置替换选项

图 4-63　替换颜色后的图像

4.5.5　可选颜色

使用【可选颜色】命令可以对图像中的某种颜色进行调整，修改图像中某种颜色的数量而不影响其他颜色。

【练习 4-13】调整指定颜色。

(1) 打开【花朵.jpg】作为需要调整颜色的图像文件，如图 4-64 所示。

(2) 选择【图像】→【调整】→【可选颜色】命令，打开【可选颜色】对话框，在【颜色】下拉列表框中选择【洋红】作为需要调整的颜色，然后设置其参数，如图 4-65 所示。

(3) 在【颜色】下拉列表框中选择【黑色】作为需要调整的另一种颜色，然后调整其参数值，如图 4-88 所示，单击【确定】按钮，得到的图像效果如图 4-66 所示。

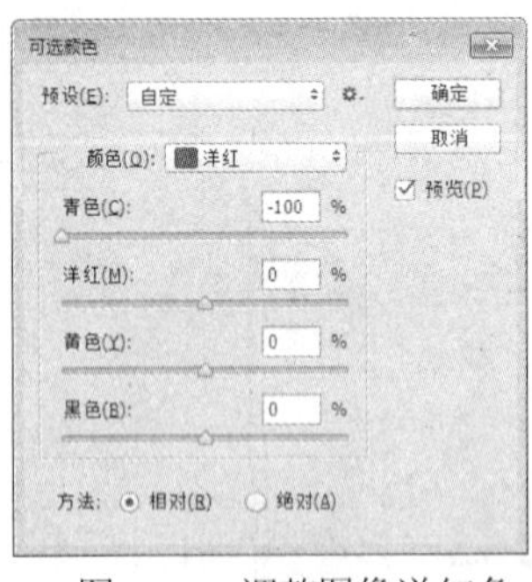

图 4-64　调整图像洋红色

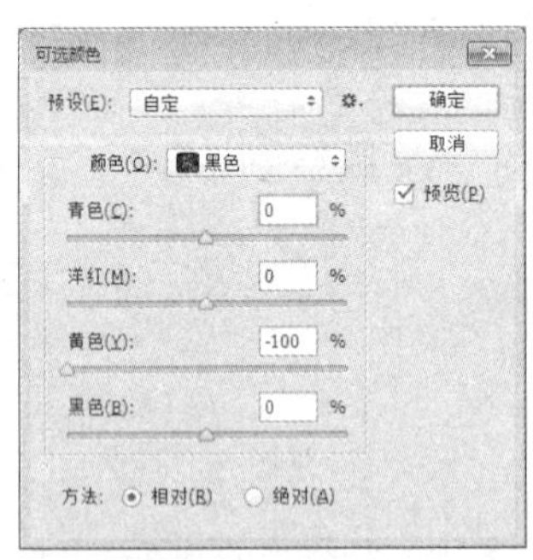

图 4-65　调整图像黑色

图 4-66　更改图像颜色

4.5.6　阴影/高光

【阴影/高光】命令不是单纯地使图像变亮或变暗，它可以准确地调整图像中阴影和高光的分布。

【练习 4-14】调整图像的阴影和高光。

(1) 打开【马.jpg】作为需要调整阴影和高光的图像文件，如图 4-67 所示。

(2) 选择【图像】→【调整】→【阴影/高光】命令，在打开的【阴影/高光】对话框中调整图像的阴影、高光等参数，如图 4-68 所示。

(3) 单击【确定】按钮，得到调整后的图像效果，如图 4-69 所示。

图 4-67　素材图像

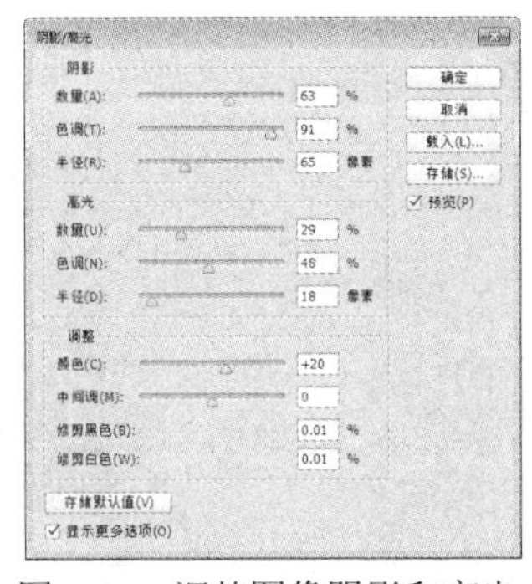

图 4-68　调整图像阴影和高光

图 4-69　调整后的图像

4.5.7　照片滤镜

使用【照片滤镜】命令可以把带颜色的滤镜放在照相机镜头前方来调整图像颜色，还可通过选择色彩预置，调整图像的色相。

【练习 4-15】制作暖色调图像。

(1) 打开【花儿.jpg】作为需要调整颜色的图像文件，如图 4-70 所示。

(2) 选择【图像】→【调整】→【照片滤镜】命令，打开【照片滤镜】对话框，在【滤镜】下拉列表框中选择一种滤镜，如【加温滤镜(LBA)】，然后调整浓度参数为 63，如图 4-71 所示。

图 4-70　素材图像

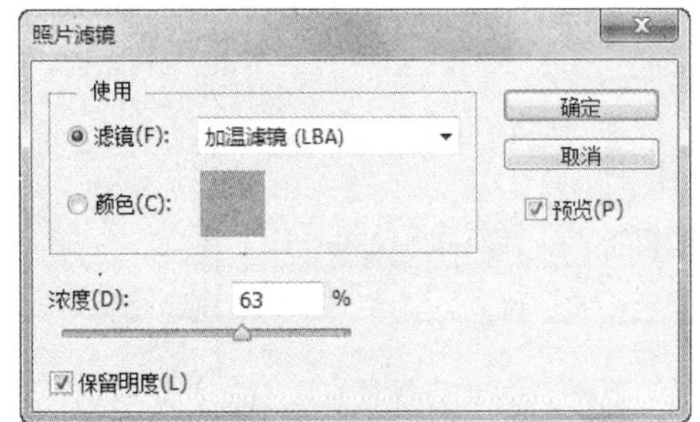

图 4-71　【照片滤镜】对话框

【照片滤镜】对话框中主要选项的作用如下。

- 滤镜：选中该单选按钮后，在其右侧的下拉列表框中可以选择滤色方式。
- 颜色：选中该单选按钮后，单击右侧的颜色框，可以设置过滤颜色。

◉ 浓度：拖动滑块可以控制着色的强度，数值越大，滤色效果越明显。

(3) 调整好后单击【确定】按钮，得到的图像效果如图 4-72 所示。

(4) 如果选中【颜色】单选按钮，单击后面的色块，可以打开【拾色器(照片滤镜颜色)】对话框，如图 4-73 所示。

图 4-72 调整后的图像

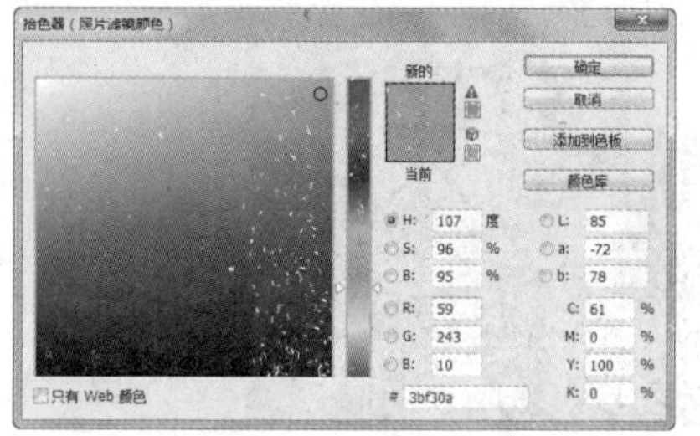

图 4-73 设置颜色参数

(5) 设置完成颜色后单击【确定】按钮，回到【照片滤镜】对话框中，设置浓度参数为 50，如图 4-74 所示。

(6) 单击【确定】按钮，得到图像效果如图 4-75 所示。

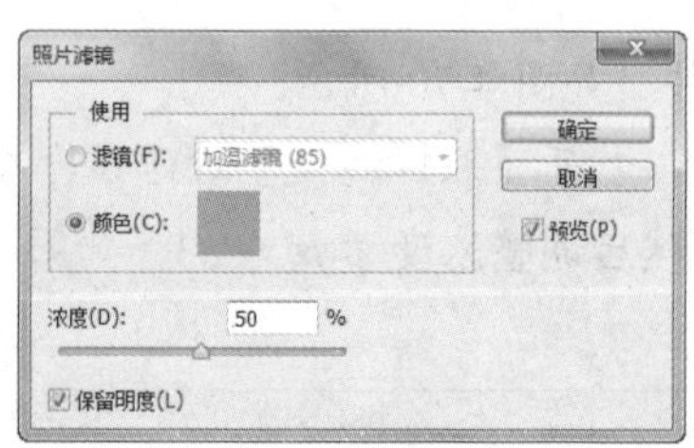

图 4-74 调整参数

图 4-75 图像效果

4.5.8 通道混和器

使用【通道混和器】命令，可以通过颜色通道的混合来调整颜色，产生图像合成的效果。【通道混和器】的使用方法：在【通道混和器】对话框中先设置【输出通道】，然后调整各参数设置。

【练习 4-16】调整图像通道颜色。

(1) 打开【向日葵.jpg】作为需要调整颜色的图像文件，如图 4-76 所示。

(2) 选择【图像】→【调整】→【通道混和器】命令，打开【通道混和器】对话框，选择蓝色通道进行调整，如图 4-77 所示。

(3) 单击【确定】按钮，图像中的绿色变为蓝色，如图 4-78 所示。

图 4-76　素材图像

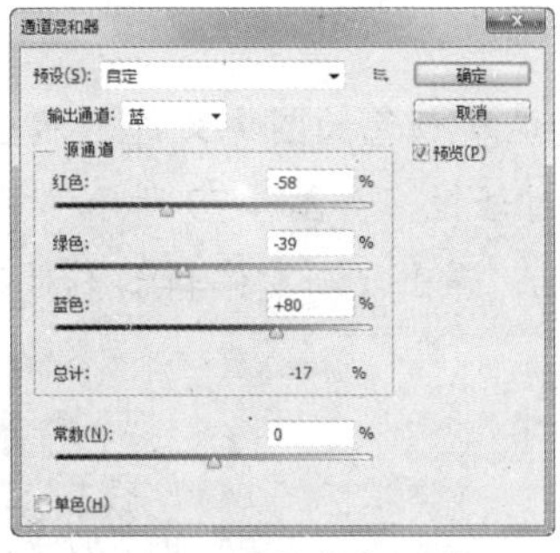

图 4-77　调整蓝色通道

图 4-78　调整后的图像效果

【通道混和器】对话框中各选项含义如下。

- 输出通道：用于选择进行调整的通道。
- 源通道：通过拖动滑块或输入数值来调整源通道在输出通道中所占的百分比值。
- 常数：通过拖动滑块或输入数值来调整通道的不透明度。
- 单色：将图像转变成只含灰度值的灰度图像。

4.6　调整图像特殊颜色

图像颜色的调整具有多样性，除了一些简单的颜色调整外，还能调整图像的特殊颜色。使用【去色】、【反相】、【色调均化】等命令可使图像产生特殊的效果。

4.6.1　去色

使用【去色】命令可以去掉图像的颜色，只显示具有明暗度灰度颜色，选择【图像】→【调整】→【去色】命令，即可将图像中所有颜色的饱和度都变为 0，从而将图像变为彩色模式下的灰色图像。

提示

使用【去色】命令后可以将原有图像的色彩信息去掉，但该去色操作并不是将颜色模式转为灰度模式。

4.6.2 渐变映射

使用【渐变映射】命令可以改变图像的色彩，该命令主要使用渐变颜色对图像的颜色进行调整。

【练习 4-17】为图像应用渐变颜色。

(1) 打开【戒指.jpg】作为需要调整颜色的图像文件，然后选择【图像】→【调整】→【渐变映射】命令，打开【渐变映射】对话框，如图 4-79 所示。

(2) 单击对话框中的渐变颜色框，弹出【渐变编辑器】对话框，设置颜色为从橘黄色到黄色渐变，如图 4-80 所示。

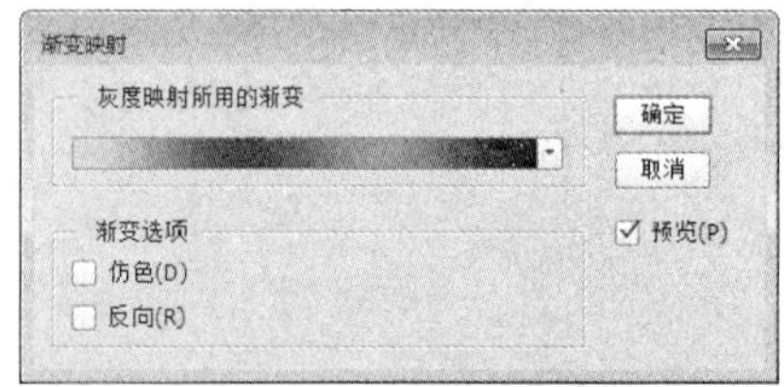

图 4-79　打开【渐变映射】对话框

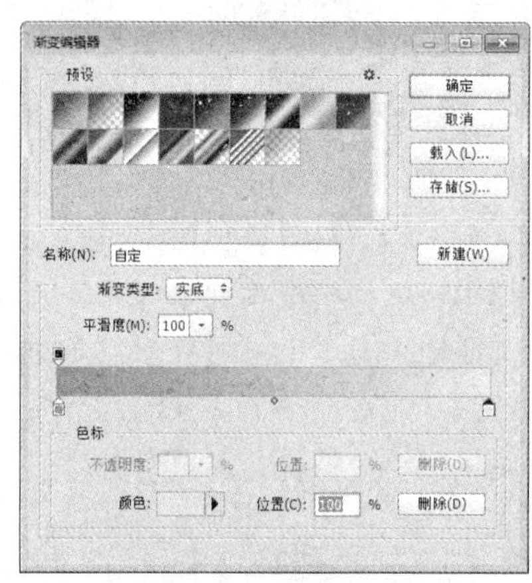

图 4-80　设置渐变颜色

【渐变映射】对话框中主要选项的作用如下。

- 灰度映射所用的渐变：单击渐变颜色框，可以打开【渐变编辑器】对话框来编辑所需的渐变颜色。
- 仿色：选中该复选框，图像将实现抖动渐变。
- 反向：选中该复选框，图像将实现反转渐变。

(3) 单击【确定】按钮返回到【渐变映射】，得到的图像效果如图 4-81 所示。

(4) 如果选择对话框中的【反向】复选框，可以得到如图 4-82 所示的图像效果。

图 4-81　图像效果

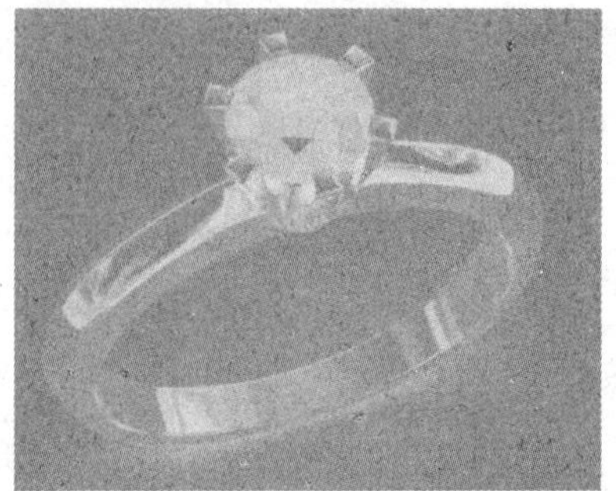

图 4-82　反向效果

4.6.3　反相

使用【反相】命令可以将图像的色彩反相，常用于制作胶片的效果。选择【图像】→【调整】→【反相】命令后，将图像的色彩反相，从而转化为负片，或将负片还原为图像。当再次使用该命令时，图像会被还原。例如，对图 4-83 所示的图像使用【反相】命令后，得到的效果如图 4-84 所示。

图 4-83　原图像

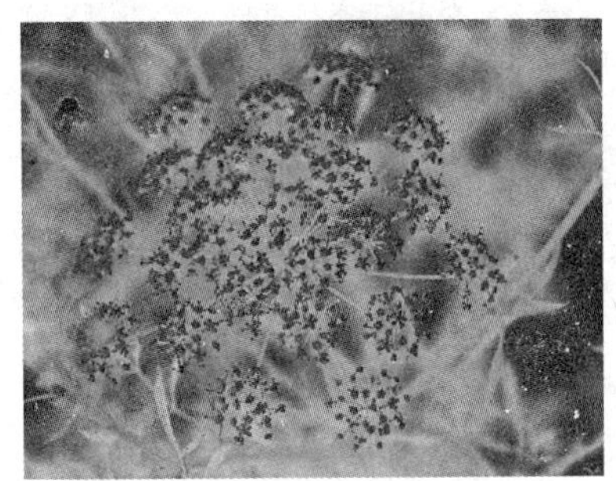

图 4-84　反相后的效果

4.6.4　色调均化

使用【色调均化】命令能重新分布图像中各像素的亮度值，以便更均匀地呈现所有范围的亮度级。选择【色调均化】命令后，图像中的最亮值呈现为白色，最暗值呈现为黑色，中间值则均匀地分布在整个图像灰度色调中。 例如，选择【图像】→【调整】→【色调均化】命令，可以将如图 4-85 所示的图像转换为如图 4-86 所示的效果。

图 4-85　原图像

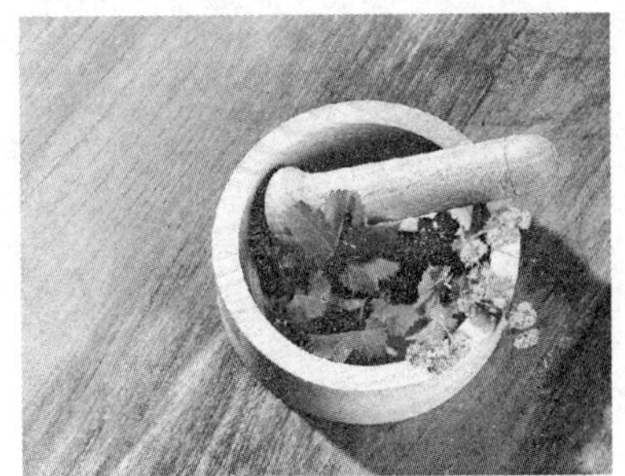

图 4-86　色调均化后的效果

4.6.5　阈值

使用【阈值】命令可以将一个彩色或灰度图像变成只有黑白两种色调的黑白图像，该效果适合制作版画。

打开一幅需要调整颜色的图像文件，选择【图像】→【调整】→【阈值】命令，在打开的【阈值】对话框中拖动下面的三角形滑块设置阈值参数，如图 4-87 所示；设置完成后单击【确定】按钮，即可调整图像的效果，如图 4-88 所示。

图 4-87　素材图像

图 4-88　调整后的图像

4.6.6 色调分离

使用【色调分离】命令，可以指定图像中每个通道的色调级(或亮度值)的数目，然后将像素映射为最接近的匹配级别。打开一幅素材图像，如图 4-89 所示，然后选择【图像】→【调整】→【色调分离】命令，打开【色调分离】对话框，其中【色阶】选项用于设置图像色调变化的程度，数值越大，图像色调变化越大，效果越明显，如图 4-90 所示。

图 4-89　原图像

图 4-90　色调分离效果

4.6.7 黑白

使用【黑白】命令可以轻松地将彩色图像转换为丰富的黑白图像，并可以精细地调整图像色调值和浓淡。

【练习 4-18】 制作黑白图像。

(1) 打开【爱心杯.jpg】作为需要转变为黑白颜色的图像文件，由于该图像中的红色和黄色

较多，所以需要调整这两种颜色，如图 4-91 所示。

(2) 选择【图像】→【调整】→【黑白】命令，打开【黑白】对话框，分别拖动【红色】和【黄色】下面的三角形滑块进行参数设置，如图 4-92 所示。

(3) 设置好参数后进行确定，即可调整图像的效果，如图 4-93 所示。

图 4-91　素材图像

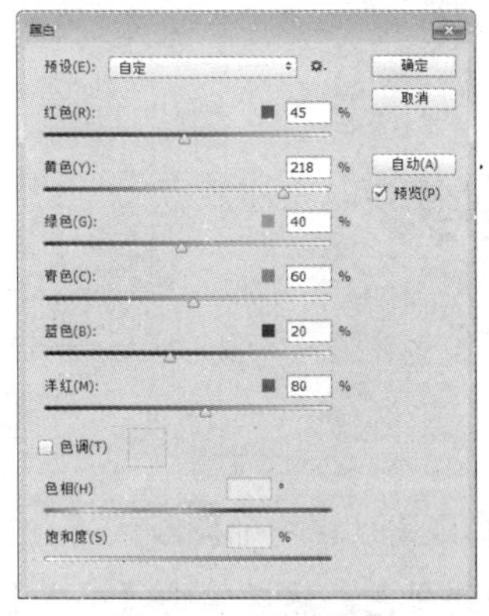

图 4-92　设置参数

图 4-93　调整后的图像

4.7　上机实战

本小节综合应用所学的图像色彩编辑操作，包括油漆桶工具、渐变工具等应用，练习为卡通图像填色和照片调整色彩的操作。

4.7.1　为卡通图像填色

本节将为一幅卡通图片添加颜色，具体的操作如下。

(1) 打开【卡通图片.jpg】素材图像，如图 4-94 所示。

(2) 单击工具箱底部的前景色图标，打开【拾色器(前景色)】对话框，设置颜色为绿色(R180,G219,B184)，如图 4-95 所示。

图 4-94　打开图像

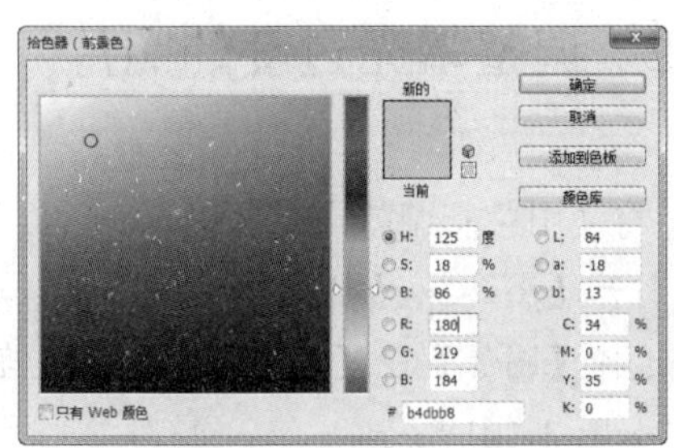

图 4-95　设置颜色

(3) 选择工具箱中的【油漆桶工具】，在属性栏中设置【容差】值为 10，然后在白色背景中单击，得到填充背景颜色后的效果，如图 4-96 所示。

(4) 选择【魔棒工具】，在属性栏中设置【容差】值为 20，然后按住 Shift 键在画面中单击文字周围的白色图像，通过加选操作获取选区，如图 4-97 所示。

图 4-96　填充颜色

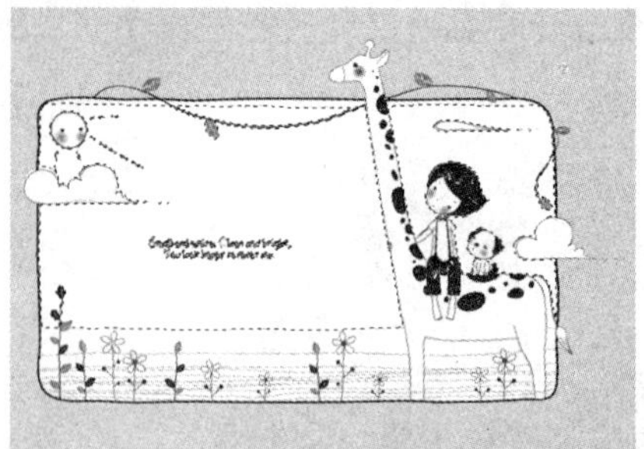
图 4-97　获取选区

(5) 选择【渐变工具】，单击工具属性栏中的，打开【渐变编辑器】对话框，设置渐变颜色从黄色(R253,G255,B93)到白色，然后单击【确定】按钮，如图 4-98 所示。

(6) 在【渐变工具】属性栏中选择渐变方式为【线性渐变】。

(7) 在选区中从上到下按住鼠标左键拖动，得到的填充效果如图 4-99 所示，完成本实例的操作。

图 4-98　设置渐变颜色

图 4-99　填充效果

4.7.2　调整曝光过度的照片

本节将使用色彩调整命令处理曝光过度的照片，具体的操作如下。

(1) 打开【小鸟.jpg】照片素材，如图 4-100 所示。

(2) 选择【图像】→【调整】→【曝光度】命令，打开【曝光度】对话框，然后降低图像的曝光度，如图 4-101 所示。

图 4-100　打开照片

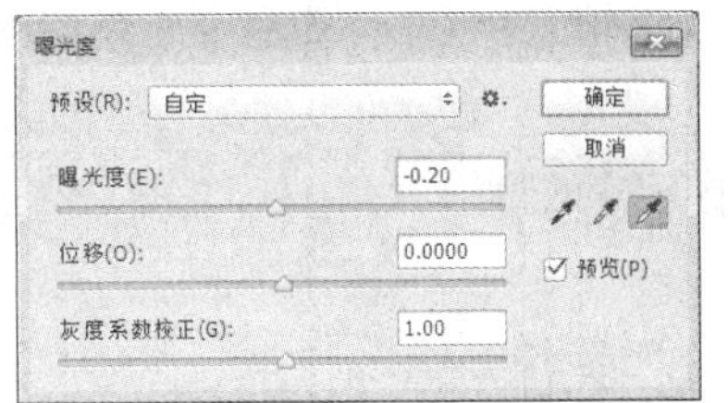

图 4-101　降低曝光度

(3) 选择【图像】→【调整】→【色阶】命令，打开【色阶】对话框，调整其参数如图 4-102 所示，然后单击【确定】按钮，照片效果如图 4-103 所示。

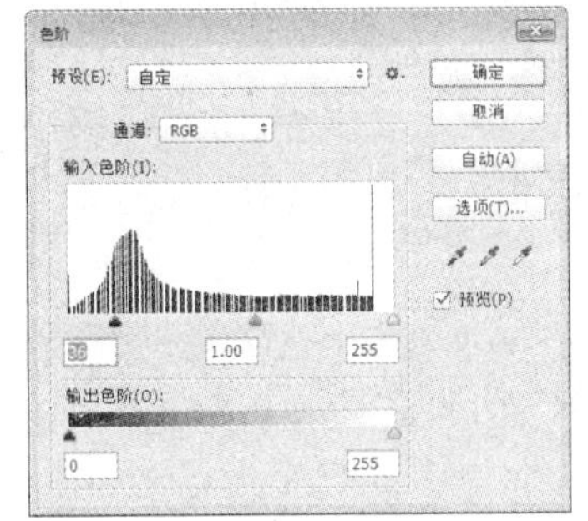

图 4-102　调整参数

图 4-103　照片效果

(4) 选择【图像】→【调整】→【亮度/对比度】命令，打开【亮度/对比度】对话框，调整其参数如图 4-104 所示，然后单击【确定】按钮，完成照片曝光度的调整，效果如图 4-105 所示。

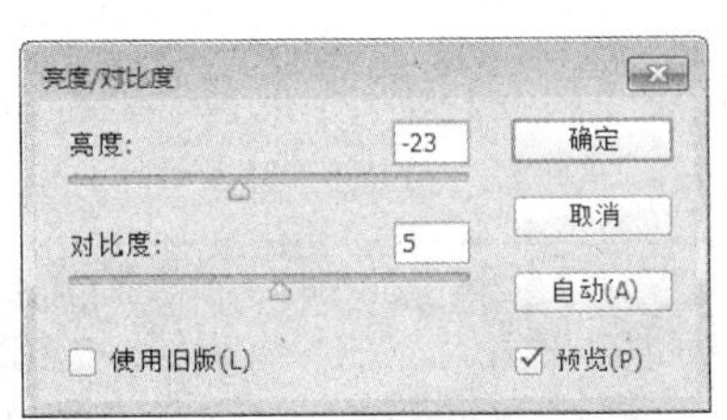

图 4-104　调整参数

图 4-105　最终效果

4.8　思考与练习

4.8.1　填空题

1. 使用____________命令能精细地调整图像饱和度，以便在颜色接近最大饱和度时最大限度地减少颜色的流失。

2. 选择【编辑】→【填充】命令不仅可以填充单一的颜色，还可以进行__________填充。

3. 使用________命令可以使另一个图像的颜色与当前图像中的颜色进行混合，从而达到改变当前图像色彩的目的。

4.8.2 选择题

1. (　　)命令主要用来调整图像中颜色的明暗度，能对图像的阴影、中间调和高光的强度做调整。

A. 色阶　　B. 阈值

C. 渐变映射　　D. 色彩平衡

2. 使用(　　)命令能把图像的色彩反相，常用于制作胶片的效果。

A. 色阶　　B. 反相

C. 自动对比度　　D. 通道混和器

3. 当图像总体出现偏色时，可以使用(　　)命令自动调整图像中的高光和暗调，使图像呈现较好的层次效果。

A. 替换颜色　　B. 色彩平衡

C. 色调分离　　D. 自动色调

4.8.3 操作题

打开素材文件【别墅.jpg】，如图 4-106 所示。使用【调整】菜单中的色彩调整命令增加图像的亮度、增强图像饱和度，以及为图像调整黄色和红色调等，效果如图 4-107 所示。

图 4-106　打开素材

图 4-107　调整图像色彩

绘制与修饰图像

学习目标

本章将学习图像绘制与修饰的操作，掌握 Photoshop 的绘图和修饰图像功能。用户利用 Photoshop 中的修饰功能可以修复画面中的污渍、去除多余图像、复制图像以及对图像局部颜色进行处理等。

本章重点

- 使用画笔工具
- 使用图章工具
- 修饰图像
- 修复图像

5.1 绘制图像

Photoshop 提供了强大的绘图工具，通过这些工具用户可以制作出各种创意图像。其中包括画笔工具和铅笔工具。

5.1.1 使用画笔工具

在使用【画笔工具】绘制图像的操作中，可以通过各种方式设置画笔的大小、样式、模式、透明度、硬度等。单击工具箱中的【画笔工具】按钮，可以在其对应的工具属性栏中设置参数，如图 5-1 所示。

图 5-1　画笔工具属性栏

【画笔工具】属性栏中常用选项的作用如下。

- 画笔：用于选择画笔样式和设置画笔的大小。
- 模式：用于设置画笔工具对当前图像中像素的作用形式，即当前使用的绘图颜色与原有底色之间进行混合的模式。
- 不透明度：用于设置画笔颜色的不透明度，数值越大，不透明度越高。
- 流量：用于设置画笔工具的压力大小，百分比越大，则画笔笔触越浓。
- 按钮：单击该按钮，会弹出画笔面板。
- 按钮：单击该按钮时，画笔工具会以喷枪的效果进行绘图。

1. 使用画笔工具绘制图像

使用【画笔工具】可以创建较柔和或坚硬的笔触，绘制出的图像可以产生毛笔绘画的效果。

【练习 5-1】绘制蝴蝶。

(1) 选择【文件】→【新建】命令，创建一个名为【蝴蝶】的图像文档，如图 5-2 所示。

(2) 选择工具箱中的【画笔工具】，单击属性栏中【画笔】右侧的三角形按钮，打开【画笔】面板，单击面板右侧的按钮，在弹出的菜单中选择【特殊效果画笔】选项，如图 5-3 所示。

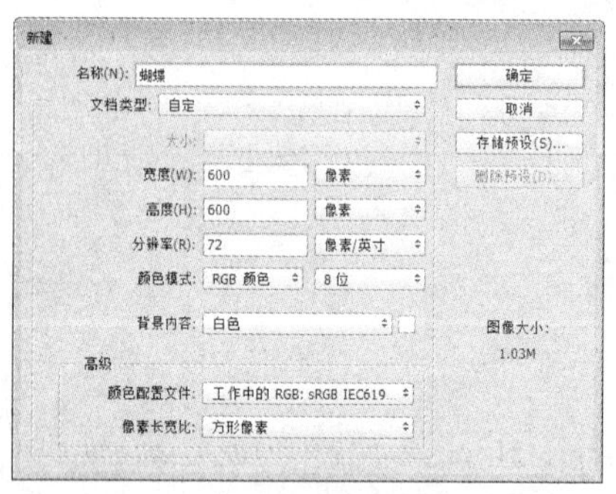

图 5-2　新建文档

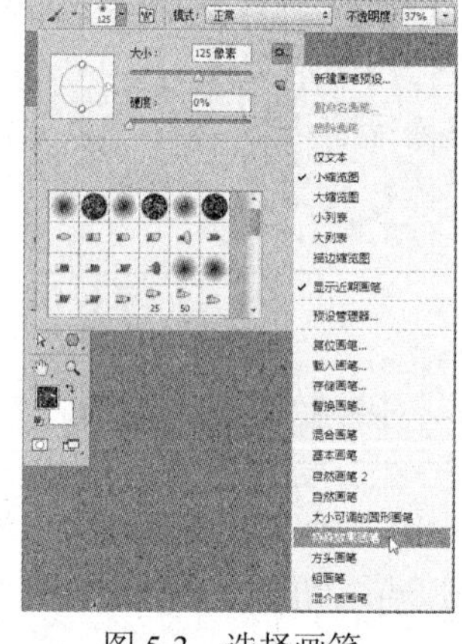

图 5-3　选择画笔

【画笔】面板中常用选项的作用如下。

- 大小：用于设置画笔笔头的大小，可拖动其底部滑杆上的滑块或输入数字来改变画笔大小。
- 【硬度】选项：用于设置画笔边缘的硬化程度。
- 【画笔样式】列表框：用于选择所需的画笔笔头样式，系统默认当前选择的样式为实心线条，也可在此选择带有图案的样式。

(3) 在弹出的询问对话框中单击【确定】按钮，即可载入相应的画笔类型，然后选择【缤纷蝴蝶】画笔，再设置画笔大小为 29 像素，如图 5-4 所示。

(4) 设置前景色为黑色，使用【画笔工具】在图像窗口中的不同位置单击鼠标，即可得到绘制的蝴蝶图像效果，如图 5-5 所示。

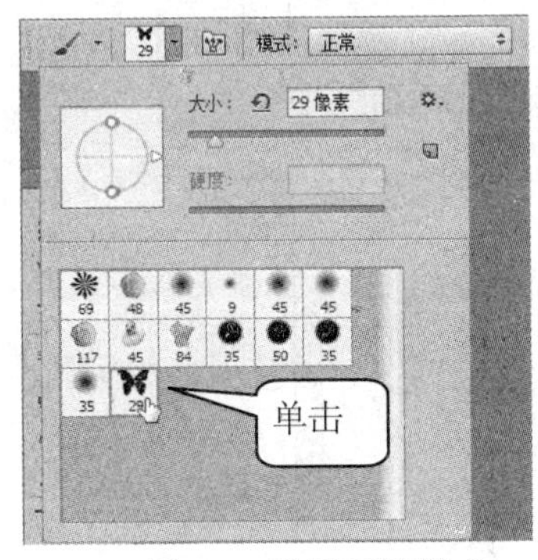

图 5-4　选择画笔样式

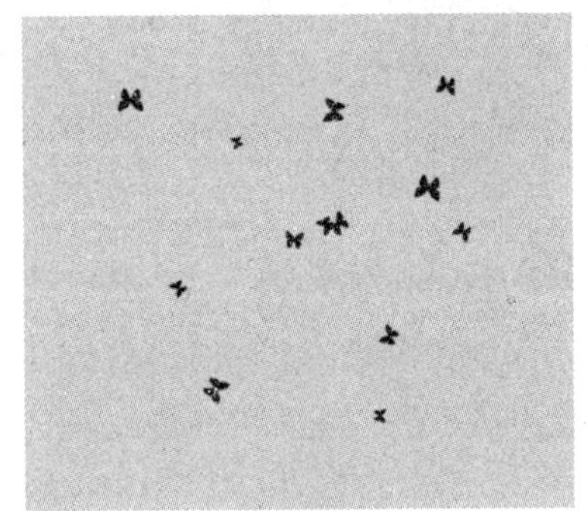

图 5-5　绘制的图像效果

2. 设置画笔样式

在 Photoshop 中，还可以对画笔工具进行自定义设置，以满足个人绘图的需要。选择画笔工具，并单击属性栏右侧的【切换画笔面板】按钮，或选择【窗口】→【画笔】命令，打开【画笔】面板，在面板中可以设置画笔的笔尖形状、直径大小等。

【练习 5-2】设置画笔样式。

(1) 新建一个图像文件，选择画笔工具，并单击属性栏右侧的【切换画笔面板】按钮，打开【画笔】面板，单击【画笔笔尖形状】选项，打开相应的面板选项，如图 5-6 所示。

(2) 选择一个画笔样式，如【柔边】，在【大小】中设置笔尖大小为 112，然后设置【间距】为 88%，这时可以在缩览图中观察画笔变化，如图 5-7 所示。

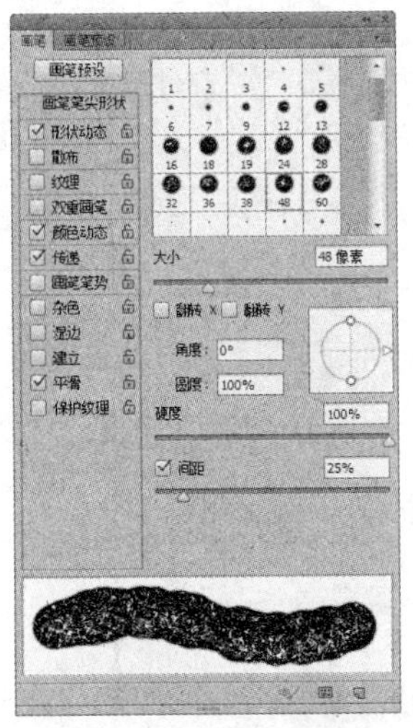

图 5-6　选择画笔

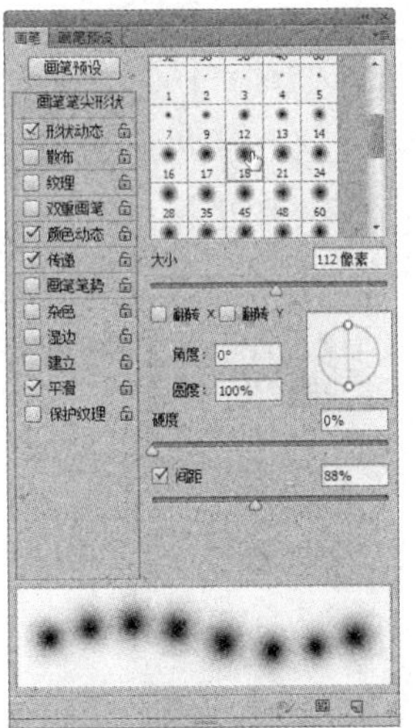

图 5-7　设置画笔大小和间距

(3) 选择【形状动态】选项，在相应的选项中设置画笔笔迹的变化，调整画笔抖动的大小以及角度和圆度等，如图 5-8 所示，然后在画面中拖动画笔即可绘制出如图 5-9 所示的图像。

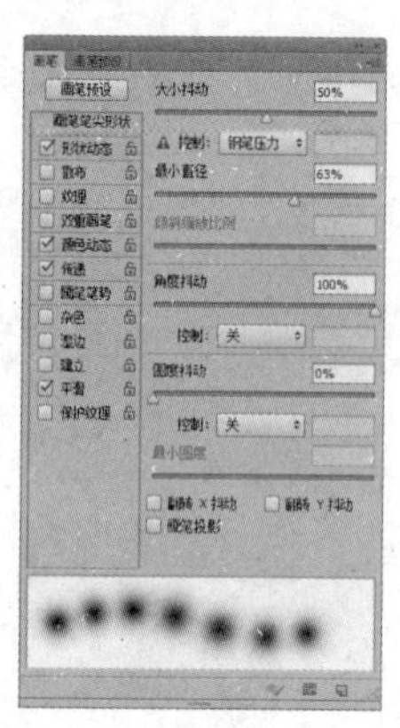

图 5-8　设置形状动态选项

图 5-9　绘制图像

(4) 选择【散布】选项，设置画笔笔迹的分布和密度，在【画笔】面板中调整【散布】和【数量抖动】等参数，如图 5-10 所示，即可绘制出如图 5-11 所示的图像。

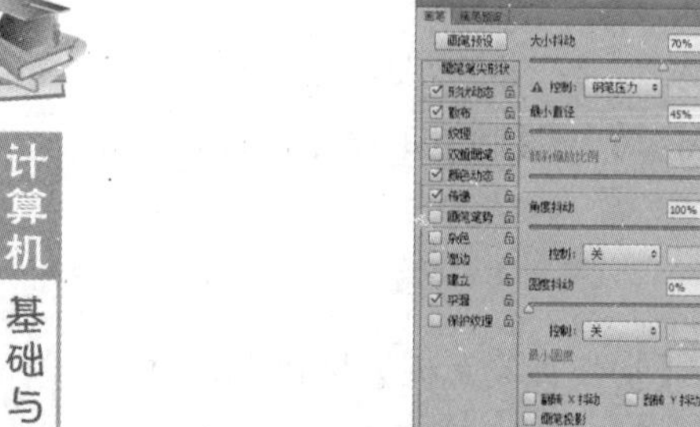

图 5-10　设置散布选项

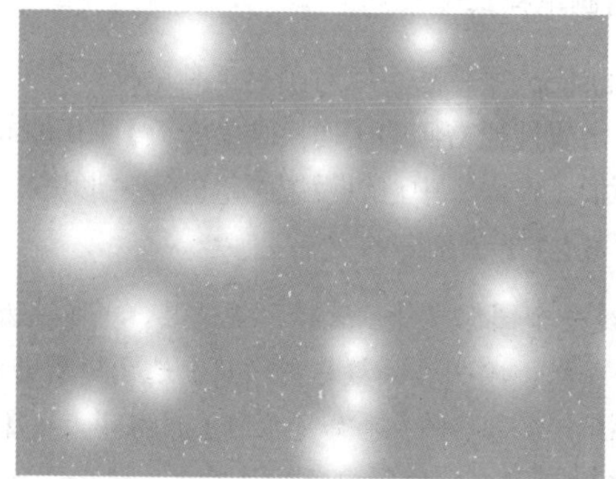

图 5-11　绘制图像

(5) 选择【双重画笔】选项，可以设置两种画笔的混合效果，在【画笔】面板的【画笔笔尖形状】中可以设置主要笔尖的选项，在【双重画笔】选项中可以设置次要笔尖的选项，如选择【实边椭圆】在双重画笔中选择画笔并设置参数，如图 5-12 所示，即可在画面中拖动鼠标绘制图像，得到的效果如图 5-13 所示。

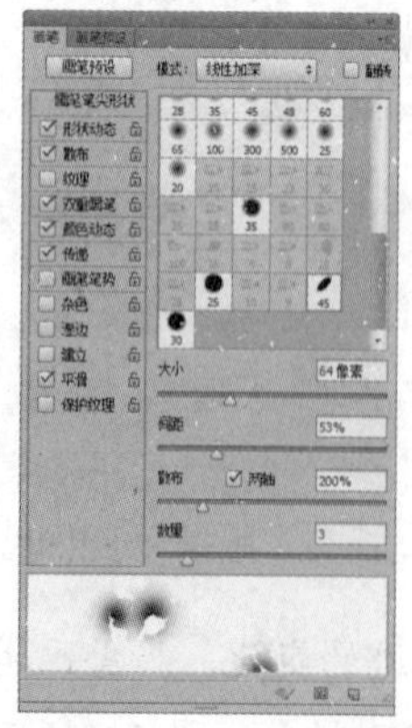

图 5-12　设置双重画笔选项

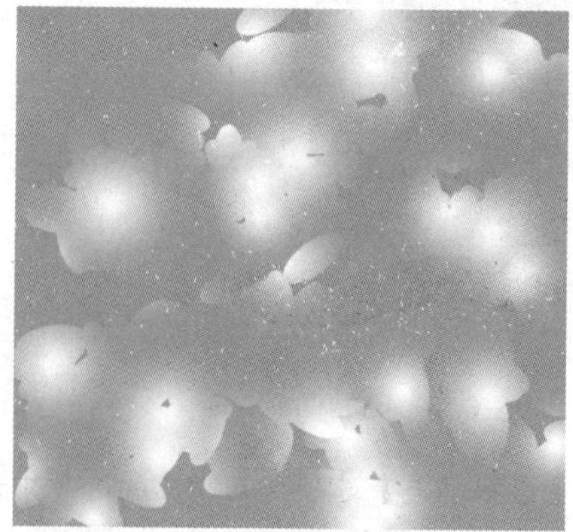

图 5-13　绘制图像

5.1.2　使用铅笔工具

铅笔工具的使用就与现实生活中的铅笔绘图相同，绘制出的线条效果比较生硬，主要用于直线和曲线的绘制，其操作方式与画笔工具相同。不同的是在工具属性栏中增加了一个【自动抹除】参数设置，如图 5-14 所示。

图 5-14　铅笔工具属性栏

选择工具箱中的【铅笔工具】，单击属性栏左侧的三角形按钮打开面板，选择一种画笔样式，如图 5-15 所示。设置前景色为红色，在画面中按住鼠标拖动，即可绘制图像，如图 5-16 所示。

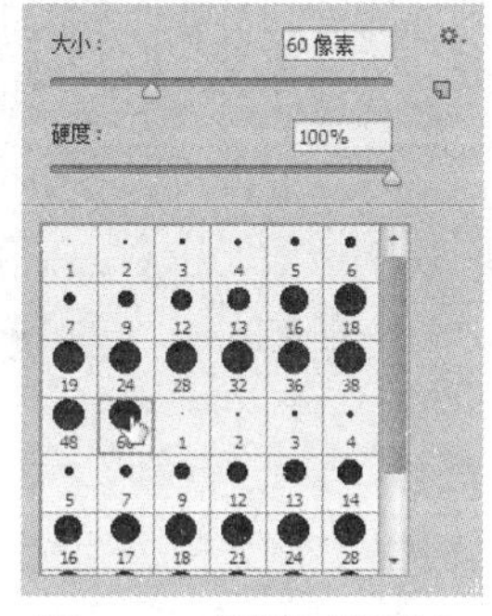

图 5-15　设置画笔形态

图 5-16　绘制图像

> **提示**
>
> 当选择【自动抹除】选项，铅笔工具具有擦除功能，即在绘制过程中笔头经过与前景色一致的图像区域时，将自动擦除前景色而填入背景色。

5.2　使用图章工具

图章工具组包括两个工具，分别是【仿制图章工具】和【图案图章工具】，通过它们可以使用颜色或图案填充图像或选区，将图像进行复制或替换。

5.2.1　使用仿制图章工具

使用【仿制图章工具】可以从图像中取样，然后将取样图像复制到其他的图像或同一图像的其他部分中。单击工具箱中的【仿制图章工具】按钮，在属性栏中可以设置图章的画笔大小、不透明度、模式和流量等参数，如图 5-17 所示。

图 5-17　仿制图章工具属性栏

【练习 5-3】复制小鸟。

(1) 打开【小鸟.jpg】图像文件，如图 5-18 所示。

(2) 选择【仿制图章工具】，将光标移至小鸟头部，然后按住 Alt 键，当光标变成⊕形状时，单击鼠标左键进行图像取样，如图 5-19 所示。

图 5-18　打开图像

图 5-19　取样图像

(3) 释放 Alt 键，将鼠标移动到图像左侧适当的位置，单击并拖动鼠标即可复制小鸟，如图 5-20 所示。

(4) 继续单击并拖动鼠标，完成小鸟图像的复制，效果如图 5-21 所示。

图 5-20　复制图像

图 5-21　复制结果

5.2.2　使用图案图章工具

使用【图案图章工具】可以将 Photoshop 提供的图案或自定义的图案应用到图像中。单击工具箱中的【图案图章工具】，其工具属性栏如图 5-22 所示。

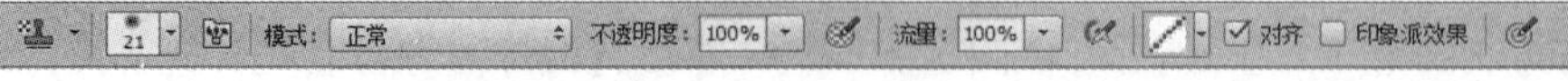

图 5-22　图案图章工具属性栏

【图案图章工具】属性栏中主要选项的作用如下。

- 图案拾色器：单击图案缩览图右侧的三角形按钮打开图案拾色器，可选择所应用的图案样式。
- 印象派效果：选中此选项时，绘制的图案具有印象派绘画的抽象效果。

【练习 5-4】填充图案背景。

(1) 打开【按钮.jpg】图像文件，如图 5-23 所示。

(2) 单击工具箱中的【图案图章工具】，然后在工具属性栏中单击图案缩览图右侧的按钮，在打开的面板中选择一种图案，如选择【黄菊】，如图 5-24 所示，

图 5-23　打开图像

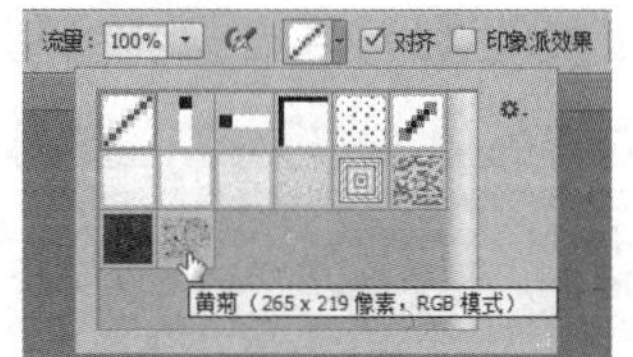

图 5-24　选择图案

(3) 在背景图像中绘制出选择的图案，效果如图 5-25 所示。

(4) 在工具属性栏中选中【印象派效果】复选框，在画面右方拖动鼠标后得到的图像效果如图 5-26 所示。

图 5-25　图像效果

图 5-26　印象派效果

5.2.3　自定义图案

除了可以使用 Photoshop 中预设的图案样式外，还可以自定义图案。选择【编辑】→【定义图案】命令，即可打开【图案名称】对话框，如图 5-27 所示。在【名称】右侧的文本框中输入图案名称，然后单击【确定】按钮，即可自定义一个图案，在【图案图章工具】属性栏的图案列表框中可以找到定义的图案，如图 5-28 所示。

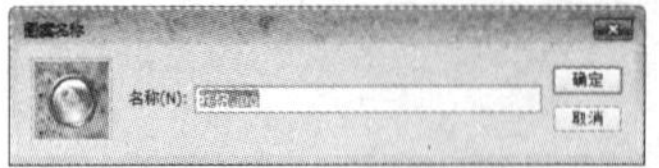
图 5-27　定义图案

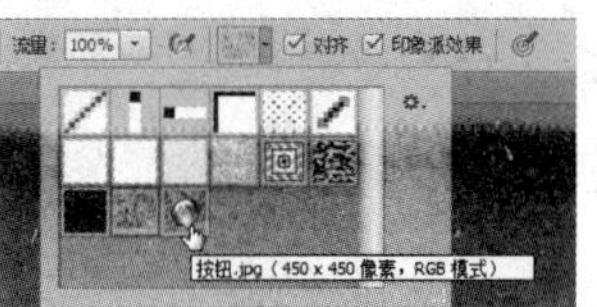
图 5-28　自定义的图案

5.3　应用【仿制源】面板

【仿制源】面板是和仿制图章工具或修复画笔工具配合使用的，允许定义五个采样点。使用【仿制源】面板可以进行重叠预览，提供具体的采样坐标，还可以在面板中对仿制源进行移位缩放、旋转以及混合等编辑操作。

【练习 5-5】使用【仿制源】面板绘制图像。

(1) 打开【花朵.jpg】和【咖啡.jpg】图像文件，如图 5-29 和 5-30 所示。

图 5-29　花朵图像

图 5-30　咖啡图像

(2) 选择【窗口】→【仿制源】命令，打开【仿制源】面板，然后选择【仿制图章工具】，按住 Alt 键在花朵图像中单击花朵图像，定义取样点，如图 5-31 所示。这时在【仿制源】面板中会出现取样点文档的名称，如图 5-32 所示。

图 5-31　取样图像

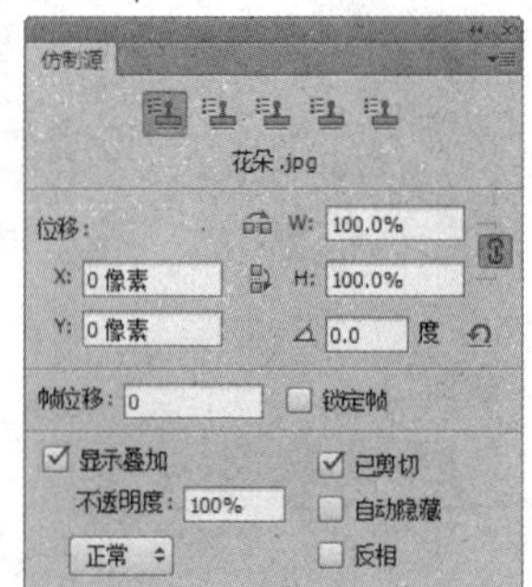

图 5-32　【仿制源】面板

(3) 在【仿制源】面板中单击未使用的按钮，如图 5-33 所示，然后按住 Alt 键在咖啡图像中单击中间的瓷罐图像，进行第二次取样，如图 5-34 所示。

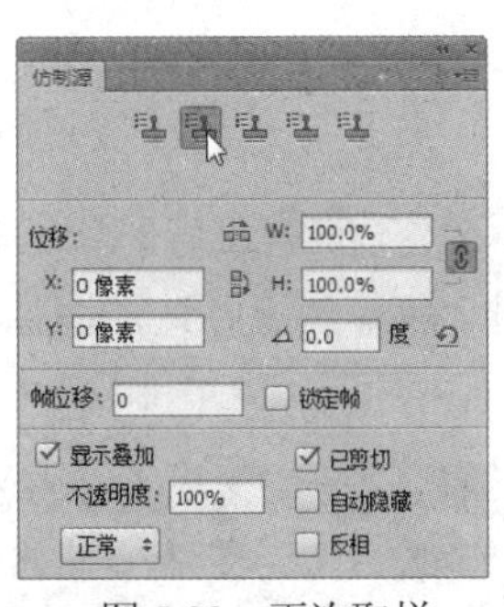

图 5-33　再次取样

图 5-34　单击图像

(4) 设置好两个采样点后，开始对图像进行复制操作。在【仿制源】面板中选择第一个采样点，然后切换到咖啡图像中，单击鼠标左键，即可将花朵图像复制到该文档中，如图 5-35 所示。

(5) 在【仿制源】面板中选择第二个采样点，然后切换到花朵图像中，单击鼠标左键，即可将咖啡杯中的图像复制到该文档图像中，如图 5-36 所示。

图 5-35　复制花朵图像

图 5-36　复制咖啡图像

5.4　修饰图像

Photoshop 提供了多种图像修饰工具，使用它们对图像进行修饰将会让图像更加完美，更富艺术性。常用的图像修饰工具都位于工具箱中，分别是修复工具组、模糊工具组和减淡工具组等。

5.4.1　使用模糊工具

使用【模糊工具】可以对图像进行模糊处理，使图像中的色彩过渡平滑，从而使图像产生模糊的效果。选择工具箱中的【模糊工具】，其属性栏如图 5-37 所示。

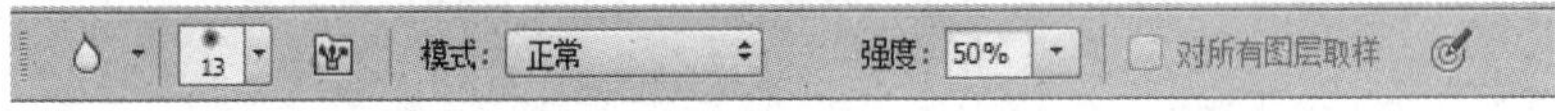

图 5-37　模糊工具属性栏

【模糊工具】属性栏中主要选项的作用如下。

- 模式：用于选择模糊图像的模式。

◉ 强度：用于设置模糊的压力程度。数值越大，模糊效果越明显；数值越小，模糊效果越弱。

打开一幅需要进行模糊处理的素材图像，如图 5-38 所示。然后选择工具箱中的【模糊工具】，在属性栏中设置好选项后，在画面中拖动鼠标进行涂抹，鼠标所涂抹过的图像将得到模糊效果，如图 5-39 所示。

图 5-38　素材图像

图 5-39　模糊图像

5.4.2　使用锐化工具

【锐化工具】的作用与【模糊工具】刚好相反，使用【锐化工具】可以增大图像中的色彩反差。【锐化工具】属性栏与【模糊工具】属性栏相似，如图 5-40 所示。

图 5-40　【锐化工具】属性栏

打开一幅需要进行锐化处理的素材图像，如图 5-41 所示。选择【锐化工具】，使用鼠标在图像中进行拖动，可以得到锐化效果，如图 5-42 所示。

图 5-41　素材图像

图 5-42　锐化后的效果

5.4.3　使用涂抹工具

使用【涂抹工具】可以模拟在湿的颜料画布上涂抹而使图像产生的变形效果，其使用方

法与模糊工具一样。

【练习 5-6】绘制火焰。

(1) 打开【壁炉.jpg】图像文件，效果如图 5-43 所示。

(2) 选择工具箱中的【涂抹工具】，设置工具属性栏如图 5-44 所示。

图 5-43　素材图像

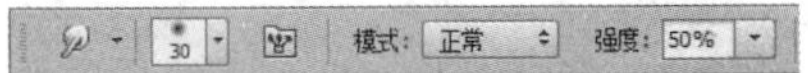

图 5-44　设置工具属性栏

(3) 使用鼠标单击火焰图像，然后按住鼠标向左上方拖动，得到涂抹变形的图像效果，如图 5-45 所示。

(4) 继续在火焰图像上单击并拖动，完成图像的涂抹修改，得到的效果如图 5-46 所示。

图 5-45　涂抹火焰图像

图 5-46　最终图像效果

技巧

在使用【涂抹工具】时，应注意画笔大小的调整，通常画笔越大，系统所运行的时间越长，但涂抹出来的图像区域也越大。

5.4.4　使用减淡工具

使用【减淡工具】可以提高图像中色彩的亮度，常用来增加图像的亮度，主要是根据照片特定区域曝光度的传统摄影技术原理使图像变亮。选择【减淡工具】，在属性栏中可以设置画笔的大小、范围和曝光度，如图 5-47 所示。

150 范围: 中间调 曝光度: 90% 保护色调

图 5-47 【减淡工具】属性栏

【减淡工具】属性栏中主要选项的作用如下。

- 范围：用于设置图像颜色提高亮度的范围，其下拉列表框中有三个选项。【中间调】表示更改图像中颜色呈灰色显示的区域；【阴影】表示更改图像中颜色显示较暗区域；【高光】表示只对图像颜色显示较亮的区域进行更改。
- 曝光度：用于设置应用画笔时的力度。

【练习 5-7】 提升图像色彩亮度。

(1) 打开【猫.jpg】图像文件，效果如图 5-48 所示，下面将对图像中的背景做减淡处理。

(2) 选择【减淡工具】，在属性栏中设置好画笔大小和曝光度，然后在图像左上方和右下方多次单击并拖动，单击后的图像将逐渐变淡，如图 5-49 所示。

图 5-48 素材图像

图 5-49 减淡的图像

5.4.5 使用加深工具

【加深工具】用于降低图像的曝光度。其作用与【减淡工具】的作用相反，参数设置方法与【减淡工具】相同。

例如，选择【加深工具】，在如图 5-50 所示的图像上单击并拖动鼠标，即可对图像进行加深处理，效果如图 5-51 所示。

图 5-50 素材图像

图 5-51 加深图像

5.4.6 使用海绵工具

使用【海绵工具】可以精确地更改图像区域中的色彩饱和度，产生像海绵吸水一样的效果，从而使图像失去光泽感。选择工具箱中的【海绵工具】，其属性栏如图5-52所示。

图5-52 【海绵工具】属性栏

【练习5-8】调整图像饱和度。

(1) 打开【鲜花.jpg】素材图像，如图5-53所示。

(2) 选择工具箱中的【海绵工具】，在工具属性栏中的【模式】下拉列表框中选择【去色】选项，设置【流量】为60%。如图5-54所示。

图5-53 素材图像

图5-54 设置工具属性

(3) 使用【海绵工具】在图像中间的花朵中单击并拖动鼠标，降低花朵图像的饱和度，如图5-55所示。

(4) 按F12键将图像恢复到原始状态，在工具属性栏中重新设置【模式】为【加色】，然后在中间花朵图像上拖动鼠标，加深花朵图像的颜色，如图5-56所示。

图5-55 降低图像饱和度

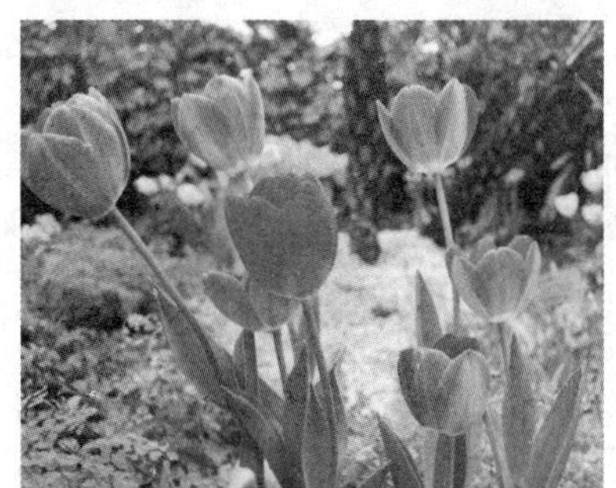

图5-56 加深图像饱和度

5.4.7 使用修补工具

使用【修补工具】可以修补图像中的缺陷，是一种非常实用的修复工具。使用【修补工具】必须要建立选区，在选区范围内修补图像，该工具是通过复制功能对图像进行操作。选择工具箱中的【修补工具】，其属性栏如图 5-57 所示。

修补: 正常 源 目标 透明 使用图案

图 5-57 【修补工具】属性栏

【修补工具】属性栏中主要选项的作用如下。

- 修补：如果用户选择【源】选项，在修补选区内显示原位置的图像；选择【目标】选项，修补区域的图像被移动后，使用选择区域内的图像进行覆盖。
- 透明：设置应用透明的图案。
- 使用图案：当图像中建立了选区后此项即可被激活。在选区中应用图案样式后，可以保留图像原来的质感。

【练习 5-9】去除照片中的墨迹。

(1) 打开【墨迹照片.jpg】素材图像，如图 5-58 所示。

(2) 选择【修补工具】，在其属性栏中选择【源】选项，在照片的墨迹边缘按住鼠标左键进行拖动，在墨迹边缘绘制出一个选区，如图 5-59 所示。

图 5-58 照片素材

图 5-59 绘制选区

技巧

在使用【修补工具】创建选区时，其操作方式与【套索工具】相同。此外，还可以通过【矩形选框工具】和【椭圆选框工具】等选区工具在图像中创建选区，然后使用【修补工具】进行修复。

(3) 将光标置于选区中，按住鼠标将选区拖动到附近相似的图像位置，如图 5-60 所示。

(4) 释放鼠标后，复制的图像将与背景图像自然地融合在一起，得到的复制图像效果如图 5-61 所示。

(5) 继续使用【修补工具】框选另一个墨点，按住鼠标将选区拖动到附近相似的图像位置，如图 5-62 所示。

(6) 执行相同的操作，使用【修补工具】修补照片中的其他墨点，效果如图 5-63 所示。

图 5-60　拖动选区

图 5-61　修补的图像

图 5-62　修补另一个墨点

图 5-63　修补其他的墨点

5.4.8　使用污点修复画笔工具

使用【污点修复画笔工具】可以移去图像中的污点。它能取样图像中某一点的图像，将该图像覆盖到需要应用的位置，在复制时，能将样本像素的纹理、光照、透明度和阴影与所修复的像素相匹配，从而产生自然的修复效果。污点修复画笔工具不需要指定基准点，能自动从所修饰区域的周围进行像素的取样。

在工具箱中按住【修补工具】下拉按钮，在弹出的工具列表中选择【污点修复画笔工具】，其属性栏如图 5-64 所示。

模式：正常　类型：内容识别　创建纹理　近似匹配　对所有图层取样

图 5-64　【污点修复画笔工具】属性栏

【污点修复画笔工具】属性栏中主要选项的作用如下。

- 画笔：与画笔工具属性栏对应的选项相同，用于设置画笔的大小和样式等。
- 模式：用于设置绘制后生成图像与底色之间的混合模型。
- 类型：用于设置修复图像区域修复过程中采用的修复类型，选中【近似匹配】按钮后，将使用要修复区域周围的像素来修复图像；选中【创建纹理】按钮，将使用被修复图像区域中的像素来创建修复纹理，并使纹理与周围纹理相协调。
- 对所有图层取样：选中该复选框将从所有可见图层中对数据进行取样。

打开一幅素材图像，如图 5-65 所示，选择【污点修复画笔工具】后，在图像中的污点处单击或拖动鼠标，即可自动地对图像进行修复，如图 5-66 所示。

图 5-65　原图像

图 5-66　修复图像

5.4.9　使用修复画笔工具

【修复画笔工具】与【污点修复画笔】工具相似，主要用于修复图像中的瑕疵。应用【修复画笔工具】可以通过图像或图形中的样本像素来绘画，还可将样本像素的纹理、光照、透明度和阴影与所修复的像素进行匹配，从而使修复后的像素自然地融入图形图像中。选择【修复画笔工具】，其属性栏如图 5-67 所示。

图 5-67　【修复画笔工具】属性栏

【修复画笔工具】属性栏中常用选项的作用如下。

- 源：选择【取样】复选框，即可使用当前图像中的像素修复图像，在修复前需定位取样点；选中【图案】选项，可以在右侧的【图案】下拉列表框中选择图案进行修复。
- 对齐：当选中该选项后，将以同一基准点对齐，即使多次复制图像，复制出来的图像仍然是同一幅图像；若取消选择该选项，则多次复制出来的图像将是多幅以基准点为模板的相同图像。

5.4.10　使用内容感知移动工具

使用【内容感知移动工具】可以创建选区，并通过移动选区，将选区中的图像进行复制，而原图像则被扩展或与背景图像自然地融合。选择【内容感知移动工具】后，其属性栏如图 5-68 所示。

图 5-68　工具属性栏

【内容感知移动工具】属性栏中常用选项的作用如下。

- 模式：其下拉菜单中有【移动】和【扩展】两种模式。选择【移动】模式，移动选区中的图像后，原图像所在地将与背景图像融合；选择【扩展】模式，可以复制选区中的图像，得到两个图像效果。
- 适应：在其下拉菜单中选择不同的命令，可以使图像边缘效果有所变化，默认选项为【中】。

【练习 5-10】制作相同的人物效果。

(1) 打开【宝宝.jpg】素材图像，选择【内容感知移动工具】在宝宝图像周围进行勾选，绘制宝宝选区，如图 5-69 所示。

(2) 在工具属性栏的【模式】下拉列表框中选择【扩展】选项，如图 5-70 所示。

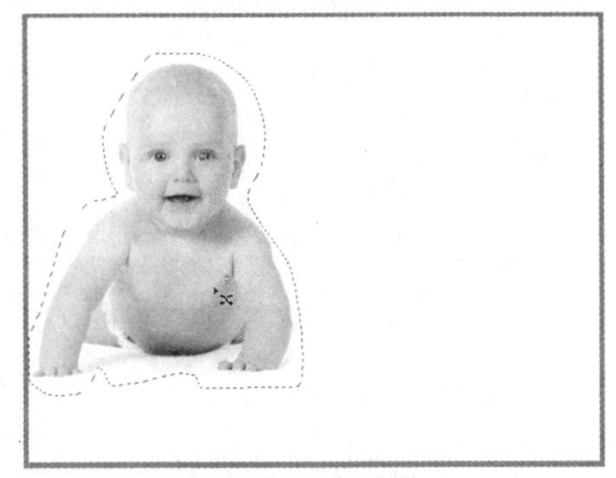

图 5-69　绘制选区

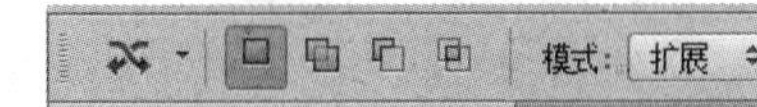

图 5-70　选择【扩展】选项

(3) 向右拖动选区中的图像，然后单击工具属性栏中的【提交变换】按钮，或按 Enter 键进行确定，系统将自动进行图像分析，右侧图像将与背景融合，如图 5-71 所示。

(4) 按 Ctrl+D 组合键取消选区，得到的图像效果如图 5-72 所示。

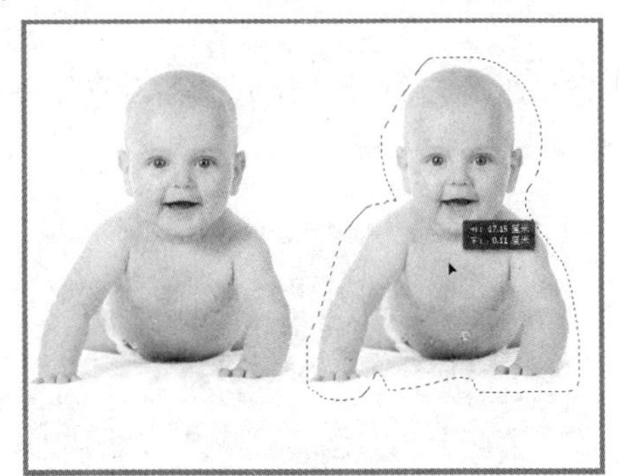

图 5-71　拖动图像

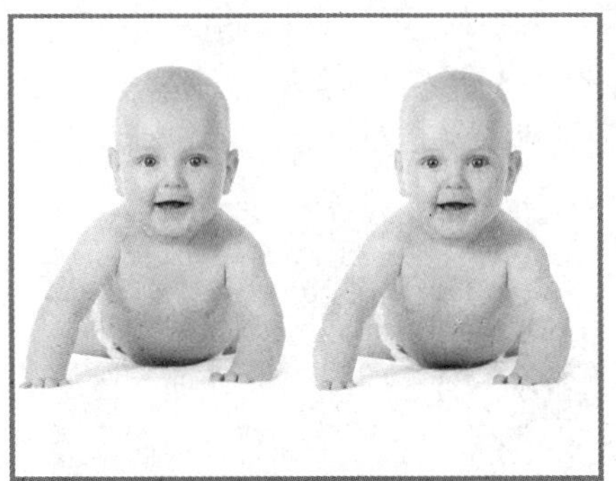

图 5-72　复制图像

技巧

在【内容感知移动工具】工具属性栏的【模式】下拉列表框中选择【移动】选项，可以将框选的图像移动到其他位置，原位置图像将与背景相融合。

5.4.11 使用红眼工具

使用【红眼工具】可以移去由于使用闪光灯拍摄而产生的任务照片中的红眼效果，还可以移去动物照片中的白色或绿色反光，但它对【位图】、【索引颜色】以及【多通道】颜色模式的图像不起作用。

【练习 5-11】消除人物红眼。

(1) 打开【红眼.jpg】素材图像，如图 5-73 所示。

(2) 在工具箱中选择【红眼工具】，在其属性栏中设置【瞳孔大小】和【变暗量】均为 50%，如图 5-74 所示。

图 5-73 素材图像

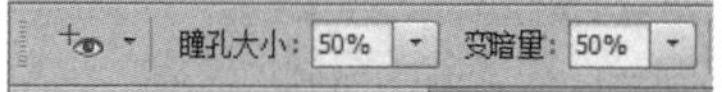

图 5-74 红眼工具属性栏

【红眼工具】属性栏中常用选项的作用如下。

- 瞳孔大小：用于设置瞳孔(眼睛暗色的中心)的大小。
- 变暗量：用于设置瞳孔的暗度。

(3) 使用【红眼工具】绘制一个选框将红眼选中，如图 5-75 所示。释放鼠标后即可得到修复后的红眼效果，然后使用同样的方法修复另一个红眼，如图 5-76 所示。

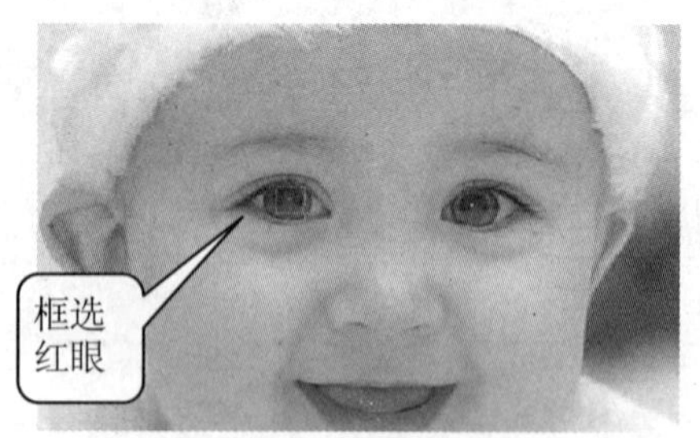

图 5-75 框选红眼

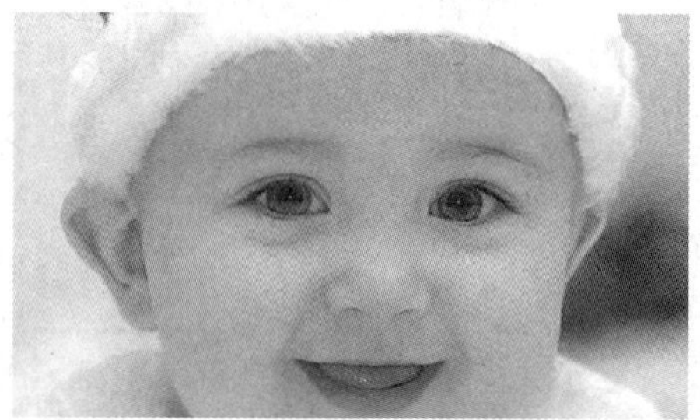

图 5-76 修复红眼效果

5.5 上机实战

本小节综合应用所学的绘制与修饰图像等操作，包括图章工具、修复画笔工具等应用，练

习在 Photoshop 中去除照片中人物的皱纹和照片的日期。

5.5.1　去除照片中人物的皱纹

本节将去除照片中人物的皱纹，具体的操作如下。

(1) 打开【皱纹.jpg】素材图像，如图 5-77 所示。

(2) 选择【仿制图章工具】，将光标放置在皱纹附近的位置，然后按住 Alt 键并单击鼠标左键取样，如图 5-78 所示。

图 5-77　照片素材

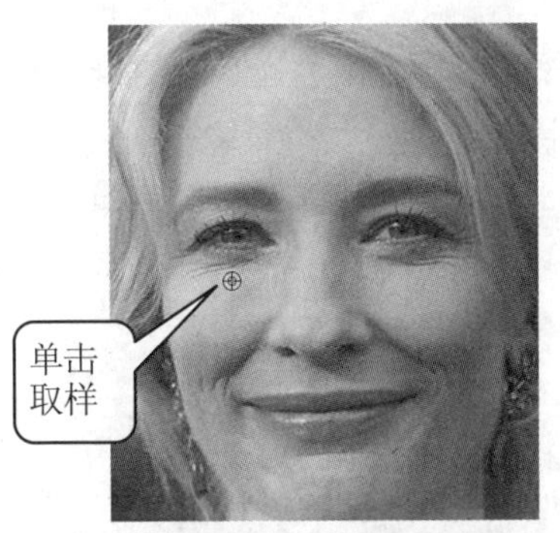

图 5-78　进行图像取样

(3) 将光标置于皱纹图像中并单击鼠标左键，得到修复效果，如图 5-79 所示。

(4) 使用相同的方法在其他皱纹的附近取样，然后去除老人脸部的其他皱纹，如图 5-80 所示。

图 5-79　修复皱纹

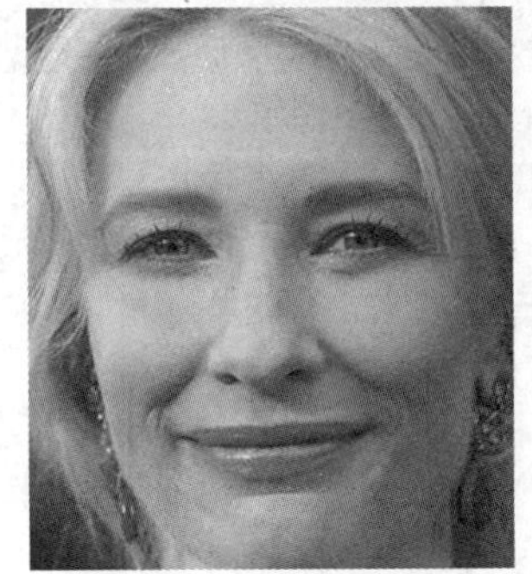

图 5-80　修复其他皱纹

5.5.2　去除照片中的日期

本节将去除照片中的日期，具体的操作如下。

(1) 打开【日期照片.jpg】素材图像，如图 5-81 所示。

(2) 选择【修复画笔工具】，按住 Alt 键单击日期图像旁边的图像进行取样，如图 5-82 所示。

图 5-81　照片素材

图 5-82　进行图像取样

(3) 完成图像的取样后，单击日期图像，并拖动鼠标进行涂抹，使用旁边的图像覆盖日期图像，如图 5-83 所示。

(4) 修复到适当的效果后，释放鼠标即可完成修复图像的操作，修复后的区域将与周围区域有机地融合在一起，如图 5-84 所示。

图 5-83　修复图像

图 5-84　完成图像的修复

5.6　思考与练习

5.6.1　填空题

1. 使用____________可以从图像中取样，然后将取样图像复制到其他的图像或同一图像的其他部分中。

2. 使用____________可以将 Photoshop 提供的图案或自定义的图案应用到图像中。

3. 使用____________以对图像进行模糊处理，使图像中的色彩过渡平滑，从而使图像产生模糊的效果。

5.6.2　选择题

1. (　　　)用于降低图像的曝光度。

A. 加深工具　　　　B. 模糊工具

C. 修补工具　　　　D. 画笔工具

2. 使用(　　　)可以移去使用闪光灯拍摄的任务照片中的红眼效果，还可以移去动物照片中的白色或绿色反光。

A. 画笔工具　　　　B. 模糊工具

C. 减淡工具　　　　D. 红眼工具

5.6.3　操作题

打开素材文件【受损照片.jpg】，如图 5-85 所示，使用【仿制图章工具】在湖水图像处取样，对受损图像进行修复，如图 5-86 所示。

图 5-85　打开素材

图 5-86　修复损坏的照片

第6章 绘制路径和形状

学习目标

使用选区工具不方便对复杂造型的图像进行选取，但是使用 Photoshop 中的钢笔工具可以帮助用户绘制较复杂的路径，然后将路径转换为选区即可。在本章的内容中，将学习绘制路径和形状的相关知识。

本章重点

- 绘制路径
- 编辑路径
- 互换路径和选区
- 绘制形状
- 编辑形状

6.1 认识路径

路径是 Photoshop 中的重要工具，可以将其转换为选区，或使用颜色填充选区和描边选区轮廓。

6.1.1 路径的特点

路径在 Photoshop 中是使用贝赛尔曲线所构成的一段闭合或者开放的曲线段，主要由钢笔工具和形状工具绘制而成，它与选区一样本身没有颜色和宽度，不会被打印出来。路径包括闭合路径和开放路径，闭合路径没有明显的起点和终点，如图 6-1 所示，开放路径则有明显的起点和终点，如图 6-2 所示。

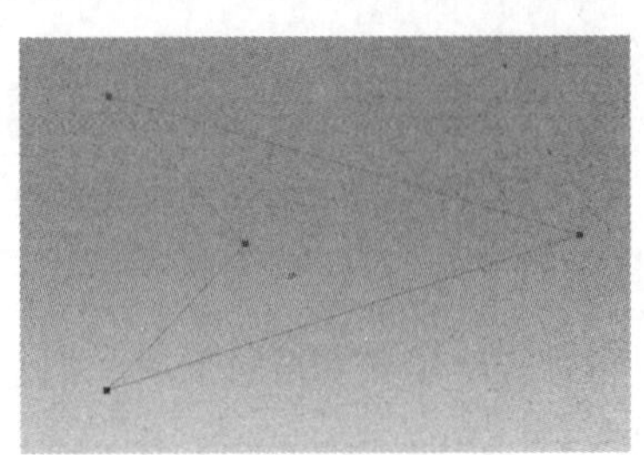

图 6-1　闭合路径

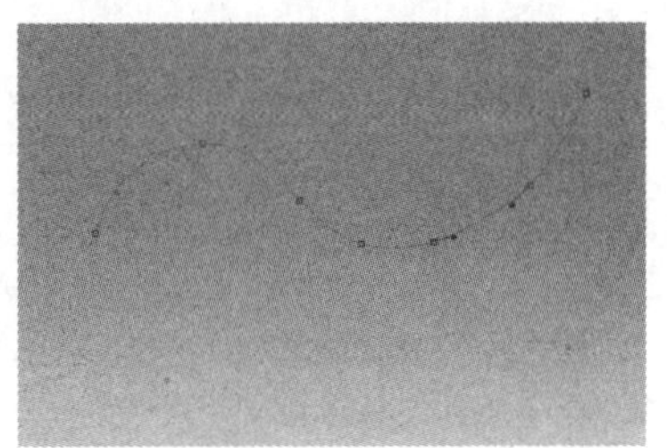

图 6-2　开放路径

6.1.2　路径的结构

路径由锚点、线段和控制手柄 3 部分构成，直线型路径中的锚点无控制手柄，曲线型路径中的锚点由两个控制手柄来控制曲线的形状，如图 6-3 所示。

6.1.3　【路径】面板

路径的基本操作都是通过【路径】面板来进行的。选择【窗口】→【路径】命令即可打开该面板，如图 6-4 所示。

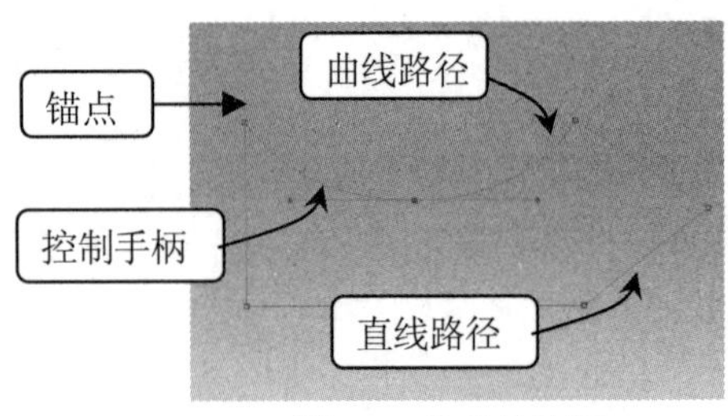

图 6-3　路径结构图

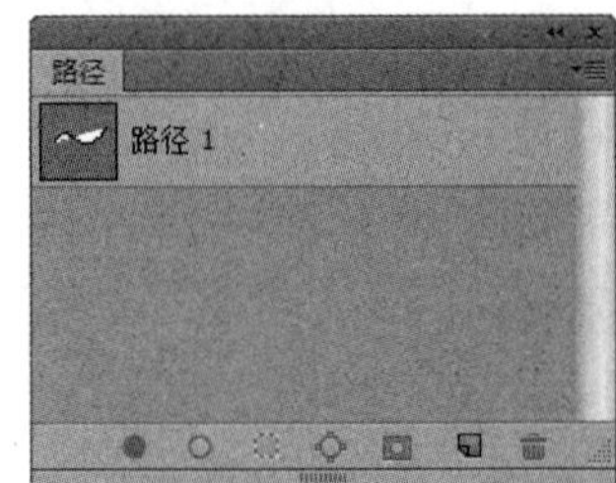

图 6-4　【路径】面板

6.2　绘制路径

在 Photoshop 中，可以使用【钢笔工具】和【自由钢笔工具】绘制路径图形。下面介绍【钢笔工具】和【自由钢笔工具】的具体应用。

6.2.1　使用钢笔工具

使用【钢笔工具】可以绘制直线路径和曲线路径。使用【钢笔工具】绘制的路径为平滑的曲线，在缩放或者变形曲线之后仍能保持平滑效果。

1. 绘制直线

【钢笔工具】属于矢量绘图工具，绘制出来的图形为矢量图形。使用【钢笔工具】绘制直线段的方法较为简单，在画面中单击作为起点，然后到适当的位置再次单击即可绘制出直线路径。在工具箱中选择【钢笔工具】，其对应的工具属性栏如图 6-5 所示。

图 6-5　钢笔工具属性栏

【钢笔工具】属性栏中主要选项的作用如下。

- 路径：在该下拉列表框中有3种选项：形状、路径和像素，分别用于创建形状图层、工作路径和填充区域，选择不同的选项，属性栏中将显示相应的选项内容。
- 建立：选区... 蒙版 形状：该组按钮用于在创建选区后，将路径转换为选区或者形状等。
- ：该组按钮用于对路径的编辑，包括形状的合并、重叠、对齐方式以及前后顺序等。
- 自动添加/删除：该复选框用于设置是否自动添加或删除锚点。

【练习 6-1】绘制直线路径。

(1) 新建一个图像文件。选择工具箱中的【钢笔工具】，在其属性栏中选择【路径】选项，然后在图像中单击鼠标左键作为路径起点，如图 6-6 所示。

(2) 移动光标到该线段的终点处单击，得到一条直线段路径，如图 6-7 所示。

图 6-6　单击鼠标指定路径起点

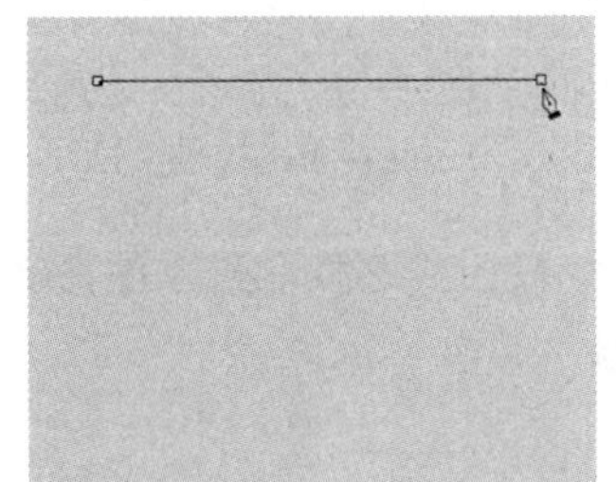

图 6-7　指点路径下一个点

(3) 移动光标至另一个适合的位置，单击鼠标继续指点路径下一个点，得到折线路径，如图 6-8 所示。

(4) 将光标移动到路径的起点处，单击鼠标即可完成闭合路径的绘制，如图 6-9 所示。

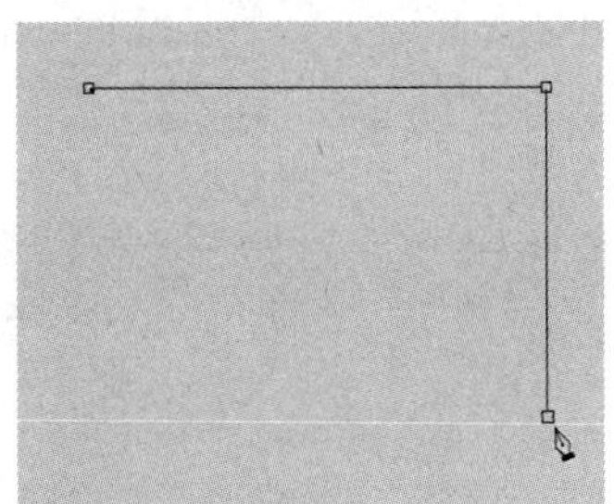

图 6-8　继续绘制路径

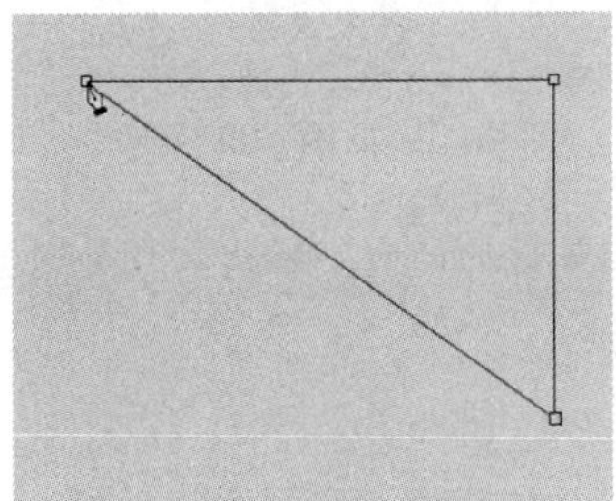

图 6-9　直线段闭合路径

技巧

在 Photoshop 中绘制直线路径时，按住 Shift 键可以绘制出水平、垂直和 45° 方向上的直线路径。

2. 绘制曲线

在使用钢笔工具绘制直线段时，按住鼠标左键进行拖动，即可绘制出曲线路径，曲线路径的绘制比直线路径复杂一些，需要多加练习才能掌握绘制技巧。

【练习 6-2】绘制曲线路径。

(1) 使用【钢笔工具】在图像中单击鼠标创建路径的起始点，然后移动光标单击并拖动鼠标指定路径的下一个点，并调整路径的控制手柄，如图 6-10 所示。

(2) 将光标移动到适当的位置并单击鼠标，可以指定路径的下一个点，并得到曲线路径，如图 6-11 所示。

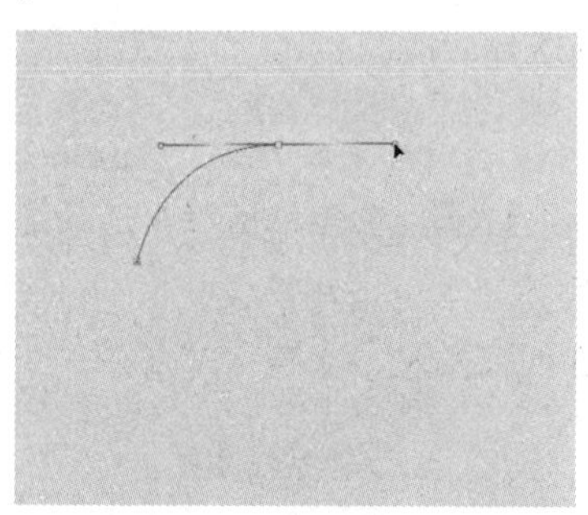

图 6-10　调整路径控制手柄

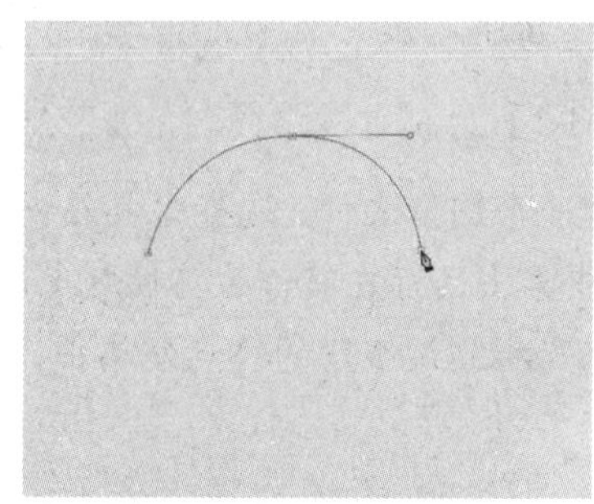

图 6-11　指定路径下一个点

(3) 创建另一段曲线路径，然后在一端的控制手柄端点处单击鼠标，如图 6-12 所示，可以减去该端的控制柄，如图 6-13 所示。

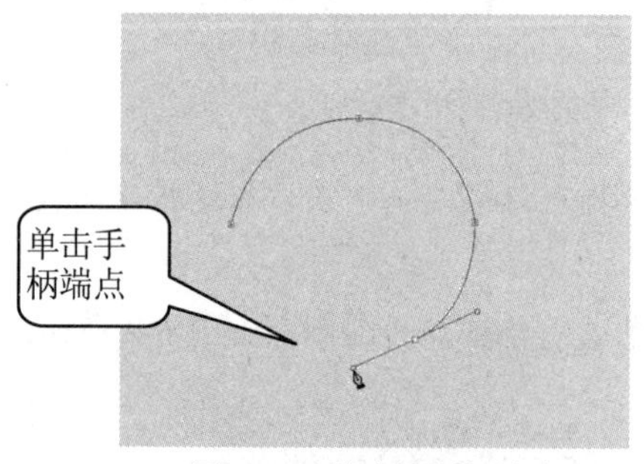

图 6-12　单击控制柄端点

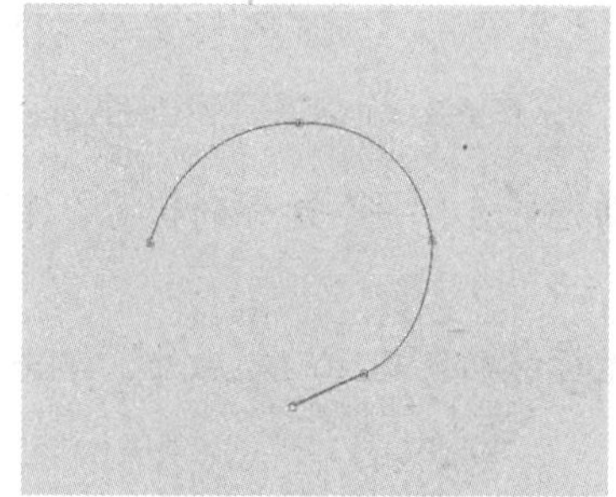

图 6-13　删除控制柄

(4) 按住 Alt 键的同时，单击曲线路径的锚点，如图 6-14 所示，可以将平滑点变为角点，如图 6-15 所示。

图 6-14　单击路径的锚点

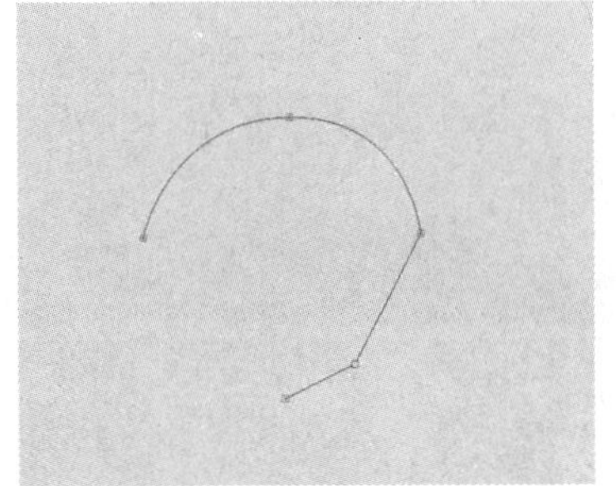

图 6-15　平滑点变为角点

3. 使用橡皮带

【钢笔工具】属性栏中有一个【橡皮带】选项，使用该选项绘制路径时会出现预览状态。单击属性栏中的按钮，在弹出的面板中选中【橡皮带】复选框，如图 6-16 所示。在绘制路径时，可以看到在光标所到之处将出现预览的路径形态，如图 6-17 所示。

图 6-16　选中【橡皮带】复选框

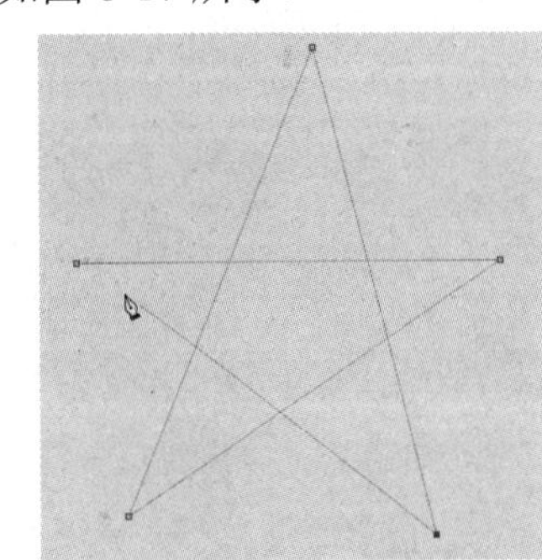

图 6-17　绘制路径

提示

在取消【橡皮带】复选框后，绘制路径时，需要指定路径的下一个锚点后才能预览路径的形状；在选中【橡皮带】复选框后，绘制路径时，移动光标就可以预览路径的形状。

6.2.2　使用自由钢笔工具

使用【自由钢笔工具】可以在画面中随意绘制路径，就像使用铅笔在纸上绘图一样。在绘制过程中，自由钢笔工具将自动添加锚点，完成后还可以对路径形状做进一步的完善。

【练习 6-3】手动绘制路径。

(1) 打开【水晶.jpg】图像文件，如图 6-18 所示。

(2) 在工具箱中单击【钢笔工具】下拉按钮，在弹出的下拉工具列表中选择【自由钢笔工具】，然后在画面中按住鼠标左键进行拖动，即可绘制路径，如图 6-19 所示。

图 6-18　打开素材图像

图 6-19　绘制路径

(3) 在工具属性栏中单击按钮，在弹出的面板中选中【磁性的】复选框，如图 6-20 所示，并设置【曲线拟合】以及磁性【宽度】、【对比】以及【频率】等参数。

(4) 在图像中绘制路径，此时，光标处将显示一个磁铁图标，然后即可沿着图像颜色的边缘创建路径，如图 6-21 所示。

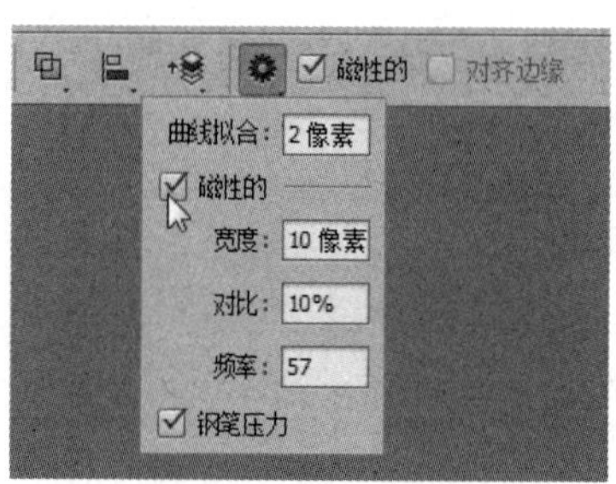

图 6-20　设置参数

图 6-21　绘制磁性路径

6.3　编辑路径

完成路径的创建后，有时不能达到理想状态，这就需要对其进行编辑。路径的编辑主要包括复制与删除路径、添加与删除锚点、路径与选区的互换、填充和描边路径以及在路径中输入文字等。

6.3.1　使用路径选择工具

使用【路径选择工具】可以选择和移动整个子路径。单击工具箱中的【路径选择工具】，将光标移动到需选择路径上后单击，即可选中整个子路径，按住鼠标左键不放并进行拖动，即可移动路径。

6.3.2　使用直接选择工具

使用【直接选择工具】可以选取或移动某个路径中的部分路径。选择工具箱中的【直接选择工具】，在图像中拖动鼠标框选所要选择的锚点，如图 6-22 所示，即可选择路径，被选中的部分锚点为黑色实心点，未被选中的路径锚点为空心，如图 6-23 所示。

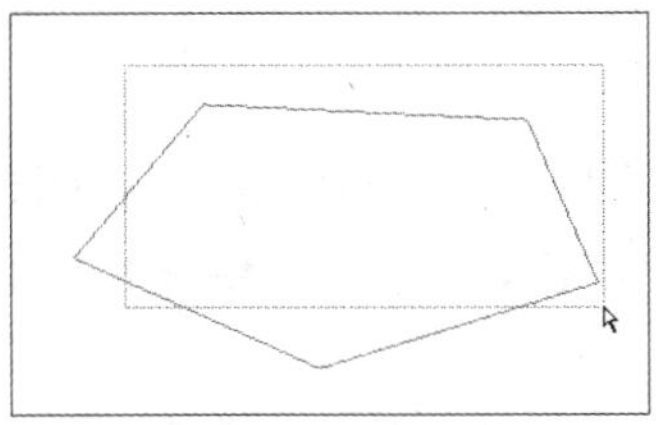

图 6-22　框选锚点

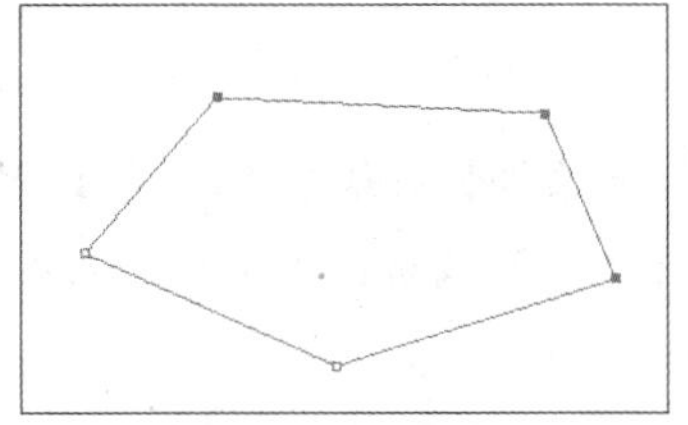

图 6-23　选中的锚点

6.3.3　复制路径

如果在绘图过程中，需要使用多条相同的路径，可以先绘制好第一条路径，然后对其进行复制。

【练习 6-4】复制路径。

(1) 新建一个图像文件，绘制一条路径，然后打开【路径】面板，选择绘制的【工作路径】，如图 6-24 所示。

(2) 在【路径】面板中将【工作路径】拖动到【创建新路径】按钮上，将【工作路径】转换为普通路径【路径 1】，如图 6-25 所示。

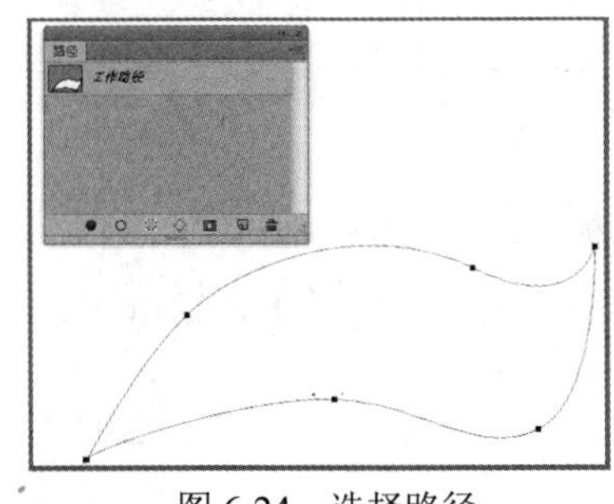

图 6-24　选择路径

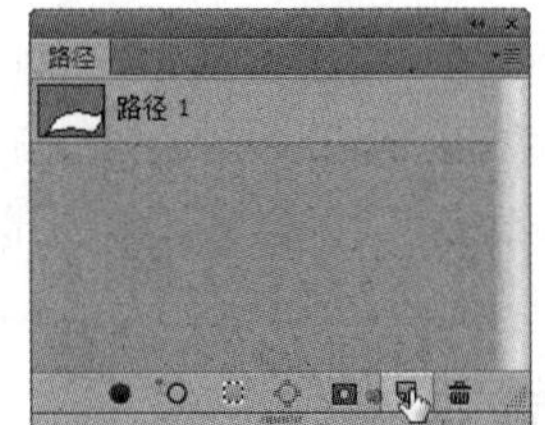

图 6-25　转换路径

(3) 在【路径 1】上单击鼠标右键，在弹出的菜单中选择【复制路径】命令，如图 6-26 所示。

(4) 在打开的【复制路径】对话框中为复制的路径命名，如图 6-27 所示。

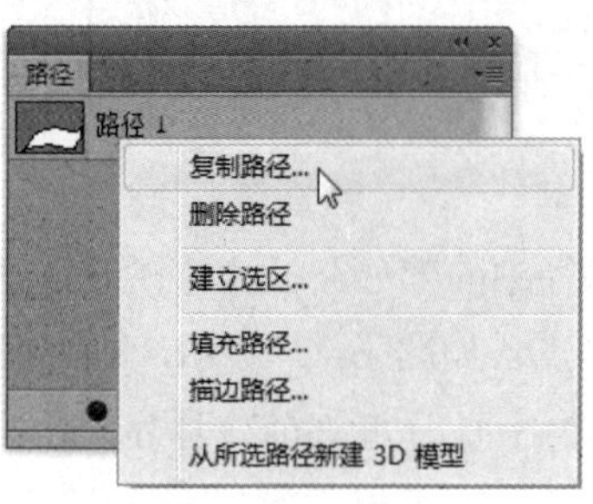

图 6-26　选择命令

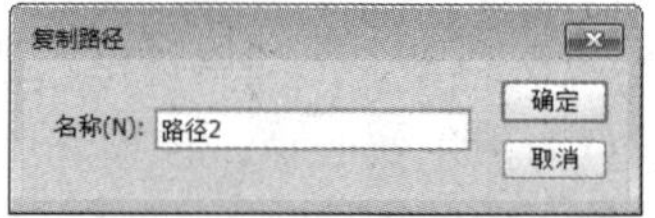

图 6-27　命名路径

(5) 在【复制路径】对话框中单击【确定】按钮，即可得到复制的路径，如图 6-28 所示。

(6) 将【路径 2】拖动到【路径】面板下方的【创建新路径】按钮上，可以直接对路径进行复制，如图 6-29 所示。

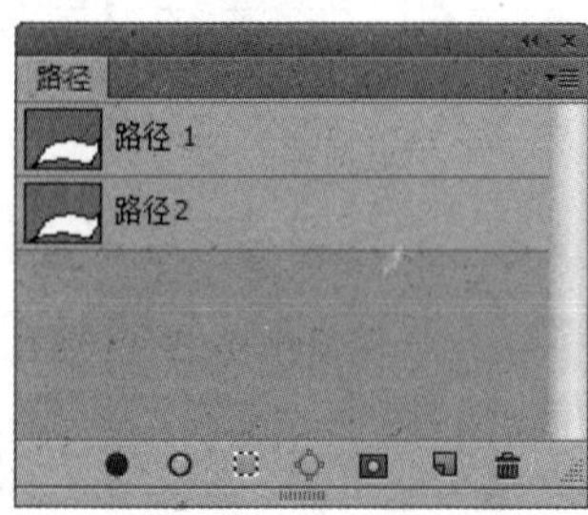

图 6-28　复制路径

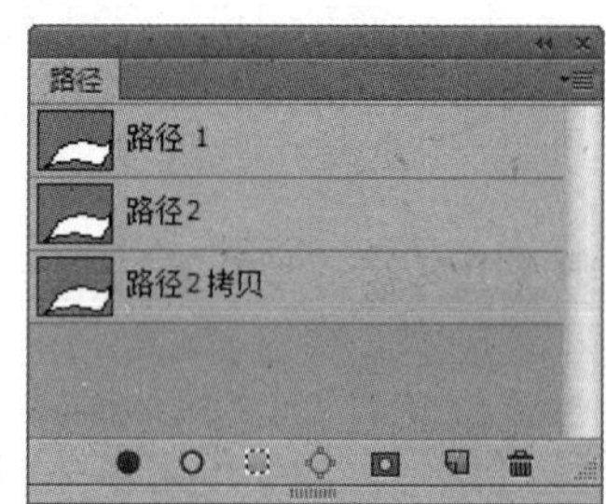

图 6-29　直接复制路径

6.3.4　删除路径

在绘图过程中，如果有多余的路径，可以将其删除。删除路径的方法和复制路径相似，主要包括以下几种。

- 选择要删除的路径，单击【路径】面板底部的【删除当前路径】按钮，打开提示对话框，选择【是】即可。
- 选择要删除的路径，将其拖到【路径】面板底部的【删除当前路径】按钮上。
- 选择要删除的路径，单击鼠标右键，在弹出的菜单中选择【删除路径】命令。

6.3.5　重命名路径

在绘制图形时，常常会保留多个路径以便图形的修改，这就需要为路径重命名来增加其辨识度。双击需要重命名的路径，将其激活，如【路径 2】，如图 6-30 所示，然后输入新的路径名称并按 Enter 键进行确定即可，如图 6-31 所示。

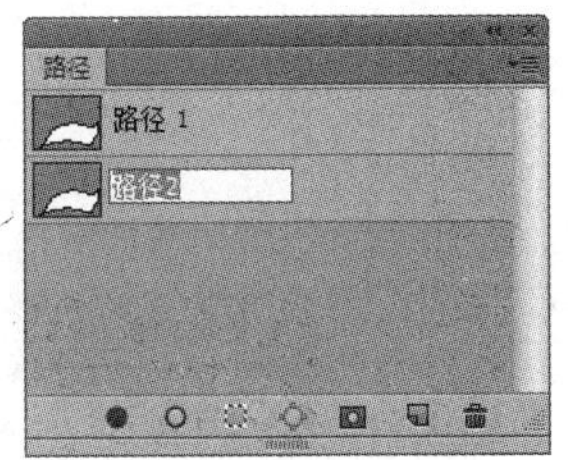

图 6-30　双击路径名称

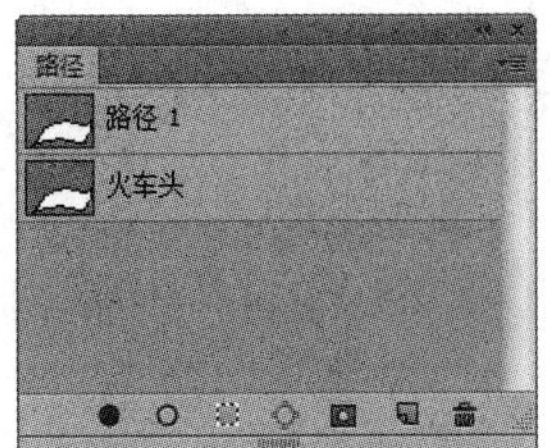

图 6-31　重命名路径

6.3.6　添加与删除锚点

路径锚点可以控制路径的平滑度，适当地添加或删除路径锚点有助于对路径进行编辑。

【练习 6-5】编辑路径上的锚点。

(1) 打开任意一幅图像文件，使用【钢笔工具】绘制一段曲线路径，如图 6-32 所示。

(2) 选择工具箱中的【添加锚点工具】，将鼠标指针移动到路径上单击，即可增加一个锚点，如图 6-33 所示。

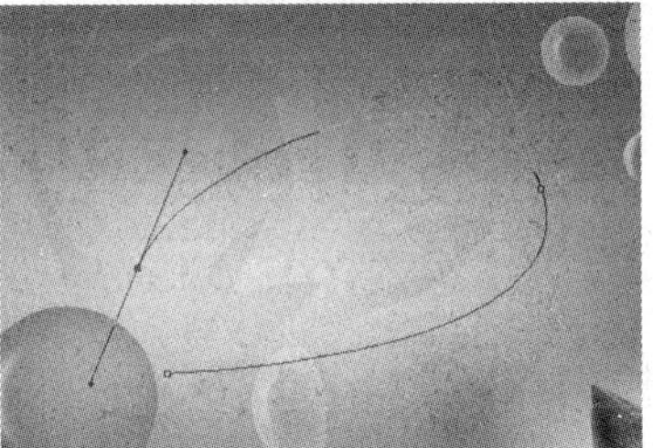

图 6-32　绘制路径

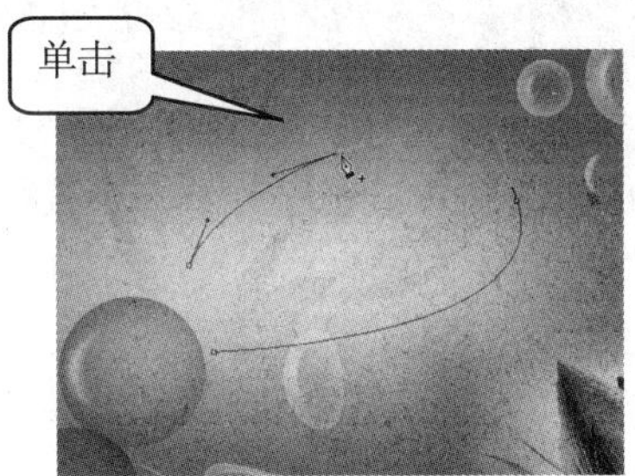

图 6-33　添加锚点

(3) 继续添加锚点，并将鼠标指针放到添加的锚点中，按住鼠标进行拖动，对路径进行调整，如图 6-34 所示。

(4) 如果需要删除多余的锚点，可以选择【钢笔工具】或者【删除锚点工具】，将鼠标指针移动到要删除的锚点，然后单击锚点即可将其删除，如图 6-35 所示。

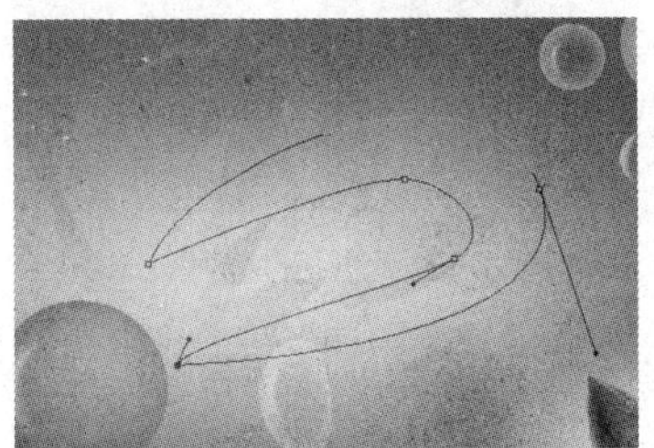

图 6-34　编辑路径

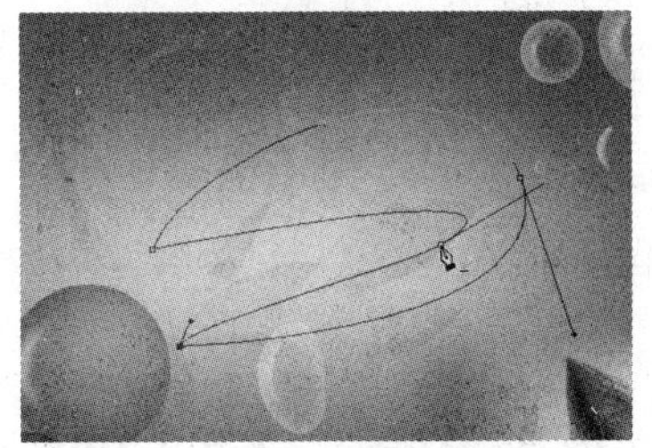

图 6-35　删除锚点

6.3.7 路径和选区互换

在 Photoshop 中，可以将路径转换为选区，也可以将选区转换为路径，从而方便用户的绘图操作。

【练习 6-6】路径和选区的互换操作。

(1) 打开任意一幅图像文件，绘制好路径后，在【路径】面板中将自动显示工作路径，如图 6-36 所示。

(2) 单击【路径】面板右上方的三角形按钮，在弹出的菜单中选择【建立选区】命令，如图 6-37 所示。

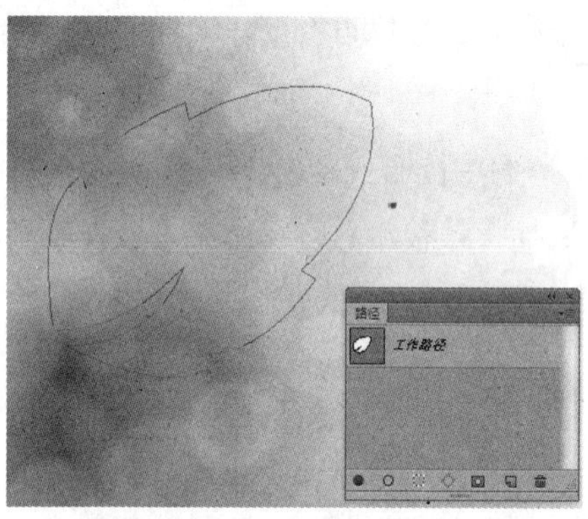

图 6-36 显示路径

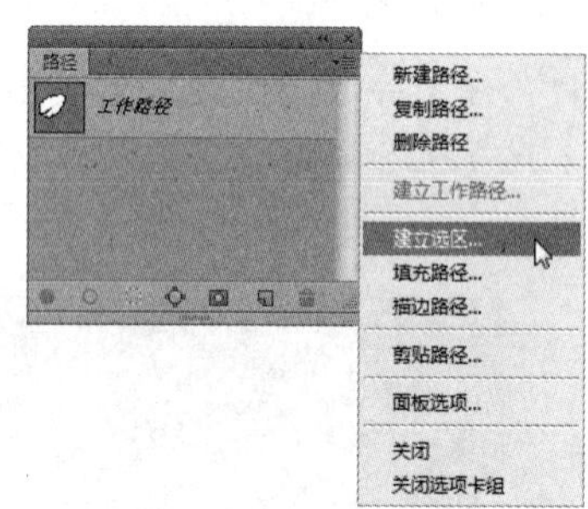

图 6-37 选择命令

(3) 在打开的【建立选区】对话框中保持对话框中的默认选项，如图 6-38 所示，单击【确定】按钮，即可将路径转换为选区，如图 6-39 所示。

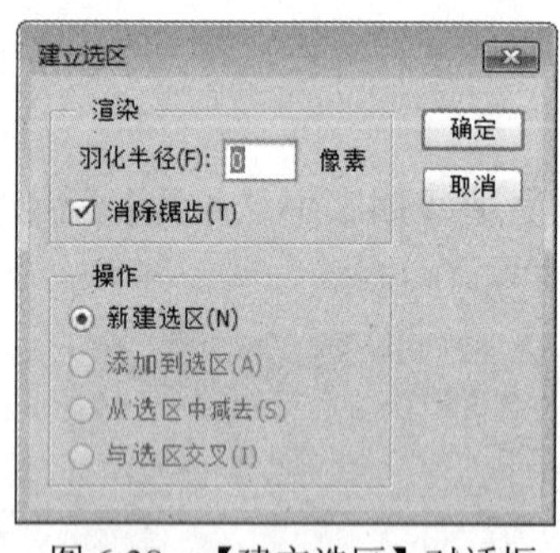

图 6-38 【建立选区】对话框

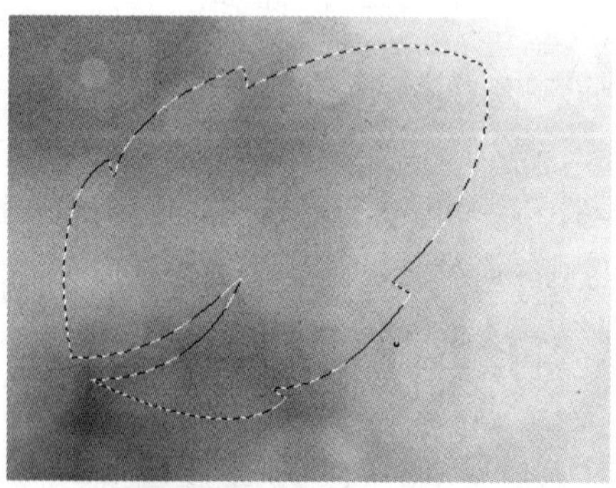

图 6-39 创建的选区

(4) 将路径转换为选区后，再次单击【路径】面板右上方的三角形按钮，在弹出的菜单中选择【建立工作路径】命令，如图 6-40 所示。

(5) 在打开的【建立工作路径】对话框中调整容差值可以设置选区转换为路径的精确度，如图 6-41 所示，然后单击【确定】按钮，即可将选区转换为路径。

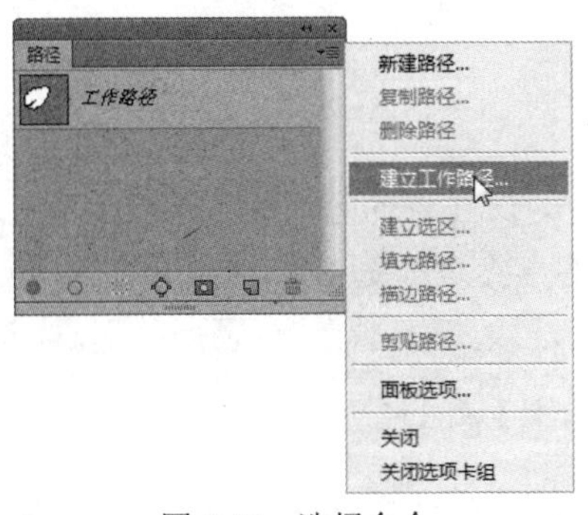

图 6-40　选择命令

图 6-41　设置容差值

技巧

单击【路径】面板下方的【从选区生成工作路径】按钮，可以快速将选区转换为路径；单击【将路径作为选区载入】按钮，可以快速将路径转换为选区。

6.3.8　填充路径

绘制好路径后，可以为路径填充颜色。路径的填充与图像选区的填充相似，可以使用颜色或图案填充路径内部的区域。

【练习 6-7】在路径内填充图案。

(1) 在【路径】面板中选中需要填充的路径，然后单击鼠标右键，在弹出的菜单中选择【填充路径】命令，如图 6-42 所示。

(2) 在打开的【填充路径】对话框中可设置用于填充的颜色和图案样式，如图 6-43 所示。

(3) 单击【确定】按钮，即可将图案填充到路径中，如图 6-44 所示。

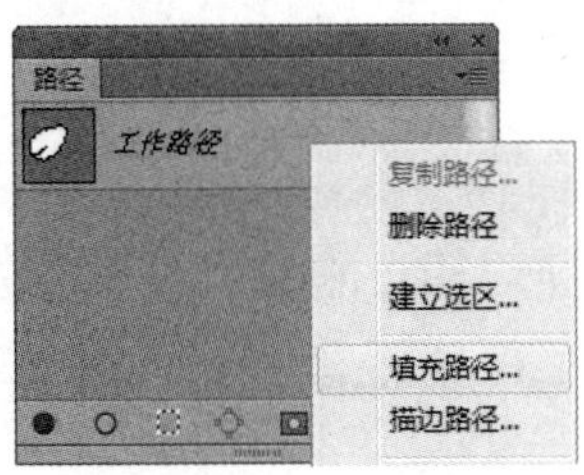

图 6-42　选择命令

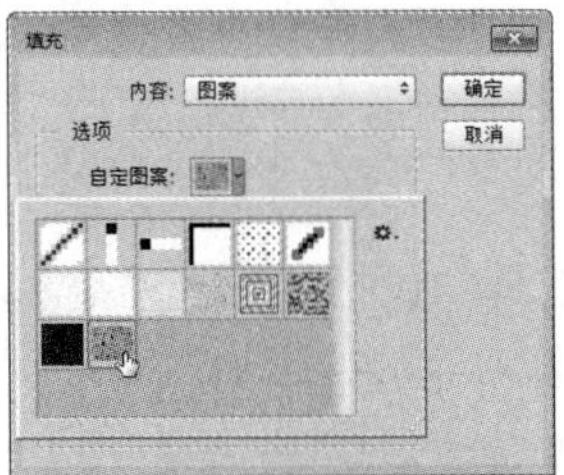

图 6-43　选择图案样式

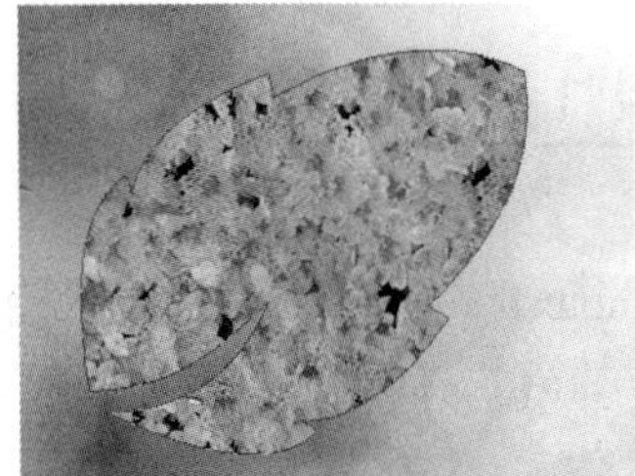
图 6-44　图案填充效果

6.3.9　描边路径

描边路径是沿着路径的轨迹绘制或修饰图像，在【路径】面板中单击【用画笔描边路径】

按钮可以快速为路径绘制边框。

【练习 6-8】对路径边缘进行描边。

(1) 首先在工具箱中设置好用于描边的前景色，如设置为黄色，然后选择【画笔工具】，在属性栏中设置好画笔大小、不透明度和笔尖形状等各项参数，如图 6-45 所示。

图 6-45 设置【画笔工具】属性栏

(2) 在【路径】面板中选择需要描边的路径，然后单击鼠标右键，在弹出的快捷菜单中选择【描边路径】命令。

(3) 打开【描边路径】对话框，在【工具】下拉列表中选择【画笔】选项，如图 6-46 所示，然后单击【确定】按钮回到画面中，得到图像的描边效果，如图 6-47 所示。

图 6-46 选择【画笔】选项

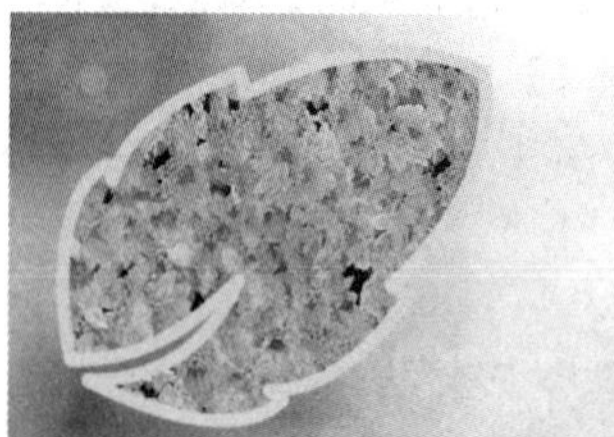
图 6-47 路径描边效果

6.4 绘制路径

在运用 Photoshop 处理图像的过程中，常常需要绘制一些基本图形，如人物、动物、植物以及其他常见符号。Photoshop 提供了大量的形状工具，可以帮助用户快速准确地绘制出相应的图形。

6.4.1 创建形状

Photoshop 自带了多种形状绘制工具，包括矩形工具、圆角矩形工具、椭圆工具、多边形工具、直线工具和自定形状工具，如图 6-48 所示。

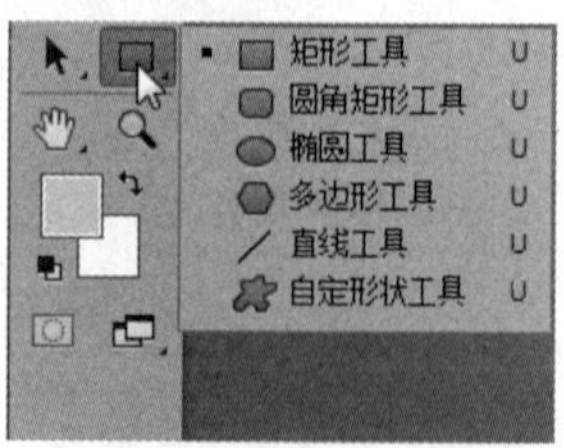

图 6-48 形状工具

1. 矩形工具

使用【矩形工具】可以绘制任意方形或具有固定长宽的矩形形状，并且可以为绘制后的形状添加一种特殊样式，在工具箱中选择【矩形工具】，然后在工具属性栏的工具模式下拉列表框中选择【形状】选项，其属性栏选项如图 6-49 所示。

图 6-49　【矩形工具】属性栏

【矩形工具】属性栏中主要选项的作用如下。

- 工具模式 形状 ：在该下拉列表框中可以选择绘图方式，其中包括【路径】、【形状】和【像素】3种方式。选择【形状】选项可以在绘制图形的同时创建一个形状图层，如图6-50和图6-51所示；选择【路径】选项可以直接绘制路径；选择【像素】选项可以在图像中绘制图形，如同使用画笔工具在图像中填充颜色一样。

图 6-50　绘制矩形

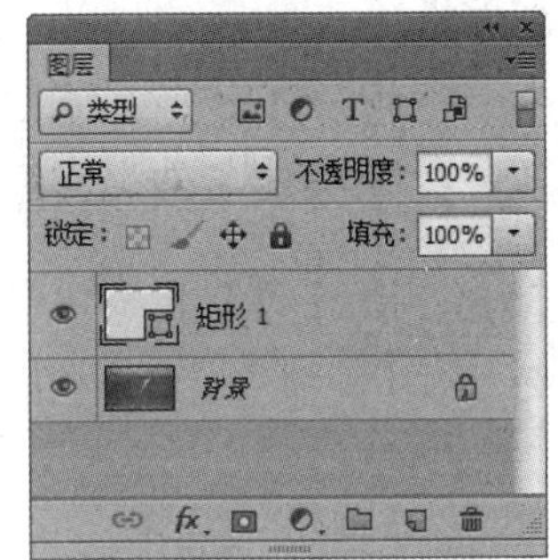

图 6-51　形状图层

- 填充：单击该选项后面的色块，将弹出一个面板，在其中可以选择填充的颜色，以及填充的类型，包括无颜色、纯色、渐变和图案，如图6-52所示，单击面板右上角的【拾色器】按钮 可以打开【拾色器（填充颜色）】对话框设置自定义颜色，如图6-53所示。

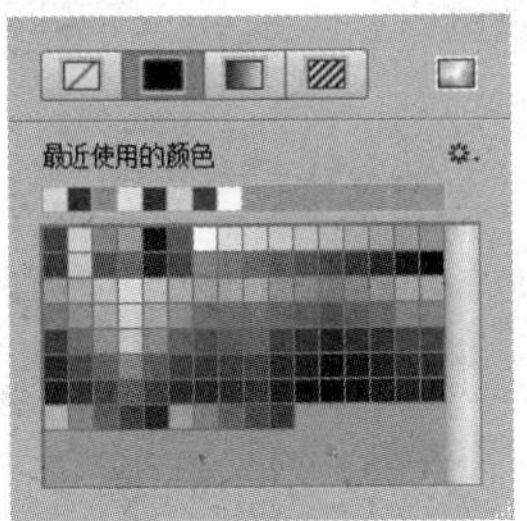

图 6-52　填充面板

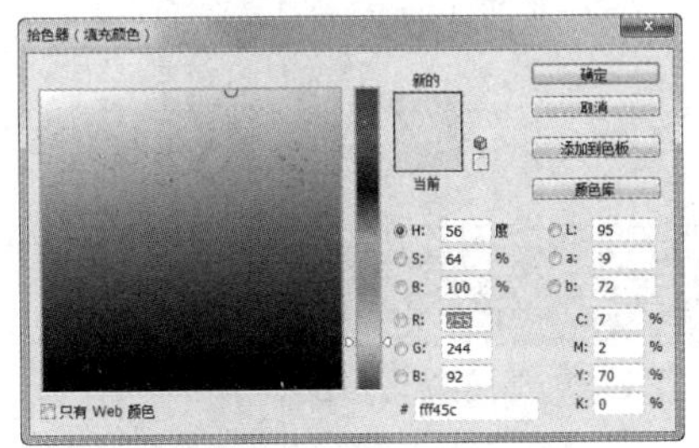

图 6-53　自定义颜色

- 描边：单击该选项后面的色块，将弹出一个颜色面板，在其中可以设置描边的颜色和类型，包括无颜色、纯色、渐变和图案。
- 3点 ：用户可以直接在该文本框中设置形状描边宽度，单击该按钮，可以调整滑块设置宽度。

- ▭：单击该按钮，用户可以在打开的面板中设置形状描边类型，如图6-54所示，在面板中可以选择描边类型、对齐方式，端点和角点的方式，单击【更多选项】按钮，可以在打开的【描边】对话框中设置更加精确的选项，如图6-55所示。

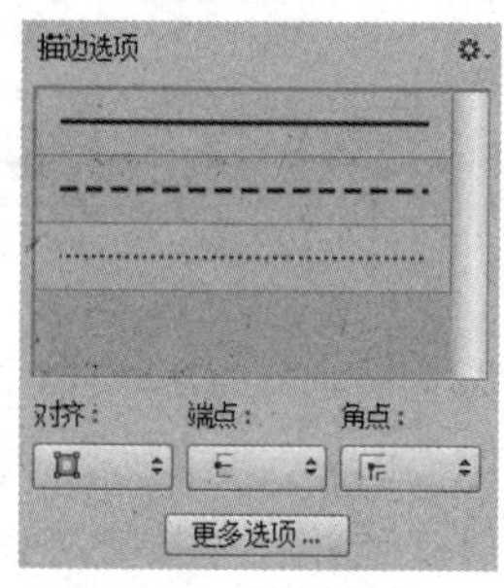

图 6-54　描边选项

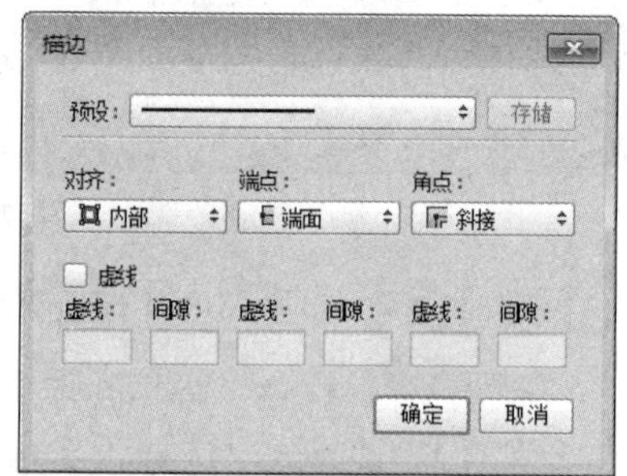

图 6-55　【描边】对话框

2. 圆角矩形工具

使用【圆角矩形工具】可以绘制具有圆角半径的矩形形状，其工具属性栏与矩形工具相似，只是增加了一个【半径】文本框，该选项主要用于设置圆角矩形的圆角半径的大小，如图 6-56 所示，设置【半径】参数为 3 像素，绘制出的圆角矩形如图 6-57 所示。

图 6-56　工具属性栏

3. 椭圆工具

使用【椭圆工具】可以绘制正圆或椭圆形状，它与【矩形工具】对应工具属性栏中的参数设置相同，在属性栏中设置描边选项为渐变，然后设置描边宽度为 12，绘制的椭圆形效果如图 6-58 所示。

图 6-57　圆角矩形形状

图 6-58　椭圆形状

4. 多边形工具

使用【多边形工具】可以绘制具有不同边数的多边形形状，如图 6-59 所示，在工具属性栏中单击⚙按钮，在弹出的面板中可以设置多边形的形状，如图 6-60 所示。

图 6-59　多边形形状

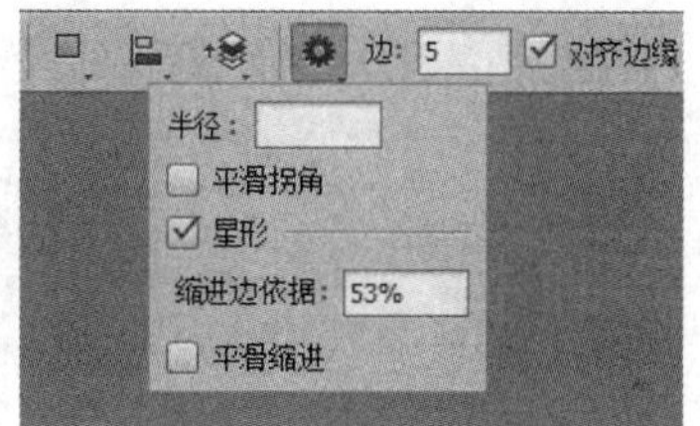

图 6-60　工具属性栏

5. 直线工具

使用【直线工具】可以绘制具有不同粗细的直线形状，还可以根据需要为直线增加单向或双向箭头，其工具属性栏如图 6-61 所示。

- 粗细：用于设置线的宽度。
- 起点/终点：如果要绘制带箭头的直线，则应选中对应的复选框。选中【起点】复选框，表示在箭头产生的直线起点，选中【终点】复选框，则表示箭头产生在直线末端，如图6-62所示。
- 宽度/长度：用来设置箭头的宽度和长度的比例。
- 凹度：用来定义箭头的尖锐程度。

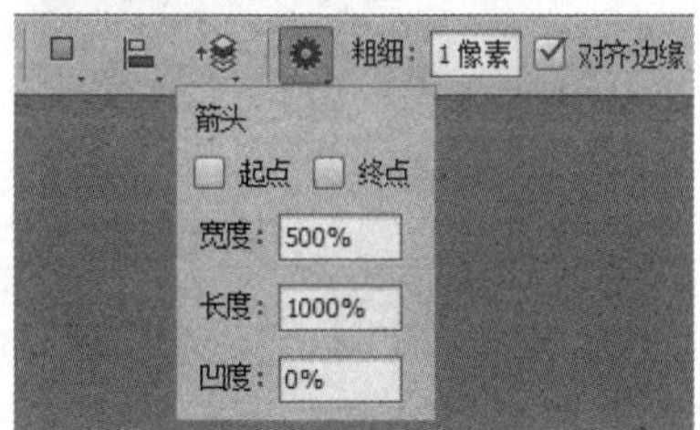

图 6-61　【直线工具】属性栏

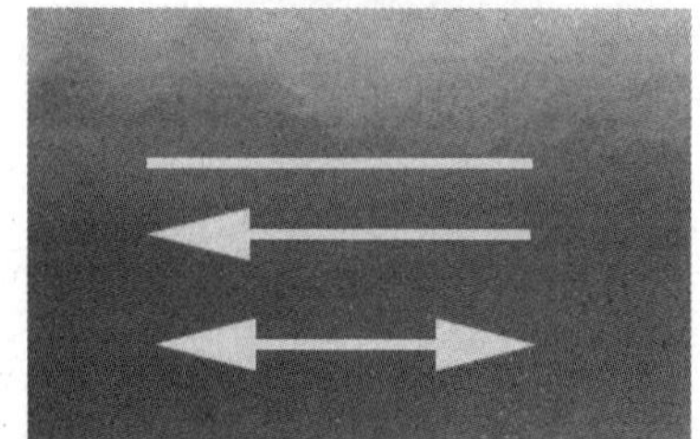

图 6-62　绘制直线形状

6.4.2　编辑形状

为了更好地使用创建的形状对象，在创建好形状图层后可以对其进行再编辑，例如改变其形状、重新设置其颜色，或者将其转换为普通图层等。

1. 改变形状图层的颜色

绘制一个形状图层后，在【图层】面板中将显示一个形状图层，并在图层缩略图中显示矢量蒙版缩略图，该矢量蒙版缩略图会显示所绘制的形状和颜色，并在缩略图右下角显示形状图标，如图 6-63 所示，双击该图标可以在打开的【拾色器（纯色）】对话框中为形状设置新的颜色，如图 6-64 所示。

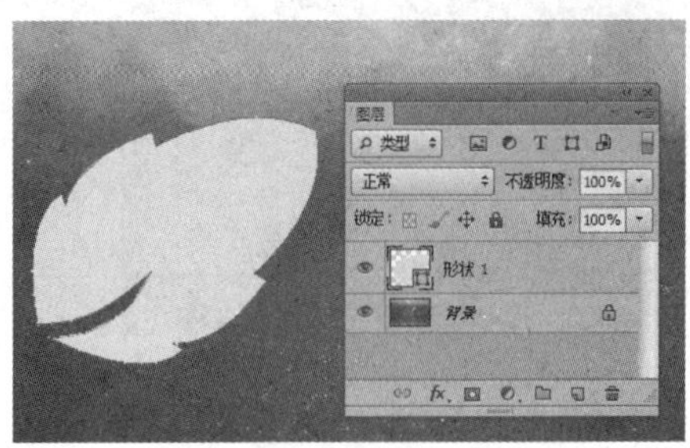

图 6-63　形状图层

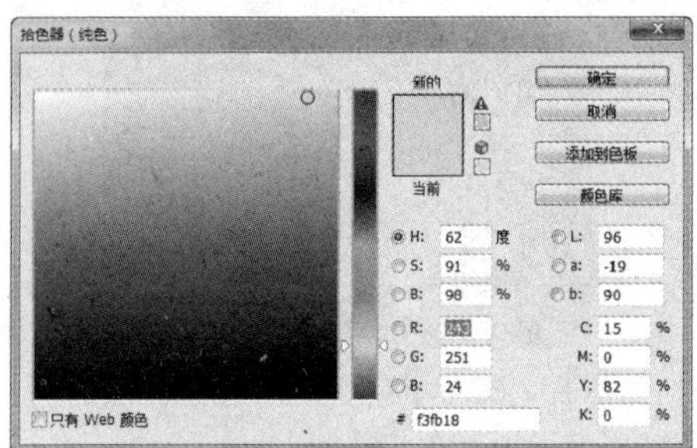

图 6-64　修改颜色

2. 栅格化形状图层

由于形状图层具有矢量特征，使得用户在该图层中无法使用像对像素一样进行处理的各种工具，如画笔工具、渐变工具、加深工具以及模糊工具等。因此，要对形状图层中的图像进行处理，首先就需要将形状图层转换为普通图层。

在【图层】面板中用鼠标右键单击形状图层右侧的空白处，然后在弹出的快捷菜单中选择【栅格化图层】命令，如图 6-65 所示，即可将形状图层转换为普通图层，此时，形状图层右下角的形状图标将消失，如图 6-66 所示。

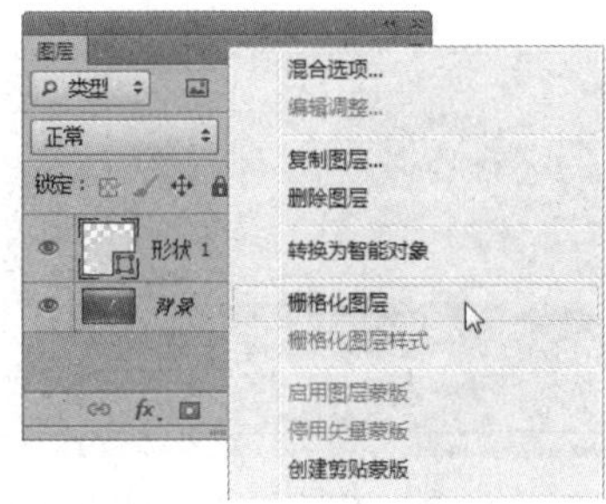

图 6-65　选择命令

图 6-66　栅格化图层

6.4.3　自定义形状

使用【自定形状工具】可以绘制系统自带的不同形状，例如人物、动物和植物等，大大降低了绘制复杂形状的难度。

选择【自定形状工具】后，其工具属性栏如图 6-67 所示，单击【形状】右侧的三角形按钮，在其下拉列表框中选择一种形状，并设置使用样式、绘制方式和颜色等参数，然后在图像窗口单击并拖动绘制即可绘制选择的形状。

图 6-67　【自定形状工具】属性栏

【练习 6-9】绘制自定义形状。

(1) 新建一个图像文件，选择工具箱中的【自定形状工具】，然后单击属性栏中【形状】右侧的三角形按钮，打开【自定形状】面板。

(2) 在【自定形状】面板中单击右上角的按钮，然后在弹出的菜单列表中选择【动物】命令，使用动作形状替代当前的形状，如图 6-68 所示。

(3) 在【动作形状】面板中选择【鸟 2】形状，如图 6-69 所示。

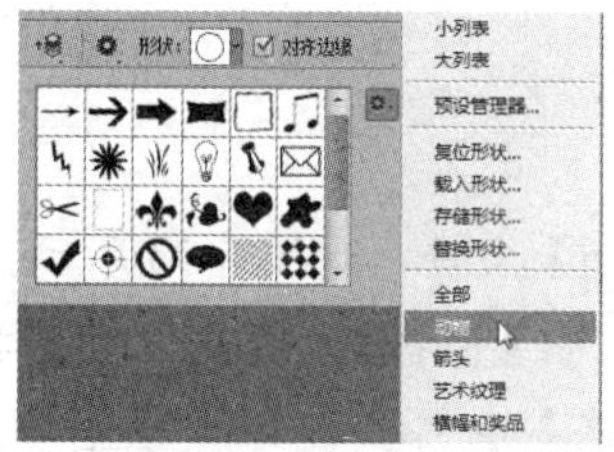

图 6-68　选择命令

图 6-69　选择形状

(4) 将光标移动到图像窗口中按住鼠标进行拖动，绘制出一个鸟形状图形，如图 6-70 所示。

(5) 在【图层】面板中右击形状图层右侧的空白处，然后在弹出的快捷菜单中选择【栅格化图层】命令，将形状图层转换为普通图层，图形效果如图 6-71 所示。

图 6-70　绘制图形

图 6-71　图形效果

6.5　上机实战

本小节综合应用所学的路径和形状知识，包括绘制路径、编辑路径以及绘制图形等应用，练习绘制企业标志和绘制卡通动物的操作。

6.5.1　绘制环保图标

本实例将制作一个环保图标，主要练习自定义形状工具的运用和路径的编辑操作，实例效果如图 6-72 所示。

图 6-72　实例效果

本实例的具体操作如下。

(1) 选择【文件】→【打开】命令，打开【背景图像.jpg】文件，如图 6-73 所示。

(2) 在工具箱中选择【自定形状工具】，单击属性栏中【形状】旁边的三角形按钮，打开【自定义形状】面板，然后载入【全部】形状样例，在形状列表中选择【叶子 3】图形，如图 6-74 所示。

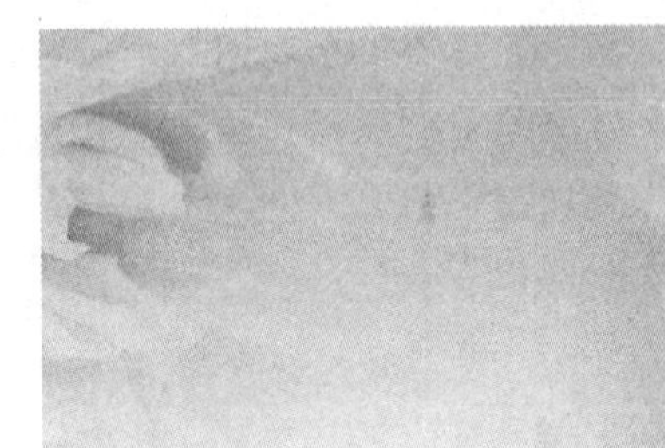

图 6-73　素材图形

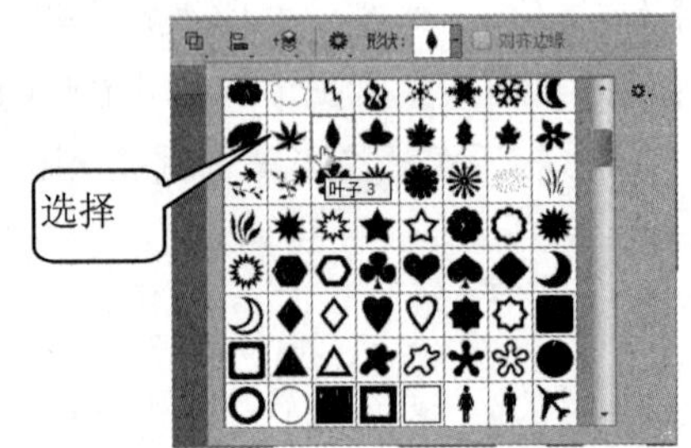

图 6-74　选择图形

(3) 按住鼠标在画面中进行拖动绘制出树叶图形，如图 6-75 所示。

(4) 按 Ctrl + T 组合键将树叶图形旋转 90 度，然后选择【钢笔工具】，适当编辑树叶图形，得到如图 6-76 所示的造型。

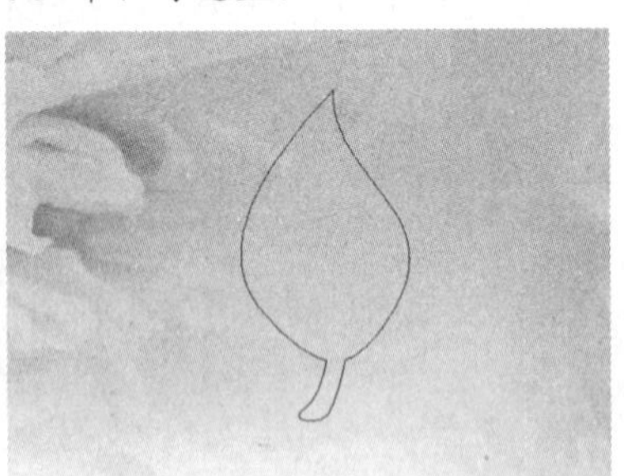

图 6-75　绘制矢量图形

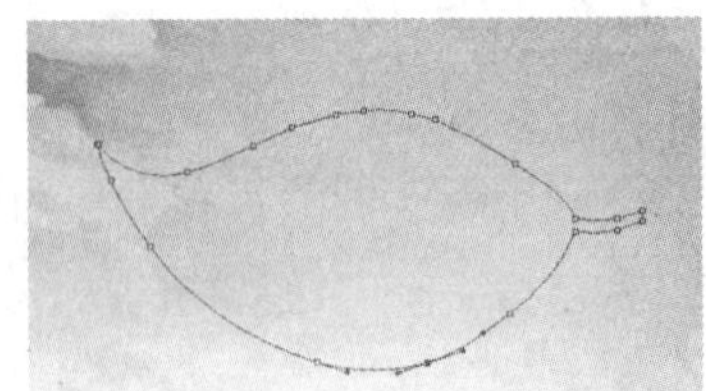

图 6-76　编辑路径

(5) 设置前景色为绿色（R61,G134,B17），切换到【图层】面板中，单击面板下方的【创建新图层】按钮，新建一个【图层 1】。

(6) 按 Ctrl + Enter 组合键将路径转换为选区， 然后按 Alt + Delete 组合键为选区填充颜色，如图 6-77 所示。

(7) 参照树叶图形，使用【钢笔工具】绘制出树叶的上半部分造型，如图 6-78 所示。

图 6-77 填充颜色

图 6-78 绘制路径

(8) 单击【路径】面板下方的【将路径作为选区载入】按钮，将路径转换为选区。

(9) 在工具箱中选择【渐变工具】，在属性栏中设置渐变类型为【线性渐变】，渐变颜色为从浅绿色（R155,G205,B98）到绿色（R105,G165,B61），然后对选区进行线性渐变填充，如图6-79 所示。

(10) 使用同样的方法绘制树叶下半部分造型，并为其设置【线性渐变】填充，颜色从淡绿色（R192,G236,B138）到翠绿色（R96,G176,B14），如图 6-80 所示。

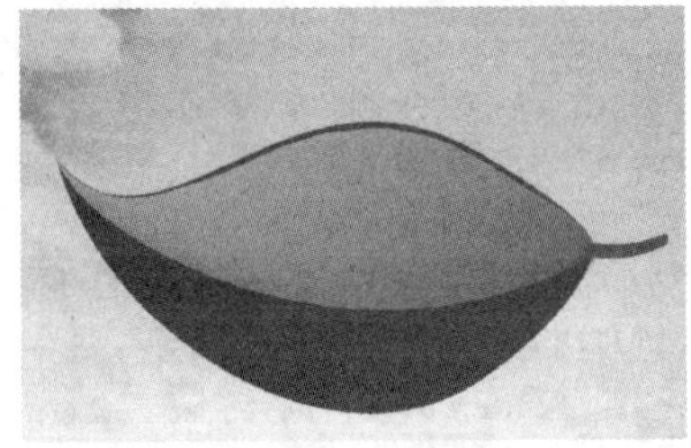

图 6-79 填充上部分树叶颜色

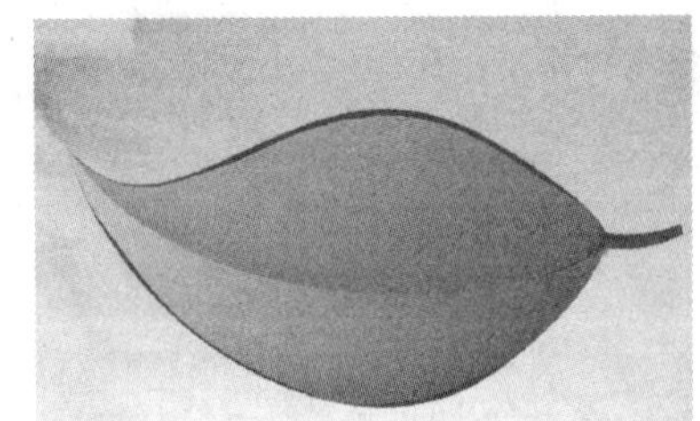

图 6-80 填充下部分树叶颜色

(11) 新建一个图层，使用钢笔工具绘制几个叶脉路径，然后将路径转换为选区，再填充为绿色（R67,G146,B5），如图 6-81 所示。

(12) 新建一个图层，使用【椭圆选框工具】在树叶下方绘制一个椭圆形选区，然后将选区填充为绿色（R67,G146,B5），如图 6-82 所示。

图 6-81 绘制树茎图形

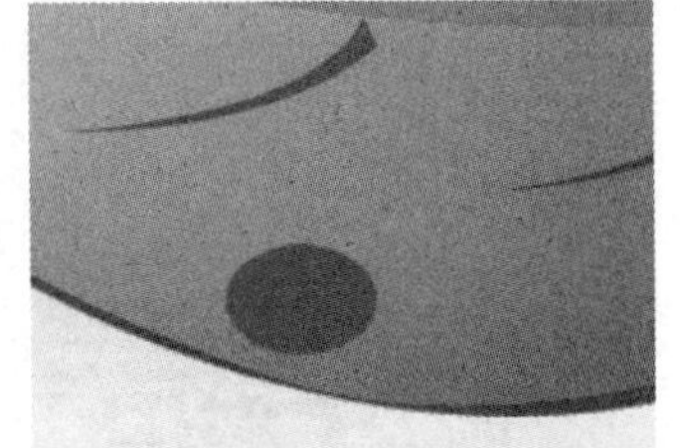

图 6-82 绘制椭圆形

(13) 使用【椭圆选框工具】在绿色椭圆形中绘制一个较小的椭圆选区。

(14) 在工具箱中选择【渐变工具】，然后在属性栏中单击【径向渐变】按钮，再对选区进行径向渐变填充，渐变颜色从绿色（R80,G122,B20）到淡绿色（R2067,G246,B175），如图 6-83 所示。

(15) 设置前景色为白色，在工具箱中选择【铅笔工具】，在属性栏中设置画笔大小为 10，绘制两个高光图形，完成水滴图像的绘制，如图 6-84 所示。

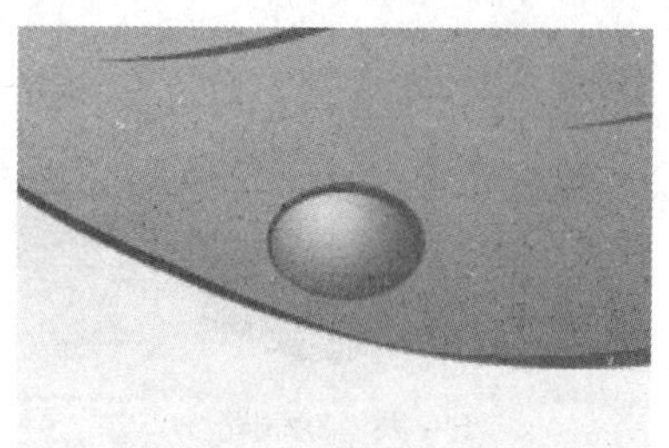
图 6-83 填充渐变色

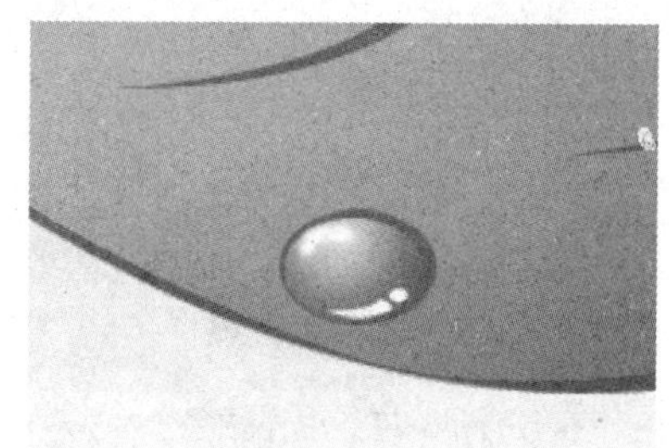
图 6-84 绘制高光

(16) 在工具箱中选择【移动工具】，按住 Alt 键拖动鼠标，复制一个水滴图像，然后选择【编辑】→【变换】→【缩放】命令，适当放大水滴图像，并放在如图 6-85 所示的位置。

(17) 新建一个图层，在工具箱中选择【自定形状工具】，在属性栏中打开【自定义形状】面板，然后选择【窄边圆形边框】图形，如图 6-86 所示。

图 6-85 复制并放大图像

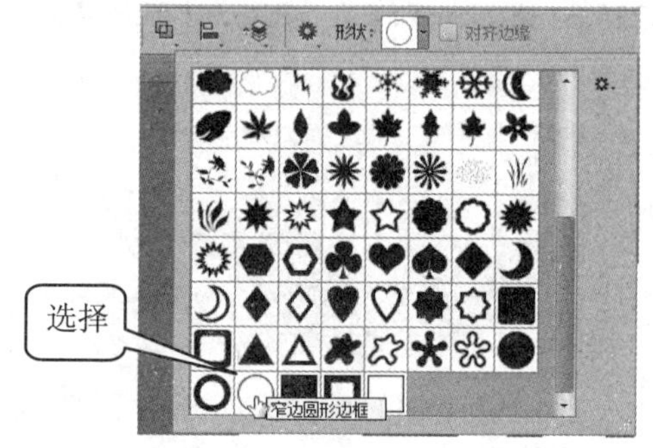

图 6-86 选择形状样式

(18) 按住 Ctrl 键，在图像窗口中按住鼠标拖动即可绘制出圆环图形，如图 6-87 所示。

(19) 将路径转换为选区，使用【渐变工具】对选区进行线性渐变填充，设置渐变颜色从绿色（R107,G180,B40）到淡绿色（R237,G251,B222），如图 6-88 所示。

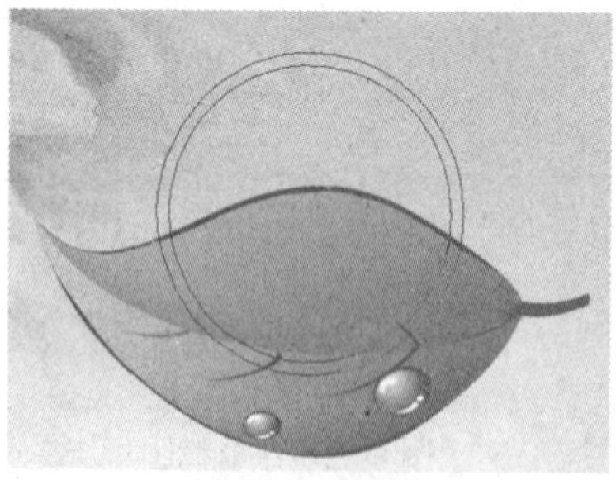
图 6-87 绘制图形

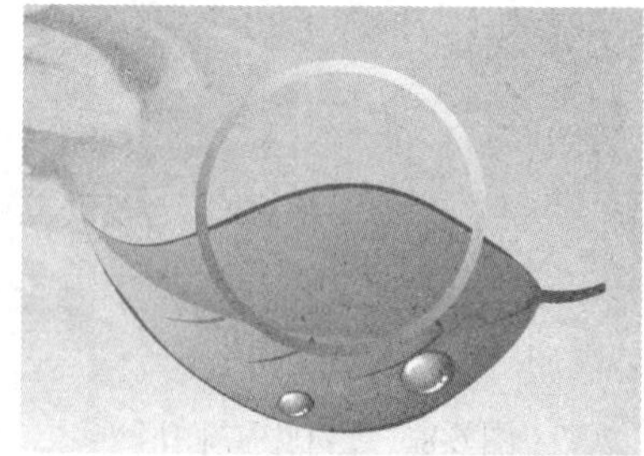
图 6-88 填充选区颜色

(20) 新建一个图层，在圆环图形中间绘制一个正圆选区，然后使用【渐变工具】对选区进行径向渐变填充，设置颜色为从浅绿色到白色，效果如图 6-89 所示。

(21) 保持选区不变，选择【选择】→【修改】→【边界】命令，打开【边界选区】对话框，设置【宽度】为 3 并单击【确定】按钮，如图 6-90 所示。

(22) 将创建的边界选区填充为深绿色（R62,G126,B5），效果如图 6-91 所示。

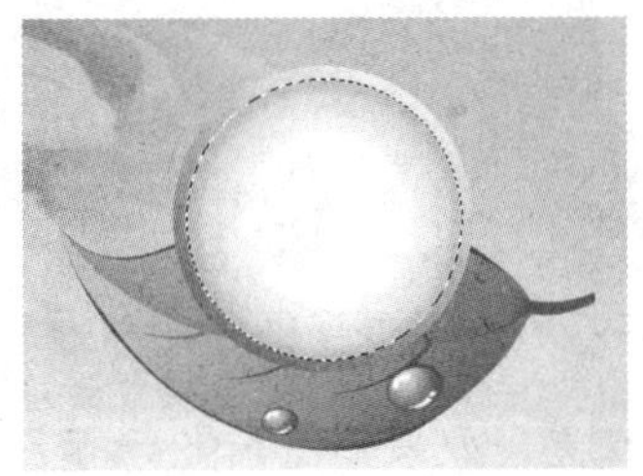

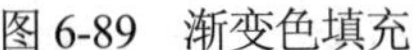

图 6-89　渐变色填充

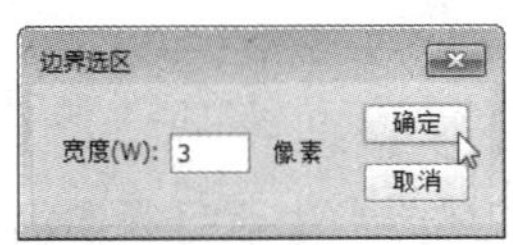

图 6-90　设置边界选区

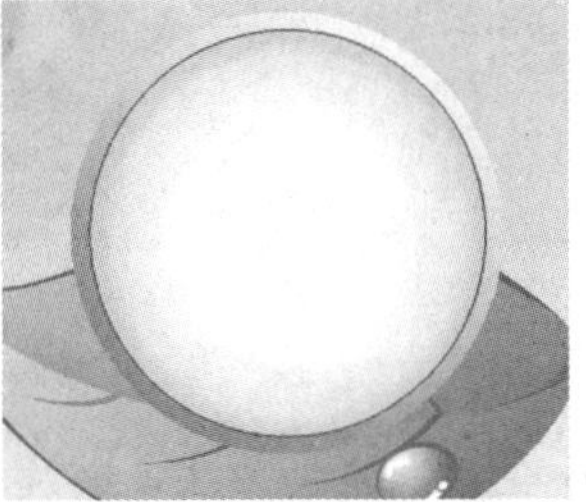

图 6-91　填充颜色

(23) 选择【橡皮擦工具】，在属性栏中设置【不透明度】为 50%，在刚刚绘制的深绿色圆环图形右上方进行涂抹，擦除一部分图像，使其效果如图 6-92 所示。

(24) 新建一个图层，选择【自定形状工具】，在其【自定义形状】面板中选择【回收 2】图形，如图 6-93 所示。

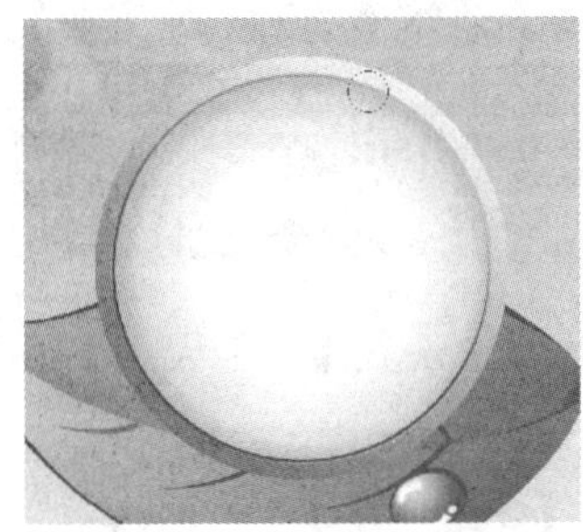

图 6-92　擦除部分图像

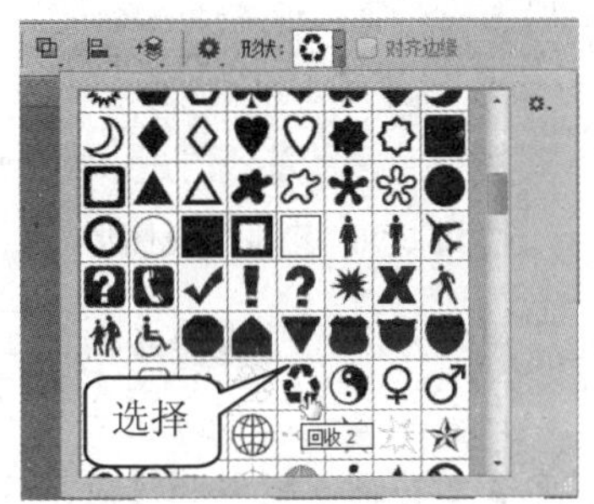

图 6-93　选择形状

(25) 按住 Ctrl 键在图像窗口中拖动鼠标绘制如图 6-94 所示的循环图形。

(26) 将路径转换为选区，然后将选区填充为淡绿色，如图 6-95 所示。

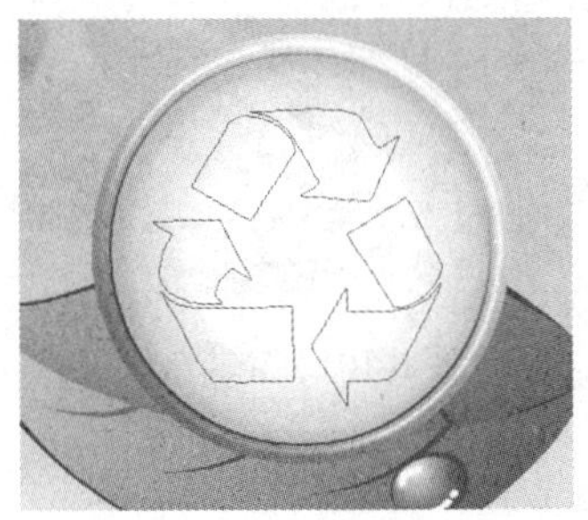

图 6-94　绘制图形

图 6-95　填充颜色

(27) 使用【魔棒工具】单击其中一块颜色，载入该颜色的选区，如图 6-96 所示。

(28) 选择【渐变工具】，在其属性栏中单击【径向渐变】按钮，设置渐变颜色从深绿色（R51,G128,B0）到浅绿色（R131,G205,B58），然后在选区中从左上角到右下角进行径向渐变，效果如图 6-97 所示。

图 6-96　创建选区

图 6-97　填充渐变颜色

(29) 使用同样的方法，继续在循环图形上进行径向渐变填充，效果如图 6-98 所示。

(30) 新建一个图层，并将其置于背景图层的上方，其他图层的下方。使用【椭圆选框工具】绘制一个圆形选区，如图 6-99 所示。

图 6-98　渐变填充图形

图 6-99　绘制选区

(31) 设置前景色为白色，选择【画笔工具】，在属性栏中设置【画笔大小】为 300，【不透明度】为 40%，在选区上半圆部分适当地涂抹，如图 6-100 所示。

(32) 设置画笔工具属性栏中的【画笔大小】为 30，【不透明度】为 70%，然后为水晶遮罩图像添加高光效果，完成效果如图 6-101 所示。

图 6-100　绘制白色

图 6-101　完成效果

6.5.2　绘制卡通动物

本实例将使用钢笔工具绘制一个卡通动物图像，主要使用钢笔绘制卡通动物的基本外形，然后对其填充颜色，最后再绘制出背景，实例效果如图 6-102 所示。

图 6-102　实例效果

本实例的具体操作如下。

(1) 选择【文件】→【新建】命令，打开【新建】对话框，设置文件名称为【卡通动物】，【宽度】和【高度】为 15 × 20 厘米，如图 6-103 所示。

(2) 设置前景色为蓝色（R138,G215,B248），按 Alt+Delete 组合键填充背景。

(3) 选择【直线工具】，在属性栏中设置粗细为 1 像素，在图像上方绘制出横线路径，如图 6-104 所示。

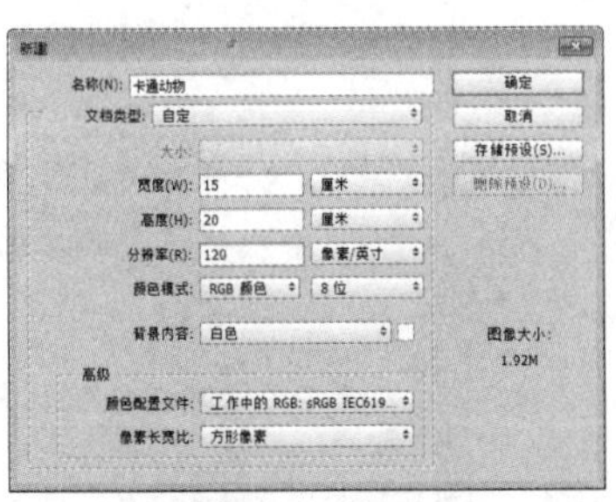

图 6-103　新建文件

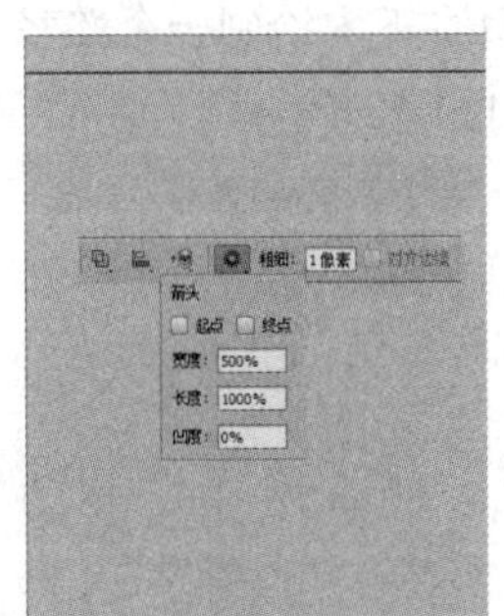

图 6-104　绘制横线路径

(4) 新建一个图层，按 Ctrl+Enter 组合键将路径转换为选区，并将选区填充为白色，如图 6-105 所示。

(5) 使用【直线工具】绘制一条竖线路径，然后将路径转换为选区，并将选区填充为白色，效果如图 6-106 所示。

图 6-105　填充路径

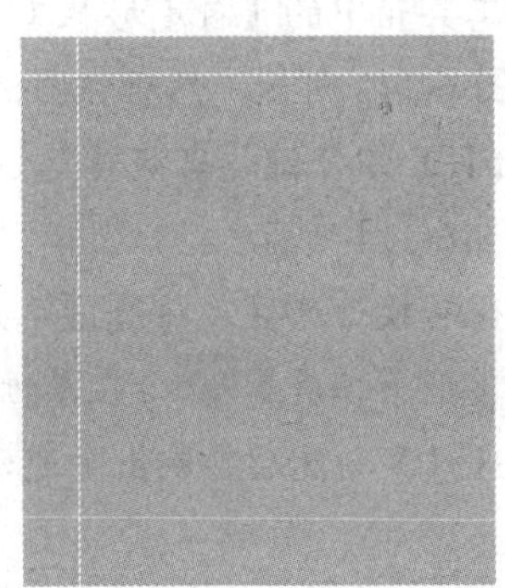

图 6-106　绘制竖线

(6) 继续绘制横线和直线，将其形成田字格，得到的图像效果如图 6-107 所示。

(7) 选择【钢笔工具】在画面中绘制卡通动物的头部图形，效果如图 6-108 所示。

图 6-107　绘制田字格

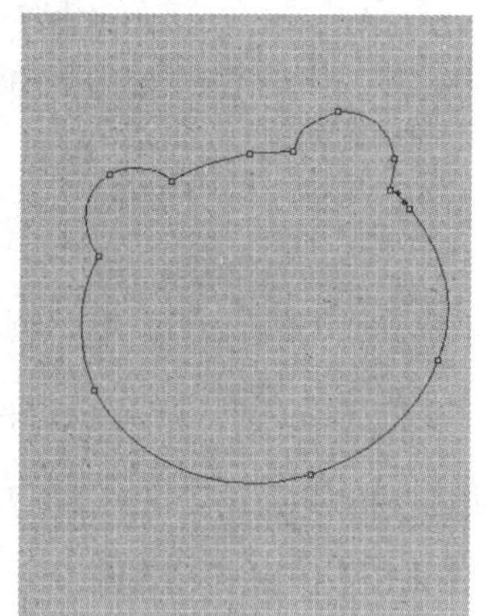
图 6-108　绘制头部造型

(8) 单击【路径】面板底部的【将路径作为选区载入】按钮，将路径转换为选区，然后填充为白色，效果如图 6-109 所示。

(9) 在画面右下方绘制一个路径图形，如图 6-110 所示，然后将路径转换为选区，并填充为白色，如图 6-111 所示。

图 6-109　填充选区

图 6-110　绘制路径

图 6-111　填充图形

(10) 选择工具箱中的【自定形状工具】，在属性栏中打开【形状】面板，选择【红心形卡】图形，如图 6-112 所示，然后在图像中绘制出心形图像，如图 6-113 所示。

(11) 按 Ctrl+T 组合键适当旋转路径，然后选择钢笔工具组中的各种工具对路径进行编辑，得到的效果如图 6-114 所示。

(12) 将路径转换为选区，将选区填充为粉红色（R242,G128,B161），如图 6-115 所示。

(13) 选择【椭圆工具】，在属性栏中设置工具模式为【形状】，设置填充颜色为粉红色（R247,G172,B191），然后绘制出卡通动物的腮红图形，如图 6-116 所示。

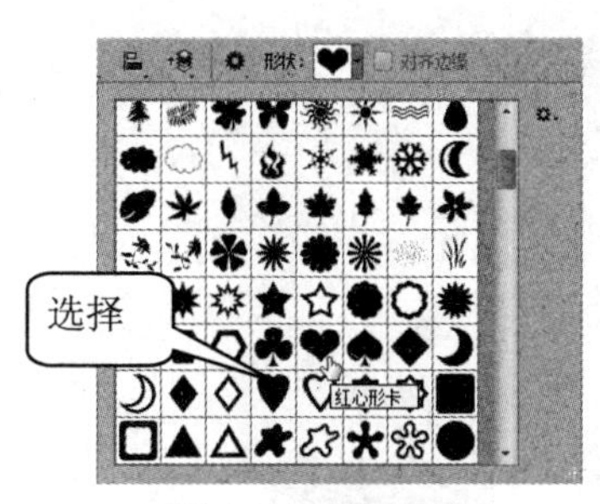

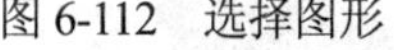
图 6-112　选择图形

图 6-113　绘制路径

图 6-114　编辑路径

图 6-115　填充心形

图 6-116　绘制椭圆形

(14) 使用【椭圆工具】绘制出卡通动物的眼睛、鼻子等图像，并分别填充眼睛为黑色，鼻子颜色为粉红色，如图 6-117 所示。

(15) 使用【钢笔工具】在卡通动物鼻子下方绘制一个弧形路径，如图 6-118 所示。

图 6-117　绘制图形

图 6-118　绘制路径

(16) 将路径转换为选区，然后填充为黑色，得到嘴巴图像，如图 6-119 所示

(17) 选择【横排文字工具】T在心形图像中输入文字，并适当对文字进行旋转，完成本例的制作，效果如图 6-120 所示。

图 6-119　填充嘴巴图形

图 6-120　创建文字

6.6　思考与练习

6.6.1　填空题

1. 路径是使用贝赛尔曲线所构成的一段闭合或者开放的曲线段，主要由__________绘制而成。

2. 路径由______________________________等 3 部分构成。

3. 使用______________可以选择和移动整个子路径；使用__________________可以选取或移动某个路径中的部分路径。

6.6.2　选择题

1. 在 Photoshop 中，可以使用以下哪些工具绘制路径(　　)。

A. 钢笔工具　　B. 自由钢笔工具

C. 铅笔工具　　D. 形状工具

2. 形状工具中包括以下哪些工具(　　)。

A. 矩形工具　　B. 椭圆工具

C. 直线工具　　D. 自定形状工具

6.6.3　操作题

使用自定形状工具、钢笔工具和填充工具等，绘制如图 6-121 所示的卡通小熊图形。

图 6-121　绘制小熊图形

第7章 创建与编辑文字

学习目标

一幅成功的设计图，文字是必不可少的元素，它往往能起到画龙点睛的作用，从而更能突出画面主题，本章将主要介绍文字的各种创建方法和文字属性的编辑等知识。

本章重点

- 创建文字
- 创建文字选区
- 编辑文字
- 将文字转换为路径
- 栅格化文字

7.1 创建文字

Photoshop 提供了 4 种文字工具，分别是横排文字工具、直排文字工具、横排文字蒙版工具和直排文字蒙版工具。

7.1.1 创建美术文本

在 Photoshop 中，美术文本是指在图像中单击鼠标后直接输入的文字。使用【横排文字工具】T和【直排文字工具】IT能够输入美术文本。【横排文字工具】T和【直排文字工具】IT的使用方法相同，只是排列方式有所区别。

在工具箱中单击【横排文字工具】按钮T，其属性栏选项如图 7-1 所示。

图 7-1　文字属性栏

【横排文字工具】属性栏中主要选项的作用如下。

- ：单击该按钮可以在文字的水平排列和垂直排列之间进行切换。
- 宋体 Regular：在该下拉列表框中可选择输入字体的样式。
- 48 点：单击右侧的下拉按钮，在下拉列表中可以选择字体的大小，也可直接输入字体的大小。
- 浑厚：在其下拉列表框中可以设置消除锯齿的方法。
- ：三个按钮分别用于设置多行文本的对齐方式。按钮为左对齐、按钮为居中对齐；按钮为右对齐。
- ：单击该按钮，可以打开【选择文本颜色】对话框，在其中可设置字体颜色。
- ：单击该按钮，可以打开【变形文字】对话框，在其中可以设置变形文字的样式和扭曲程度。
- ：单击该按钮，可以打开【字符/段落】面板。

【练习 7-1】在图像中输入横排文字。

(1) 打开【背景.jpg】图像文件，如图 7-2 所示。

(2) 选择工具箱中的【横排文字工具】T，在图像中单击一次鼠标左键，这时在【图层】面板中将自动添加一个文字图层，如图 7-3 所示。

(3) 图像中会出现闪烁的光标，直接输入文字内容，然后按 Enter 键即可完成文字的输入，如图 7-4 所示。

图 7-2　图像文件

图 7-3　添加文字图层

图 7-4　输入文字

技巧

在默认状况下，系统会根据前景色来确定文字颜色，用户可以先设置好前景色再输入文字。

7.1.2　创建段落文本

段落文字最大的特点在于创建段落文本框，文字可以根据外框尺寸在段落中自动换行，其操作方法与一般排版软件类似，如 Word、PageMaker 等。

【练习 7-2】在图像中输入段落文字

(1) 打开任意一幅图像作为文字背景图像。

(2) 选择【横排文字工具】T，将光标移动到图像中进行拖动，创建一个段落文本框，如图 7-5 所示。

(3) 在段落文本框内输入文字，即创建段落文字。在段落文本框中，输入的文字至文本框的边缘位置时，文字会自动换行，如图 7-6 所示。

图 7-5　绘制文本框

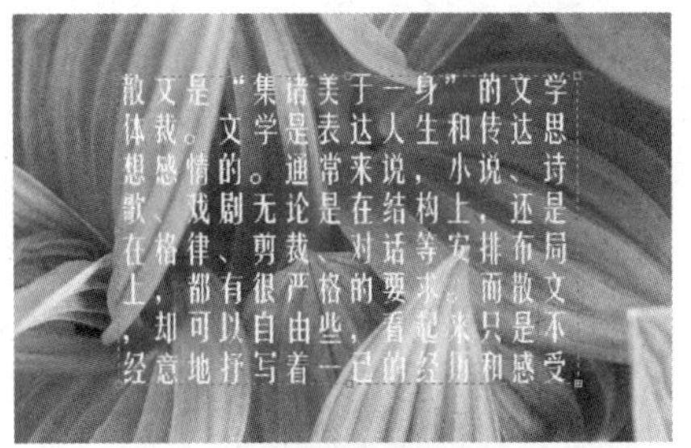

图 7-6　输入文字

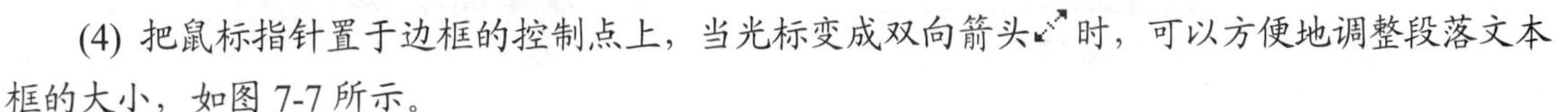

(4) 把鼠标指针置于边框的控制点上，当光标变成双向箭头时，可以方便地调整段落文本框的大小，如图 7-7 所示。

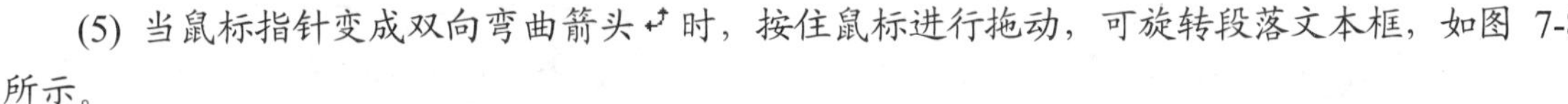

(5) 当鼠标指针变成双向弯曲箭头时，按住鼠标进行拖动，可旋转段落文本框，如图 7-8 所示。

图 7-7　拖动文本框

图 7-8　旋转文本框

技巧

创建好段落文字后，按住 Ctrl 键拖动段落文本框的任何一个控制点，可以在调整段落文本框大小的同时缩放文字。

7.1.3　沿路径创建文字

在 Photoshop 中输入文本时，可以沿钢笔工具或形状工具创建的工作路径输入文字，使文字产生特殊的排列效果。

【练习 7-3】在路径上创建文字。

(1) 打开任意一幅图像作为文字背景。

(2) 在工具箱中选择【椭圆工具】，在属性栏的工具模式中选择【路径】命令，然后在图像中绘制一个椭圆路径，如图 7-9 所示。

(3) 在工具箱中选择【横排文字工具】，将鼠标指针移动到椭圆形中，当光标变成形状时，单击鼠标左键即可在路径上输入文字，如图 7-10 所示，在图形中创建的文字会自动根据图形进行排列，形成段落文字，然后按小键盘上的 Enter 键进行确定。

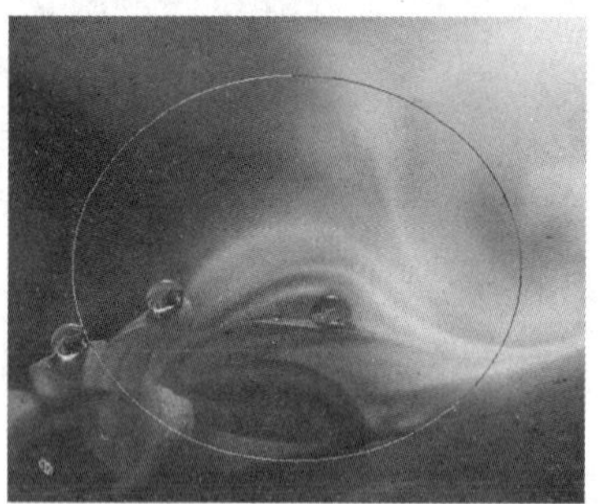
图 7-9　绘制椭圆形

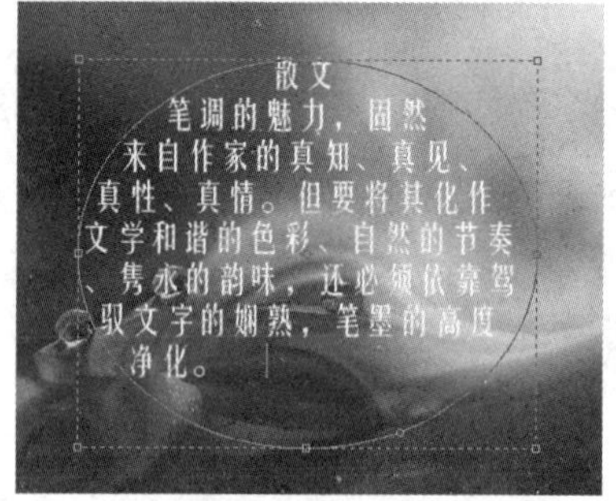

图 7-10　输入文字

(4) 选择【钢笔工具】在草坪图像上绘制一条曲线路径，如图 7-11 所示。

(5) 选择【横排文字工具】，将鼠标指针移动到路径上，当光标变成形状时，单击鼠标左键，即可沿着路径输入文字，其默认的状态是与基线垂直对齐，如图 7-12 所示。

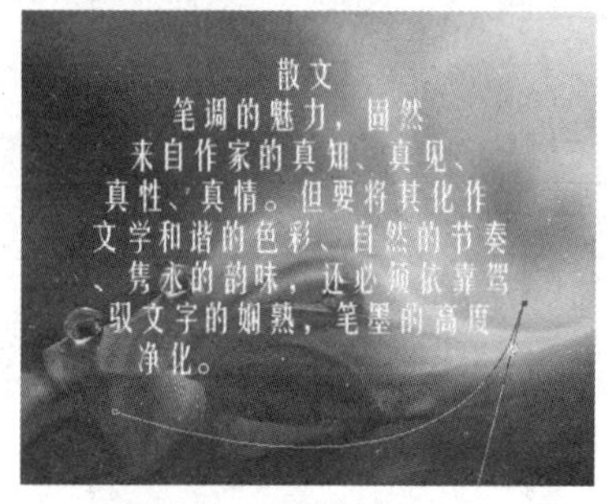

图 7-11　绘制路径

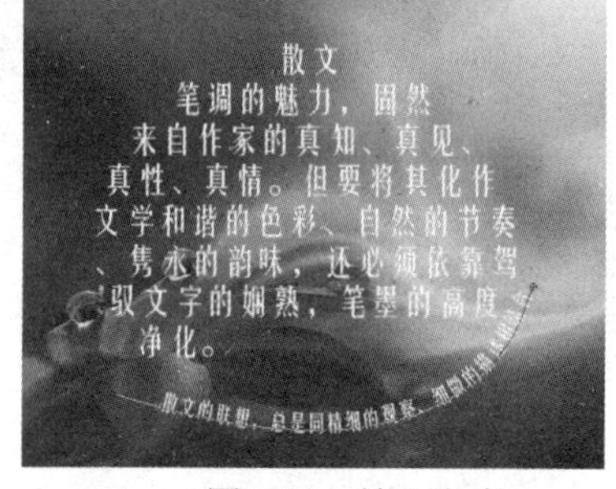

图 7-12　输入文字

(6) 打开【字符】面板，设置基线偏移为 15，如图 7-13 所示，这时得到的文字效果如图 7-14 所示，然后按小键盘上的 Enter 键进行确定即可。

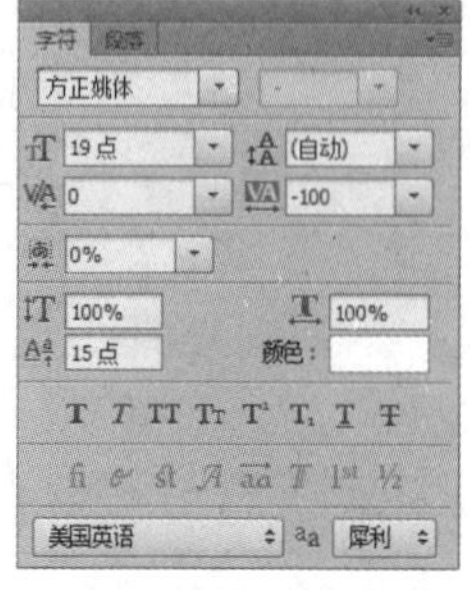

图 7-13　设置基线偏移

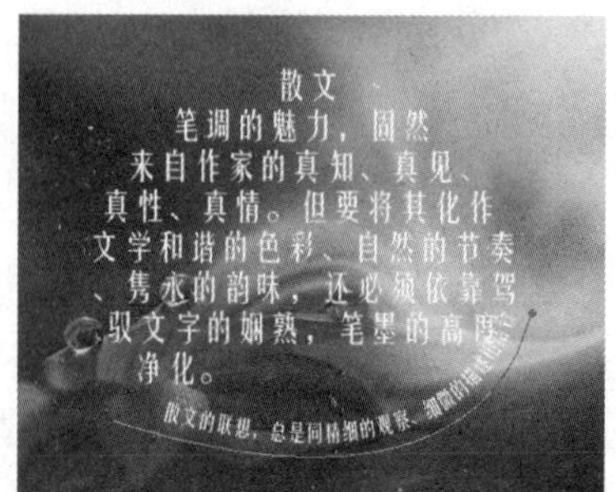

图 7-14　文字效果

7.1.4　创建文字选区

在 Photoshop 中，用户可以使用横排和直排文字蒙版工具创建文字选区，这在广告制作方面应用较多，也是对选区的进一步拓展。

【练习 7-4】在图像中创建文字选区。

(1) 打开任意一幅图像文件，在工具箱中单击【横排文字工具】下拉按钮，然后在下拉工具列表中选择【横排文字蒙版工具】，将光标移动到图像中进行单击，将出现闪烁的光标，同时，画面将变成一层透明红色遮罩的状态，如图 7-15 所示。

(2) 在闪烁的光标后输入所需文字，完成输入后单击属性栏右侧的✓按钮，即可完成文字的输入，得到文字选区，如图 7-16 所示。

图 7-15　进入蒙版状态

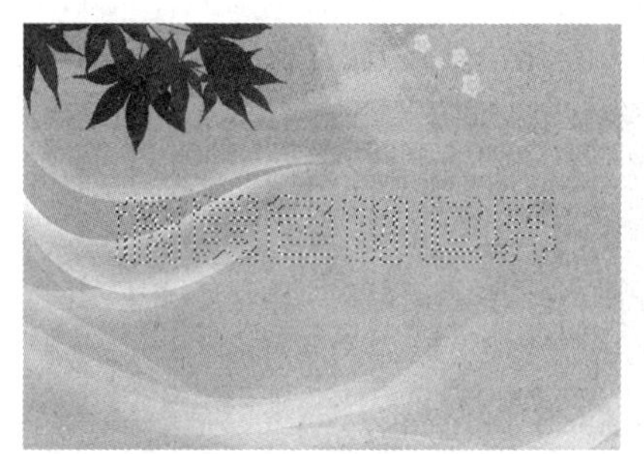

图 7-16　窗口文字选区

(3) 在工具箱中选择【渐变工具】，打开【渐变编辑器】对话框，选择【色谱】预设颜色，再进行确定，如图 7-17 所示。

(4) 将光标移到选区中，然后拖动鼠标进行渐变填充，完成后按 Ctrl+D 组合键取消选区，填充文字选区后的效果如图 7-18 所示。

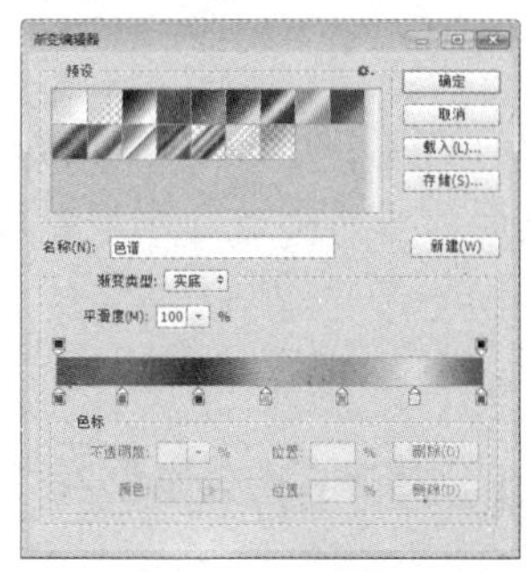

图 7-17　设置渐变颜色

图 7-18　填充文字选区

提示

使用横排和直排文字蒙版工具创建的文字选区，可以填充颜色，但是它已经不具有文字属性，不能再改变其字体样式，只能像编辑图像一样进行处理。

计算机基础与实训教材系列

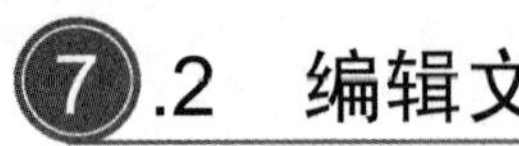

7.2 编辑文字

本节将具体介绍文字的各种编辑方式。当用户在图像中输入文字后，可以在【字符】或【段落】面板中设置文字的属性，包括调整文字的颜色、大小以及字体等。

7.2.1 选择文字

要对文字进行编辑，首先需要选中该文字所在图层，然后选取要设置的部分文字。选取文字时先切换到横排文字工具，然后将鼠标指针移动到要选择的文字的开始处，当指针变成 形状时单击并拖动鼠标，如图 7-19 所示，在需要选取文字的结尾处释放鼠标，被选中的文字将以文字的补色显示，如图 7-20 所示。

图 7-19　将光标定位在文字开始处

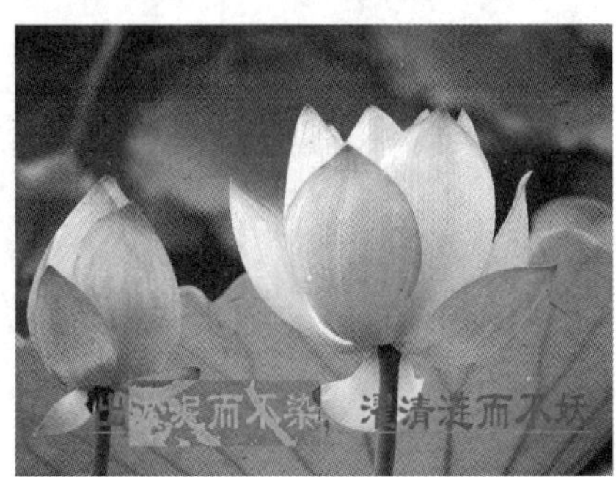

图 7-20　选择文字

7.2.2 设置字符属性

字符属性可以直接在文字工具属性栏中设置，也可以打开【字符】面板，在其中不仅可以设置文字的字体、字号、样式和颜色，还可以设置字符间距、垂直缩放、水平缩放，以及是否加粗、加下划线、加上标等。

【练习 7-5】在【字符】面板中设置文字。

(1) 打开【九寨.jpg】图像文件，选择【横排文字工具】，然后在图像中输入文字，如图 7-21 所示。

(2) 将光标插入第一个文字的前方，然后按住鼠标左键向右方拖动，直至选择所有文字，如图 7-22 所示。

图 7-21　输入文字

图 7-22　选择文字

(3) 单击文字工具属性栏中的【切换字符和段落面板】按钮，打开【字符】面板，在【设置字体样式】下拉列表框中选择字体样式，在【设置字体大小】文本框中设置字体大小，在【设置行距】文本框中设置文字之间的行距，如图 7-23 所示。

(4) 在【字符】面板中单击【颜色】选项右侧的色块，打开【拾色器(文本颜色)】对话框，设置一种颜色即可，如图 7-24 所示。

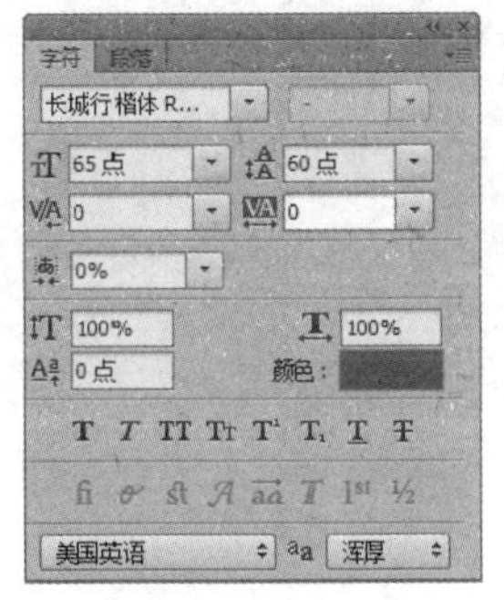

图 7-23　设置字符属性

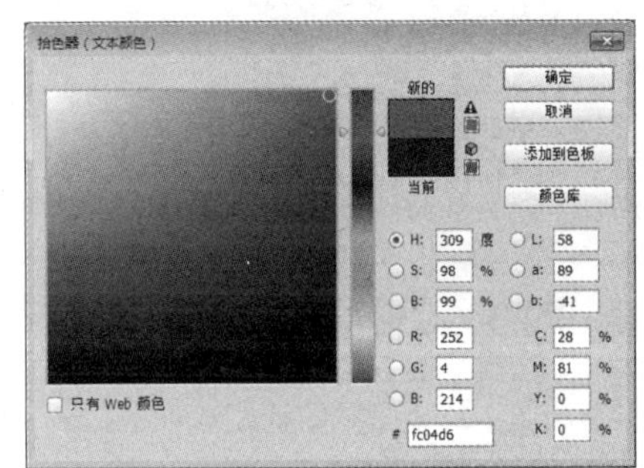

图 7-24　设置文字颜色

【字符】面板中主要选项的作用如下。

- 长城行楷体 R...：单击右侧的三角形按钮，可在下拉列表中选择字体。
- 65 点：用于设置字符的大小。
- 60 点：用于设置文本行间距，该值越大，间距越大。如果数值小到超过一定范围，文本行与行之间将重合在一起，在应用该选项前应先选择至少两行的文本。
- 100%：用于设置文本在垂直方向上的缩放比例。将缩放比分别设置为50%和150%时。
- 100%：用于设置文本在水平方向上的缩放比例。
- 0%：根据文本的比例大小来设置文字的间距。
- 0：用于设置字符之间的距离，数值越大文本间距越大。
- 0：用于对文字间距进行细微的调整。设置该项只需将文字输入光标移到需要设置的位置即可。
- T T TT Tr T¹ T₁ T T：这些按钮分别用于对文字进行仿粗体、仿斜体、全部大写字母、小型大写字母、上标、下标、添加下划线和添加删除线的设置。

(5) 在【拾色器(文本颜色)】对话框中单击【确定】按钮，即可得到如图 7-25 所示的文字效果。

(6) 通过在文字中拖动光标，选中文字【神奇】，如图 7-26 所示。

图 7-25　文字效果

图 7-26　选择文字

(7) 在【字符】面板中设置基线偏移为 40 点，垂直缩放为 70%，如图 7-27 所示，得到的文字效果如图 7-28 所示。

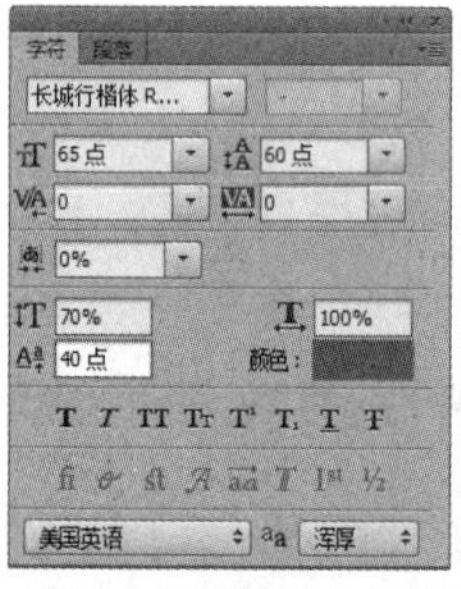

图 7-27　设置文字属性

图 7-28　文字效果

(8) 选中【神奇】两个字，然后分别单击【字符】面板中的【仿斜体】*T*和【下划线】T按钮，如图 7-29 所示，得到如图 7-30 所示的文字效果。

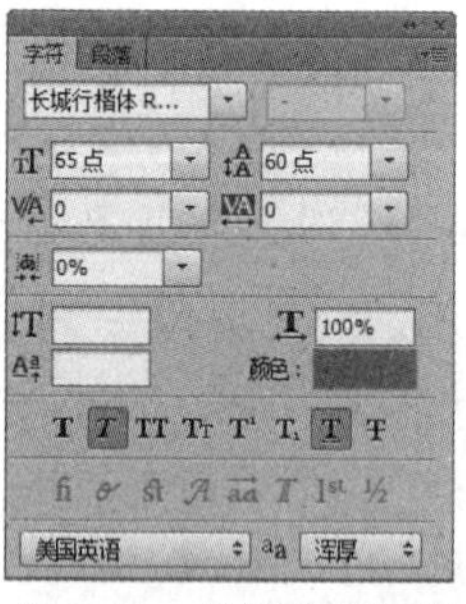

图 7-29　设置文字属性

图 7-30　文字效果

7.2.3　设置文字段落属性

在 Photoshop 中除了可以设置文字的基本属性外，还可以对段落文本的对齐和缩进方式进行设置。

【练习 7-6】设置段落文本属性。

(1) 打开任意一幅图像作为背景，然后在图像中创建一个段落文本，如图 7-31 所示。

(2) 打开【字符】面板，在该面板中选择【段落】选项卡进入【段落】面板，其中默认的文本对齐方式为【左对齐文本】，此处单击【居中对齐文本】按钮，如图 7-32 所示，即可得到如图 7-33 所示的文字效果。

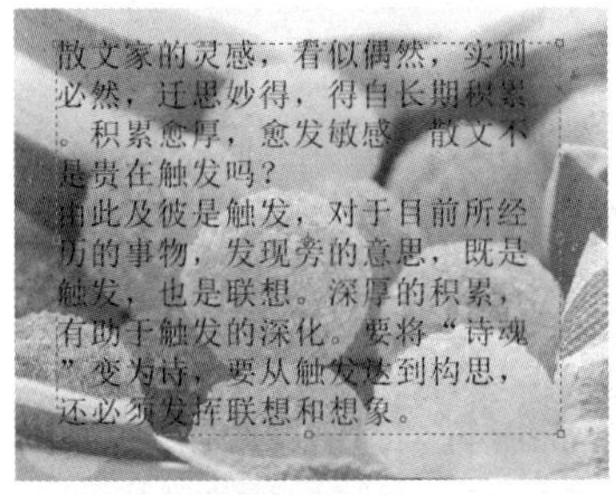

图 7-31　创建段落文本

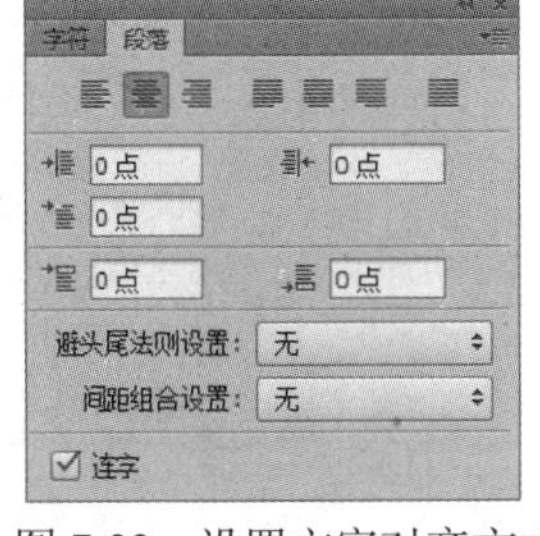

图 7-32　设置文字对齐方式

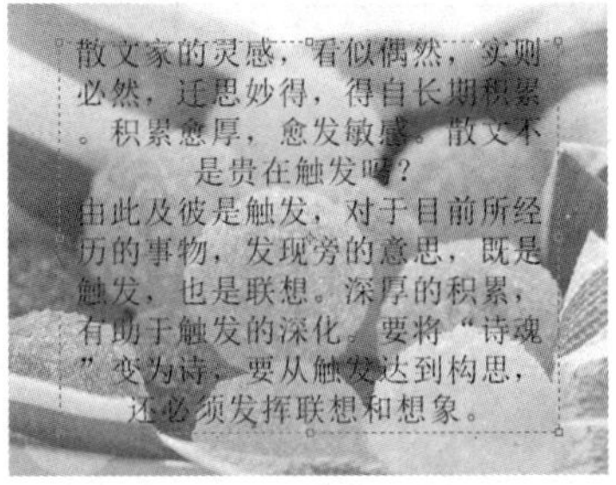

图 7-33　居中对齐效果

【段落】面板中主要选项的作用如下。

- ：其中的按钮均用于设置文本的对齐方式。按钮可将文本左对齐；按钮可将文本居中对齐；按钮可将文本右对齐；按钮可将文本的最后一行左对齐；按钮可将文本的最后一行居中对齐；按钮可将文本的最后一行右对齐。
- 0 点：用于设置段落文字左边向右缩进的距离。对于直排文字，该选项用于控制文本从段落顶端向底部缩进。
- 0 点：用于设置段落文字由右边向左缩进的距离。对于直排文字，该选项则用于控制文本由段落底部向顶端缩进。
- 0 点：用于设置文本首行缩进的空白距离。

(3) 在【段落】面板中设置【左缩进】和【首行缩进】的值，如图 7-34 所示。设置好后如果文本框中不能显示所有文字，可以拖动文本框下方的边线扩大文本框，显示所有文字，如图 7-35 所示。

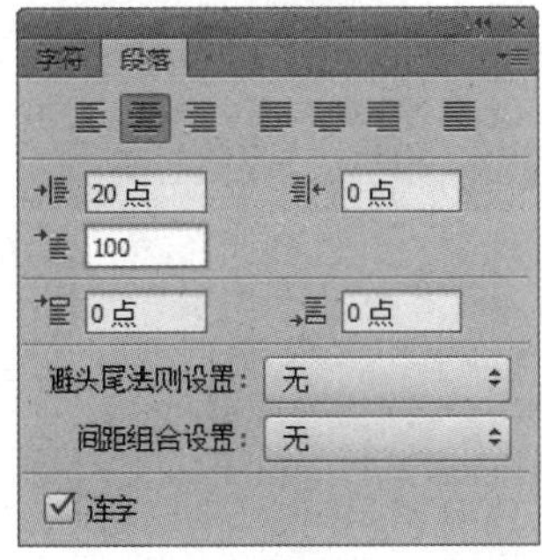

图 7-34　设置文字其他属性

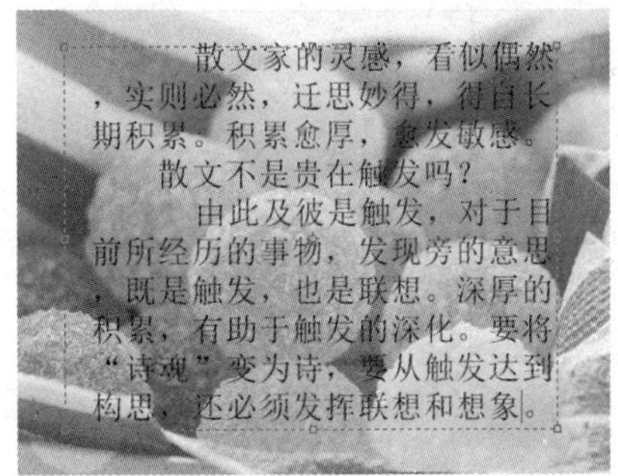

图 7-35　显示所有文字

7.2.4 改变文字方向

当输入文本后如果需将横排文本转换成竖排文本，或将竖排文本转换成横排文字，此时无需重新输入文字，直接进行文字方向的转换即可。

选中需要改变文字方向的文字图层，选择【文字】→【文本排列方向】→【横排】或【竖排】命令，即可改变文字的方向，如图 7-36 和图 7-37 所示。

图 7-36　原文字方向

图 7-37　转换文字的方向

7.2.5 编辑变形文字

Photoshop 的文字工具属性栏中有一个文字变形工具，其中提供了 15 种变形样式，可以用来创作艺术字效果。

【练习 7-7】对文字进行变形操作。

(1) 打开任意一幅图像文件，然后在图像中输入文字，如图 7-38 所示。

(2) 在属性栏中单击【创建文字变形】按钮，打开【变形文字】对话框，单击【样式】右侧的下拉按钮，将弹出下拉列表，其中提供了多种文字样式，这里选择【旗帜】样式，然后分别设置其他选项，如图 7-39 所示。

图 7-38　输入文字

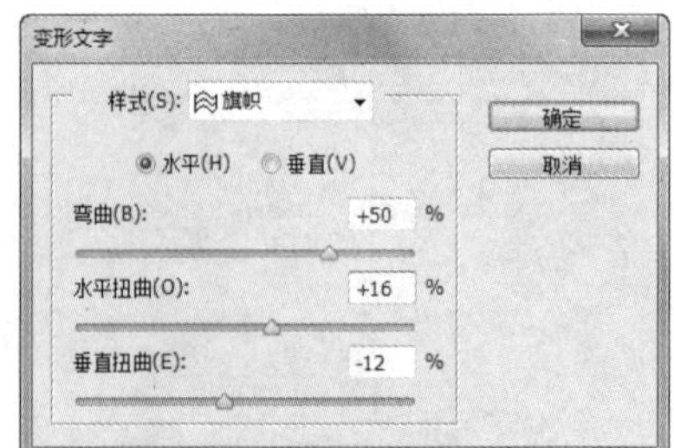

图 7-39　设置变形文字

【变形文字】对话框中主要选项的作用如下。

- 水平/垂直：用于设置文本是沿水平还是垂直方向进行变形，系统默认为沿水平方向变形。

- 弯曲：用于设置文本的弯曲的程序，当为0时表示没有任何弯曲。
- 水平扭曲：用于设置文本在水平方向上的扭曲程度。
- 垂直扭曲：用于设置文本在垂直方向上的扭曲程度。

(3) 单击【确定】按钮回到画面中，文字已经变为弧形造型，效果如图 7-40 所示。

(4) 单击【创建文字变形】按钮，在【变形文字】对话框中选中【垂直】单选按钮，然后进行确定，将得到如图 7-41 所示的文字效果。

图 7-40　水平变形文字

图 7-41　垂直变形效果

7.2.6　将文字转换为路径

在 Photoshop 中创建文字后，可以将文字转换为路径和形状。将文字转换为路径后，就可以像操作任何其他路径那样存储和编辑该路径，同时还能保持原文字图层不变。

【练习 7-8】将文字转换为路径进行编辑。

(1) 打开任意一幅图像文件，在其中输入文字内容，如图 7-42 所示。

(2) 选择【文字】→【创建工作路径】命令，即可得到工作路径(这里将文字图层隐藏，以便更好地观察到路径效果)，如图 7-43 所示。

图 7-42　输入文字

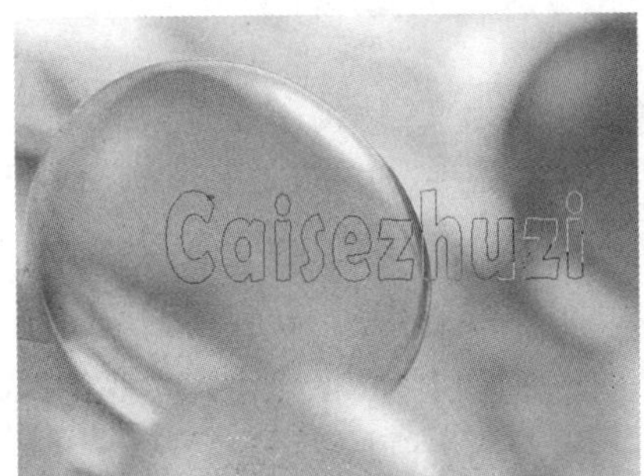

图 7-43　创建路径

(3) 切换到【路径】面板中可以看到创建的工作路径，如图 7-44 所示。使用【直接选择工具】调整该工作路径(原来的文字将保持不变)，如图 7-45 所示。

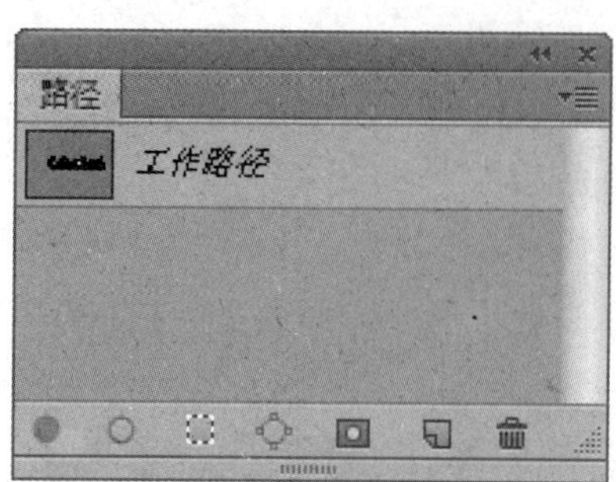

图 7-44 【路径】面板

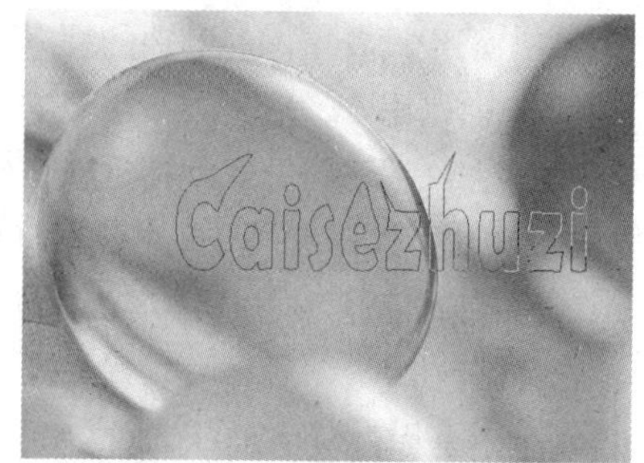

图 7-45 编辑路径

(4) 选择文字图层，然后选择【文字】→【转换为形状】命令，通过【图层】面板可以看出，将文字图层转换为形状图层的效果，如图 7-46 所示。

(5) 当文字为矢量蒙版选择状态时，使用【直接选择工具】对文字形状的部分节点进行调整，可以改变文字的形状，如图 7-47 所示。

图 7-46 文字转换为形状

图 7-47 改变文字的形状

7.2.7 栅格化文字

在图像中创建文字后，并不能直接对文字应用绘图和滤镜命令等操作，只有将其进行栅格化处理后，才能做进一步的编辑。

在【图层】面板中的选择文字图层，如图 7-48 所示，然后选择【文字】→【栅格化文字图层】命令，即可将文字图层转换为普通图层，将文字图层栅格化后，即可对其进行绘图和滤镜等操作，同时，图层缩览图也将发生变化，如图 7-49 所示。

图 7-48 文字图层

图 7-49 栅格化效果

提示

当一幅图像文件中有多个文字图层时，将多个文字图层合并，或者将文字图层与其他图像图层合并，同样可以将文字栅格化。

7.3　上机实战

本小节综合应用所学的文字创建与编辑操作，包括创建美术文本、创建段落文本，以及在【字符】面板中编辑文字和段落等，练习制作一个名片和淘宝商品广告。

7.3.1　制作科技公司名片

本实例首先结合矩形选框工具和椭圆选框工具的使用，绘制出名片的轮廓和其中的细节图像，然后使用横排文字工具输入文字，并对文字进行编辑，实例效果如图 7-50 所示。

图 7-50　实例效果

本实例的具体操作如下。

(1) 选择【文件】→【新建】命令，打开【新建】对话框，设置文件名称为【五华科技名片】，【宽度】和【高度】为 14×12 厘米，如图 7-51 所示，单击【确定】按钮得到一个新建图像文件。

(2) 设置前景色为黑色，按 Alt+Delete 键将背景填充为黑色，然后新建一个图层，选择矩形选框工具在图像中绘制一个矩形选区，如图 7-52 所示。

(3) 设置前景色为紫色(R197,G91,B208)，按 Alt+Delete 键填充选区，如图 7-53 所示。

(4) 保持选区状态，设置前景色为紫红色(R148,G32,B107)，使用【画笔工具】对矩形选区的右侧进行涂抹，然后使用加深工具，做适当的加深处理，效果如图 7-54 所示。

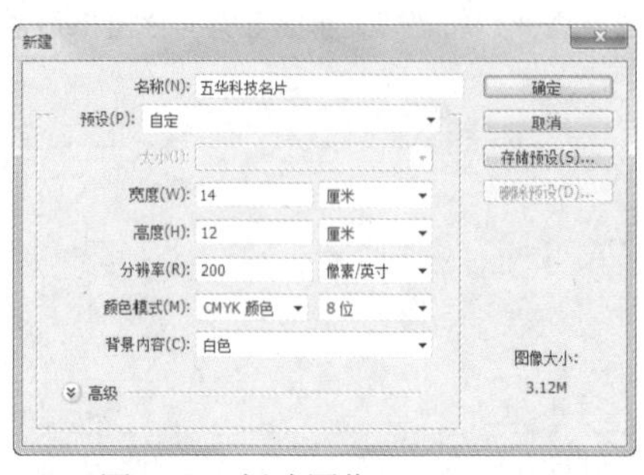

图 7-51　新建图像

图 7-52　绘制矩形选区

图 7-53　填充选区

图 7-54　绘制其他颜色

(5) 打开素材图像【箭头.psd】，使用【移动工具】分别将其拖动到当前编辑的图像中，效果如图 7-55 所示。

(6) 在【图层】面板中分别设置【箭头】图层的混合模式为【明度】、【线条】图层的混合模式为【叠加】，得到的图像效果如图 7-56 所示。

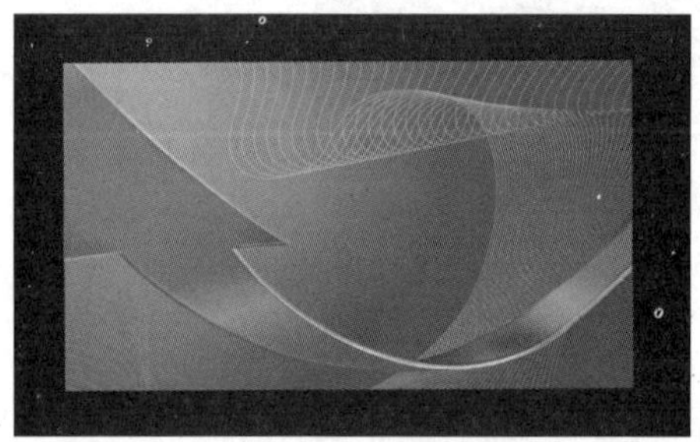

图 7-55　添加素材图像

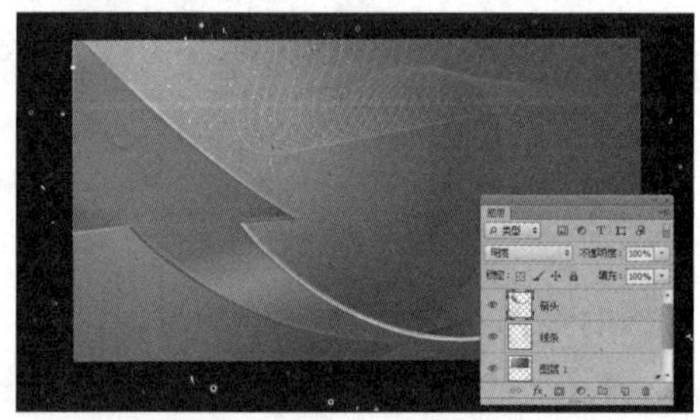

图 7-56　设置图层混合模式

(7) 选择【自定形状工具】，在属性栏中单击【形状】右侧的三角形按钮，在弹出的面板中选择【花 4】形状，在名片右侧绘制一个花瓣形状，填充为白色，效果如图 7-57 所示。

(8) 选择【横排文字工具】，在花瓣图像下方输入文字【五华科技】，填充为白色，如图 7-58 所示。

图 7-57　添加素材图像

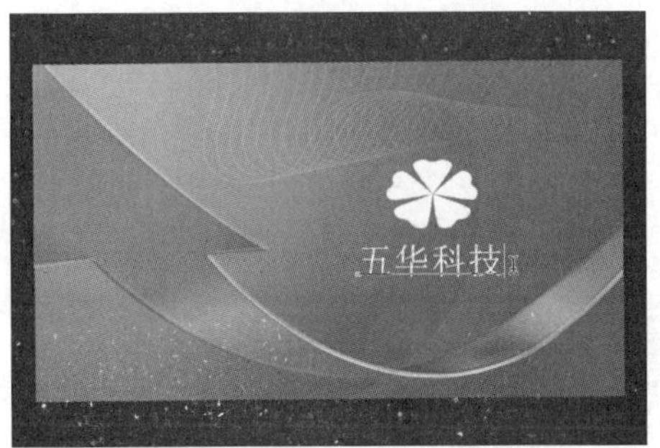

图 7-58　设置图层混合模式

(9) 选中输入的文字，然后选择【窗口】→【字符】命令，打开【字符】面板，设置字体为【方正综艺简体】、字间距为 50，再单击【仿斜体】按钮，如图 7-59 所示，得到倾斜的文字效果，如图 7-60 所示，完成名片正面的制作。

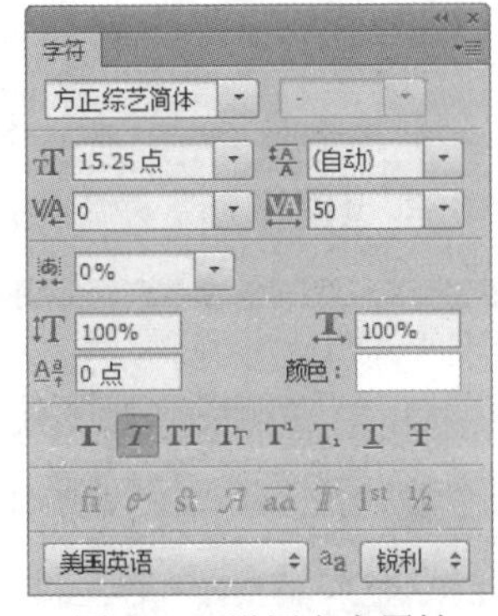

图 7-59　设置文字属性

图 7-60　文字效果

(10) 下面来制作名片背面图像。复制一次名片正面背景图像，即图层 1，按住 Ctrl 键将其向下垂直移动，如图 7-61 所示。

(11) 选择【椭圆选框工具】在图像左侧绘制一个圆形选区，并使用【矩形选框工具】对左侧圆形选区进行减选，得到一个半圆形选区，如图 7-62 所示。

图 7-61　复制图像

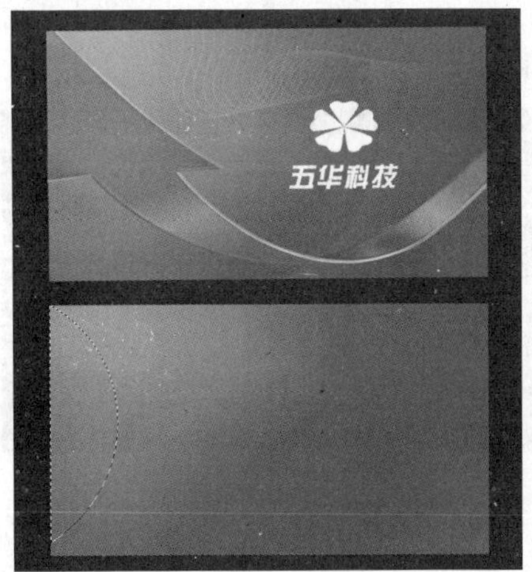

图 7-62　绘制选区

(12) 选择【选择】→【反向】命令，得到反选的选区，按 Delete 键删除选区中的图像，效果如图 7-63 所示。

(13) 再次复制图层 1，按住 Ctrl 键将其向下垂直移动，将该图层置于半圆图像的下方，然后在图像中绘制一个矩形选区，如图 7-64 所示。

图 7-63　删除图像

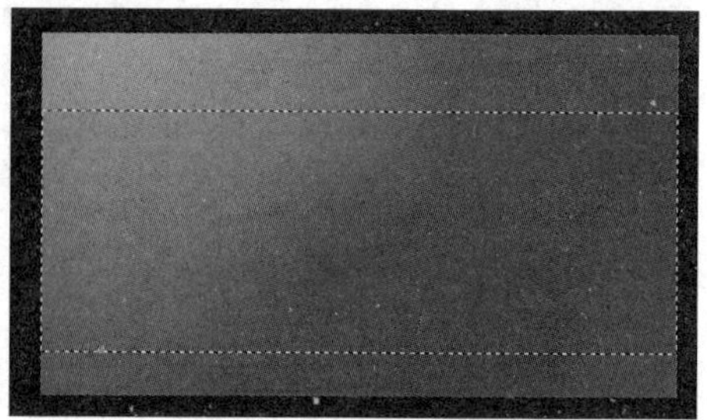

图 7-64　绘制选区

(14) 选择【选择】→【反向】命令，得到反选的选区，填充为白色，效果如图 7-65 所示。

(15) 打开素材图像【半圆环.psd】，使用【移动工具】分别将半圆环与长方形图像拖动到当前编辑的图像中，将圆环置于名片左侧半圆形图像中，将长方形置于右侧，如图 7-66 所示。

图 7-65　填充选区

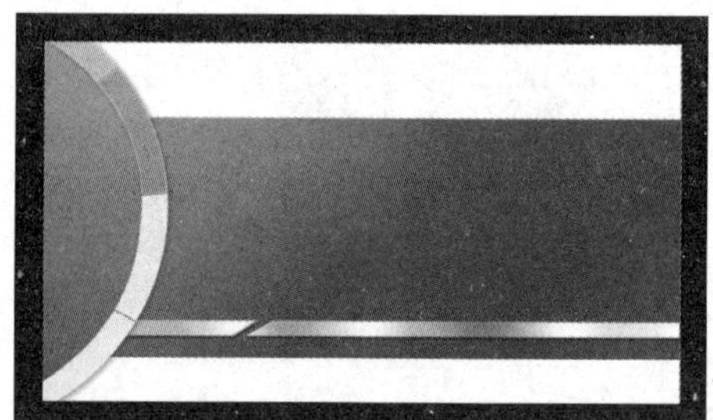

图 7-66　添加素材图像

(16) 选择【横排文字工具】，在名片右侧输入名字，然后在属性栏中设置字体为方正大黑简体、字体大小为 19 点，填充为白色，如图 7-67 所示。

(17) 输入公司名称，同样在属性栏中设置字体为方正大黑简体、字体为 13 点，填充为白色，如图 7-68 所示。

图 7-67　输入个人名称

图 7-68　输入公司名称

(18) 分别输入地址、电话等文字信息，在属性栏中设置字体为方正大黑简体，适当调整文字大小，排列成如图 7-69 所示的样式。

(19) 选择整个背面名片图像所在图层，按 Ctrl+T 键适当旋转图像，得当较为俏皮的排列效果，如图 7-70 所示，至此完成本实例的制作。

图 7-69　输入其他信息

图 7-70　完成效果

7.3.2　制作淘宝商品广告

本实例制作了一个淘宝商品广告，主要为了练习文字在广告中的排列效果，让广告更加吸引人。首先添加素材图像，然后在图像中输入文字，并对设置文字的字体、大小以及颜色等，输入中文和英文文字，排列组合成广告语，形成既有美感，又能带来宣传效应的广告。实例效果如图 7-71 所示。

图 7-71　实例效果

本实例的具体操作如下。

(1) 选择【文件】→【新建】命令，打开【新建】对话框，设置文件名称为【淘宝商品广告】，【宽度】和【高度】为 13×8 厘米，如图 7-72 所示，单击【确定】按钮新建一个图像文件。

(2) 打开素材图像【小菊花.psd】，使用【移动工具】将其拖动到当前编辑的图像中，置于画面左侧，适当调整图像大小，如图 7-73 所示。

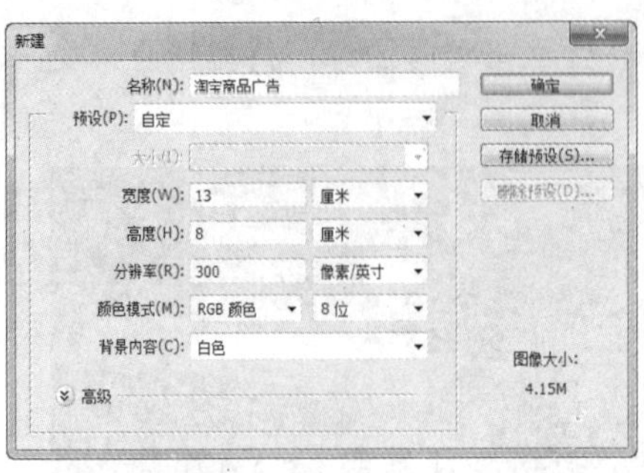

图 7-72　新建图像文件

图 7-73　添加素材图像

(3) 新建一个图层，使用【多边形套索工具】在图像右上方绘制一个三角形选区，填充为绿色(R205,G223,B42)，如图 7-74 所示。

(4) 在【图层】面板中设置该图层的不透明度为 30%，得到较为透明的图像效果，如图 7-75 所示。

图 7-74　绘制三角形

图 7-75　设置图层不透明度

(5) 按 Ctrl+J 键复制一次该图层，将复制的三角形置于右侧，并适当旋转图像，效果如图 7-76 所示。

(6) 设置前景色为绿色(R53,G88,B12)，使用【横排文字工具】在图像中间单击插入光标，然后输入一行文字，如图 7-77 所示。

图 7-76　复制三角形

图 7-77　输入文字

(7) 按住鼠标左键向左拖动，选择文字，然后在属性栏中设置字体为方正大标宋体，字体大小为 24 点，如图 7-78 所示。

(8) 按下小键盘中的 Enter 键完成文字的属性编辑，然后按 Ctrl+T 键对图像两端做收缩处理，得到较为细长的文字效果，如图 7-79 所示。

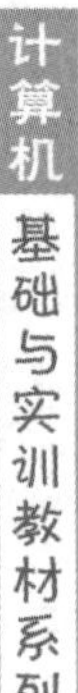

图 7-78　设置文字属性

图 7-79　得到细长文字效果

(9) 在中文字上方输入一个大写的英文字母 R，在属性栏中设置字体为 Bix Antique Script，然后适当调整文字大小，继续输入后面的英文文字，将后面的文字设置得较小，排列成如图 7-80 所示的样式。

(10) 设置前景色为黑色，在英文文字右侧输入两行大写字母和数字，在属性栏中设置字体为方正大标宋体，并按 Ctrl+T 键适当调整文字大小，排列成如图 7-81 所示的样式。

图 7-80　输入英文文字

图 7-81　输入黑色文字

(11) 在中文文字下方输入一行广告语，打开【字符】面板，设置字体为方正兰亭黑体，大小为 11.25 点，颜色为绿色(R53,G88,B12)，其他参数如图 7-82 所示，得到的文字效果如图 7-83 所示。

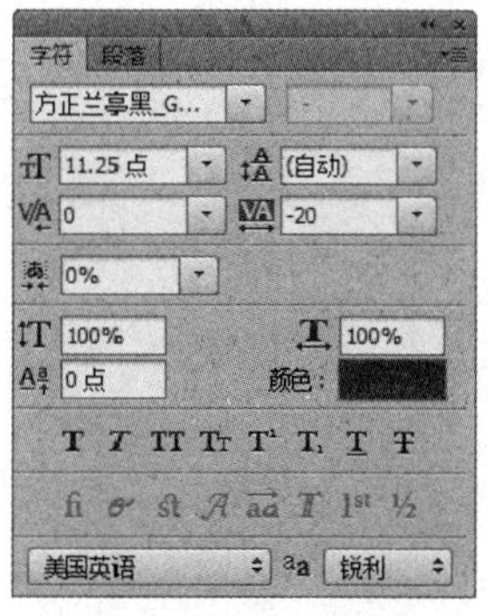

图 7-82　输入文字

图 7-83　文字效果

(12) 新建一个图层，使用【多边形套索工具】在文字左右两侧分别绘制一个细长的矩形选区，填充为绿色(R53,G88,B12），如图 7-84 所示。

计算机 基础与实训教材系列

(13) 打开素材图像【鞋子.psd】，使用【移动工具】将其拖动到当前编辑的图像中，置于文字的右下方，如图 7-85 所示。

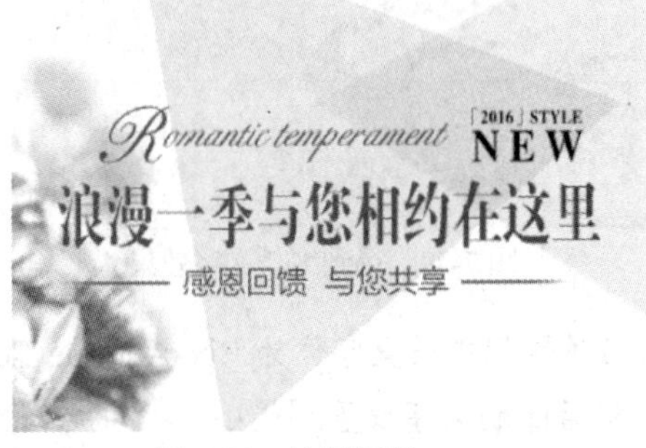

图 7-84 绘制矩形

图 7-85 添加素材图像

(14) 在鞋子图像下方输入价格文字，在属性栏中设置字体为 Arial Regular，填充为绿色(R53,G88,B12），然后适当调整文字大小，如图 7-86 所示。

(15) 继续输入原价文字，并选择文字，打开【字符】面板，设置字体为 Arial Regular，然后单击【删除线】按钮，得到文字删除效果，如图 7-87 所示，至此完成本实例的制作。

图 7-86 输入价格文字

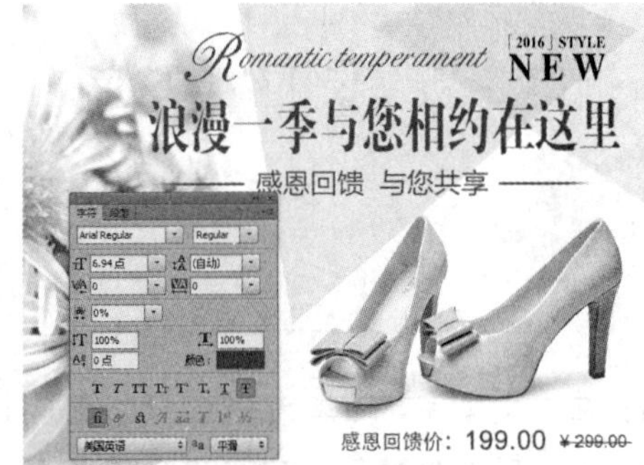

图 7-87 制作删除文字效果

7.4 思考与练习

7.4.1 填空题

1. 在 Photoshop 中，______________是指在图像中单击鼠标后直接输入的文字。
2. 使用________________________可以创建文字选区。
3. 字符属性可以直接在____________中设置，也可以在__________面板中设置。

7.4.2 选择题

1. 在 Photoshop 中提供了下列哪几种文字工具(　　)。

A. 横排文字工具　　B. 直排文字工具

C. 横排文字蒙版工具　　D. 直排文字蒙版工具

2. 在 Photoshop 中，可以对文字进行以下哪几种操作(　　)。

A. 改变文字方向　　B. 转换为工作路径

C. 设置字符属性　　D. 应用滤镜

3. 如果要在对文字应用画笔工具，需要先对文字进行哪种操作(　　)。

A. 设置字符属性　　B. 改变文字方向

C. 转换为工作路径　　D. 栅格化处理

7.4.3 操作题

新建一个图像文件，分别添加【封面背景.jpg】、【花纹 1.jpg】和【花纹 2.jpg】素材图像，然后使用【横排文字工具】在画面中输入文字，并设置不同的字体属性，制作如图 7-88 所示的时尚杂志封面设计图。

图 7-88　制作封面设计图

第8章 图层的基本操作

学习目标

在 Photoshop 中图层的应用是非常重要的一个功能，本章将详细介绍图层的基本应用，主要包括图层的概念、【图层】面板、图层的创建、复制、删除以及选择等基本操作，还将介绍图层的对齐与分布、图层组的管理，以及图层混合模式的应用等。

本章重点

- 了解图层
- 图层的常用操作
- 编辑图层
- 管理图层

8.1 了解图层

图层是 Photoshop 的核心功能之一，用户可以通过该功能按照个人需求对图像进行编辑和修饰。图层功能的使用让设计人员通过 Photoshop 处理出更加优秀的作品。

8.1.1 什么是图层

图层用于装载各类图像，是图像的载体。在 Photoshop 中，一个图像通常是由若干个图层组成，如果没有图层，就没有图像存在。

例如，新建一个图像文档时，系统会自动在新建的图像窗口中生成一个背景图层，用户可以通过绘图工具在图层上进行绘图。在如图 8-1 所示的图像中，便是由如图 8-2、图 8-3 和图 8-4 所示的 3 个图层中的图像组成的。

图 8-1　图像效果

图 8-2　图像背景图层

图 8-3　树木和彩虹图层

图 8-4　花草图层

8.1.2　使用【图层】面板

在学习图层的基本操作之前，首先需要了解【图层】面板。在【图层】面板中可以实现对图层的管理和编辑，如新建图层、复制图层、设置图层混合模式以及添加图层样式等。

【练习 8-1】在【图层】面板中查看内容。

(1) 选择【文件】→【打开】命令，打开【水墨画.psd】素材文件，如图 8-5 所示，这时可以在工作界面右侧的【图层】面板中查看到它的图层，如图 8-6 所示。

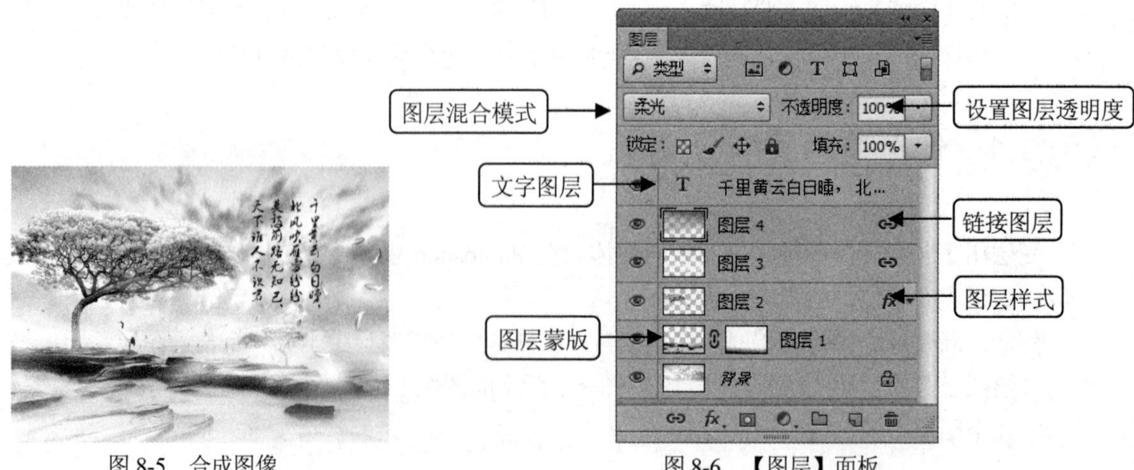

图 8-5　合成图像　　图 8-6　【图层】面板

【图层】面板中各项含义如下。

- 类型 按钮：单击该按钮，在其下拉列表中有5种类型，分别是【名称】、【效果】、【模式】、【属性】和【颜色】，当【图层】面板中图层较多时，用户可以根据需要选择所对应的图层类型，如选择【颜色】即可在【图层】面板中显示标有颜色的图层，如图8-7所示。
- 按钮：该组按钮分别代表【像素图层滤镜】、【调整图层滤镜】、【文字图层滤镜】、【形状图层滤镜】和【智能对象滤镜】，用户可以根据需要选择对应的按钮，即可显示单一类型图层，如单击【文字图层滤镜】按钮，即可在【图层】面板中只显示文字图层，如图8-8所示。

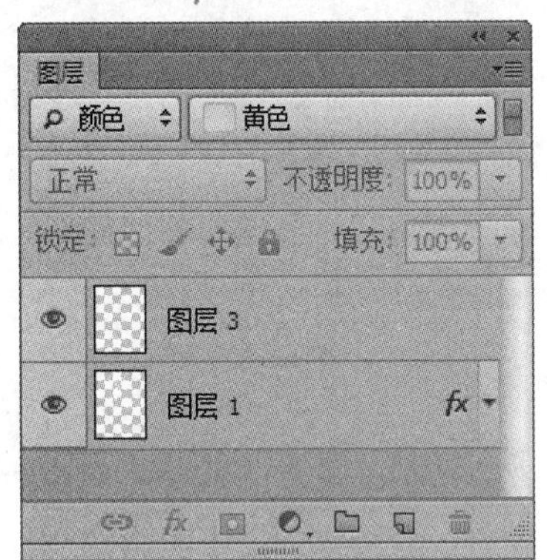

图 8-7　显示颜色图层

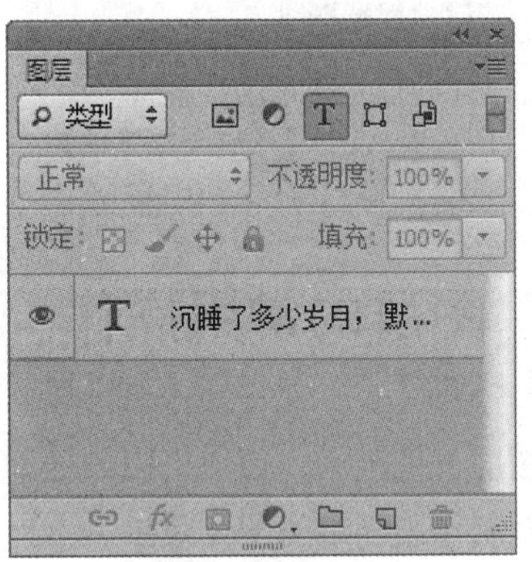

图 8-8　显示文字图层

- 【锁定】：用于设置图层的锁定方式，其中有【锁定透明像素】按钮、【锁定图像像素】按钮、【锁定位置】按钮和【锁定全部】按钮。
- 【填充】：用于设置图层填充的透明度。
- 【链接图层】按钮：选择两个或两个以上的图层，再单击该按钮，可以链接图层，链接的图层可同时进行各种变换操作。
- 【添加图层样式】按钮：在弹出的菜单中选择命令来设置图层样式。
- 【添加图层蒙版】按钮：单击该按钮，可为图层添加蒙版。
- 【创建新的填充或调整图层】按钮：在弹出的菜单中选择命令创建新的填充或调整图层，可以调整当前图层下所有图层的色调效果。
- 【创建新组】按钮：单击该按钮，可以创建新的图层组。可以将多个图层放置在一起，方便用户进行查找和编辑操作。
- 【创建新图层】按钮：单击该按钮可以创建一个新的空白图层。
- 【删除图层】按钮：用于删除当前选取的图层。

(2) 单击面板右侧的三角形按钮，在弹出的菜单中选择【面板选项】命令，将打开【图层面板选项】对话框对外观进行设置，如图 8-9 所示。

(3) 如设置缩览图为最大，单击【确定】按钮，得到调整图层缩览图大小和显示方式的效果，如图 8-10 所示。再次打开【图层面板选项】对话框可以进行各项还原设置。

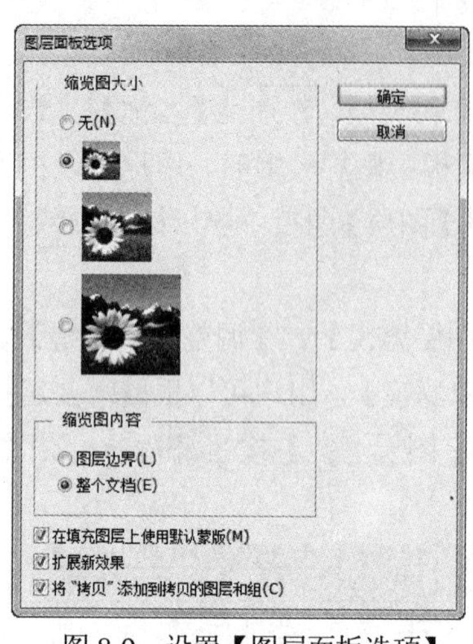

图 8-9　设置【图层面板选项】

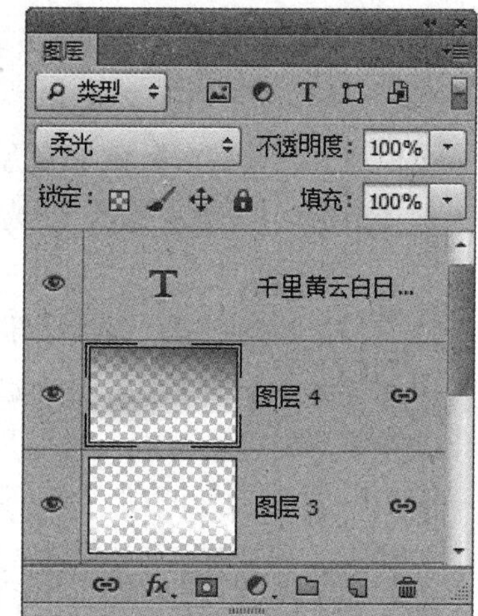

图 8-10　调整后的【图层】面板

8.2　图层的常用操作

在【图层】面板中，用户可以方便地实现图层的创建、复制、删除、排序、链接和合并等操作，从而制作出复杂的图像效果。

8.2.1　选择图层

在 Photoshop 中，只有正确地选择了图层，才能正确地对图像进行编辑及修饰，用户可以通过如下 3 种方法选择图层。

1. 选择单个图层

如果要选择某个图层，只需在【图层】面板中单击要选择的图层即可。在默认状态下，被选择的图层背景呈蓝色显示，如图 8-11 所示是选择【图层 2】图层的效果。

2. 选择多个连续图层

选择第一个图层后，按住 Shift 键的同时单击另一个图层，可以选择两个图层(包含这两个图层)之间的所有图层。

【练习 8-2】选择多个连续图层。

(1) 打开【图层练习.psd】图像文件，在【图层】面板中单击【图层 1】图层将其选中，如图 8-12 所示。

(2) 按住 Shift 键的同时单击【图层 4】图层，即可选择包括【图层 1】和【图层 4】以及它们之间的所有图层，如图 8-13 所示。

图 8-11　选择图层 2 的效果

图 8-12　选择【图层 1】

图 8-13　连续选择多个图层

3. 选择多个不连续图层

如果要选择不连续的多个图层，可以在选择第一个图层后，按住 Ctrl 键的同时单击其他需要选择的图层即可。

【练习 8-3】选择多个连续图层。

(1) 打开【图层练习.psd】图像文件，在【图层】面板中单击【图层 2】图层将其选中，如图 8-14 所示。

(2) 按住 Ctrl 键的同时单击【图层 4】和【图层 5】图层，如图 8-13 所示，即可选择【图层 2】、【图层 4】和【图层 5】，如图 8-15 所示。

图 8-14　选择【图层 2】

图 8-15　选择多个不连续图层

8.2.2 创建普通图层

新建图层是指在【图层】面板中创建一个新的空白图层，并且新建的图层位于所选择图层的上方。创建图层之前，首先要新建或打开一个图像文档，便可以通过【图层】面板快速创建新图层，也可以通过菜单命令来实现。

1. 通过【图层】面板创建图层

单击【图层】面板底部的【创建新图层】按钮，可以快速创建具有默认名称的新图层，图层名依次为【图层 1、图层 2、图层 3、…】，由于新建的图层没有像素，所以呈透明显示，如图 8-16 和图 8-17 所示。

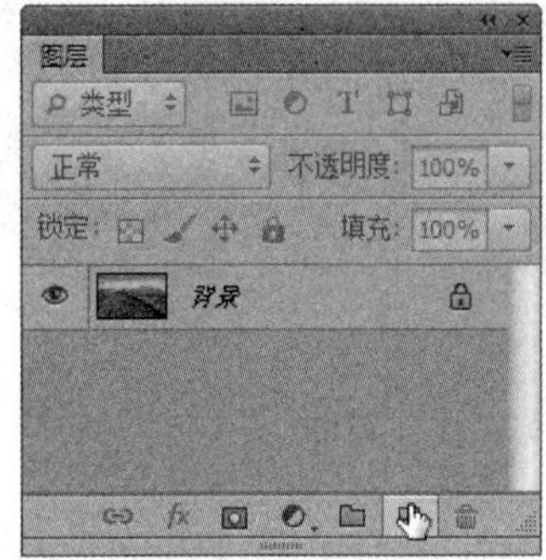

图 8-16　创建图层前

图 8-17　新建图层 1

2. 通过菜单命令创建图层

通过菜单命令创建图层，不但可以定义图层在【图层】面板中的显示颜色，还可以定义图层混合模式、不透明度和名称。

选择【图层】→【新建】→【图层】命令，或者按 Ctrl+Shift+N 组合键，将打开【新建图层】对话框，然后在其中设置图层名称和其他选项，如图 8-18 所示，单击【确定】按钮，即可创建一个指定的新图层，如图 8-19 所示。

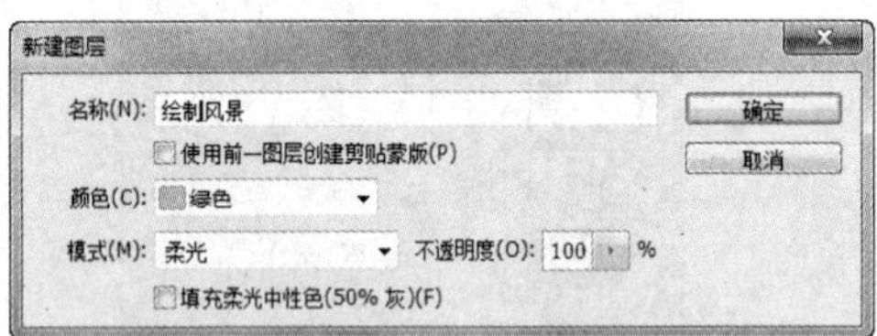

图 8-18　设置新建图层参数

图 8-19　创建新图层

【新建图层】对话框中主要选项的作用如下。

- 名称：用于设置新建图层的名称，以方便用户查找图层。
- 使用前一图层创建剪贴蒙版：选择该选项，可以将新建的图层与前一图层进行编组，形成剪贴蒙版。
- 颜色：用于设置【图层】面板中的显示颜色。
- 模式：用于设置新建图层的混合模式。
- 不透明度：用于设置新建图层的透明程度。

技巧

在 Photoshop 中还可以通过其他方法创建图层。例如，在图像中先创建一个选区，然后选择【图层】→【新建】→【通过拷贝的图层】命令；或者选择【图层】→【新建】→【通过剪切的图层】命令；或者按 Shift+Ctrl+J 组合键，即可创建一个图层。

3. 创建文字图层

当用户在图像中输入文字后，【图层】面板中将自动新建一个相应的文字图层。方法是选择任意一种文字工具，在图像中单击插入光标，然后输入文字，如图 8-20 所示，即可得到一个文字图层，如图 8-21 所示。

图 8-20　输入文字

图 8-21　新建的文字图层

4. 创建形状图层

选择工具箱中的某一个形状工具，在属性栏左侧的【工具模式】中选择【形状】，然后在图像中绘制形状，如图 8-22 所示，这时【图层】面板中将自动创建一个形状图层，如图 8-23 所示为使用椭圆工具绘制图形后创建的形状图层。

图 8-22　绘制形状

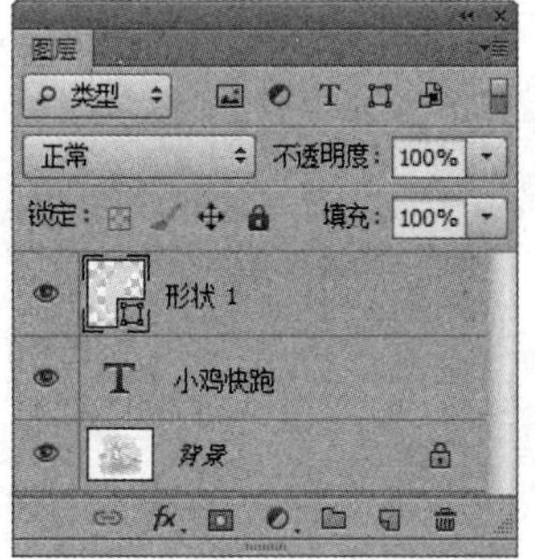

图 8-23　新建的形状图层

8.2.3　创建填充和调整图层

在 Photoshop 中，还可以为图像创建新的填充或调整图层。填充图层在创建后就已经填充了颜色或图案；而调整图层的作用则与【调整】命令相似，主要用来整体调整所有图层的色彩和色调。

【练习 8-4】创建调整图像色调和色彩的图层。

(1) 打开【图层练习.psd】图像文件，单击【图层】面板下方的【创建新的填充或调整图层】按钮，在弹出的菜单中选择一个调整图层命令，如【色彩平衡】命令，如图 8-24 所示。

(2) 选择【色彩平衡】命令后，即可自动切换到【属性】面板中，在其中可以对参数进行调整，如图 8-25 所示；而在【图层】面板中将创建出【色阶】调整图层，如图 8-26 所示。

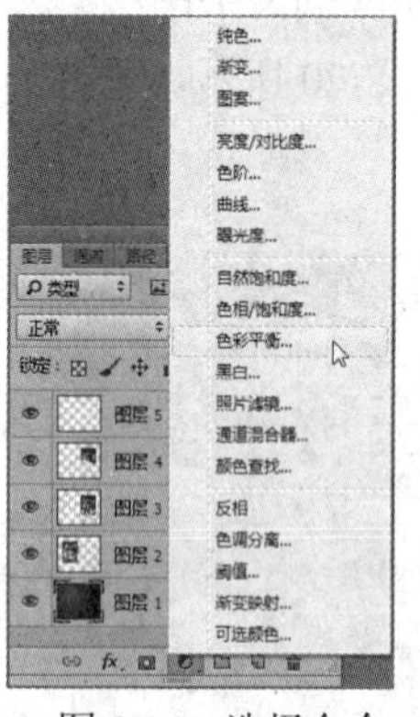

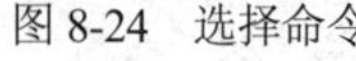
图 8-24　选择命令

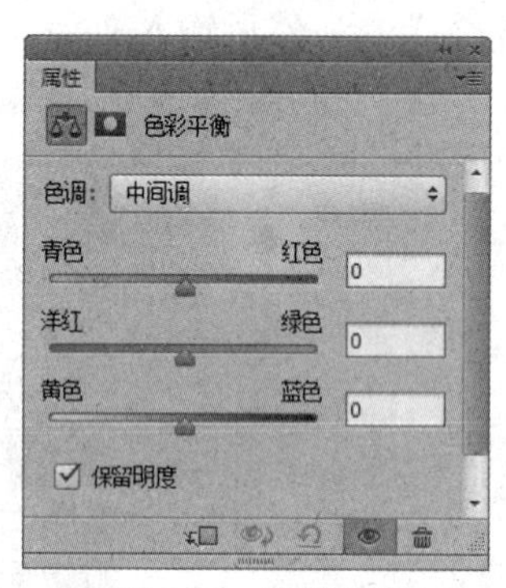

图 8-25　调整色彩

图 8-26　新建调整图层

(3) 选择【图层】→【新建填充图层】→【渐变】命令，将打开【新建图层】对话框，如图 8-27 所示。

(4) 在【新建图层】对话框单击【确定】按钮，打开【渐变填充】对话框，然后选择渐变填充样式，如图 8-28 所示。

(5) 在【渐变填充】对话框中单击【确定】按钮，即可在当前图层的上一层创建一个【渐变填充】图层，如图 8-29 所示。

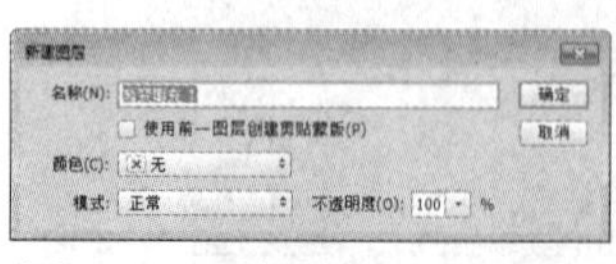
图 8-27　【新建图层】对话框

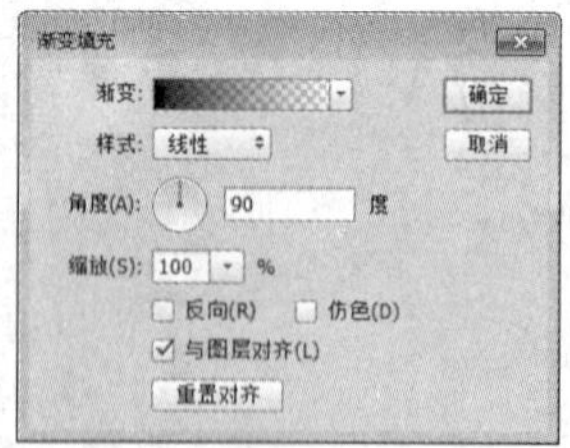

图 8-28　【渐变填充】对话框

图 8-29　得到【渐变填充】图层

8.2.4　复制图层

复制图层是为一个已存在的图层创建副本，从而得到一个相同的图像，用户可以再对图层

副本进行相关操作。下面介绍复制图层的方法。

【练习 8-5】通过多种方法复制图层。

(1) 打开【蝴蝶仙子.psd】素材文件，如图 8-30 所示，在【图层】面板中可以看到背景、人物和蝴蝶 3 个图层，如图 8-31 所示。用户可以通过 3 种常用方法对图层 1 进行复制。

图 8-30　图像文件

图 8-31　【图层】面板

(2) 选择图层【蝴蝶】，选择【图层】→【复制图层】命令，打开【复制图层】对话框，如图 8-32 所示，保持对话框中的默认设置，单击【确定】按钮即可得到复制的图层-【蝴蝶 拷贝】，如图 8-33 所示。

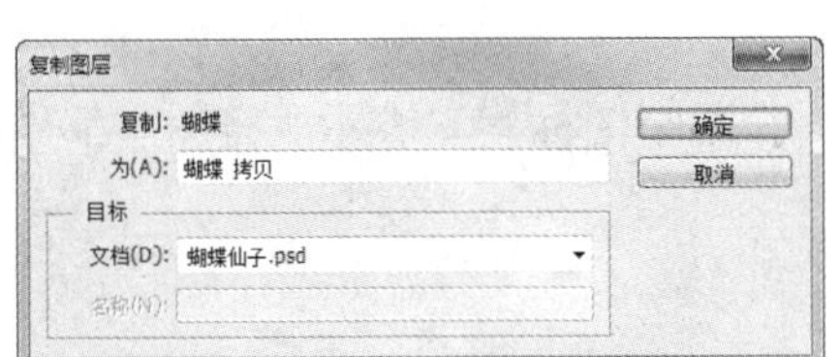

图 8-32　【复制图层】对话框

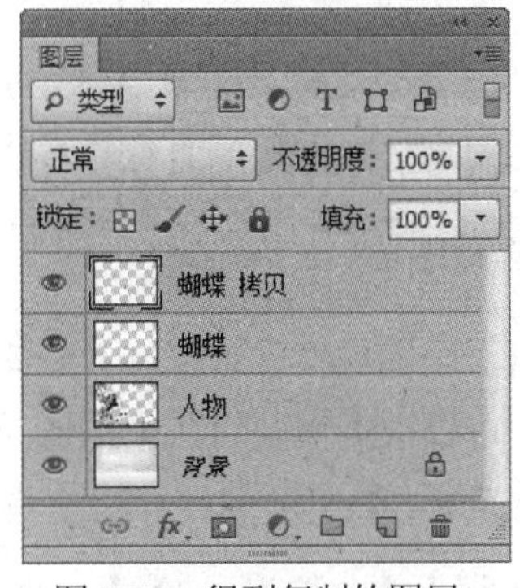

图 8-33　得到复制的图层

(3) 选择【移动工具】，将鼠标置于粉红色蝴蝶图像中，当鼠标变成双箭头状态时按住 Alt 键进行拖动，如图 8-34 所示，即可移动复制的图像，并得到复制的图层，如图 8-35 所示。

图 8-34　拖动图像

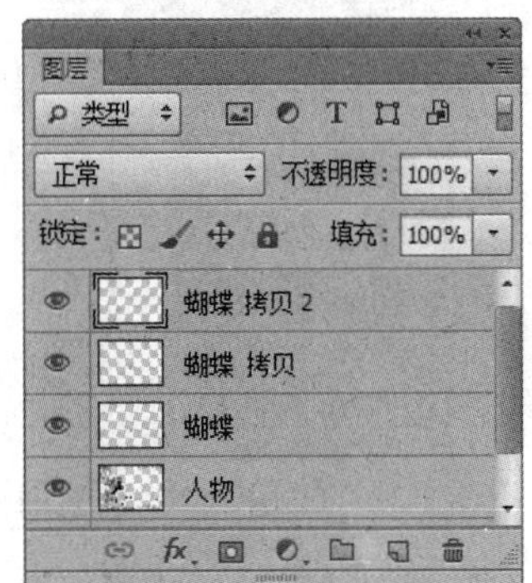

图 8-35　复制的图层

(4) 在【图层】面板中将【蝴蝶】图层直接拖动到下方的【创建新图层】按钮 中，如图 8-36 所示，可以直接复制图层，如图 8-37 所示。

图 8-36　拖动图层

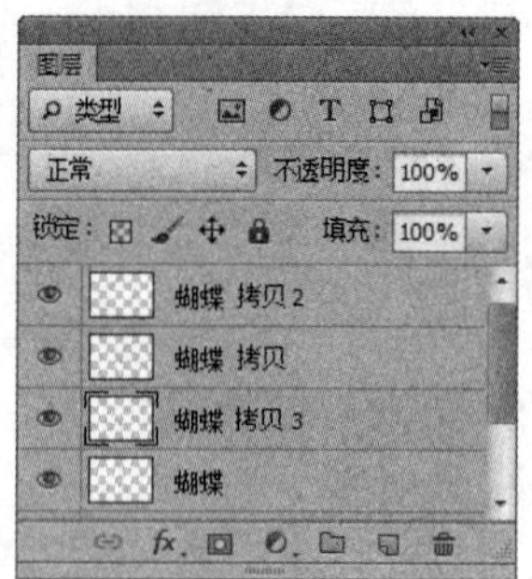

图 8-37　直接复制图层

技巧

选择需要复制的图层，然后按 Ctrl+J 组合键也可以快速地对选择的图层进行复制。

8.2.5　隐藏与显示图层

当一幅图像有较多的图层时，为了便于操作可以将其中不需要显示的图层进行隐藏。下面将介绍隐藏与显示图层的具体操作方法。

1. 隐藏图层

打开一个图像文件，可以看到图层前面都有一个眼睛图标，表示所有图层都显示在视图中，用户可以根据需要对其中的图层进行隐藏。

【练习 8-6】通过多种方法隐藏图层。

(1) 打开【水墨画.psd】素材文件，单击图层 2 前面的眼睛图标，即可关闭该图层，如图 8-38 所示，隐藏图层 2 的效果如图 8-39 所示。

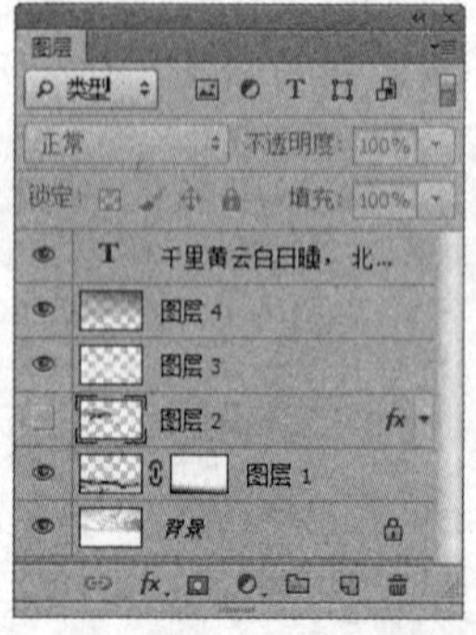

图 8-38　单击图层 2 前的图标

图 8-39　隐藏图层 2 的效果

(2) 按住 Alt 键单击某一图层前面的眼睛图标，可以隐藏除该图层以外的其他所有图层，

如单击背景图层，如图 8-40 所示，即可隐藏其他图层，效果如图 8-41 所示。

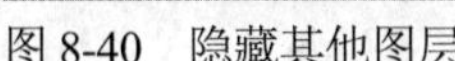
图 8-40　隐藏其他图层

图 8-41　隐藏其他图层的效果

2. 显示图层

隐藏图层后，该图层前的眼睛图标将转变为图标，用户可以通过单击该图标，从而显示被隐藏的图层。

8.2.6　删除图层

对于不需要的图层，可以使用菜单命令删除图层或通过【图层】面板删除图层，删除图层后该图层中的图像也将被删除。

1. 通过菜单命令删除图层

在【图层】面板中选择要删除的图层，然后选择【图层】→【删除】→【图层】命令，即可删除选择的图层。

2. 通过【图层】面板删除图层

在【图层】面板中选择要删除的图层，然后单击【图层】面板底部的【删除图层】按钮，即可删除选择的图层。

8.3　对图层进行编辑

在绘制图像的过程中，用户可以通过图层的编辑功能对图层进行编辑和管理，使图像效果变得更加完美。

8.3.1　链接图层

图层的链接是指将多个图层链接成一组，可以对链接的图层进行移动、变换等操作，还能将链接在一起的多个图层同时复制到另一个图像窗口中。

单击【图层】面板底部的【链接图层】按钮，即可将选择的图层链接在一起。例如，选择如图 8-42 所示的 3 个图层，然后单击【图层】面板底部的【链接图层】按钮，即可将选择的 3 个图层链接在一起，在链接图层的右侧会出现链接图标，如图 8-43 所示。

图 8-42　选择多个图层

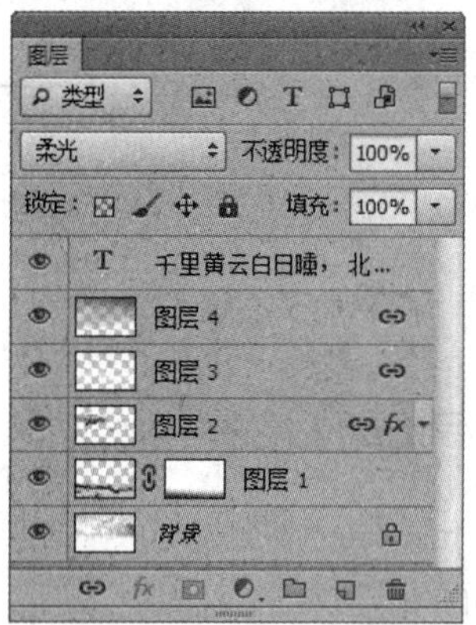

图 8-43　链接的图层

8.3.2　合并图层

合并图层是指将几个图层合并成一个图层，这样做不仅可以减小文件的大小，还可以方便用户对合并后的图层进行编辑。下面介绍合并图层的常用操作方式。

1. 向下合并图层

向下合并图层就是将当前图层与其底部的第一个图层进行合并。例如，将如图 8-44 所示【三角形】图层合并到【圆形】图层中，首先选择【圆形】图层，然后选择【图层】→【合并图层】命令或按 Ctrl+E 组合键，即可将【三角形】图层中的内容向下合并到【圆形】图层中，如图 8-45 所示。

图 8-44　合并前的图层

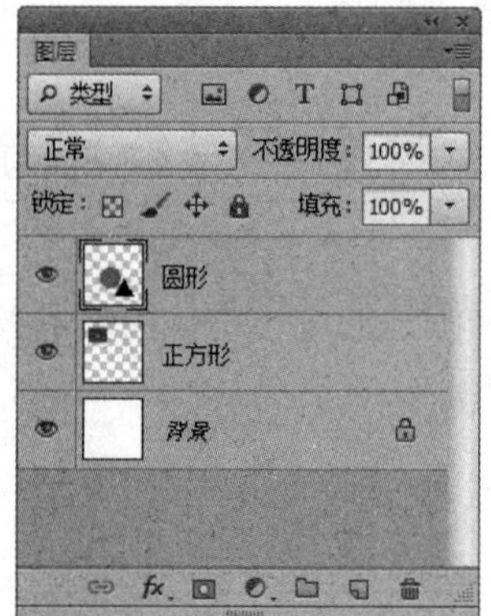

图 8-45　合并后的图层

2. 合并可见图层

合并可见图层是将当所有的可见图层合并成一个图层，选择【图层】→【合并可见图层】命令即可。如图 8-46 和图 8-47 所示分别为合并可见图层前后的图层显示效果。

图 8-46　合并前的图层

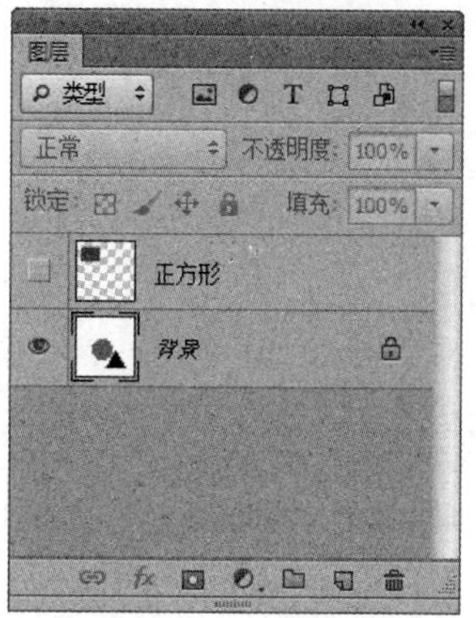

图 8-47　合并后的图层

3. 拼合图像

拼合图层是将所有可见图层进行合并，而隐藏的图层将被丢弃，选择【图层】→【拼合图像】命令即可。如图 8-48 和图 8-49 所示分别为拼合图层前后的图层显示效果。

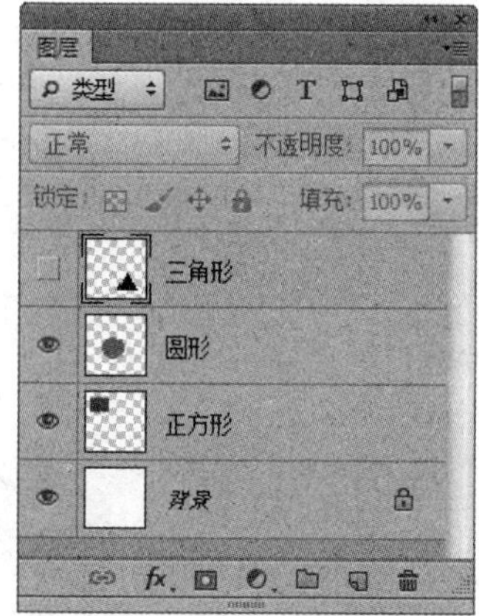

图 8-48　拼合前的图层

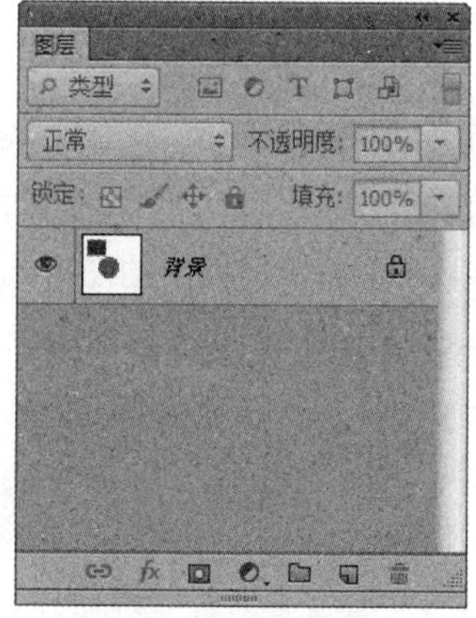

图 8-49　拼合后的图层

8.3.3　背景图层转换为普通图层

在默认情况下，背景图层处于锁定状态，不能进行移动和变换操作。这样会为图像处理操作带来不便，这时用户可以根据需要将背景图层转换为普通图层。

【练习 8-7】对背景图层进行转换。

(1) 打开任意一幅素材图像，可以看到其背景图层为锁定状态，如图 8-50 所示。

(2) 在【图层】面板中双击背景图层，即可打开【新建图层】对话框，其默认的【名称】为图层 0，如图 8-51 所示。

(3) 设置图层各选项后，单击【确定】按钮，即可将背景图层转换为普通图层，如图 8-52 所示。

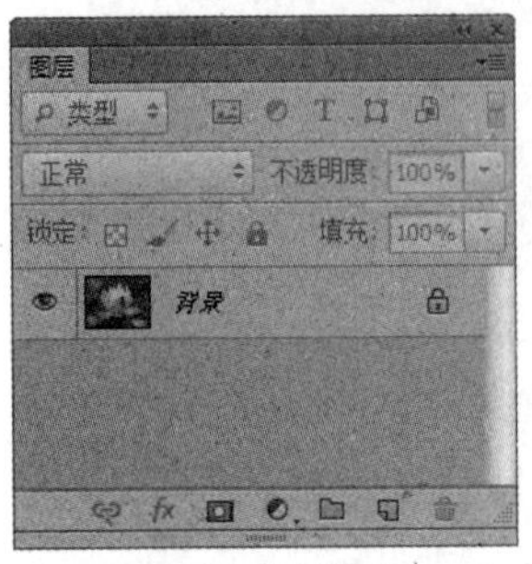

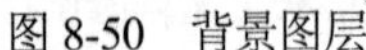

图 8-50　背景图层

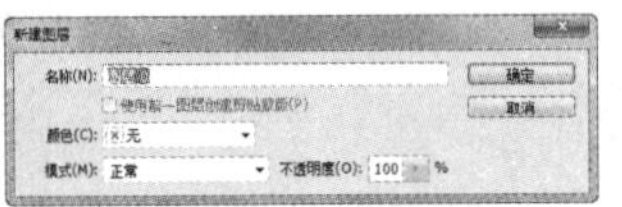

图 8-51　【新建图层】对话框

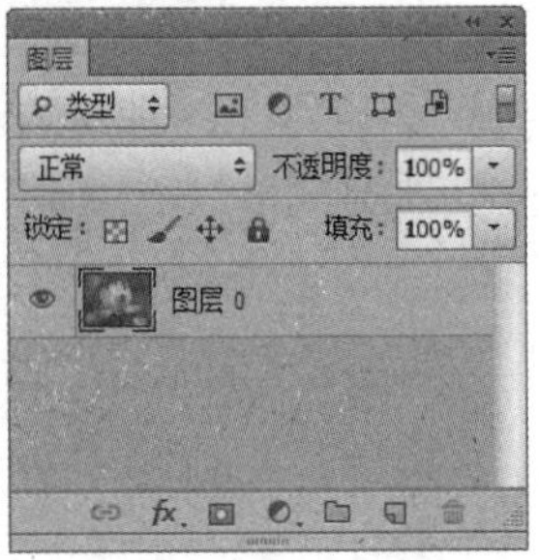

图 8-52　转换后的图层

提示

在【图层】面板中双击图层的名称，可以激活图层的名称，然后即可方便地对图层名称进行修改。

8.3.4 对齐图层

对齐图层是指将选择或链接后的多个图层按一定的规律进行对齐，选择【图层】→【对齐】命令，再在其子菜单中选择所需的子命令，即可将选择或链接后的图层按相应的方式对齐。

【练习 8-8】将不同图层的图像对齐。

(1) 打开【月光下.psd】素材文件，如图 8-53 所示，按住 Ctrl 键选择【图层 1】、【图层 2】和【图层 3】图层，如图 8-54 所示。

图 8-53　打开素材图像

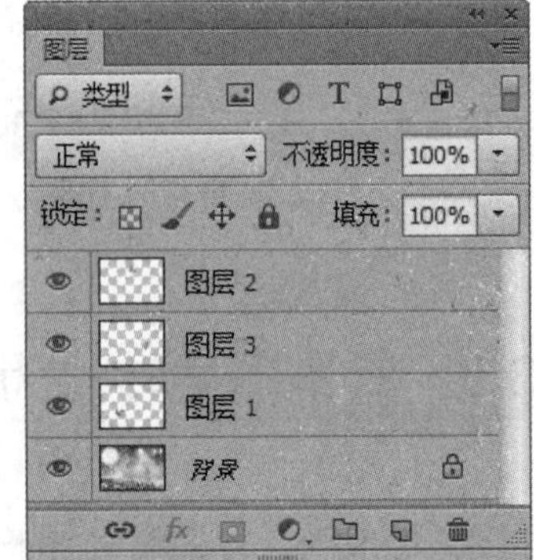

图 8-54　选择图层

(2) 选择【图层】→【对齐】命令，如图 8-55 所示，即可在子菜单中选择需要对齐的方式，如选择【垂直居中】命令，即可将所选择图层中的图像进行垂直居中对齐，得到的效果如图 8-56

所示。

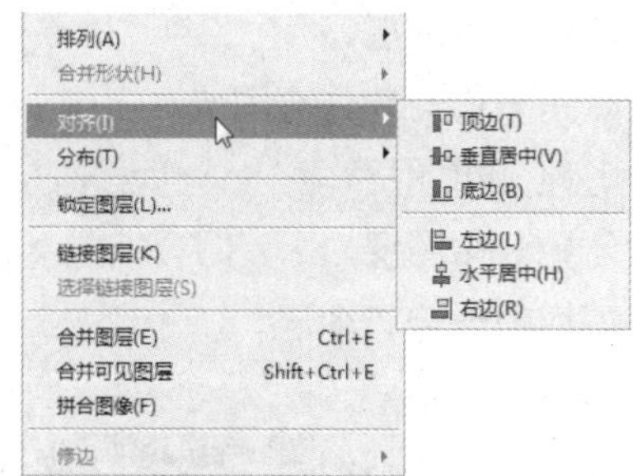

图 8-55　选择对齐命令

图 8-56　垂直居中对齐

(3) 如选择【底边】命令，可以得到如图 8-57 所示的对齐效果；选择【水平居中】命令，可以得到如图 8-58 所示的对齐效果。

图 8-57　底边对齐

图 8-58　水平居中对齐

提示

选择多个图层后，选择【移动工具】，工具属性栏中将出现各种对齐按钮，单击其中的按钮可以得到相应的效果。

8.3.5　分布图层

图层的分布是指将 3 个以上的链接图层按一定规律在图像窗口中进行分布。选择【图层】→【分布】命令，再在其子菜单中选择所需的子命令，即可按指定的方式分布选择的图层，如图 8-59 所示。

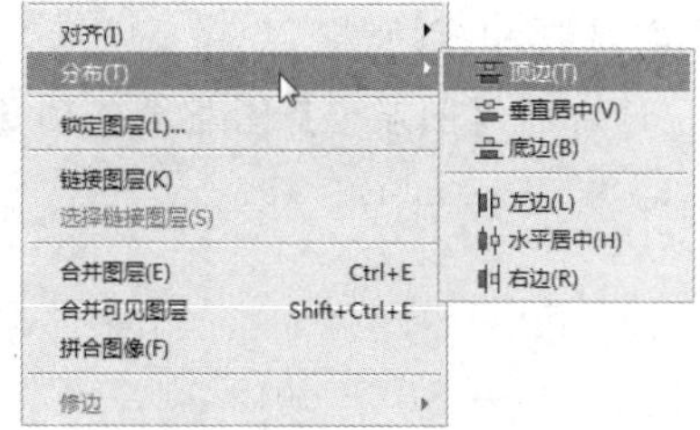

图 8-59　分布菜单

各种分布方式的作用如下。

- 顶边：从每个图层的顶端像素开始，间隔均匀地分布图层。
- 垂直居中：从每个图层的垂直中心像素开始，间隔均匀地分布图层。
- 底边：从每个图层的底端像素开始，间隔均匀地分布图层。
- 左边：从每个图层的左端像素开始，间隔均匀地分布图层。
- 水平居中：从每个图层的水平中心开始，间隔均匀地分布图层。
- 右边：从每个图层的右端像素开始，间隔均匀地分布图层。

另外，选择【移动工具】后，在工具属性栏的【分布】按钮组中使用相应的分布按钮也可实现分布图层操作，从左至右分别为按顶分布、垂直居中分布、按底分布、按左分布、水平居中分布和按右分布。例如，对如图 8-60 所示的 3 个图层进行水平居中分布后，效果如图 8-61 所示。

图 8-60　原图层效果

图 8-61　水平居中分布效果

8.3.6　调整图层顺序

当图层图像中含有多个图层时，默认情况下，Photoshop 会按照一定的先后顺序排列图层。用户可以通过调整图层的排列顺序，创造出不同的图像效果。

【练习 8-9】改变图层所在位置。

(1) 新建一个图像文件，创建几个新图层，然后选择自定形状工具分别在每个图层中绘制图形，【图层】面板如图 8-62 所示。

(2) 选择图层 2，再选择【图层】→【排列】命令，在打开的子菜单中可以选择不同的顺序，如图 8-63 所示，用户可以根据需要选择相应的排列顺序。

(3) 选择【置为顶层】命令，即可将【图层 2】图层调整到【图层】面板的顶部，如图 8-64 所示。

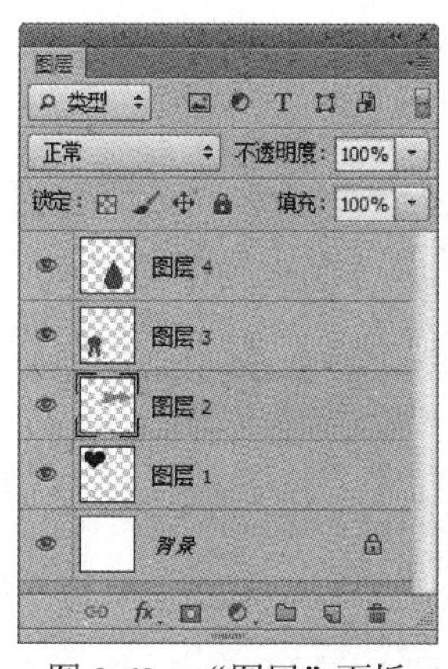

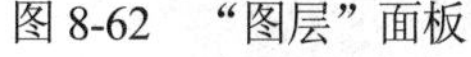
图 8-62　“图层”面板

图 8-63　排列子菜单

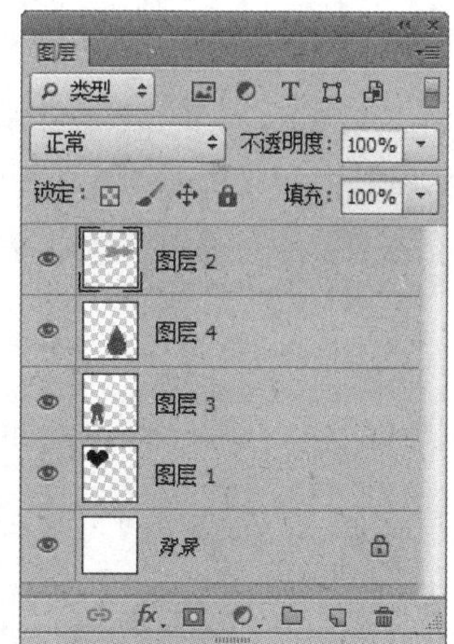

图 8-64　置为顶层

(4) 选择【后移一层】命令，可以将【图层 2】图层移动到【图层 4】图层的下方，如图 8-65 所示。

(5) 用户还可以在【图层】面板中直接移动图层来调整其顺序。如，在【图层】面板中按住如图 8-66 所示的【图层 1】图层并向上拖动，可以直接将其同上移动，效果如图 8-67 所示。

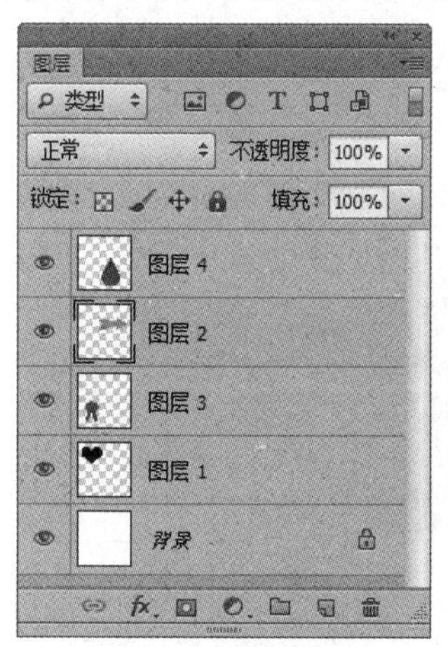

图 8-65　后移一层

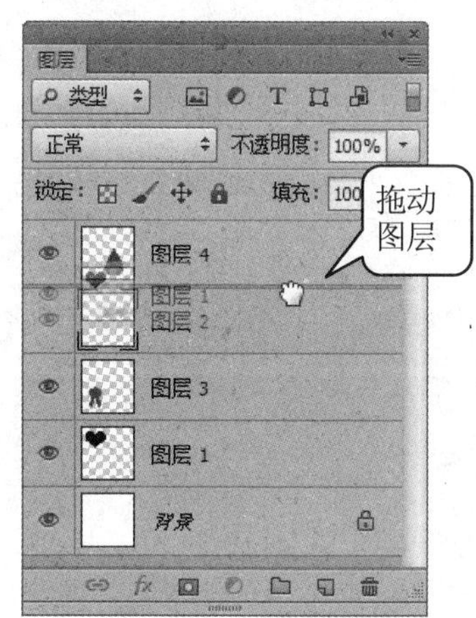

图 8-66　拖动图层

图 8-67　调整后的图层

8.3.7　通过剪贴的图层

剪贴蒙版可以使用某个图层的内容来遮盖其上方的图层。遮盖效果由底部图层或基底图层决定的内容。基底图层的非透明内容将在剪贴蒙版中显示它上方的图层的内容。剪贴图层中的所有其他内容将被遮盖掉。

用户可以在剪贴蒙版中使用多个图层，但它们必须是连续的图层。蒙版中的基底图层名称带下划线，上层图层的缩览图是缩进的，叠加图层将显示一个剪贴蒙版图标。

【练习 8-10】制作剪贴图层效果。

(1) 打开【绿色花朵.psd】素材文件，如图 8-68 所示，在【图层】面板中可以看到分别有【背景图层】和【图层 1】，如图 8-69 所示。

图 8-68　素材图像

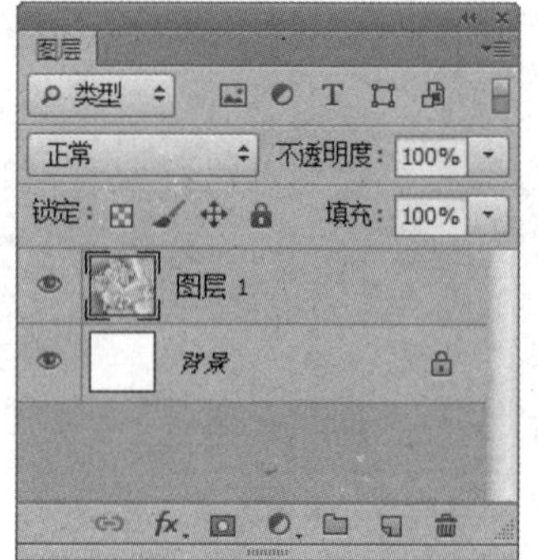

图 8-69　【图层】面板

(2) 选择【背景图层】，然后选择工具箱中的【自定形状工具】，在属性栏中选择工具模式为【形状】，再选择桃心形状，在图像中绘制一个心形图形，如图 8-70 所示，这时【图层】面板中将自动增加一个形状图层，如图 8-71 所示。

图 8-70　绘制椭圆形

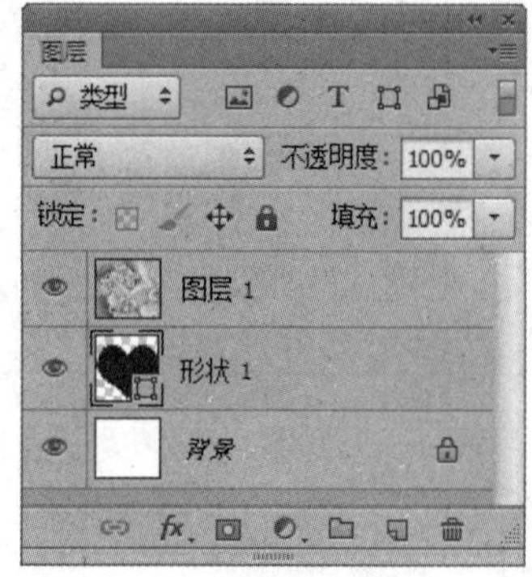

图 8-71　形状图层

(3) 选择【图层 1】，然后选择【图层】→【创建剪贴蒙版】命令，即可得到剪贴蒙版的效果，如图 8-72 所示，这时【图层】面板的图层 1 变成剪贴图层，如图 8-73 所示。

图 8-72　剪贴图像效果

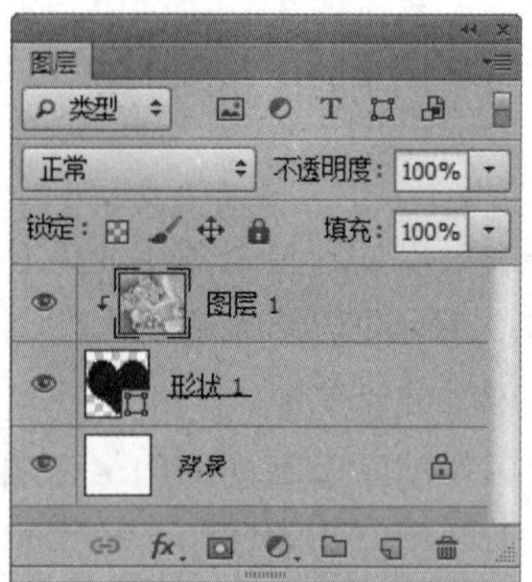

图 8-73　剪贴图层

提示

按住【Alt】键在【图层】面板中要过滤的两个图层之间单击，也可以创建剪贴图层效果。

8.3.8　自动混合图层

在 Photoshop 中有一个【自动混合图层】命令，通过它可以自动对比图层，将不需要的部分抹掉，并且可以自动将混合的部分进行平滑处理，而不需要用户再对其进行复杂的选取和处理。

【练习 8-11】制作混合图像效果。

(1) 打开两张需要混合的素材图像【水.jpg】和【蔬菜.jpg】，分别如图 8-74 和 8-75 所示，然后使用【移动工具】将【蔬菜.jpg】中的图像拖动到【蔬菜.jpg】图像中。

图 8-74　素材 1

图 8-75　素材 2

(2) 选择文件中的两个图层，如图 8-76 所示，然后选择【编辑】→【自动混合图层】命令，打开【自动混合图层】对话框，如图 8-77 所示。

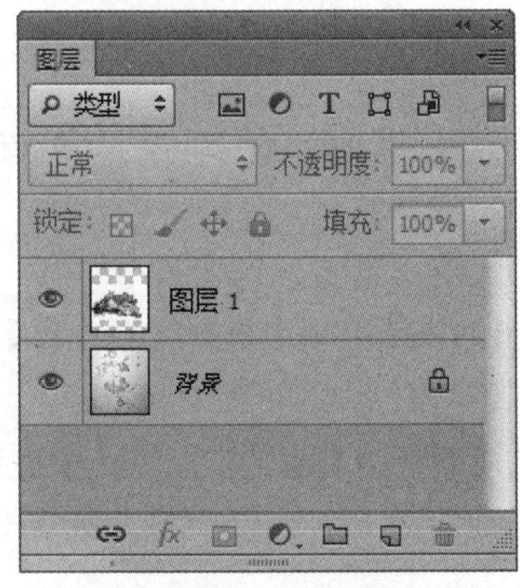

图 8-76　选择图层

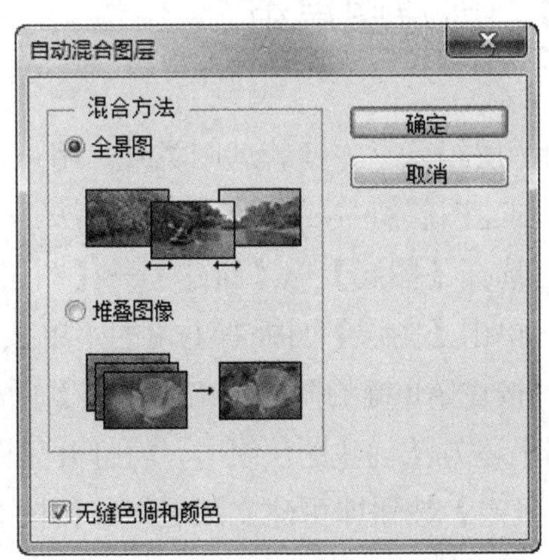

图 8-77　【自动混合图层】对话框

(3) 选择【堆叠图像】选项，然后单击【确定】按钮，即可得到自动混合的图像效果，如图 8-78 所示，这时在【图层】面板中图层 1 所隐藏的图像将以蒙版图层显示，如图 8-79 所示。

图 8-78　混合图层效果

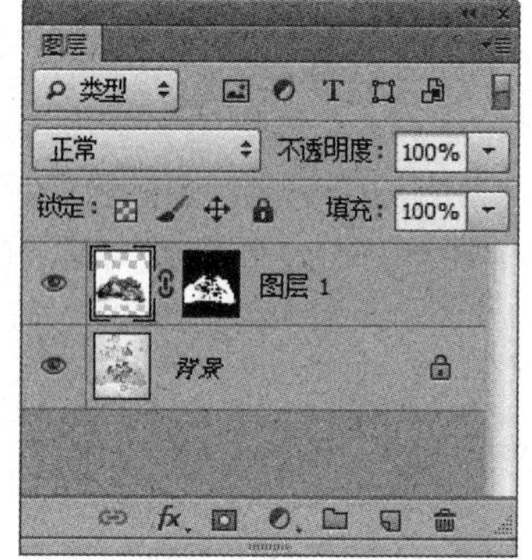

图 8-79　图层蒙版

提示

使用【自动混合图层】命令还可以自动拼合全景图，通过几张图像的自动蒙版重叠效果，可以隐藏部分图像。

8.4 管理图层

图层组用于管理和编辑图层，可以将图层组理解为一个装有图层的容器，无论图层是否在图层组内，对图层所做的编辑都不会受到影响。

8.4.1 创建图层组

使用图层组除了方便管理归类外，用户还可以选择该图层组，同时移动或删除该组中的所有图层。创建图层组主要有如下几种方法。

- 选择【图层】→【新建】→【图层组】命令。
- 单击【图层】面板右上角的菜单按钮，在弹出的快捷菜单中选择【新建组】命令。
- 按住 Alt 键的同时单击【图层】面板底部的【创建新组】按钮。

使用上述方法创建图层组时，将打开如图 8-80 所示的【新建组】对话框，在其中进行设置后单击【确定】按钮即可建立图层组，如图 8-81 所示。

图 8-81　新建的图层组

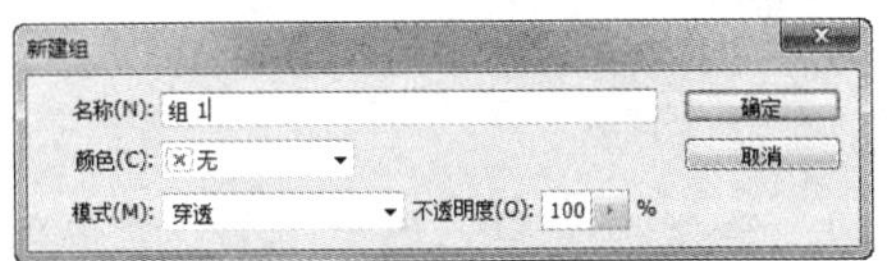

图 8-80　【新建组】对话框

提示

如果直接单击【图层】面板中的【创建组】按钮，在创建图层组时不会打开【新建组】对话框，创建的图层组将保持系统的默认设置，创建的图层组名依次为组 1、组 2 等。

8.4.2　编辑图层组

图层组的编辑主要包括增加或移除图层组内的图层，以及对图层组的删除操作。

1. 增加或移除组内图层

在【图层】面板中选择要添加到图层组中的图层，按住鼠标左键并拖至图层组上，当图层组周围出现黑色实线框时释放鼠标，即可完成向图层组内添加图层的操作，如果要将图层组内的某个图层移动到图层组外，只需将该图层拖放至图层组外后释放鼠标即可。

2. 删除图层组

删除图层组的方法与删除图层的操作方法相同，只需在【图层】面板中拖动要删除的图层组到【删除图层】按钮上，如图 8-82 所示；或单击【删除图层】按钮，然后在打开的提示对话框中单击相应的按钮即可，如图 8-83 所示。

如果在提示对话框中单击【仅组】按钮，则只删除图层组，并不删除图层组内的图层；如果单击【组和内容】按钮，不仅会删除图层组，还会删除组内的所有图层。

图 8-82　拖动图层组到删除按钮上

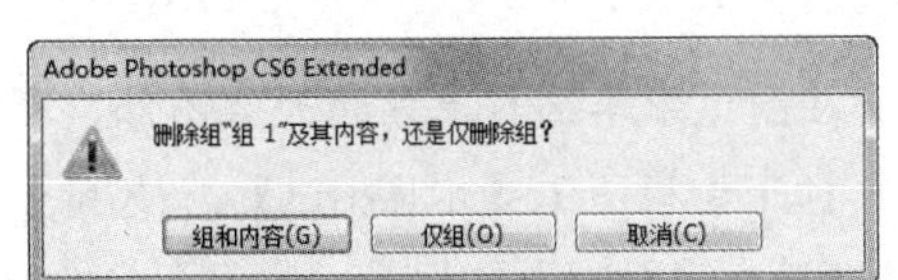

图 8-83　提示对话框

8.5 上机实战

本小节综合应用所学的 Photoshop 图层基本操作，包括图层的常用操作、对图层进行编辑和管理图层等，练习制作水中舞蹈和鲜花店广告效果。

8.5.1 水中舞蹈

本实例制作的是一个水花中的舞蹈，首先对背景颜色做调整，然后分别添加素材图像，在【图层】面板中对图层进行重命名、排序等操作，实例效果如图 8-84 所示。

图 8-84　图像效果

本实例的具体操作如下。

(1) 打开素材图像【海洋背景.jpg】，如图 8-85 所示。

(2) 选择【图像】→【新建调整图层】→【色阶】命令，打开【属性】面板，单击【在图像中取样以设置黑场】按钮，如图 8-86 所示。

图 8-85　打开素材图像

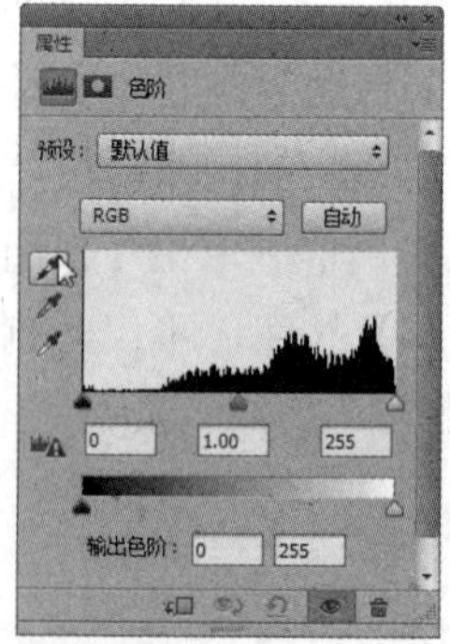

图 8-86　【属性】面板

(3) 在图像中单击右上方的天空图像，得到整体图像的加深效果，如图 8-87 所示。

(4) 打开素材图像【水圈.psd】，使用【移动工具】将其拖动到当前编辑的图像中，效果如图 8-88 所示。

图 8-87　图像效果

图 8-88　添加素材图像

(5) 这时【图层】面板中将自动生成【水圈】图层，如图 8-89 所示。

(6) 打开素材图像【水花.psd】，使用【移动工具】分别将多个水花图像拖动到当前编辑的图像中，放到画面下方，如图 8-90 所示。

图 8-89　图像效果

图 8-90　添加素材图像

(7) 这时【图层】面板中将生成多个图层，如图 8-91 所示。

(8) 打开素材图像【脚底水花.psd】，使用【移动工具】将其拖动到当前编辑的图像中，放到水圈图像的底部，如图 8-92 所示。

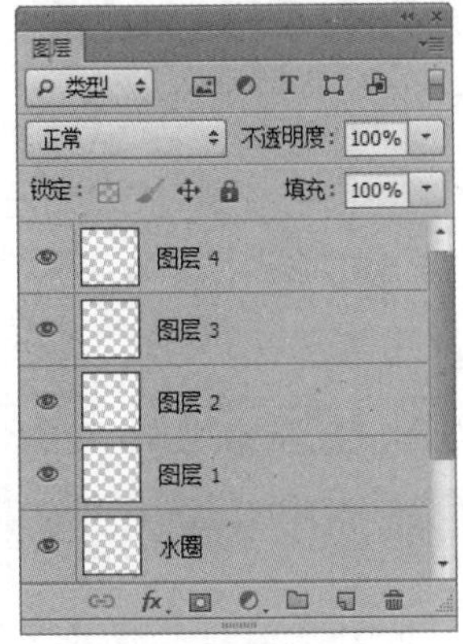

图 8-91　增加的图层

图 8-92　添加素材图像

(9) 这时【图层】面板中将生成【图层 5】和【图层 6】，如图 8-93 所示。

(10) 选择【图层 5】，在【图层】面板中双击该文字，即可修改图层名称，这里将其修改为【水花】，如图 8-94 所示。

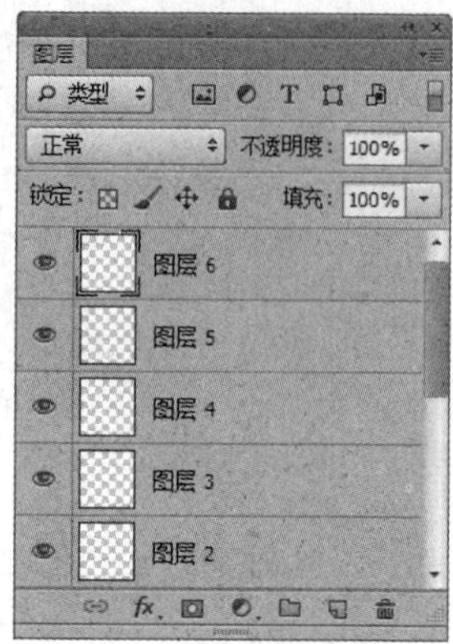

图 8-93　增加的图层

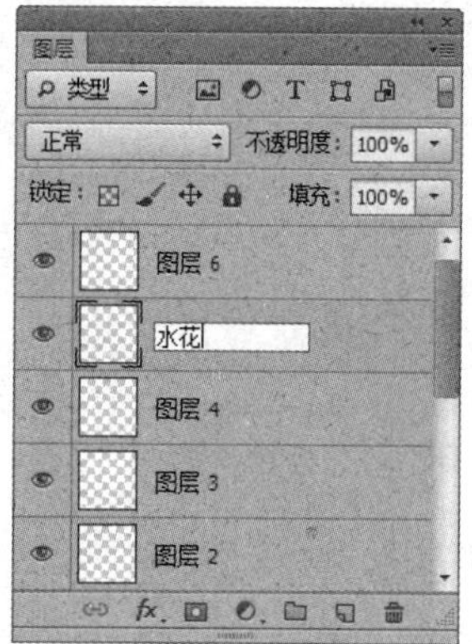

图 8-94　修改图层名称

(11) 将【图层 6】修改为【上层水滴】，然后打开素材图像【美女.psd】，使用【移动工具】将其拖动到当前编辑的图像中，放到水圈图像中间，如图 8-95 所示。

(12) 在【图层】面板中选择【人物】图层，然后按住鼠标向下拖动该图层，将其放到【水花】图层的下方，如图 8-96 所示，至此完成本实例的制作。

图 8-95　添加素材图像

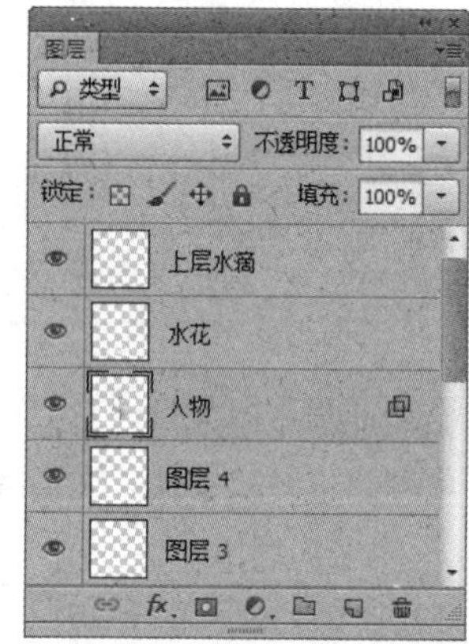

图 8-96　调整图层顺序

8.5.2　鲜花店广告

本实例将制作一个鲜花广告，效果如图 8-97 所示。练习对图层的基本操作，在制作过程中，可以对多个鲜花图像所在图层进行编组，以便进行管理。

图 8-97　实例效果

本实例具体操作如下。

(1) 新建一个图像文件，打开素材图像【各种鲜花.psd】，可以看到图像中有多个鲜花图像，如图 8-98 所示。

(2) 使用【移动工具】将图像分别拖动到新建图像中，放置到画面边缘，如图 8-99 所示。

图 8-98　打开素材图像

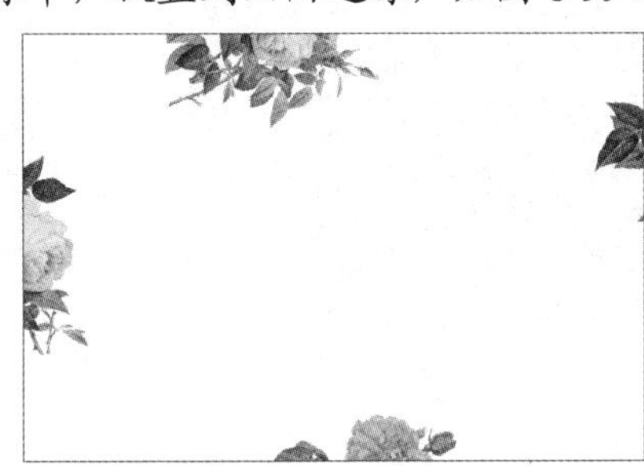

图 8-99　添加素材图像

(3) 复制多个花朵和树叶图像，分别调整图像大小，置于画面四周，使边缘布满花朵，如图 8-100 所示。

(4) 这时，可以看到在【图层】面板中有多个花朵图层，然后将其用数字 1、2、3……进行排列，如图 8-101 所示。

图 8-100　排列素材图像

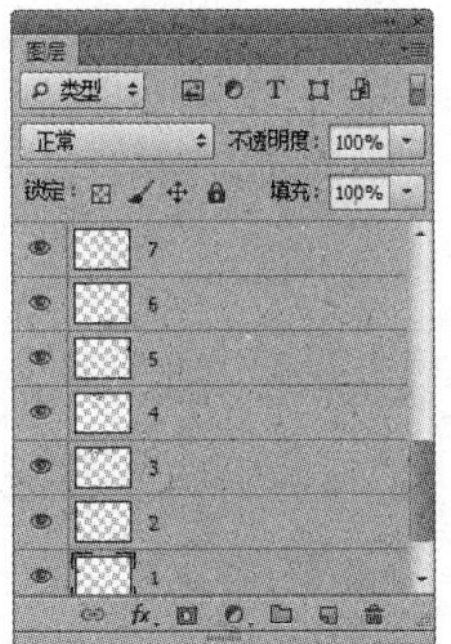

图 8-101　排列图层

(5) 按住 Ctrl 键选择所有花朵图像所在图层，选择【图层】→【图层编组】命令，将图层编为一组，得到【组 1】，如图 8-102 所示。

(6) 在【图层】面板中双击【组 1】文字，重新将其命名为【鲜花】，如图 8-103 所示。

图 8-102　得到图层组

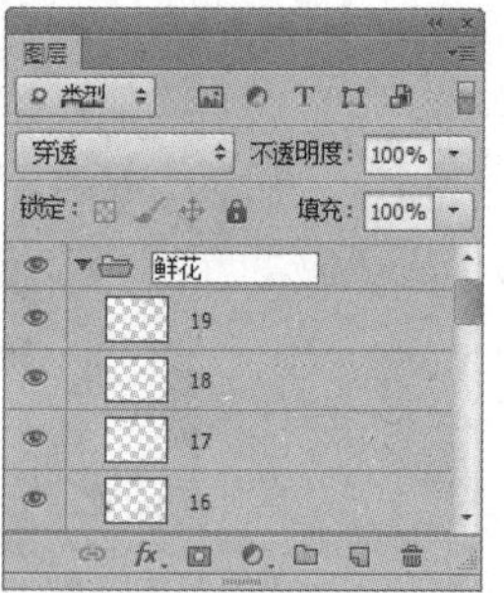
图 8-103　重命名图层组

(7) 选择【图层】→【新建调整图层】→【照片滤镜】命令，打开【属性】面板，选择滤镜为【冷却滤镜】，设置【浓度】为 18%，如图 8-104 所示。

(8) 这时将得到一个调整图层，如图 8-105 所示，图像效果如图 8-106 所示。

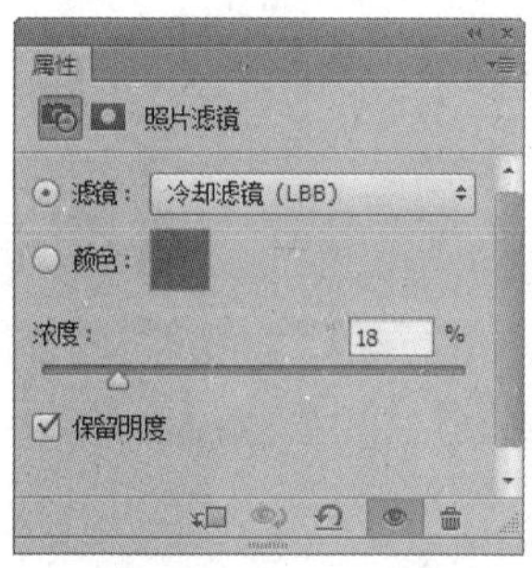
图 8-104　【属性】面板

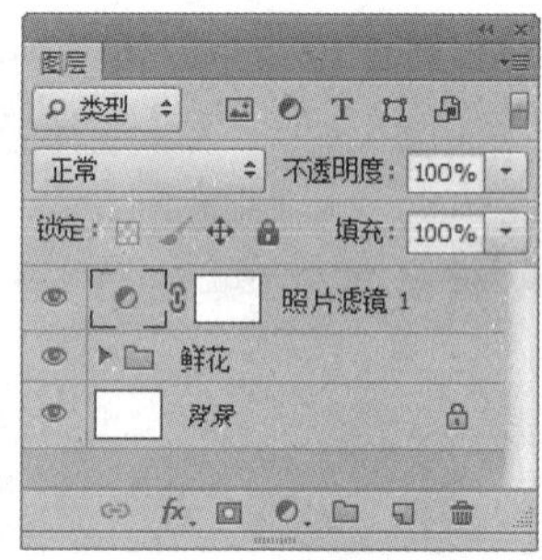
图 8-105　得到调整图层

图 8-106　图像效果

(9) 选择【横排文字工具】，在画面中间输入文字【宠爱节】，在属性栏中设置字体为时尚中黑简体，填充为洋红色(R198,G50,B92)，如图 8-107 所示。

(10) 选择【图层】→【图层样式】→【斜面和浮雕】命令，打开【图层样式】对话框，设置样式为【内斜面】，再设置其他参数，如图 8-108 所示。

图 8-107　输入文字

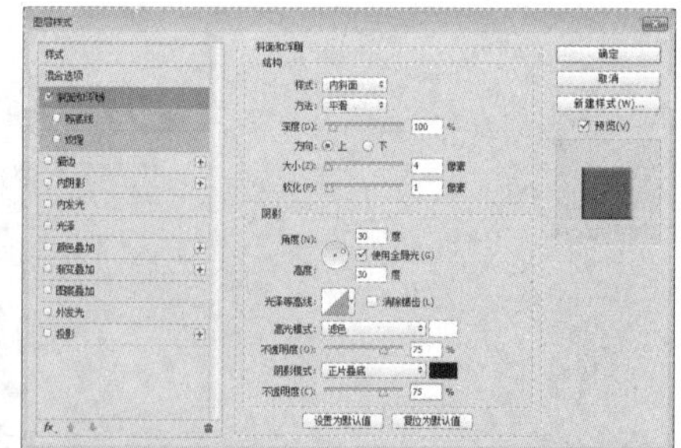
图 8-108　设置斜面和浮雕样式

(11) 继续选择【图层样式】对话框左侧的【投影】选项，设置投影颜色为黑色，再设置其他参数，如图 8-109 所示。

(12) 单击【确定】按钮，得到添加图层样式后的文字效果，如图 8-110 所示。

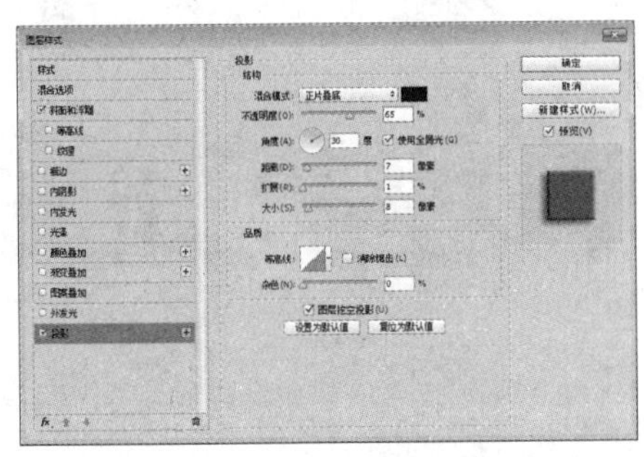

图 8-109　设置投影样式

图 8-110　图像效果

(13) 在文字左上方再输入数字 5.20，在属性栏中设置合适的字体和字号，填充为洋红色，再对其应用与中文文字相同的图层样式，如图 8-111 所示。

(14) 新建一个图层，选择【矩形选框工具】在中文文字下方绘制一个矩形选区，填充为洋红色(R204,G61,B114)，并在其中输入文字，填充为白色，如图 8-112 所示。

图 8-111　输入数字

图 8-112　绘制矩形并输入文字

(15) 在周围输入广告文字和地址电话等信息，参照如图 8-113 所示的样式进行排列。

(16) 打开【气球和人.psd】素材图像，使用【移动工具】分别将其拖动到当前编辑的图像中，将气球图像放到画面左侧，将人物图像放到画面的右侧，如图 8-114 所示。

图 8-113　输入其他文字

图 8-114　添加素材图像

(17) 新建一个图层，使用【多边形套索工具】在图像中绘制一个倾斜的四边形选区，如图 8-115 所示。

(18) 使用【渐变工具】对选区做白色到透明的线性渐变填充，得到较为透明的图像效果，如图 8-116 所示。

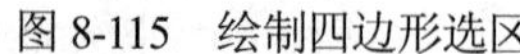

图 8-115 绘制四边形选区

图 8-116 填充选区

(19) 设置该图层的不透明度为 45%，得到更为透明的图像，然后复制两次该透明矩形，分别放到左侧，至此完成本实例的制作。

8.6 思考与练习

8.6.1 填空题

1. 如果要选择某个图层，只须在【图层】面板中__________要选择的图层即可。
2. 单击【图层】面板底部的___________按钮，可以快速创建具有默认名称的新图层。
3. 在默认情况下，___________是锁定的，不能进行移动和变换操作。

8.6.2 选择题

1. 选择第一个图层后，按住(　　)键的同时单击另一个图层，可以选择两个图层(包含这两个图层)之间的所有图层。

A. Alt　　B. Shift

C. Ctrl　　D. Ctrl+ Alt

2. 按住(　　)键，单击某一图层前面的眼睛图标，可以隐藏除该图层以外的其他所有图层。

A. Ctrl　　B. Alt

C. Ctrl+ Shift　　D. Shift

8.6.3 操作题

打开【草原.jpg】和【舞蹈者.jpg】素材图像，制作合成图像效果，练习创建选区、新建和

复制图层等操作，效果如图 8-117 所示。

图 8-117　合成图像

第9章 图层的高级应用

学习目标

本章将学习图层样式的应用，通过图层样式用户可以创建出图像的投影、外发光以及浮雕等特殊效果，还可以结合曲线的调整，使图像产生多种变化。

本章重点

- 图层不透明度的设置
- 图层混合模式的设置
- 混合选项的设置
- 各种图层样式的使用
- 复制和粘贴图层样式
- 缩放图层样式
- 【样式】面板的使用

9.1 图层混合模式和不透明度

图层的不透明度和混合模式在图像处理过程中起着非常重要的作用，在编辑图像时，通过改变图层的不透明度和混合模式可以创建各种特殊效果，从而生成新的图像效果。

9.1.1 设置图层不透明度

在【图层】面板中可以设置该图层上图像的透明程度，通过设置图层的不透明度可以使图层产生透明或半透明效果。

在【图层】面板右上方的【不透明度】数值框可以输入数值，范围是0%～100%。当图层的不透明度小于 100%时，将显示该图层下面的图像，值越小，图像就越透明；当值为 0%时，该图层将不会显示，完全显示下一层图像内容。

【练习 9-1】降低图像透明度。

(1) 打开【爱心.jpg】素材图像，选择【圆角矩形工具】，在属性栏中设置工具模式为【路径】，【半径】为 50 像素，在图像中绘制出一个圆角矩形，如图 9-1 所示。

(2) 在【图层】面板中创建一个图层，得到【图层 1】，如图 9-2 所示。

图 9-1　绘制圆角矩形

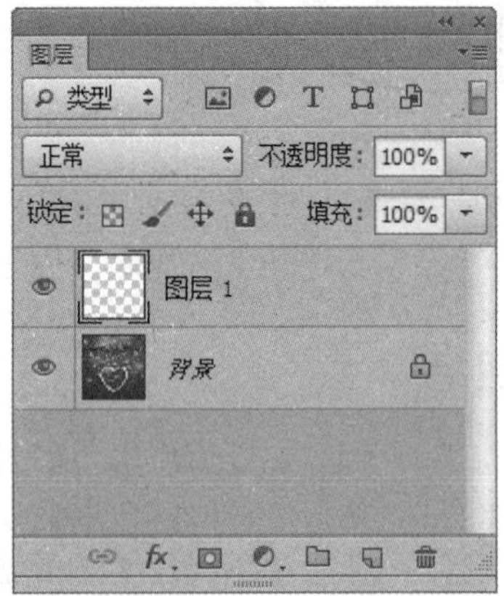

图 9-2　创建图层

(3) 单击属性栏中的【选区】按钮，将路径转换为选区，然后按 Shift+Alt+I 键反选选区，再将选区填充为白色，如图 9-3 所示。

(4) 在【不透明度】数值框中输入数值为 60%，将改变图层的不透明程度，图像的透明效果如图 9-4 所示。

图 9-3　填充选区

图 9-4　设置不透明度为 60%

9.1.2　设置图层混合模式

在 Photoshop CC 2015 中提供了 27 种图层混合模式，主要是用来设置图层中的图像与下面图层中的图像像素进行色彩混合的方法，设置不同的混合模式，所产生的效果也不同。

Photoshop 提供的图层混合模式都包含在【图层】面板中的 正常 下拉列表框中，单击其右侧的 按钮，在弹出的混合模式列表框中可以选择需要的模式，如图 9-5 所示。

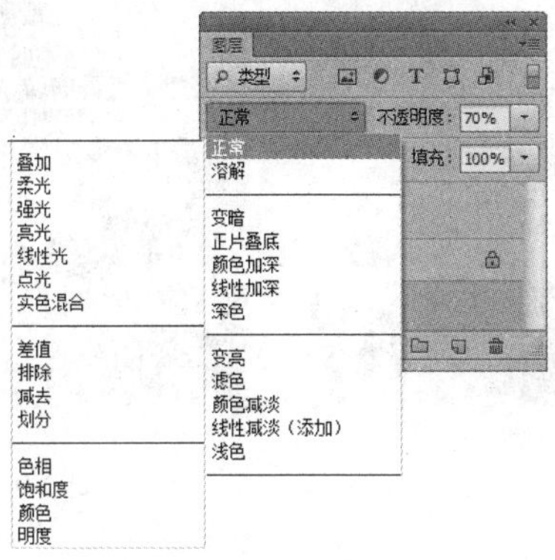

图 9-5　图层模式

1. 正常模式

该模式为系统默认图层混合模式，即图像原始状态，如图 9-6 所示有两个图层的图像，背景层为彩色背景图像，其上为婴儿图层。后面的其他模式将以该图像中的图层进行讲解。

2. 溶解模式

该模式会随机消失部分图像的像素，消失的部分可以显示下一层图像，从而形成两个图层交融的效果，可配合不透明度来使溶解效果图更加明显。例如，设置婴儿图层的不透明度为 60 %的效果如图 9-7 所示。

图 9-6　正常模式

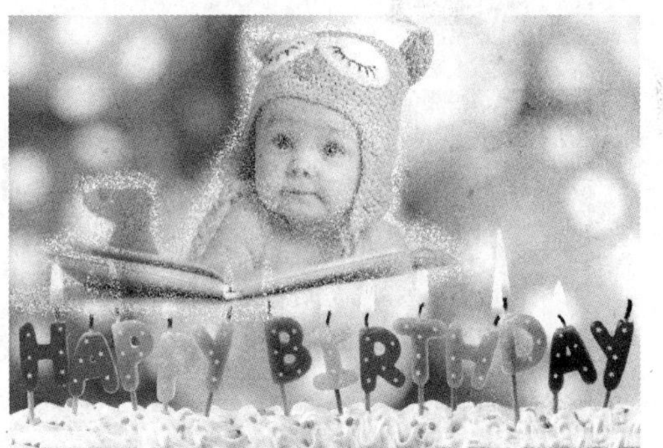

图 9-7　溶解模式

3. 变暗模式

该模式将查看每个通道中的颜色信息，并将当前图层中较暗的色彩调整得更暗，较亮的色彩变得透明，如图 9-8 所示。

4. 正片叠底模式

该模式可以产生比当前图层和底层颜色暗的颜色，如图 9-9 所示。任何颜色与黑色复合将产生黑色，与白色复合将保持不变，当用户使用黑色或白色以外的颜色绘画时，绘图工具绘制

的连续描边将产生逐渐变暗的颜色。

图 9-8　变暗模式

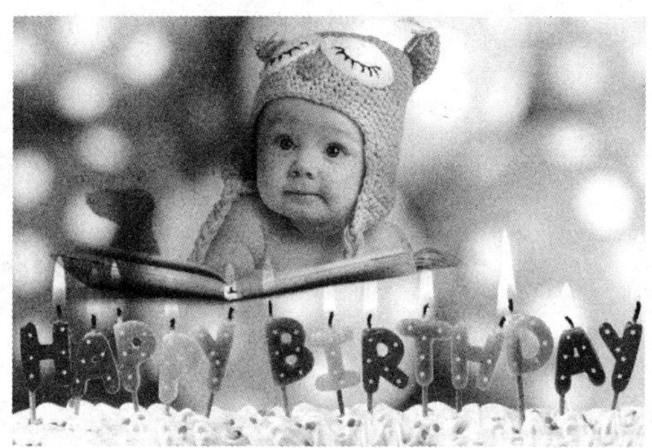

图 9-9　正片叠底模式

5. 颜色加深模式

该模式将增强当前图层与下面图层之间的对比度，使图层的亮度降低、色彩加深，与白色混合后不产生变化，如图 9-10 所示。

6. 线性加深模式

该模式可以查看每个通道中的颜色信息，并通过减小亮度使基色变暗以反映混合色。与白色混合后不产生变化，如图 9-11 所示。

图 9-10　颜色加深模式

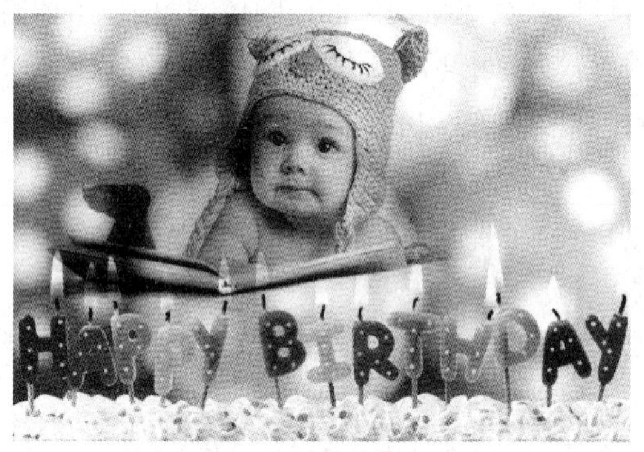

图 9-11　线性加深模式

7. 深色模式

该模式将当前层和底层颜色作比较，并将两个图层中相对较暗的像素创建为结果色，如图 9-12 所示。

8. 变亮模式

该模式与【变暗】模式的效果相反，选择基色或混合色中较亮的颜色作为结果色。比混合色暗的像素被替换，比混合色亮的像素保持不变，如图 9-13 所示。

图 9-12　深色模式

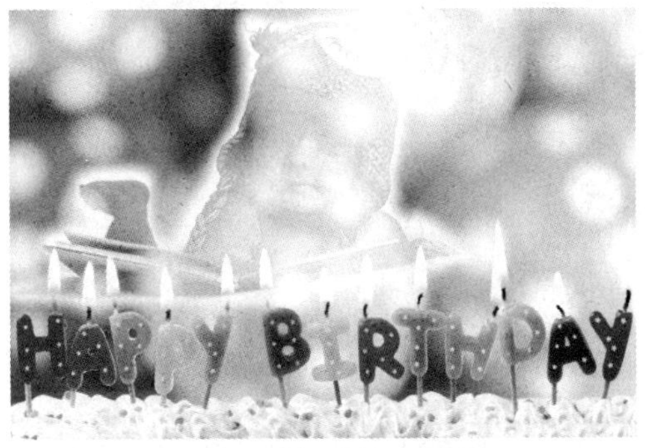

图 9-13　变亮模式

9. 滤色模式

该模式和【正片叠底】模式正好相反，结果色总是较亮的颜色，并具有漂白的效果，如图 9-14 所示。

10. 颜色减淡模式

该模式将通过减小对比度来提高混合后图像的亮度，与黑色混合不发生变化，如图 9-15 所示。

图 9-14　滤色模式

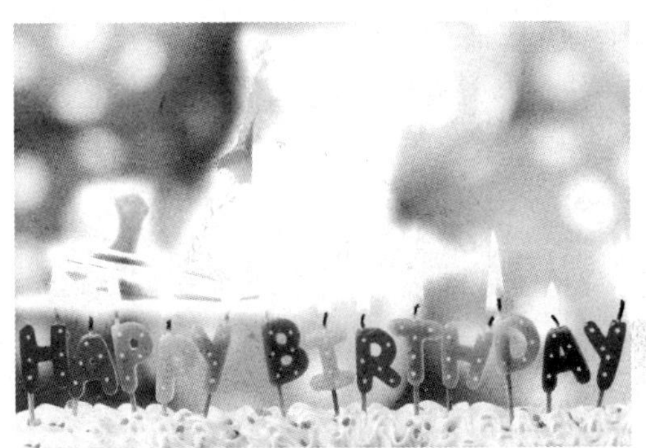

图 9-15　颜色减淡模式

11. 线性减淡模式

该模式查看每个通道中的颜色信息，并通过增加亮度使基色变亮以反映混合色。与黑色混合则不发生变化，如图 9-16 所示。

12. 浅色模式

该模式与【深色】模式相反，将当前图层和底层颜色相比较，将两个图层中相对较亮的像素创建为结果色，如图 9-17 所示。

图 9-16　线性减淡模式

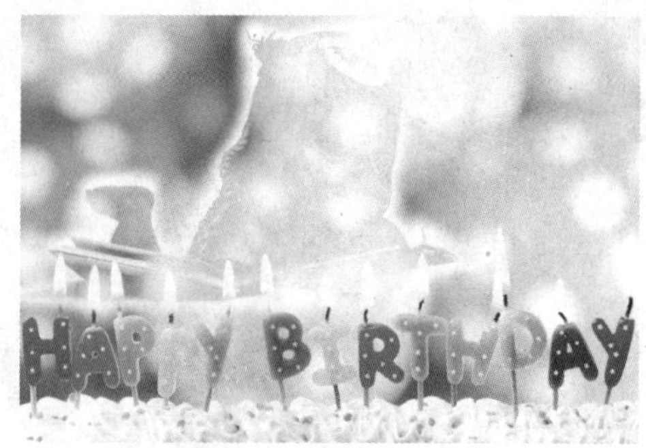

图 9-17　浅色模式

13. 叠加模式

该模式用于复合或过滤颜色，最终效果取决于基色。图案或颜色在现有像素上叠加，同时保留基色的明暗对比。不替换基色，但基色与混合色相混以反映原色的亮度或暗度，如图 9-18 所示。

14. 柔光模式

该模式将产生一种柔和光线照射的效果，高亮度的区域更亮，暗调区域更暗，使反差增大，如图 9-19 所示。

图 9-18　叠加模式

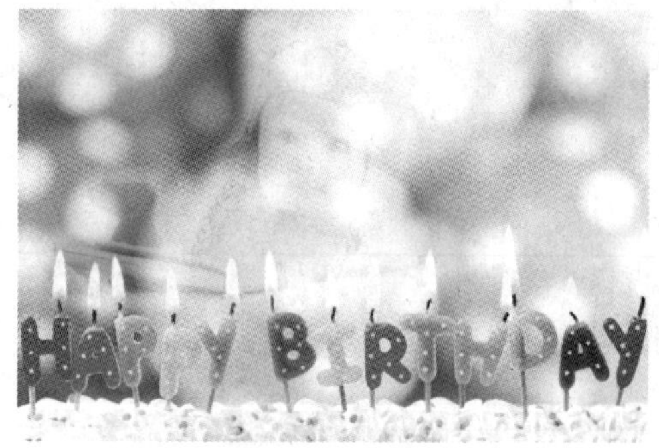

图 9-19　柔光模式

15. 强光模式

该模式将产生一种强烈光线照射的效果，它是根据当前图层的颜色使底层的颜色更为浓重或更为浅淡，这取决于当前图层上颜色的亮度，如图 9-20 所示。

16. 亮光模式

该模式是通过增加或减小对比度来加深或减淡颜色，具体取决于混合色。如果混合色(光源)比 50% 灰色亮，则通过减小对比度使图像变亮。如果混合色比 50% 灰色暗，则通过增加对比度使图像变暗，如图 9-21 所示。

图 9-20　强光模式

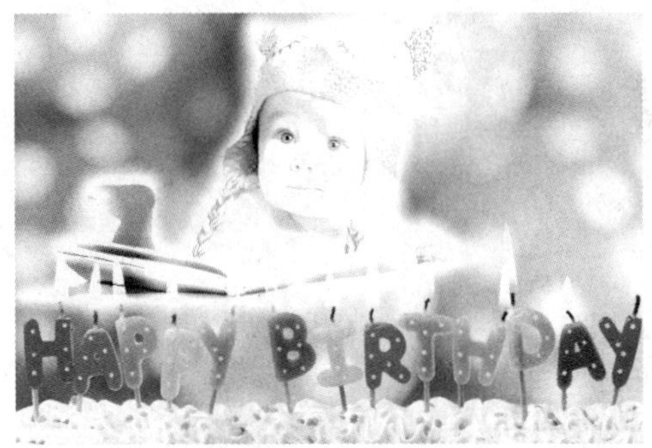

图 9-21　亮光模式

17. 线性光模式

该模式是通过增加或减小底层的亮度来加深或减淡颜色，具体取决于当前图层的颜色，如果当前图层的颜色比 50%灰色亮，则通过增加亮度使图像变亮；如果当前图层的颜色比 50%灰色暗，则通过减小亮度使图像变暗，如图 9-22 所示。

18. 点光模式

该模式根据当前图层与下层图层的混合色来替换部分较暗或较亮像素的颜色，如图 9-23 所示。

图 9-22　线性光模式

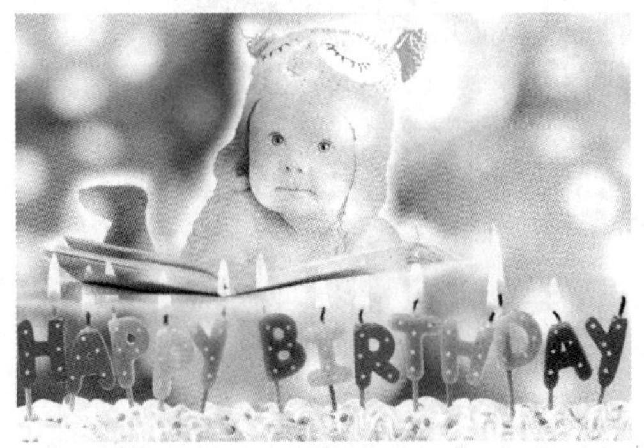

图 9-23　点光模式

19. 实色混合模式

该模式取消了中间色的效果，混合的结果由底层颜色与当前图层亮度决定，如图 9-24 所示。

20. 差值模式

该模式将根据图层颜色的亮度对比进行相加或相减，与白色混合将进行颜色反相，与黑色混合则不产生变化，如图 9-25 所示。

图 9-24　实色混合模式

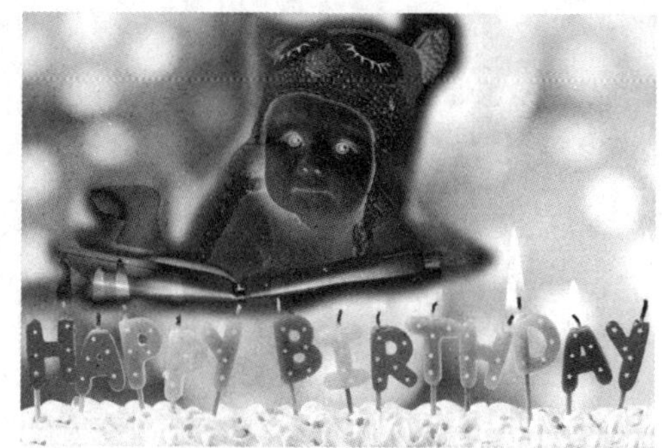

图 9-25　差值模式

21. 排除模式

该模式将创建一种与差值模式相似但对比度更低的效果，与白色混合会使底层颜色产生相反的效果，与黑色混合不产生变化，如图 9-26 所示。

22. 减去模式

该模式从基色中减去混合色。在 8 位和 16 位图像中，任何生成的负片值都会剪切为零，如图 9-27 所示。

图 9-26　排除模式

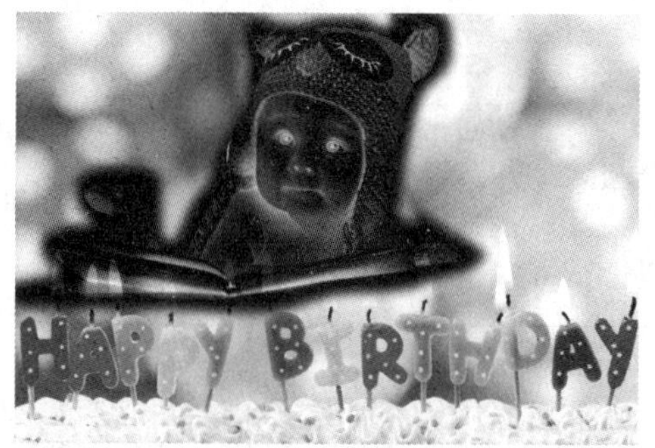

图 9-27　减去模式

23. 划分模式

该模式通过查看每个通道中的颜色信息，从基色中分割出混合色，如图 9-28 所示。

24. 色相模式

该模式用基色的亮度和饱和度以及混合色的色相创建结果色，如图 9-29 所示。

25. 饱和度模式

该模式是用底层颜色的亮度和色相以及当前图层颜色的饱和度创建结果色。在饱和度为 0 时，使用此模式不会产生变化，如图 9-30 所示。

26. 颜色模式

该模式将使用当前图层的亮度与下一图层的色相和饱和度进行混合，如图 9-31 所示。

27. 明度模式

该模式将使用当前图层的色相和饱和度与下一图层的亮度进行混合，它产生的效果与【颜色】模式相反，如图 9-32 所示。

图 9-28　划分模式

图 9-29　色相模式

图 9-30　饱和度模式

图 9-31　颜色模式

图 9-32　明度模式

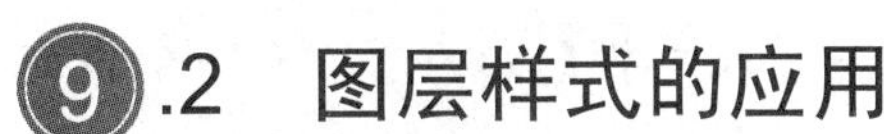

9.2　图层样式的应用

对某个图层应用了图层样式后，样式中定义的各种图层效果会应用到该图像中，并且可以为图像增强层次感、透明感和立体感。

9.2.1　关于混合选项

使用图层样式可以制作出许多丰富的图像效果，而图层混合选项是图层样式的默认选项，选择【图层】→【图层样式】→【混合选项】命令，或者单击【图层】面板底部的【添加图层样式】按钮 fx.，即可打开【图层样式】对话框，如图 9-33 所示。在该对话框中可以调节整个图层的透明度与混合模式参数，其中有些设置可以直接在【图层】面板中调节。

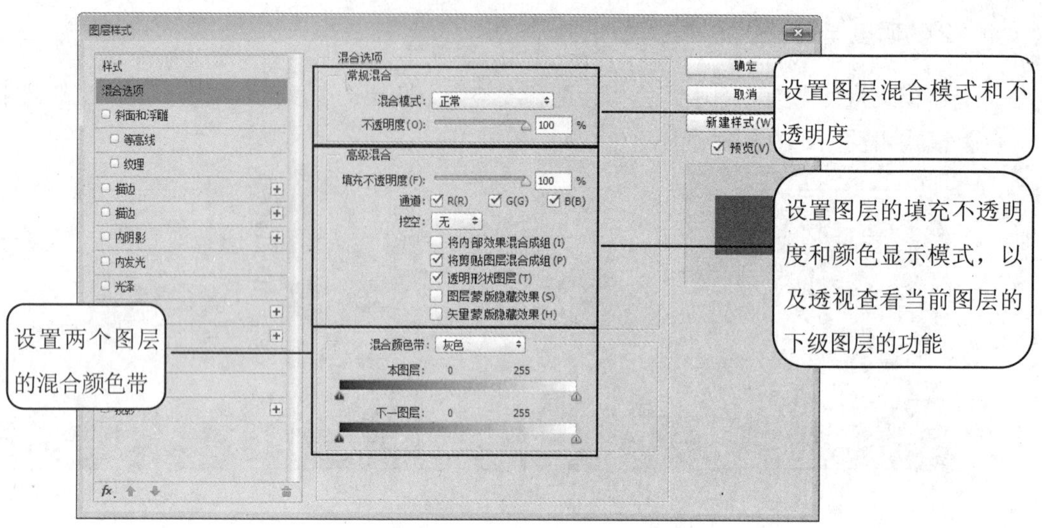

图 9-33　混合选项

9.2.2　常规混合图像

【常规混合】选项中的【混合模式】和【不透明度】选项，与【图层】面板中的【混合模式】和【不透明度】选项一样，使用方法与作用都相同。

【练习 9-2】溶解模式混合图像。

(1) 打开任意一幅素材图像，选择横排文本工具在图像中输入文字【LOVE】，如图 9-34 所示。

(2) 在【图层】面板中选择文字图层，单击【图层】面板底部的【添加图层样式】按钮 fx，在弹出的菜单中选择【混合选项】命令，如图 9-35 所示。

图 9-34　素材文件

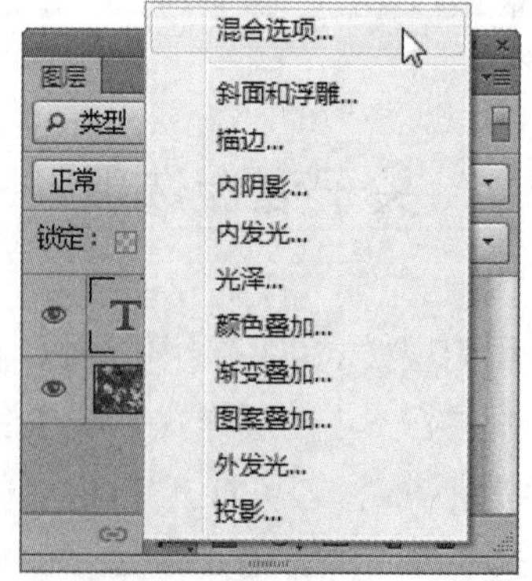

图 9-35　选择命令

(3) 打开【图层样式】对话框，在【常规选项】中设置图层混合模式为【溶解】，再设置【不透明度】参数为 50%，如图 9-36 所示，然后单击【确定】按钮，即可得到如图 9-37 所示的图像效果。

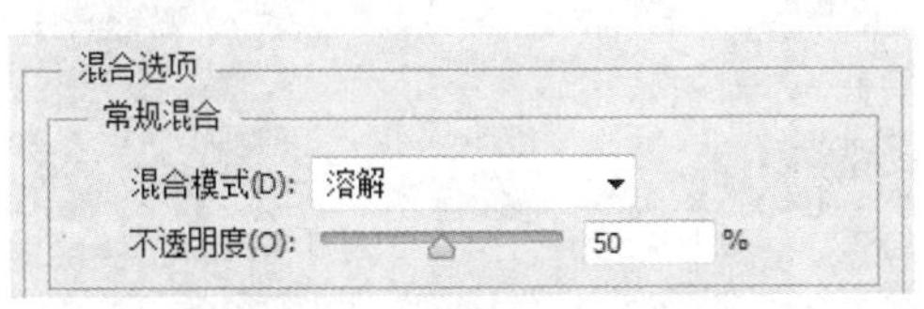

图 9-36　设置常规混合选项

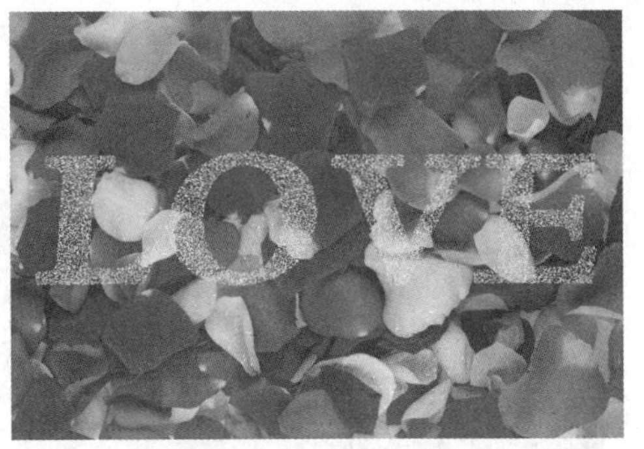

图 9-37　图像效果

9.2.3　高级混合图像

在【高级混合】选项中不仅可以设置图层的填充透明程度，还可以设置透视查看当前图层的下级图层的功能。

【练习 9-3】混合图像。

(1) 在【练习 9-2】的图像中选择文字图层，然后选择【窗口】→【样式】命令，打开【样式】面板，选择【蓝色玻璃】按钮，如图 9-38 所示。

(2) 在【图层】面板中关闭【颜色叠加】和【渐变叠加】样式前面的眼睛图标，得到的文字效果如图 9-39 所示。

图 9-38　选择样式

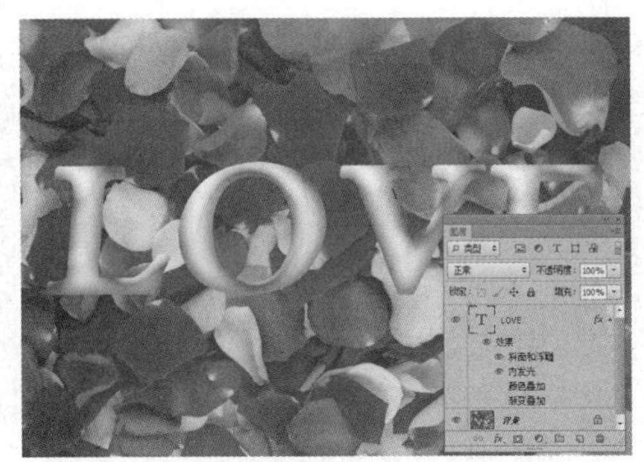

图 9-39　文字效果

(3) 打开【图层样式】对话框，在【高级混合】选项中设置【填充不透明度】为 0%，如图 9-40 所示，可以看到图案虽然隐藏了，但保留了浮雕样式。

(4) 在【通道】选项中取消【G】选项，这时绿色通道将不在图像中显示，可以得到指定在通道内的混合效果，如图 9-41 所示。

(5) 在【LOVE】图层下方创建一个图层，填充为粉红色，如图 9-42 所示。

(6) 在【混合选项】中选中【G】选项，然后在【挖空】下拉列表中选择【浅】选项，可以将背景图层中的内容显示出来，如图 9-43 所示。

图 9-40 设置填充不透明度

图 9-41 设置通道

图 9-42 添加蓝色图层

图 9-43 图像效果

(7) 在【图层】面板中隐藏图层 1，然后在【图层样式】对话框中设置【混合颜色带】，如图 9-44 所示，得到本图层和下一图层的显示效果，如图 9-45 所示。

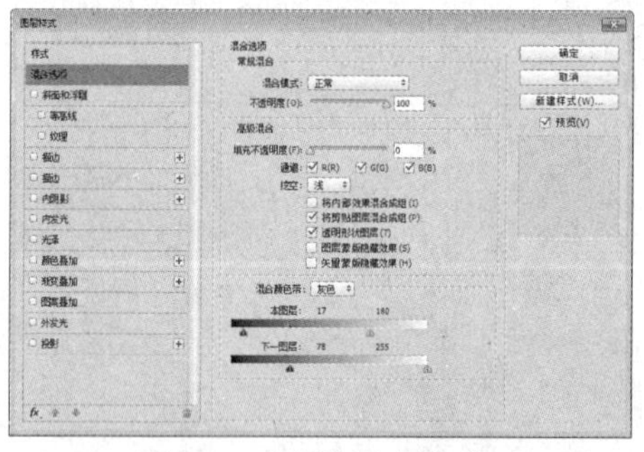

图 9-44 设置混合颜色带

图 9-45 图像效果

提示

在【混合选项】中还有一些其他设置，用户可以根据需要进行选择，得到一些特殊图像效果。

9.2.4 投影样式

【投影】是图层样式中最常用的一种图层样式效果，应用【投影】样式可以为图层增加类

似影子的效果。

【练习 9-4】制作文字投影效果。

(1) 打开【蒲公英.jpg】素材图像，设置前景色为白色，然后输入一行文字【蒲公英】，如图 9-46 所示。

(2) 选择【图层】→【图层样式】→【投影】命令，即可打开【图层样式】对话框，在其中将显示【投影】选项参数，如图 9-47 所示。

图 9-46　输入文字

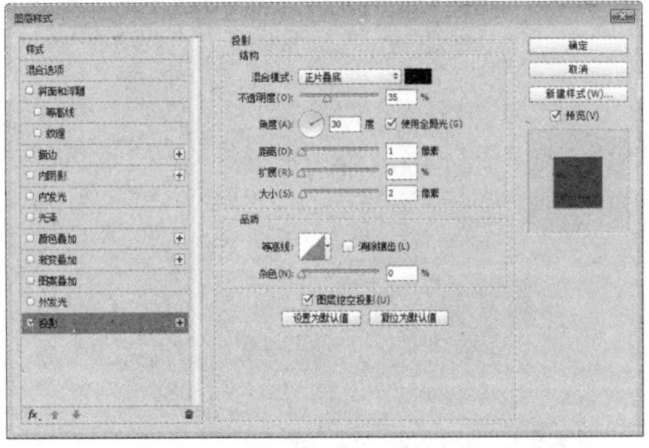

图 9-47　【投影】各选项

【图层样式】对话框中常用选项的作用如下。

- 【混合模式】：用来设置投影图像与原图像间的混合模式。单击后面的小三角，可在弹出的菜单中选择不同的混合模式，通常默认模式产生的效果最理想。其右侧的颜色块用来控制投影的颜色，单击它可在打开的【选择阴影颜色】对话框中设置另一种颜色，系统默认为黑色。
- 【不透明度】：用来设置投影的不透明度，可以拖动滑块或直接输入数值进行设置。
- 【角度】：用来设置光照的方向，投影在该方向的对面出现。
- 【使用全局光】：选中该选项，图像中所有图层效果使用相同光线照入角度。
- 【距离】：用于设置投影与原图像间的距离，值越大，距离越远。
- 【扩展】：用于设置投影的扩散程度，值越大扩散越多。
- 【大小】：用于调整阴影模糊的程度，值越大越模糊。
- 【等高线】：用于设置投影的轮廓形状。
- 【消除锯齿】：用于消除投影边缘的锯齿。
- 【杂色】：用于设置是否使用噪声点来对投影进行填充。

(3) 设置投影颜色为默认的黑色，不透明度为 100%，其他设置如图 9-48 所示，得到的文字投影效果如图 9-49 所示。

(4) 单击【等高线】右侧的三角形按钮，在弹出的面板中有默认的等高线设置，选择其中一种样式，如【滚动斜坡-递减】，如图 9-50 所示，得到的图像效果如图 9-51 所示。

(5) 用户还可以自行设置等高线的样式，单击【等高线】缩览图，打开【等高线编辑器】对话框，使用鼠标按住控制点进行拖动，对投影图像进行调整，如图 9-52 所示。

(6) 单击【确定】按钮返回到【图层样式】对话框中，编辑好的等高线样式即可显示在等高线缩览图中，图像投影效果如图 9-53 所示。

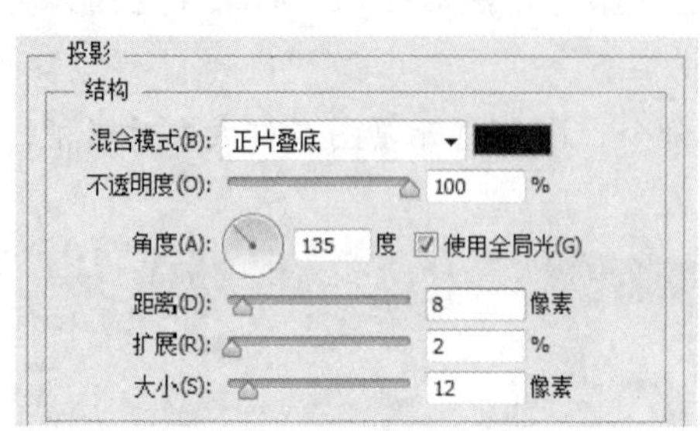

图 9-48　设置投影各参数

图 9-49　文字投影效果

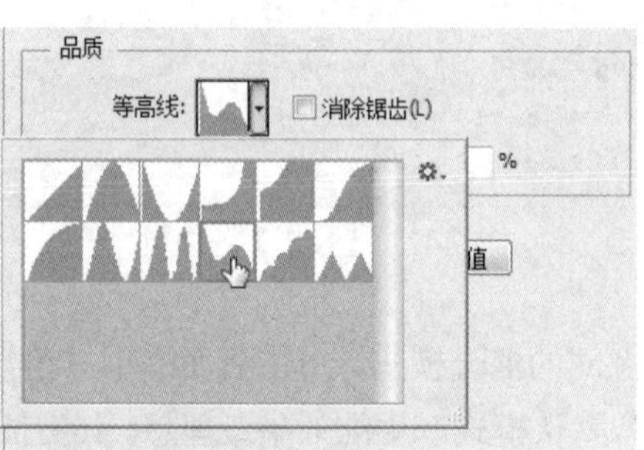

图 9-50　选择等高线样式

图 9-51　等高线效果

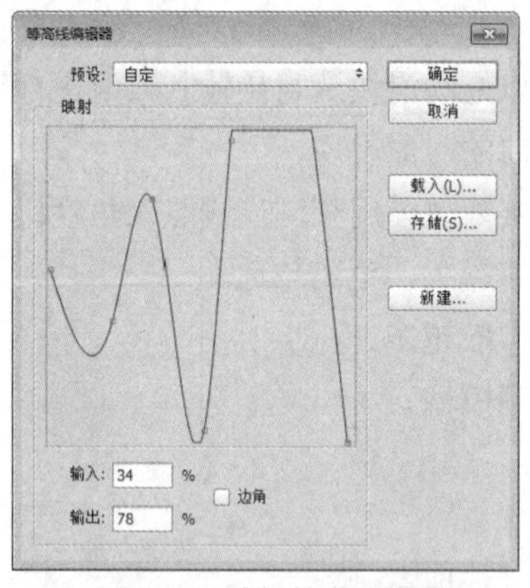

图 9-52　编辑等高线样式

图 9-53　文字效果

(7) 设置【杂色】选项为 100%，然后单击【确定】按钮返回到画面中，得到添加杂色的图像效果，如图 9-54 所示。

提示

在【图层样式】对话框中设置投影的过程中，可以在图像窗口中预览到投影的效果。

9.2.5　内阴影样式

【内阴影】样式可以为图层内容增加阴影效果，就是沿图像边缘向内产生投影效果，使图像产生一定的立体感和凹陷感。

【内阴影】样式的设置方法和选项与【投影】样式相同，如图 9-55 所示是为文字图像添加内投影的效果。

图 9-54　添加杂色效果

图 9-55　内投影效果

9.2.6　外发光样式

Photoshop 图层样式提供了两种光照样式，即【外发光】样式和【内发光】样式。使用【外发光】样式，可以为图像添加从图层外边缘发光的效果。

【练习 9-5】 制作外发光效果。

(1) 打开【兔子.jpg】素材图像，新建一个图层，然后在图像中绘制一个矩形选区，填充为白色，如图 9-56 所示。

(2) 选择【图层】→【图层样式】→【混合选项】命令，打开【图层样式】对话框，设置【填充不透明度】为 0%，，如图 9-57 所示。

图 9-56　绘制椭圆形

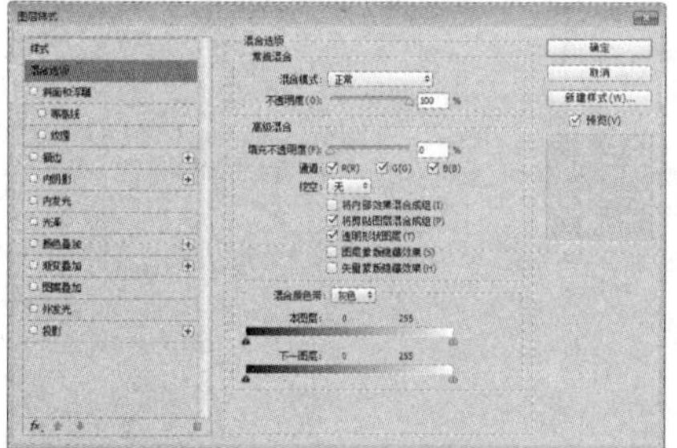

图 9-57　【外发光】选项

【图层样式】对话框中常用选项的作用如下。

- ◉□：选中该单选按钮，单击颜色图标，将打开【拾色器】对话框，可在其中选择一种颜色。

- ：选中该单选按钮，单击渐变条，可以在打开的对话框中自定义渐变色或在下拉列表框中选择一种渐变色作为发光色。
- 【方法】：用于设置对外发光效果应用的柔和技术，可以选择【柔和】和【精确】选项。
- 【范围】：用于设置图像外发光的轮廓范围。
- 【抖动】：用于改变渐变的颜色和不透明度的应用。

(3) 单击【外发光】选项，进入外发光各选项设置，单击 色块，设置外发光颜色为白色，其余设置如图 9-58 所示，得到的图像效果如图 9-59 所示。

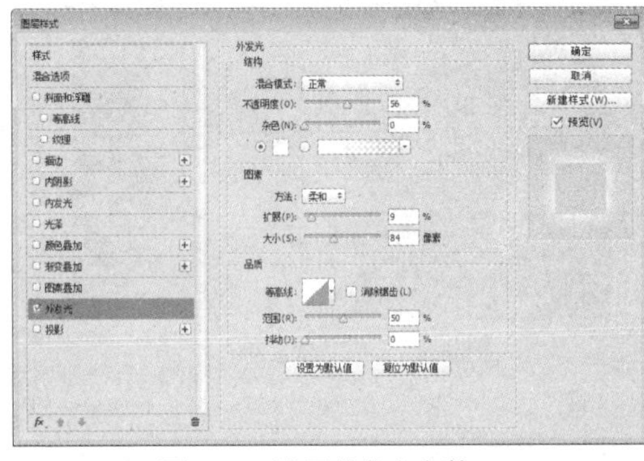
图 9-58 设置外发光参数

图 9-59 外发光效果

(4) 在【外发光】样式中同样可以设置【等高线】选项，单击【等高线】缩略图，打开【等高线编辑器】对话框编辑曲线，如图 9-60 所示。

(5) 单击【确定】按钮，得到编辑等高线后的图像外发光效果如图 9-61 所示。

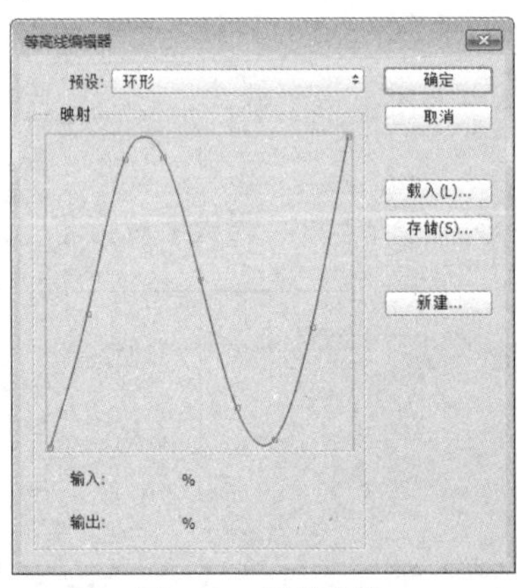

图 9-60 调整曲线

图 9-61 编辑等高线图像效果

提示

在【图层样式】对话框中，多个图层样式选项都可以设置等高线效果，用户可以根据需要调整不同的设置，从而得到各项特殊图像效果。

9.2.7 内发光样式

【内发光】样式的效果与【外发光】样式刚好相反，是指在图层内容的边缘以内添加发光效果。【内发光】样式的设置方法和选项与【外发光】样式相同，为图像设置内发光效果如图 9-62 所示。

图 9-62 设置内发光效果

9.2.8 斜面和浮雕样式

应用【斜面和浮雕】样式可以在图层图像上产生立体的倾斜效果，整个图像出现浮雕般的效果。

【练习 9-6】图像浮雕效果。

(1) 打开【彩色光斑.jpg】素材图像，选择【横排文字工具】在图像中输入文字，并且填充为白色，如图 9-63 所示。

(2) 选择【图层】→【图层样式】→【斜面和浮雕】命令，打开【图层样式】对话框，【斜面和浮雕】样式的各项参数如图 9-64 所示。

图 9-63 输入文字

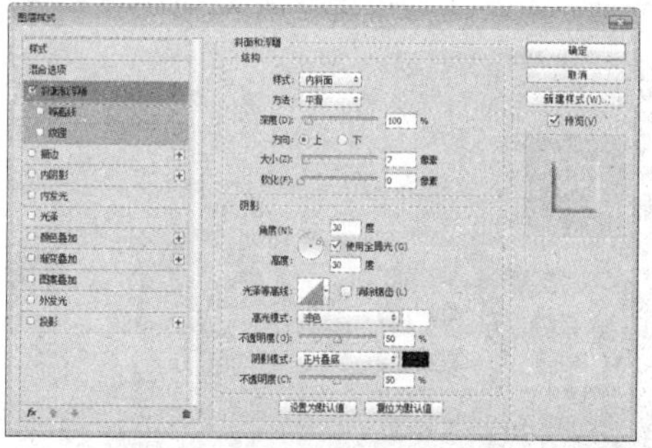

图 9-64 斜面和浮雕

【图层样式】对话框中常用选项的作用如下。

- 【样式】：用于选择斜面和浮雕的样式。其中【外斜面】选项可产生一种从图层图像的边缘向外侧呈斜面状的效果；【内斜面】选项可在图层内容的内边缘上创建斜面的

效果；【浮雕效果】选项可产生一种凸出于图像平面的效果；【枕状浮雕】选项可产生一种凹陷于图像内部的效果；【描边浮雕】选项可将浮雕效果仅应用于图层的边界。

- 【方法】：用于设置斜面和浮雕的雕刻方式。其中【平滑】选项可产生一种平滑的浮雕效果；【雕刻清晰】选项可产生一种硬的雕刻效果，【雕刻柔和】选项可产生一种柔和的雕刻效果。
- 【深度】：用于设置斜面和浮雕的效果深浅程度，值越大，浮雕效果越明显。
- 【方向】：选中◉上单选按钮，表示高光区在上，阴影区在下；选中◉下单选按钮，表示高光区在下，阴影区在上。
- 【高度】：用于设置光源的高度。
- 【高光模式】：用于设置高光区域的混合模式。单击右侧的颜色块可设置高光区域的颜色，【不透明度】用于设置高光区域的不透明度。
- 【阴影模式】：用于设置阴影区域的混合模式。单击右侧的颜色块可设置阴影区域的颜色，下侧的【不透明度】数值框用于设置阴影区域的不透明度。

(3) 单击【样式】选项右侧的三角形按钮，选择一种样式，如【浮雕效果】，然后再设置其他参数，如图 9-65 所示，得到的图像效果如图 9-66 所示。

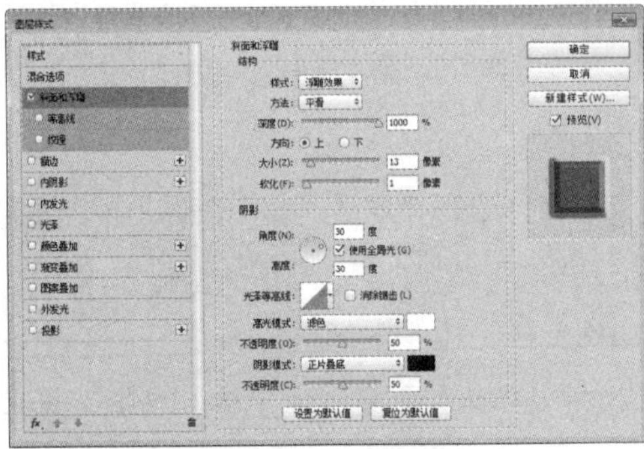
图 9-65　设置浮雕样式

图 9-66　浮雕效果

(4) 选择【外斜面】样式的图像效果如图 9-67 所示，选择【枕状浮雕】样式的图像效果如图 9-68 所示，用户还可以选择另外两种样式进行查看。

图 9-67　外斜面样式

图 9-68　枕状浮雕效果

9.2.9 光泽样式

通过为图层添加光泽样式，可以在图像表面添加一层反射光效果，使图像产生类似绸缎的感觉。

【练习 9-7】图像光泽效果。

(1) 打开【天空.jpg】素材图像，然后在图像中输入文字，并将文字填充为白色，如图 9-69 所示。

(2) 选择【图层】→【图层样式】→【光泽】命令，在【图层样式】对话框中可以设置光泽颜色为深蓝色(R11,G55,B92)，其余各项参数如图 9-70 所示。

图 9-69　输入文字

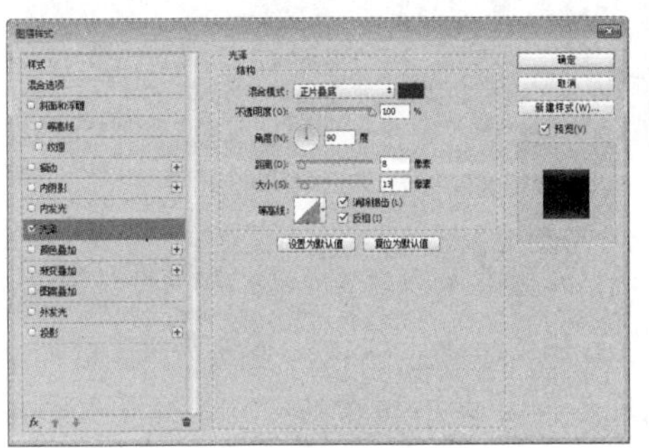

图 9-70　设置光泽参数

(3) 单击【等高线】右侧的三角形按钮，在打开的面板中选择一种等高线样式【环形—双】，如图 9-71 所示，然后单击【确定】按钮可以得到图像的光泽效果，如图 9-72 所示。

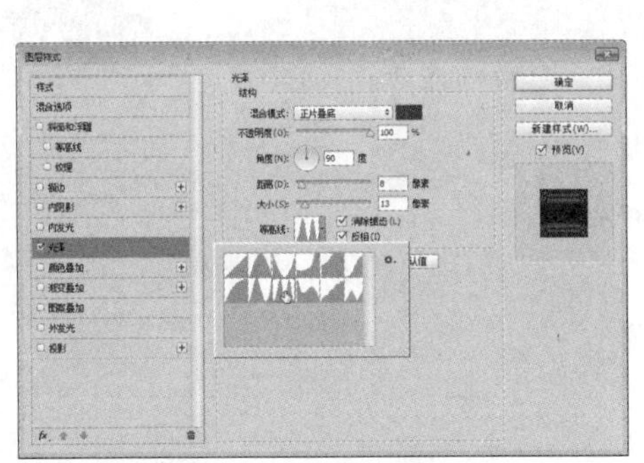

图 9-71　选择等高线样式

图 9-72　光泽效果

9.2.10 颜色叠加样式

颜色叠加样式是为图层中的图像内容叠加覆盖一层颜色，下面学习颜色叠加样式的具体应用。

【练习 9-8】颜色叠加效果。

(1) 打开【卡通图.jpg】素材图像，选择自定形状工具绘制一个月亮图像，并且填充颜色为白色，如图 9-73 所示。

(2) 选择【图层】→【图层样式】→【颜色叠加】命令，打开【图层样式】对话框进行参数设置，设置叠加颜色为黄色(R249,G240,B8)，如图 9-74 所示。

图 9-73　绘制的图像

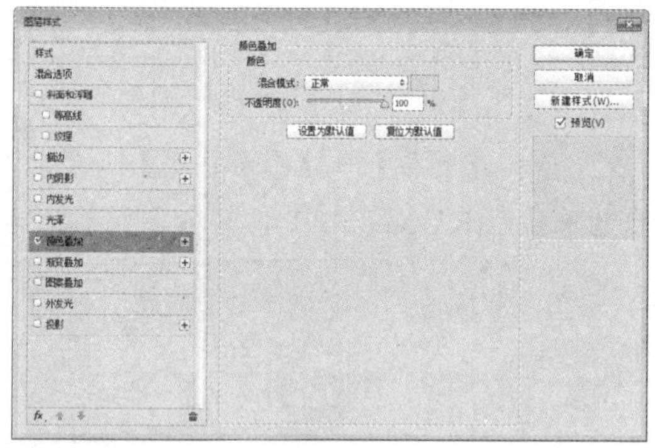

图 9-74　【图层样式】对话框

(3) 设置叠加颜色后，即可得到图像的叠加效果，如图 9-75 所示。

(4) 在对话框中改变【不透明度】为 36，叠加的颜色将与图像本来的颜色进行融合，得到新的颜色，如图 9-76 所示。

图 9-75　叠加图像

图 9-76　设置不透明度

9.2.11　渐变叠加样式

【渐变叠加】样式就是使用一种渐变颜色覆盖在图像表面，选择【图层】→【图层样式】→【渐变叠加】命令，打开【图层样式】对话框进行参数设置，如图 9-77 所示。单击【渐变】右侧的三角形按钮，在弹出的对话框中可以选择一种渐变叠加样式，叠加效果如图 9-78 所示。

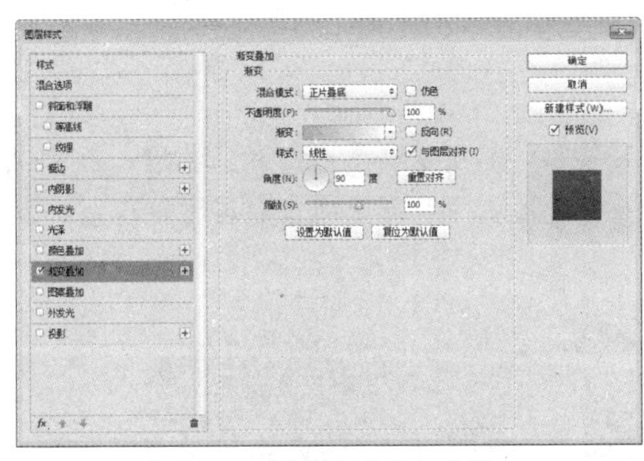

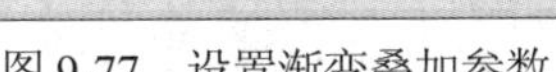

图 9-77　设置渐变叠加参数

图 9-78　渐变叠加效果

【图层样式】对话框中常用选项的作用如下。

- 【渐变】：用于选择渐变的颜色，与渐变工具中的相应选项完全相同。
- 【样式】：用于选择渐变的样式，包括线性、径向、角度、对称以及菱形5个选项。
- 【缩放】：用于设置渐变色之间的融合程度，数值越小，融合度越低。

9.2.12　图案叠加样式

【图案叠加】样式就是使用一种图案覆盖在图像表面，选择【图层】→【图层样式】→【渐变叠加】命令，打开【图层样式】对话框进行相应的参数设置，如图 9-79 所示，选择一种图案叠加样式后得到的效果如图 9-80 所示。

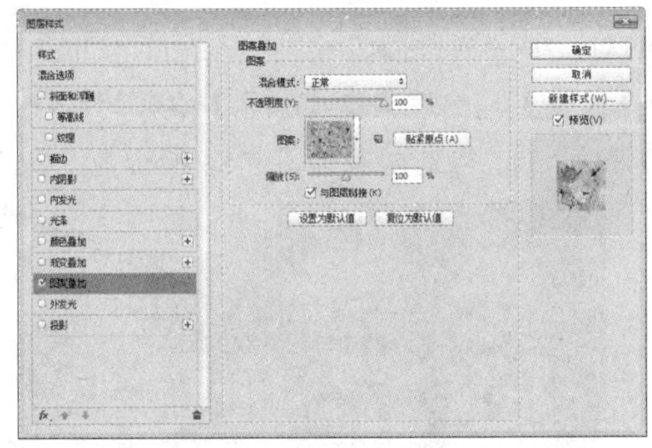

图 9-79　设置图案叠加

图 9-80　图案叠加效果

提示

在设置图案叠加时，在【图案】下拉列表框中可以选择叠加的图案样式，【缩放】选项则用于设置填充图案的纹理大小，值越大，其纹理越大。

9.2.13　描边样式

【描边】样式是指使用颜色、渐变色或图案为图像制作轮廓效果，适用于处理边缘效果清晰的形状。

【练习 9-9】对文字添加描边效果。

(1) 打开任意一幅图像文件，在其中输入文字，并填充颜色为白色，如图 9-81 所示。

(2) 选择【图层】→【图层样式】→【描边】命令，打开【图层样式】对话框，用户可在其中设置【描边】选项，如图 9-82 所示。

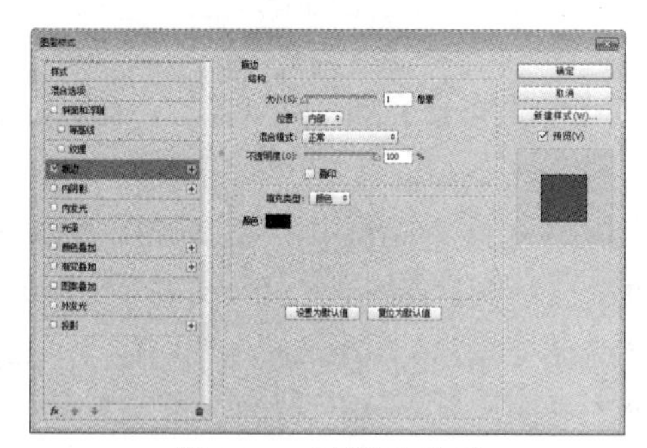

图 9-81　输入文字　　图 9-82　【描边】选项

【图层样式】对话框中常用选项的作用如下。

- 【大小】：用于设置描边的宽度。
- 【位置】：用于设置描边的位置，包括【外部】、【内部】和【居中】3个选项。
- 【填充类型】：用于设置描边填充的内容类型，包括【颜色】、【渐变】和【图案】3种类型。
- 【颜色】：单击该色块，可以在打开的对话框中选择描边颜色。

(3) 设置描边的【大小】为 10，【位置】为【居中】，然后单击【颜色】右侧的色块，设置颜色为橘黄色(R209,G127,B48)，其余设置如图 9-83 所示，得到效果如图 9-84 所示。

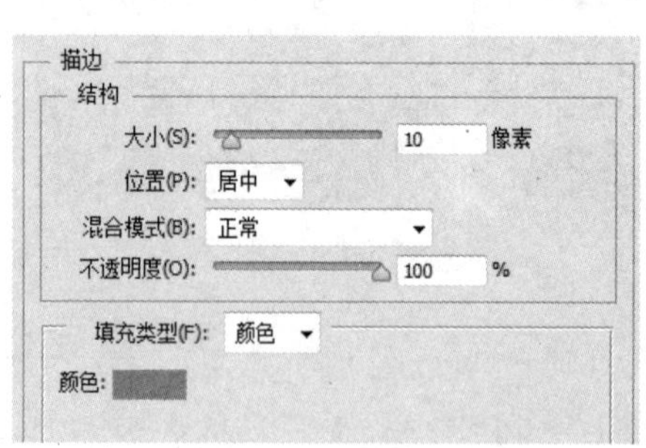

图 9-83　设置描边参数

图 9-84　文字描边效果

(4) 在【填充类型】下拉列表中选择【渐变】选项，单击渐变色条，在打开的对话框中设置渐变颜色为从绿色到蓝色，再设置样式为【径向】，其余设置如图 9-85 所示，得到的渐变描边效果如图 9-86 所示。

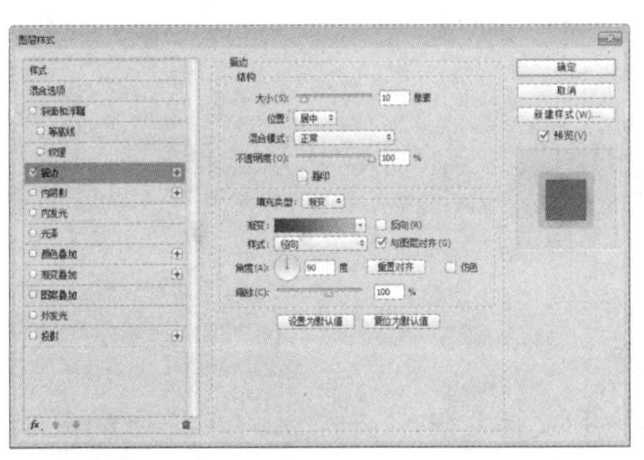

图 9-85　设置渐变描边参数

图 9-86　渐变描边效果

提示

填充类型中的【渐变】类型，与工具箱中的渐变工具中的渐变设置相同。

(5) 在【填充类型】下拉列表中选择【图案】选项，单击图案预览图，在弹出的面板中可以选择一种图案样式，如图 9-87 所示。

(6) 单击【确定】按钮，可以得到如图 9-88 所示的图案描边效果。

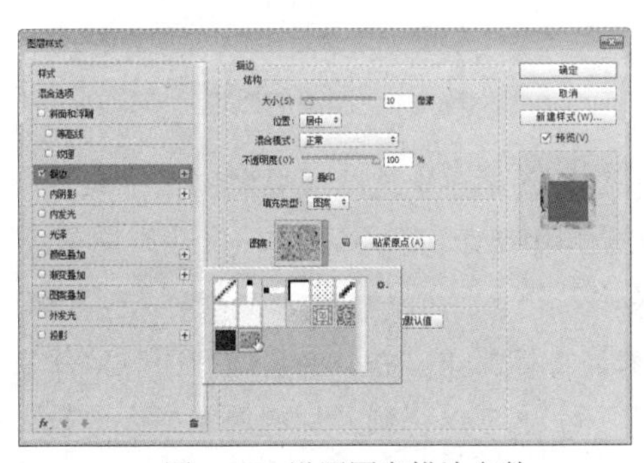

图 9-87　设置图案描边参数

图 9-88　图案描边效果

提示

选择【编辑】→【填充】命令打开【填充】对话框，其中的【使用】下拉列表框中的【图案】与这里【图层样式】对话框中的【图案】设置相同。

9.3　图层样式的管理

当用户为图像添加了图层样式后，可以对图层样式进行查看，并对已经添加的图层样式进行编辑，也可以清除不需要的图层样式。

计算机 基础与实训教材系列

9.3.1 复制图层样式

在绘制图像时，有时需要对不同的图像应用相同的图层样式。用户可以选择复制一个已经设置好的图层样式，将其拷贝到其他图层中。

【练习 9-10】快速应用图层样式。

(1) 打开素材图像【文字.psd】文件，如图 9-89 所示。

(2) 在【图层】面板中选择【美丽】文字图层，使用鼠标右键单击图层，在弹出的菜单中选择【拷贝图层样式】命令，即可复制图层样式，如图 9-90 所示。

图 9-89　素材图像

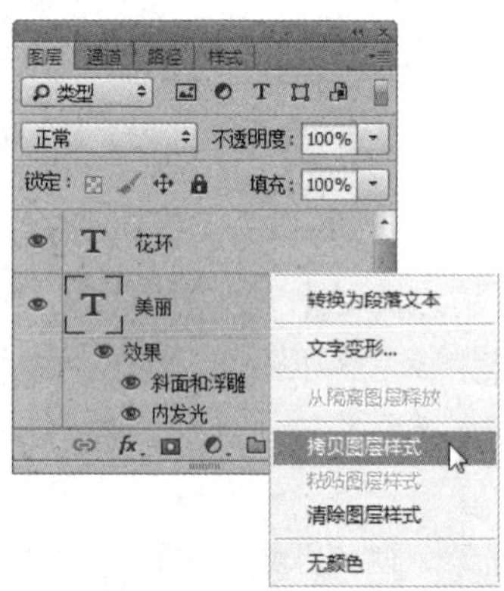

图 9-90　复制图层样式

(3) 选择【花环】文字图层，单击鼠标右键，在弹出的菜单中选择【粘贴图层样式】命令，即可将拷贝的图层粘贴到【花环】文字图层中，如图 9-91 所示。

(4) 按 Ctrl + Z 组合键撤销拷贝粘贴图层样式操作。

(5) 将鼠标置于【美丽】文字图层右侧的【效果】图标 fx 中，按住 Alt 键的同时按住鼠标左键将其直接拖动到【花环】文字图层中，如图 9-92 所示，也可以得到复制的图层样式，如图 9-93 所示。

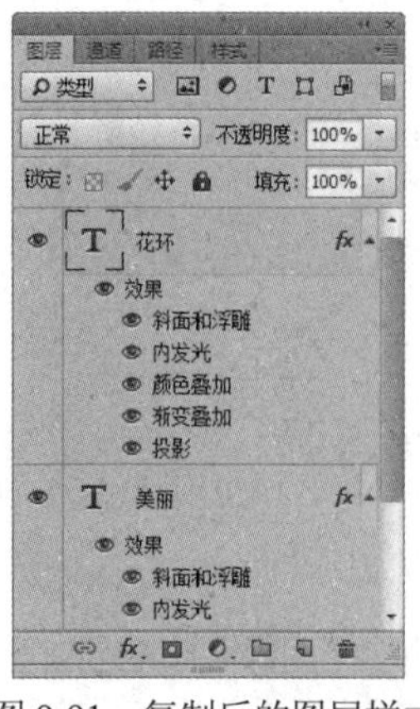

图 9-91　复制后的图层样式

图 9-92　拖动图层样式

图 9-93　图像效果

9.3.2　删除图层样式

绘制的图像通常需要反复的修改，当用户添加图层样式后，对于一些多余的样式，可以进行删除。

【练习 9-11】删除应用的图层样式。

(1) 打开【练习 9-10】制作的图像效果，选择需要删除的图层样式，如选择【美丽】文字图层中的【斜面和浮雕】样式，按住鼠标左键将其拖动到【图层】面板底部的【删除图层】按钮中，如图 9-94 所示，可以直接删除图层样式，如图 9-95 所示。

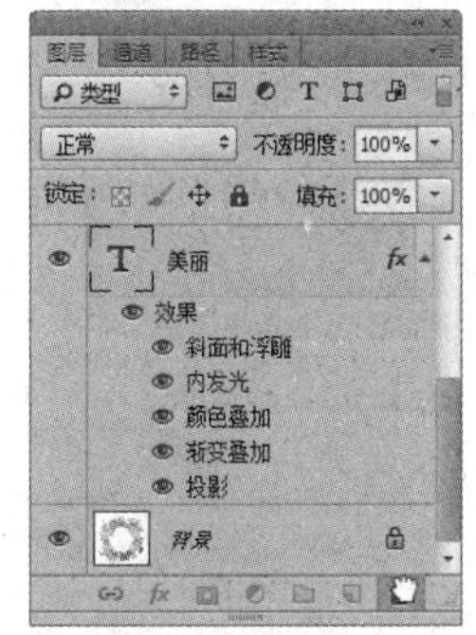

图 9-94　拖动图层样式

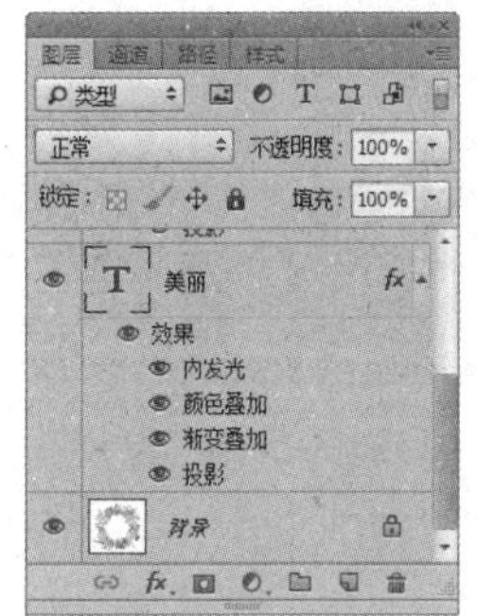

图 9-95　删除图层样式

(2)选择【图层】→【图层样式】→【清除图层样式】命令，可以将所选图层的图层样式全部清除，如图 9-96 所示，得到的图像效果如图 9-97 所示。

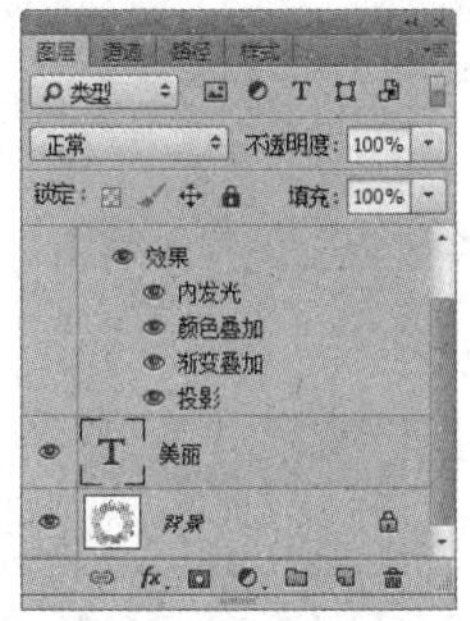

图 9-96　清除图层样式

图 9-97　图像效果

9.3.3　设置全局光

在设置图层样式时，通常可以在【图层样式】对话框中看到【全局光】复选框，通过设置全局光可以调整图像呈现出一致的光源照明外观。

【练习 9-12】调整图像光照角度。

(1) 打开【花环.jpg】素材图像，然后在图像中输入文字【花环】。

(2) 选择【图层】→【图层样式】→【斜面和浮雕】样式，打开【图层样式】对话框，设置样式为【浮雕效果】，然后设置其他参数，这时可以看到已经默认选中了【使用全局光】复选框，如图 9-98 所示，这时得到的文字效果如图 9-99 所示。

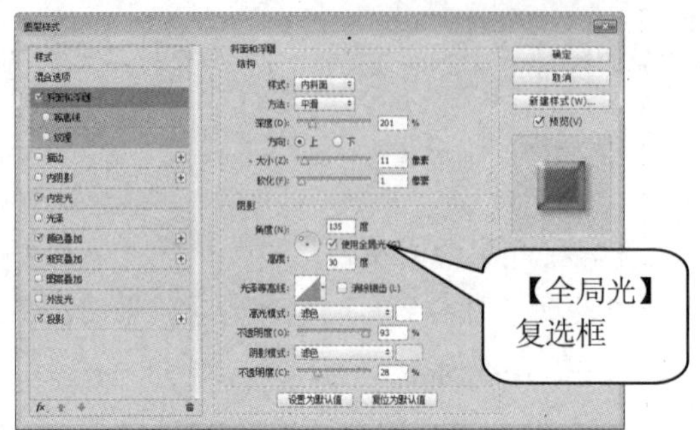

图 9-98　使用全局光

图 9-99　图像效果

(3) 在【图层样式】对话框中也可以调整全局光角度。选择【图层】→【图层样式】→【全局光】命令，在打开的【全局光】对话框中调整全局光参数，如图 9-100 所示，得到的图像效果如图 9-101 所示。

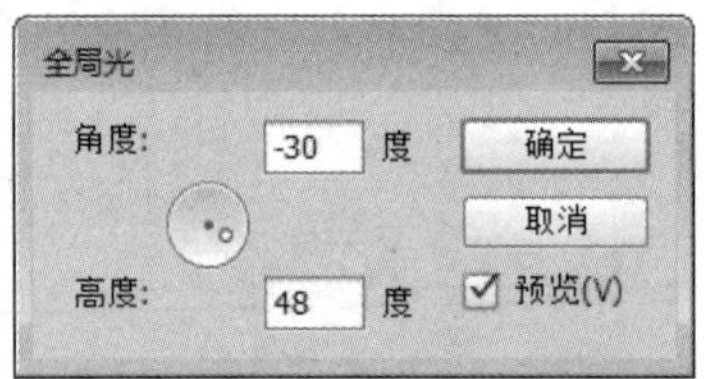

图 9-100　设置全局光

图 9-101　调整后的图像效果

9.3.4　缩放图层样式

在一个图层中应用图层样式时，如果同时添加多个图层样式时，可以使用【缩放效果】命令对图层的效果进行整体的缩放调整，使其得到需要的效果。

【练习 9-13】降低图层样式的效果。

(1) 在【练习 9-12】中的图像中选择添加了图层样式的文字图层，然后选择【图层】→【图层样式】→【缩放效果】命令，打开【缩放图层效果】对话框，设置缩放参数，如图 9-102 所示。

(2) 单击【确定】按钮，完成图层样式的缩放，可以看到图层的样式效果降低了，如图 9-103 所示。

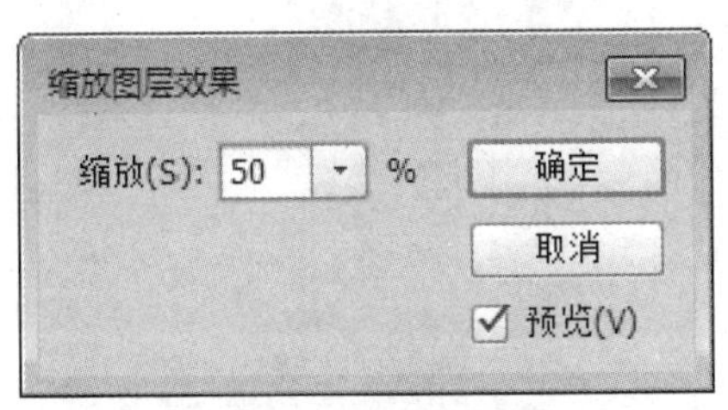

图 9-102　设置缩放效果

图 9-103　调整后的图像效果

9.3.5　展开和折叠图层样式

为图层添加图层样式效果后，在【图层】面板中图层名的右侧将会出现一个 fx 图标，通过该图标可以将图层样式进行展开和折叠，以方便用户对图层样式的管理。

为图像应用图层样式后，单击其右侧的按钮可以展开图层样式，如图 9-104 所示，在其中能查看当前图层应用了哪些图层样式；再次单击按钮即可折叠图层样式，如图 9-105 所示。

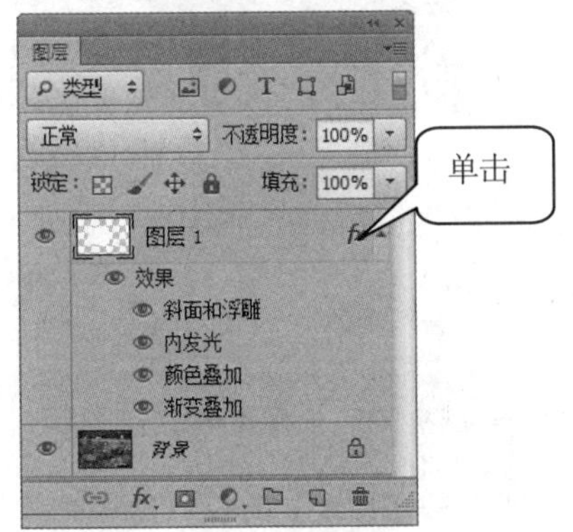

图 9-104　展开图层样式

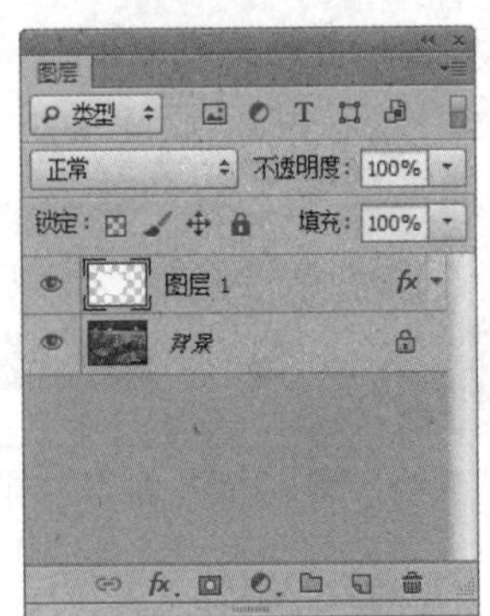

图 9-105　折叠图层样式

9.3.6　使用【样式】面板

Photoshop 还提供了一个【样式】面板，实际上是由多种图层效果组成的集合，用户可以直接在其中选择固定设置的图层效果。

【练习 9-14】使用【样式】面板直接添加图层样式效果。

(1) 打开【玫瑰花瓣.jpg】素材图像，新建【图层 1】，然后使用【自定形状工具】在画面中绘制一个边框图像，并且填充为白色，如图 9-106 所示。

(2) 选择【窗口】→【样式】命令，打开【样式】面板，可以看到一些默认的图层样式，如图 9-107 所示。

图 9-106　绘制图像

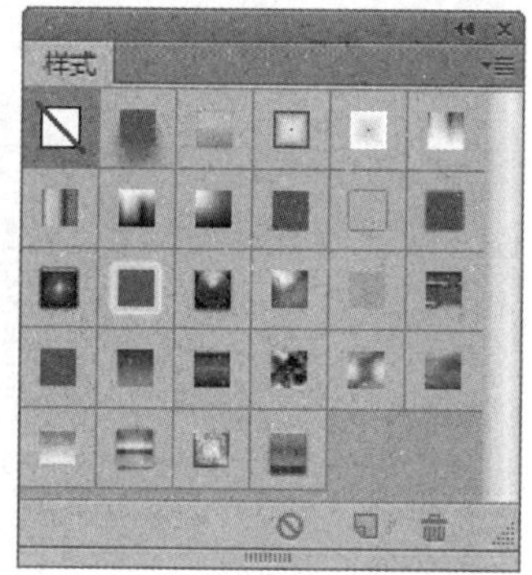

图 9-107　【样式】面板

(3) 在【样式】面板中单击【铬金光泽】样式，即可将该样式套用到图层 1 中，效果如图 9-108 所示。

(4) 单击【样式】面板右上方的三角形按钮，可以打开快捷菜单，在其中可以选择其他预设样式，如选择【Web 样式】，如图 9-109 所示。

图 9-108　套用图层样式

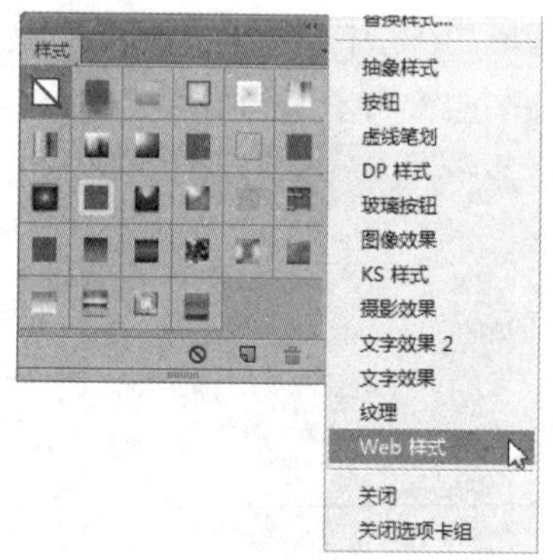

图 9-109　选择其他图层预设样式

(5) 在打开的提示对话框中单击【确定】按钮，可以将【样式】面板中的样式替换为当前样式；单击【追加】按钮可以将该样式追加在面板中，如图 9-110 所示。

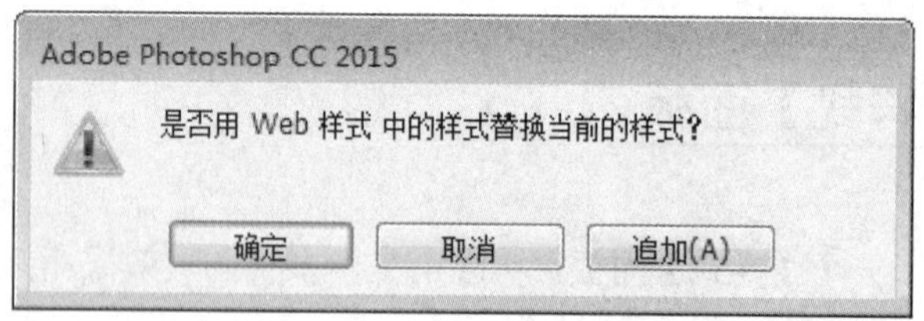

图 9-110　套用图层样式

(6) 单击【确定】按钮，可以在【样式】面板中看到玻璃按钮样式，如图 9-111 所示，单击【带投影的黄色凝胶】样式，得到新的图层样式效果，如图 9-112 所示。

(7) 选择【图层】→【图层样式】→【缩放效果】命令，打开【缩放图层效果】对话框，设置缩放参数，如图 9-113 所示。单击【确定】按钮后得到的图像效果如图 9-114 所示。

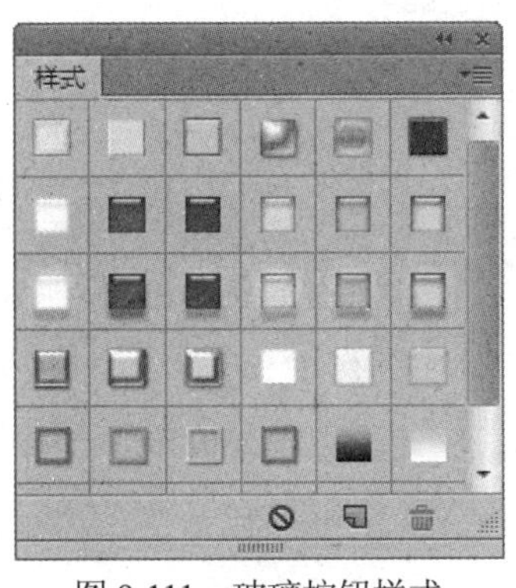

图 9-111　玻璃按钮样式

图 9-112　新的图层样式

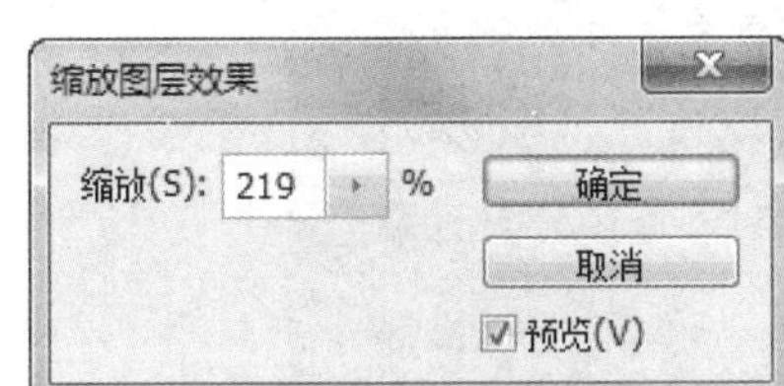

图 9-113　设置缩放参数

图 9-114　缩放图层样式

(8) 如果要将调整后的图层样式进行保存，可以单击【样式】面板下方的【创建新样式】按钮，在打开的【新建样式】对话框中保持默认设置并单击【确定】按钮，如图 9-115 所示，即可在样式面板中创建一个图层样式，如图 9-116 所示。

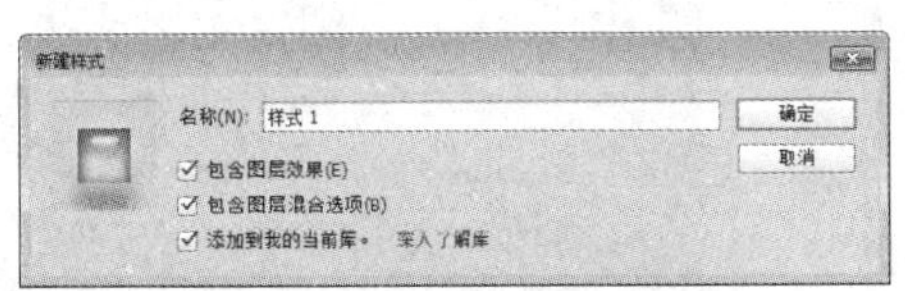

图 9-115　【新建样式】对话框

图 9-116　创建图层样式

 **提示**

在【样式】面板中选择一种图层样式后，单击鼠标右键，在弹出的菜单中选择【删除样式】命令，可以将该样式从面板中删除。

9.4 上机实战

本小节综合应用所学的 Photoshop 图层高级应用，包括图层混合模式、图层样式和图层样式管理，练习制作珠宝广告和舞蹈招生广告。

9.4.1 珠宝广告

本实例制作一个珠宝广告，首先使用了一张非常适合珠宝的背景图像，然后加入素材图像，对其应用图层蒙版，隐藏部分图像，得到戒指与花朵融合的效果，以及两侧的光斑图像效果，如图 9-117 所示。

图 9-117 实例效果

本实例的具体操作如下。

(1) 打开素材图像【花纹背景.jpg】，如图 9-118 所示。

(2) 打开素材图像【戒指.psd】，使用【移动工具】将其拖动到花纹背景图像中，放到画面左侧，如图 9-119 所示。

图 9-118 打开素材图像

图 9-119 添加戒指图像

(3) 单击图层面板底部的【添加图层蒙版】按钮，设置前景色为黑色，使用【画笔工具】在戒指图像的上下两处做涂抹，隐藏部分图像，如图 9-120 所示。

(4) 单击【图层】面板底部的【创建新图层】按钮，新建一个图层，使用【画笔工具】分别在戒指图像上绘制多个彩色图像，如图 9-121 所示。

图 9-120　隐藏部分图像

图 9-121　绘制图像

(5) 设置该图层的混合模式为【颜色】、【不透明度】为 31%，如图 9-122 所示，得到的图像效果如图 9-123 所示。

图 9-122　设置图层属性

图 9-123　图像效果

(6) 打开素材图像【光斑.psd】，使用【移动工具】分别将素材图像拖动到当前编辑的图像中，放到画面的右上方和左下角，如图 9-124 所示。

(7) 选择【横排文字工具】在画面左侧分别输入广告中英文文字，并填充为白色，然后参照如图 9-125 所示的方式进行排列。

图 9-124　添加素材图像

图 9-125　添加文字内容

(8) 打开素材图像【小戒指.psd】，使用【移动工具】将其拖动到当前编辑的图像中，放到文字上方，完成本实例的操作。

9.4.2　舞蹈招生广告

本实例制作的是一个舞蹈招生广告，首先制作背景图像，为素材图像添加图层蒙版，使图像能够自然地与下一图层进行结合，然后再输入文字，对文字添加图层样式，得到文字的描边、颜色渐变和投影效果，如图 9-126 所示。

图 9-126　实例效果

本实例的具体操作如下：

(1) 新建一个图像文件，将背景填充为黑色，然后设置前景色为深蓝色(R0,G104,B144)，使用【画笔工具】在图像中间进行涂抹，得到如图 9-127 所示的背景效果。

(2) 打开素材图像【星光背景.psd】，使用【移动工具】将其拖动到当前编辑的图像中，放到画面右侧，如图 9-128 所示。

图 9-127　填充背景

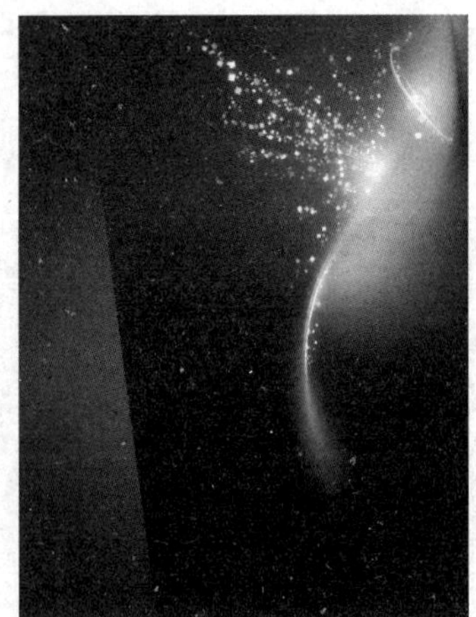
图 9-128　打开素材图像

(3) 单击【图层】面板底部的【添加图层蒙版】按钮，使用【画笔工具】对星光图像左侧和下方进行涂抹，隐藏部分图像，效果如图 9-129 所示。

(4) 使用【横排文字工具】在图像左上方输入文字，在工具属性栏中设置字体为方正正中黑简体，如图 9-130 所示。

图 9-129　添加图层蒙版

图 9-130　输入文字

(5) 选择【图层】→【图层样式】→【描边】命令，打开【图层样式】对话框，设置描边颜色为白色，大小为 8，如图 9-131 所示。

(6) 在【图层样式】对话框左侧选择【渐变叠加】命令，设置渐变颜色从橘黄色(R211,G159,B69)到淡黄色(R255,G250,B194)，设置其他参数如图 9-132 所示。

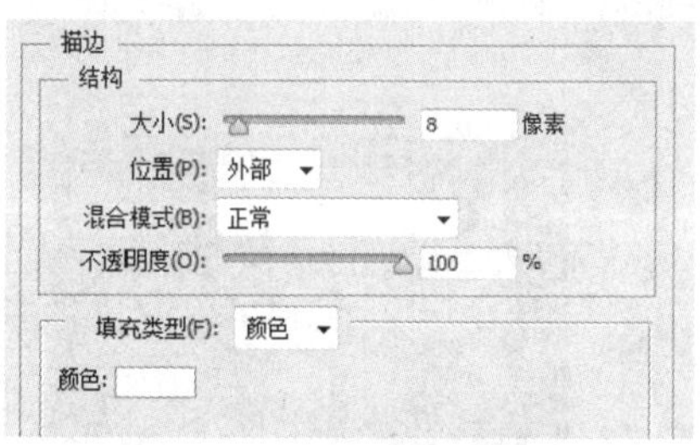

图 9-131　设置【描边】样式

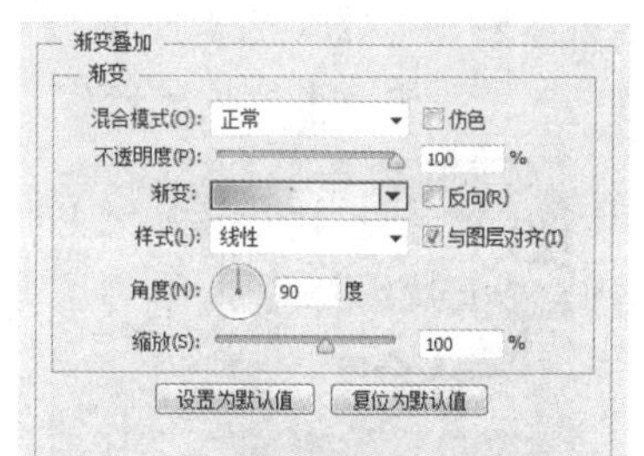

图 9-132　设置【渐变叠加】样式

(7) 选择【投影】命令，设置投影颜色为黑色，设置其他参数如图 9-133 所示。

(8) 单击【确定】按钮，得到添加图层样式后的文字效果，如图 9-134 所示。

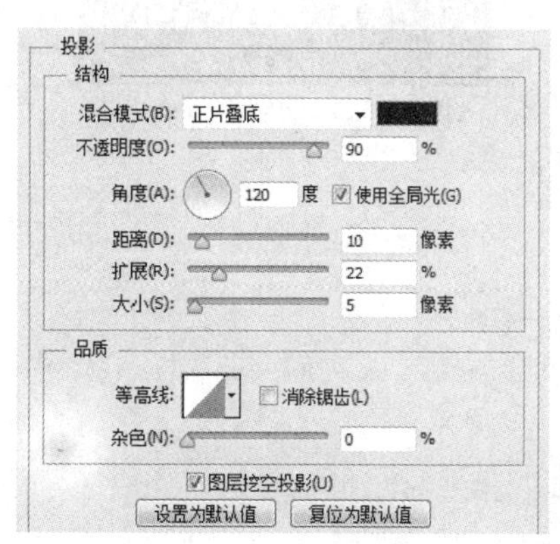

图 9-133　设置【投影】样式

图 9-134　图像效果

(9) 在文字两侧输入两个括号，然后对其应用【渐变叠加】和【投影】图层样式，如图 9-135 所示。

(10) 打开素材图像【剪影.psd】，使用【移动工具】将其拖动到当前编辑的图像中，置于文字上方，再输入一行英文文字，并对其进行渐变填充，设置颜色从橘黄色(R211,G159,B69)到淡黄色(R255,G250,B194)，如图 9-136 所示。

图 9-135　创建括号效果

图 9-136　创建英文效果

(11) 输入其他广告文字，并填充为白色，然后参照如图 9-137 所示的方式排列文字。

(12) 打开素材图像【舞蹈.psd】，将图像拖动到当前编辑的图像中，放到画面下方，并设置该图层混合模式为【变亮】，效果如图 9-138 所示。

(13) 打开素材图像【黄色横条.psd】，将其放到画面下方，然后在其中输入学校名称、地址和电话等信息，至此完成本实例的操作。

图 9-137　输入文字

图 9-138　添加素材图像

9.5　思考与练习

9.5.1　填空题

1. 在【图层】面板右上方的【不透明度】数值框可以输入数值，值越________，图像就越透明。

2. 在 Photoshop 中提供的__________，主要是用来设置图层中的图像与下面图层中的图像

像素进行色彩混合的方法。

3. 在设置图层样式时，通过在【图层样式】对话框中设置________可以调整图像呈现出一致的光源照明外观。

9.5.2　选择题

1. (　　)模式可以产生比当前图层和底层颜色较暗的颜色。

A. 叠加模式　　　　B. 正片叠底

C. 减去模式　　　　D. 减去模式

2. (　　)样式可以为图层内容增加阴影效果，就是沿图像边缘向内产生投影效果，使图像产生一定的立体感和凹陷感。

A. 投影　　　　B. 内发光

C. 斜面和浮雕　　　　D. 内阴影

9.5.3　操作题

打开素材文件【海边.jpg】，如图 9-139 所示，通过新建图层、渐变填充选区、设置图层混合模式，绘制彩虹图像，如图 9-140 所示。

提示：

(1) 新建一个图层，使用椭圆选框工具绘制一个圆形选区，然后使用渐变工具对其应用径向渐变填充，设置渐变颜色为【透明彩虹渐变】样式。

(2) 选择【滤镜】→【模糊】→【高斯模糊】命令，打开【高斯模糊】对话框，设置模糊参数为 4，然后擦除多余的彩虹图像。

(3) 设置彩虹图层的混合模式为【亮光】，然后适当降低图层的不透明度。

图 9-139　打开素材

图 9-140　彩虹图像

第10章 应用通道和蒙版

学习目标

本章将介绍 Photoshop 的通道与蒙版，使用通道不但可以保存图像的颜色信息，还能存储选区，以方便用户选择更复杂的图像选区；而蒙版则可以在不同的图像中做出多种效果，还可以制作出高品质的影像合成。

本章重点

- 认识通道
- 新建通道
- 通道的基本操作
- 应用蒙版

10.1 通道概述

通道是存储不同类型信息的灰度图像，这些信息通常与选区有直接的关系，所以对通道的应用实质就是对选区的应用。

10.1.1 通道分类

通道主要有两种作用：一种保存和调整图像的颜色信息；另一种是保存选定的范围。在 Photoshop 中，通道包括颜色通道、Alpha 通道和专色通道 3 种类型。下面将分别进行介绍。

1. 颜色通道

颜色通道主要用于描述图像色彩信息，如 RGB 颜色模式的图像有 3 个默认的通道，分别为红(R)、绿(G)、蓝(B)，而不同的颜色模式将有不同的颜色通道。当用户打开一个图像文件后，将自动在【通道】面板中创建一个颜色通道。图 10-1 所示为 RGB 图像的颜色通道；图 10-2 所示为 CMYK 图像的颜色通道。

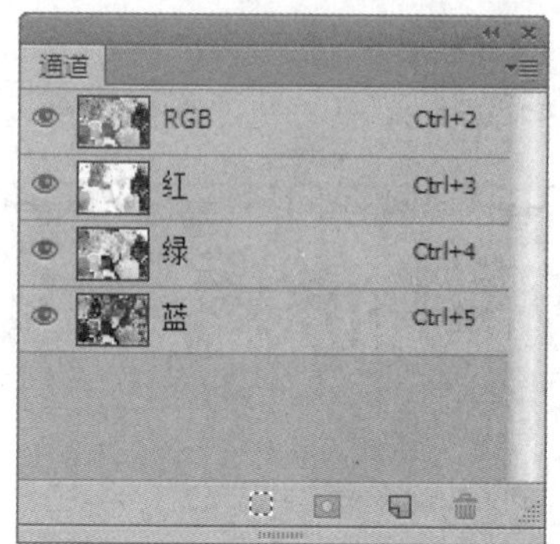

图 10-1　RGB 通道

图 10-2　CMYK 通道

选择不同的颜色通道，则显示的图像效果也不一样，如图 10-3、图 10-4 和图 10-5 所示为在 RGB 模式下各通道的显示效果。

图 10-3　红色通道

图 10-4　绿色通道

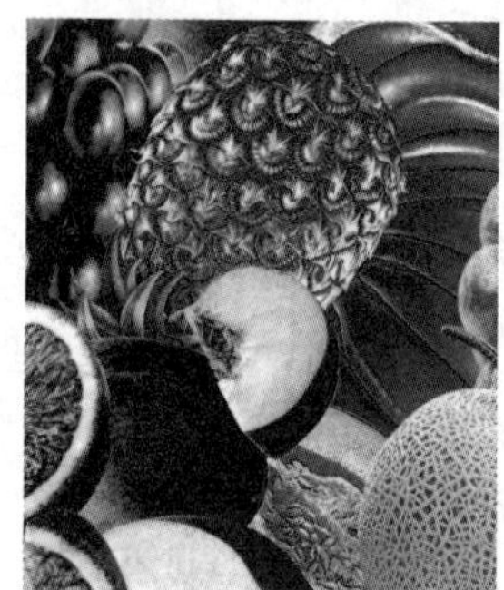

图 10-5　蓝色通道

2. Alpha 通道

Alpha 通道用于存储图像选区的蒙版，它将选区存储为 8 位灰度图像放入【通道】面板中，用来处理隔离和保护图像的特定部分，所以它不能存储图像的颜色信息。

3. 专色通道

专色是除了 CMYK 以外的颜色。专色通道主要用于记录专色信息，指定用于专色(如银色、金色及特种色等)油墨印刷的附加印版。

10.1.2　通道面板

在 Photoshop 中，打开的图像都会在【通道】面板中自定创建颜色信息通道。如果图像文件有多个图层，则每个图层都有一个颜色通道，如图 10-6 所示。

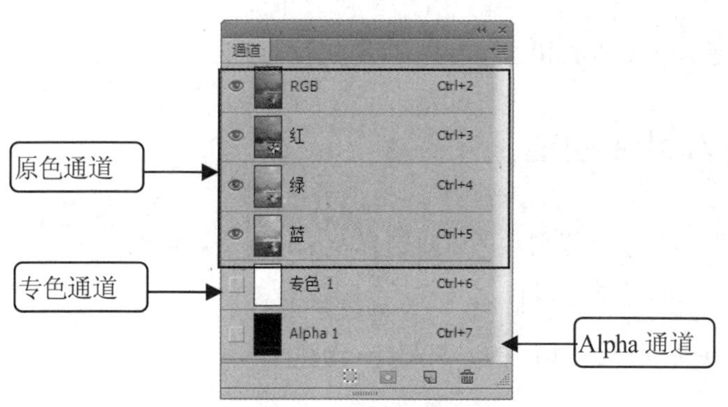

图 10-6　【通道】面板

【通道】面板中的工具按钮的作用如下。

- 【将通道作为选区载入】：单击该按钮可以将当前通道中的图像转换为选区。
- 【将选区存储为通道】：单击该按钮可以自动创建一个 Alpha 通道，图像中的选区将存储为一个遮罩。
- 【创建新通道】：单击该按钮可以创建一个新的 Alpha 通道。
- 【删除通道】：单击该按钮可以删除选择的通道。

提示

只有以支持图像颜色模式的格式(如 PSD、PDF、PICT、TIFF 或 Raw 等格式)存储文件时才能保留 Alpha 通道，以其他格式存储文件可能会导致通道信息丢失。

在 Photoshop 的默认情况下，原色通道以灰度显现图像。如果要使原色通道以彩色显示，可以选择【编辑】→【首选项】→【界面】命令，打开【首选项】对话框，选中【用彩色显示通道】复选框，如图 10-7 所示，各原色通道就会以彩色显示，如图 10-8 所示。

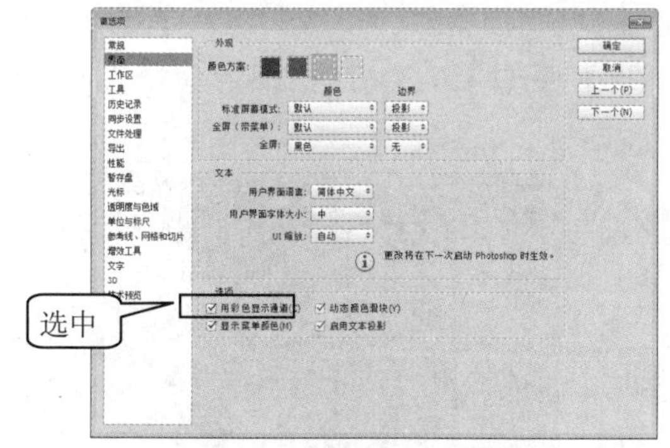

图 10-7　【首选项】对话框

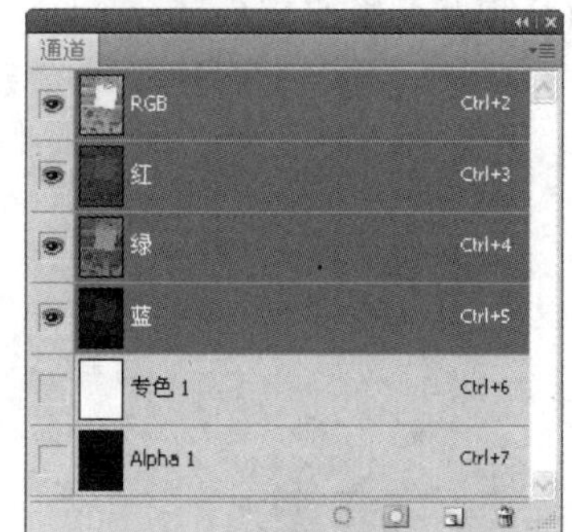

图 10-8　彩色显示通道

10.2　新建通道

了解通道的分类和【通道】面板后，在具体使用通道进行操作时，还需要学习通道的创建，

下面将详细介绍新建 Alpha 通道和新建专色通道的操作方法。

10.2.1 创建 Alpha 通道

Alpha 通道用于存储选择范围，可以对选择范围进行多次编辑。用户可以在载入图像选区后，新建 Alpha 通道对图像进行操作。

【练习 10-1】在【通道】面板中创建 Alpha 通道。

(1) 打开【花瓣.jpg】素材图像。

(2) 选择【窗口】→【通道】命令，打开【通道】面板，单击【通道】面板底部的【创建新通道】按钮，即可创建一个 Alpha1 通道，如图 10-9 所示。

(3) 单击【通道】面板右上角的三角形按钮，在弹出的快捷菜单中选择【新建通道】命令，打开如图 10-10 所示的对话框，设置好所需选项后单击【确定】按钮，即可在【通道】面板中创建一个 Alpha2 通道。

图 10-9　新建 Alpha 通道

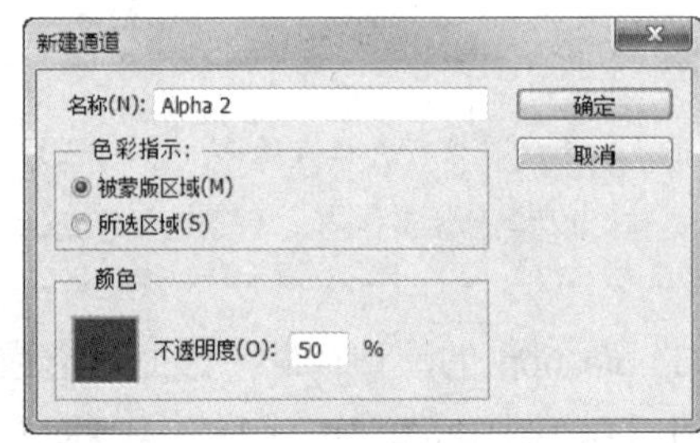

图 10-10　【新建通道】对话框

(4) 在图像窗口中创建一个选区，如图 10-11 所示。

(5) 单击【通道】面板底部的【将选区存储为通道】按钮，即可将选区存储为 Alpha 通道，如图 10-12 所示。

图 10-11　创建选区

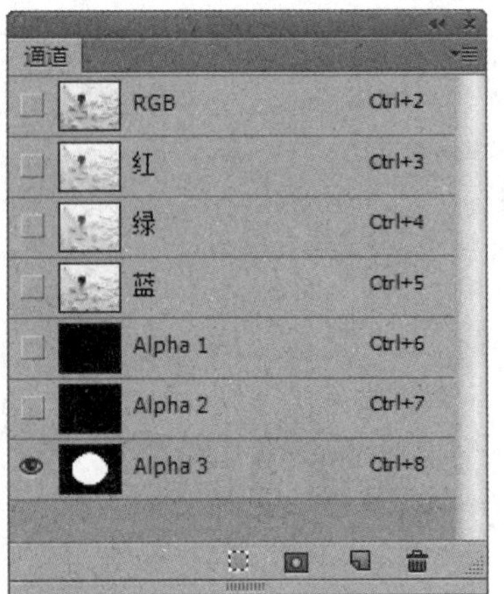

图 10-12　存储选区为通道

10.2.2　新建专色通道

单击【通道】面板右上角的按钮，在弹出的快捷菜单中选择【新建专色通道】命令，即可打开【新建专色通道】对话框，如图 10-13 所示。在对话框中输入新通道名称后，单击【确定】按钮，即可得到新建的专色通道，如图 10-14 所示。

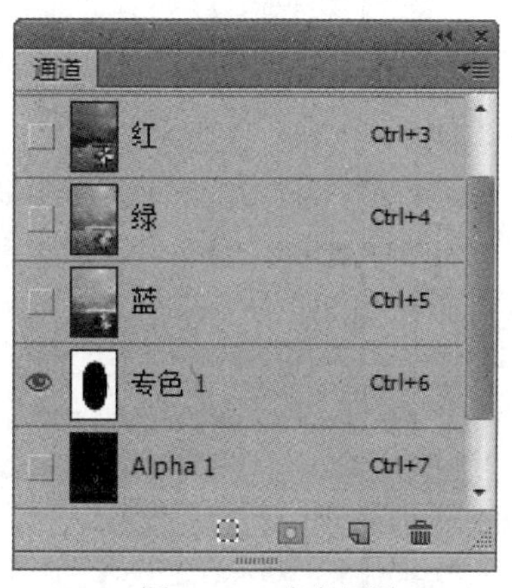

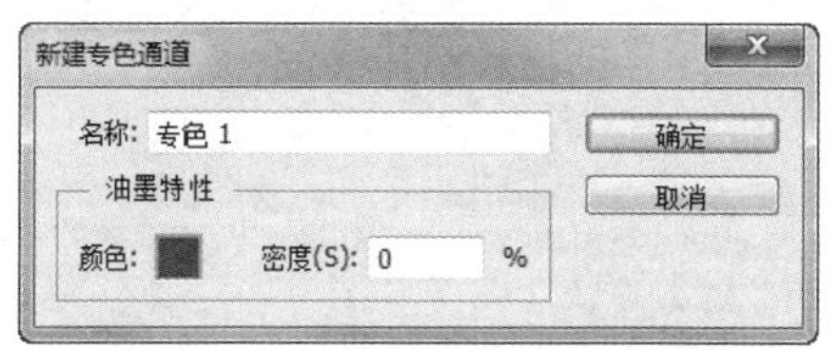

图 10-13　【新建专色通道】对话框

图 10-14　专色通道

10.3　通道的基本操作

在【通道】面板中对通道进行一些特定的操作，可以创建出更具有立体感、更加丰富的图像效果。

10.3.1　显示与隐藏通道

在编辑图像时，为了便于观察当前图像的操作状态，常常需要对部分通道进行隐藏。单击通道前的眼睛图标，即可隐藏该通道，再次单击图标，则可显示该通道。

【练习 10-2】在【通道】面板中隐藏和显示通道。

(1) 打开【苹果.jpg】图像文件，然后选取苹果和叶子图像，如图 10-15 所示。

(2) 单击【通道】面板底部的【将选区存储为通道】按钮，创建一个 Alpha 通道，如图 10-16 所示。

(3) 单击 Alpha 通道前面的图标，显示 Alpha1 通道，再单击红、蓝通道前面的眼睛图标，将其隐藏，如图 10-17 所示。

(4) 这时图像中将只显示绿色通道和 Alpha1 通道的图像，如图 10-18 所示。

图 10-15　获取图像选区

图 10-16　创建 Alpha 通道

图 10-17　隐藏/显示通道

图 10-18　图像效果

10.3.2　复制通道

通道与图层一样，都可以在面板中进行复制，不但可以在同一个文档中复制，还可以在不同的文档中相互复制。

【练习 10-3】在【通道】面板中复制通道。

(1) 选择需要复制的通道，单击【通道】面板右上方的三角形按钮，在弹出的快捷菜单中选择【复制通道】命令，如图 10-19 所示。

(2) 在打开的【复制通道】对话框中设置各选项，如图 10-20 所示。

(3) 单击【确定】按钮，即可在【通道】面板中得到复制的通道，如图 10-21 所示。

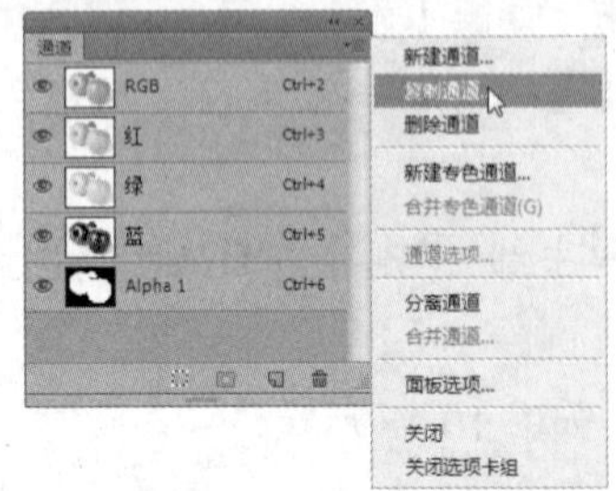

图 10-19　选择命令

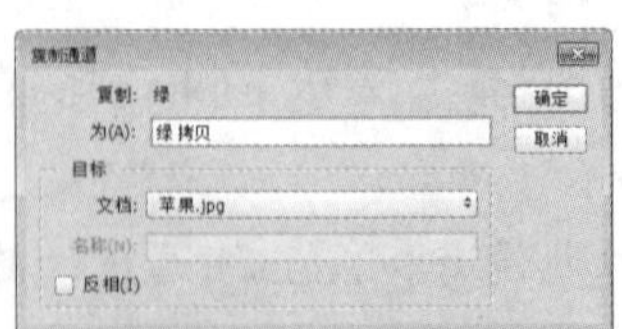

图 10-20　【复制通道】对话框

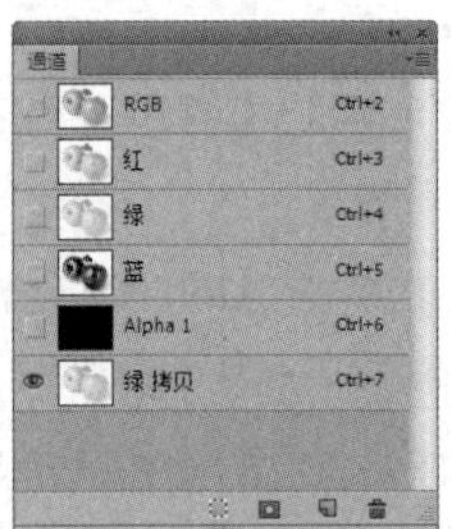

图 10-21　复制绿色通道

10.3.3　删除通道

由于多余的通道会增加图像文件大小，从而影响电脑的运行速度。因此，在完成图像的处理后，可以将多余的通道删除。删除通道有以下 3 种常用方法。

- 选择需要删除的通道，在通道上单击鼠标右键，在弹出的菜单中选择【删除通道】命令。
- 选择需要删除的通道，按下面板右上方的三角形按钮，在弹出的菜单中选择【删除通道】命令。
- 选择需要删除的通道，按住鼠标左键将其拖动到面板底部的【删除当前通道】按钮上即可。

10.3.4　载入通道选区

在通道中可以载入和存储选区，而在通道中载入选区是通道应用中最广泛的操作，在处理一个较复杂的图像时常常要运用多次载入选区的操作。

在【通道】面板中选择要产生选区的通道，然后单击面板底部的【将通道作为选区载入】按钮即可，如图 10-22 所示，载入通道选区后的效果如图 10-23 所示。

图 10-22　载入通道选区

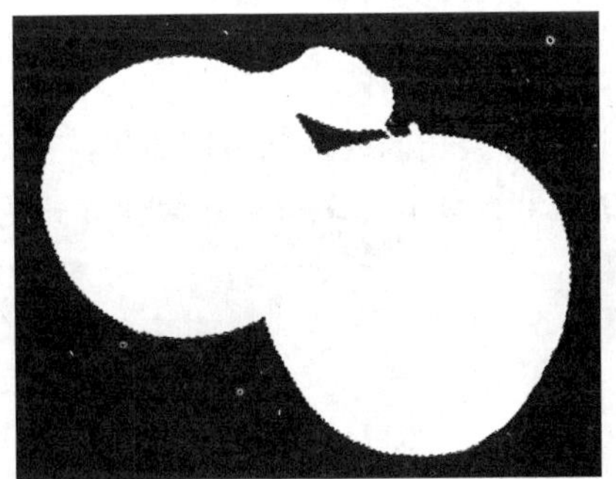

图 10-23　载入选区效果

10.3.5　通道的分离与合并

在 Photoshop 中，可以将一个图像文件的各个通道分开，各自成为一个独立图像窗口和拥有【通道】面板的独立文件，并且可以对各个通道文件进行独立编辑。当编辑完成后，再将各个独立的通道文件合成到一个图像文件中，即通道的分离与合并。

【练习 10-4】分离与合并通道。

(1) 打开【小鸟.jpg】素材图像，如图 10-24 所示，可以在【通道】面板中查看图像的通道信息，如图 10-25 所示。

图 10-24　打开图像

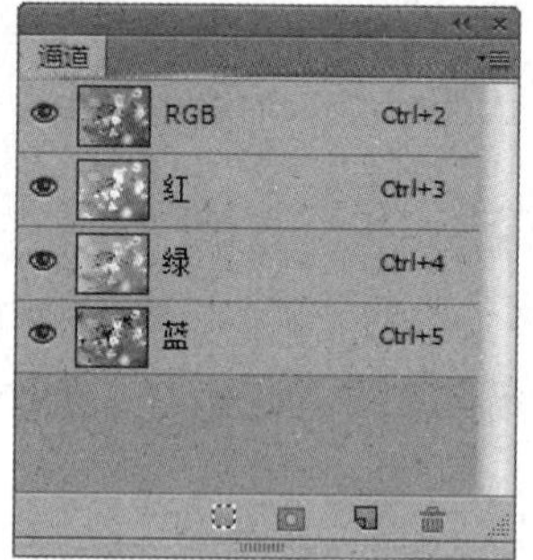

图 10-25　通道信息

(2) 单击通道快捷菜单按钮，在弹出的快捷菜单中选择【分离通道】命令，系统会自动将图像按原图像中的分色通道数目分解为 3 个独立的灰度图像，如图 10-26 所示。

(a) 红色通道图像

(b) 蓝色通道图像

(c) 绿色通道图像

图 10-26　分离通道后生成的图像

(3) 选择分离出来的绿色通道图像，然后选择【滤镜】→【风格化】→【凸出】命令，在打开的对话框中直接单击【确定】按钮，如图 10-27 所示，这时当前图像的显示效果如图 10-28 所示。

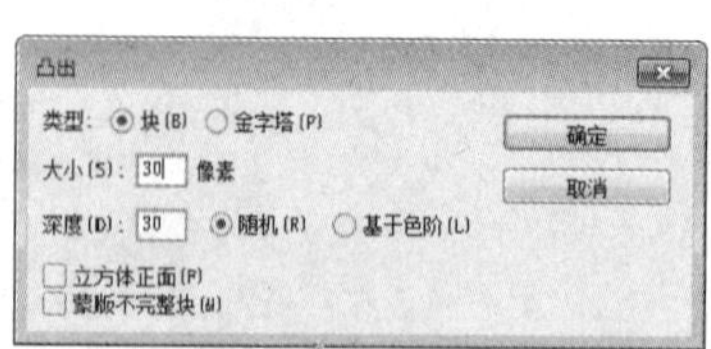

图 10-27　【凸出】对话框

图 10-28　应用滤镜后的效果

(4) 单击通道快捷菜单按钮，在弹出的快捷菜单中选择【合并通道】命令，在打开的【合并通道】对话框中设置合并后图像的颜色模式为 RGB 颜色，如图 10-29 所示。

(5) 单击【确定】按钮，在打开的【合并 RGB 通道】对话框中直接进行确定，如图 10-30 所示，即可对指定的通道进行合并，并为原图像添加背景纹理，如图 10-31 所示。

图 10-29　【合并通道】对话框

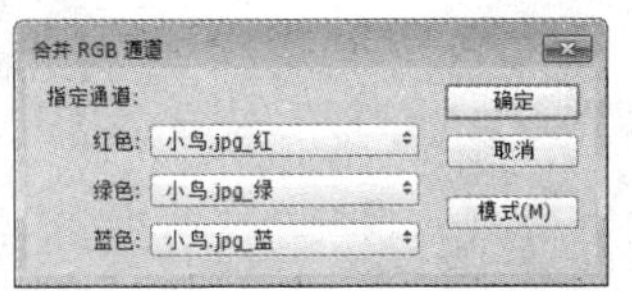

图 10-30　合并 RGB 通道

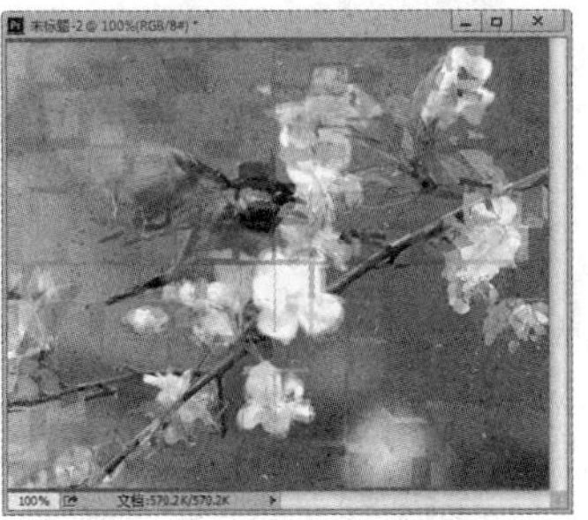

图 10-31　合并通道后的效果

10.4　应用蒙版

蒙版是一种 256 色的灰度图像，它作为 8 位灰度通道存放在图层或通道中，用户可以使用绘图编辑工具对它进行修改，此外，蒙版还可以将选区存储为 Alpha 通道。

蒙版是另一种专用的选区处理技术，用户通过蒙版可选择也可隔离图像，在图像处理时可屏蔽和保护一些重要的图像区域不受编辑和加工的影响，而当对图像的其余区域进行颜色变化、滤镜效果和其他效果处理时，被蒙版蒙住的区域不会发生改变。

10.4.1　使用快速蒙版

快速蒙版是一种临时蒙版，使用快速蒙版只建立图像的选区，不会对图像进行修改，但是快速蒙版需要通过其他工具来绘制选区，然后再进行编辑。

【练习 10-5】调整花朵的颜色。

(1) 打开【花朵.jpg】素材图像，如图 10-32 所示。

(2) 单击工具箱底部的【以快速蒙版模式编辑】按钮，进入快速蒙版编辑模式，可以在【通道】面板中查看到新建的快速蒙版，如图 10-33 所示。

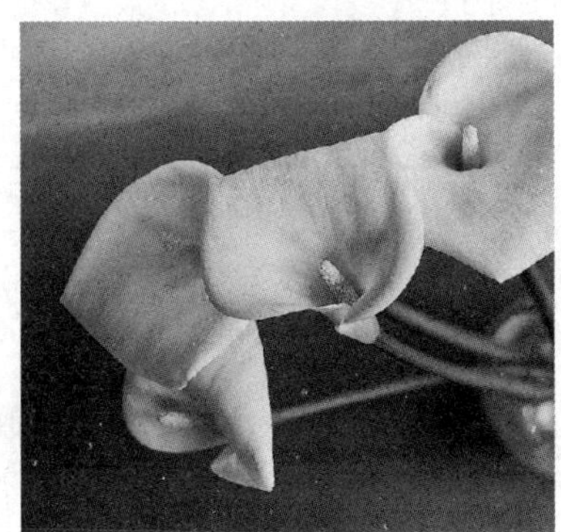

图 10-32　素材图像

图 10-33　创建快速蒙版

(3) 选择工具箱中的【画笔工具】，在花朵图像上进行涂抹，涂抹出来的颜色为红色透明

效果，如图 10-34 所示，在【通道】面板中会显示出涂抹的状态，如图 10-35 所示。

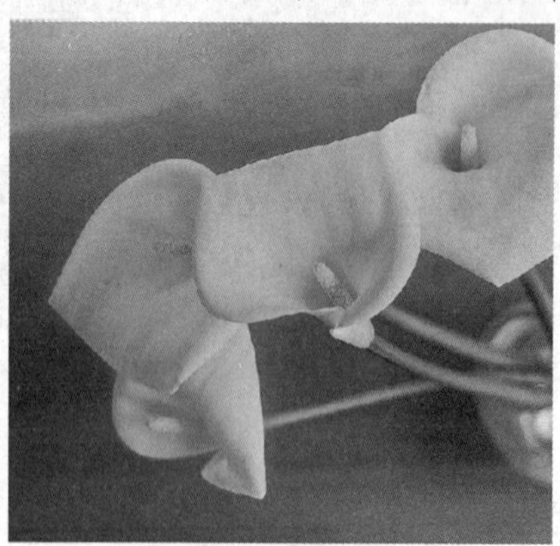

图 10-34　涂抹图像

图 10-35　快速蒙版状态

(4) 单击工具箱中的【以标准模式编辑】按钮，或按下 Q 键，将返回到标准模式中，并得到图像选区，如图 10-36 所示。

(5) 选择【选择】→【反向】命令，对选区进行反向，得到花束图像的选区，然后选择【图像】→【调整】→【色彩平衡】命令，打开【色彩平衡】对话框调整图像颜色，如图 10-37 所示。

(6) 单击【确定】按钮回到画面中，得到花朵图像的颜色调整效果，如图 10-38 所示，调整后图像周围具有羽化效果，能与周围的图像进行自然地过渡。

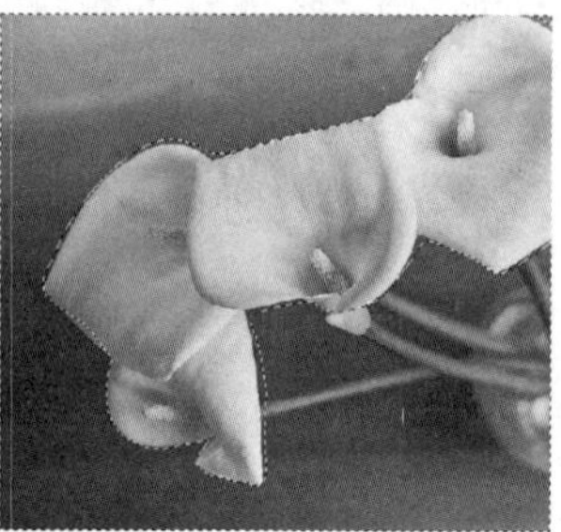

图 10-36　获取选区

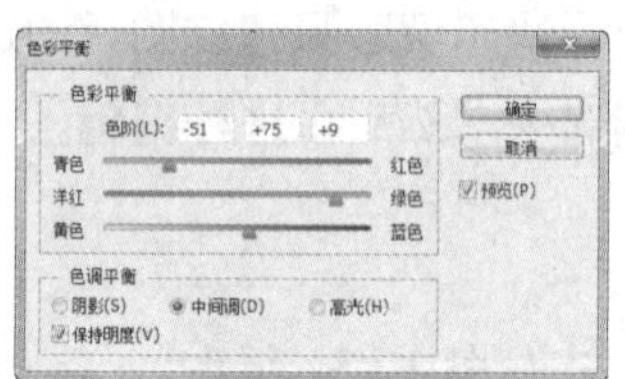

图 10-37　调整颜色

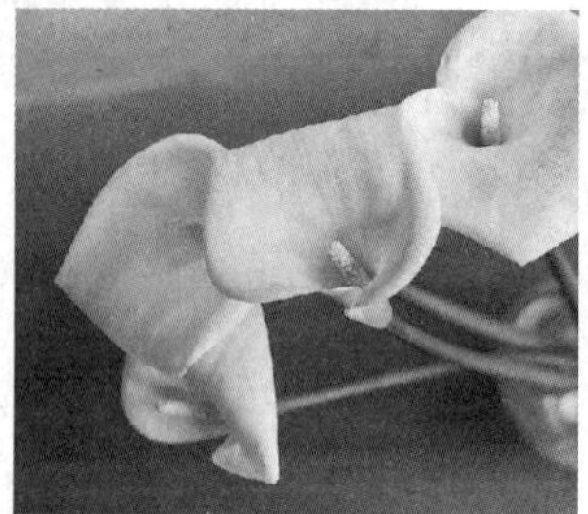

图 10-38　颜色调整效果

10.4.2　使用图层蒙版

使用图层蒙版可以隐藏或显示图层中的部分图像，还可以通过图层蒙版显示下一图层中图像被遮住的部分。

【练习 10-6】融合图像。

(1) 打开【花瓣.jpg】和【露珠.jpg】素材图像文件，然后使用【移动工具】将露珠图像拖动到花瓣图像中，并置于画面下方，如图 10-39 所示。可以在【图层】面板中看到分别有背景图层和露珠图像图层，如图 10-40 所示。

图 10-39　素材图像

图 10-40　【图层】面板

(2) 选择图层 1，单击【图层】面板底部的【添加图层蒙版】按钮，即可添加一个图层蒙版，如图 10-41 所示。

(3) 确认前景色为黑色，背景色为白色。

(4) 选择【画笔工具】，在工具属性栏中选择【柔边圆 100 像素】，不透明度为 60%，对两幅图像交接的位置进行涂抹，如图 10-42 所示。

图 10-41　添加图层蒙版

图 10-42　图像效果

(5) 在画笔工具属性栏中设置不透明度为 60%，在刚刚涂抹的位置继续适当涂抹，得到更加自然融合的图像效果，如图 10-43 所示。

(6) 在图层蒙版中涂抹图像后，其状态会在【图层】面板中显示出来，效果如图 10-44 所示。

(7) 添加图层蒙版后，可以在【图层】面板中对图层蒙版进行编辑。将光标放在【图层】面板中的蒙版图标中，然后单击鼠标右键，在弹出的菜单中可以选择所需的编辑命令，如图 10-45 所示。

图 10-43　涂抹图像

图 10-44　蒙版状态

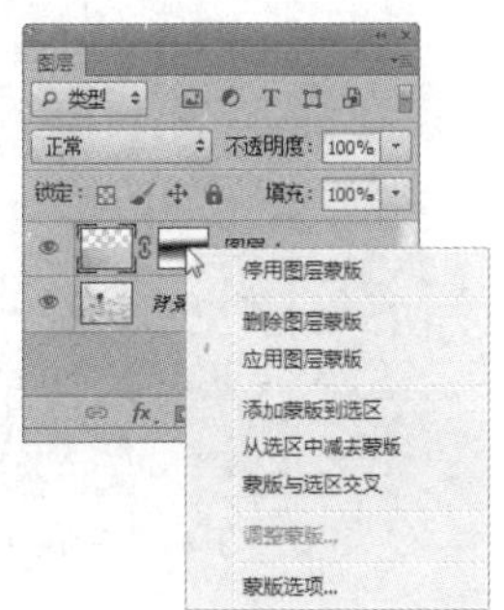

图 10-45　蒙版菜单

蒙版菜单中部分命令的作用如下。

- 停用图层蒙版：该命令可以暂时不显示图像中添加的蒙版效果。
- 删除图层蒙版：该命令可以彻底删除应用的图层蒙版效果，使图像回到原始状态。
- 应用图层蒙版：该命令可以将蒙版图层变成普通图层，将不能对蒙版进行编辑。

10.4.3 使用矢量蒙版

用户还可以使用【钢笔】或【形状工具】创建蒙版，这种蒙版称为矢量蒙版。矢量蒙版可以在图层上创建锐边形状，无论何时需要添加边缘清晰分明的设计元素，都可以使用矢量蒙版。

【练习 10-7】创建并应用矢量蒙版。

(1) 在【练习 10-6】的图像基础上，选择【自定形状工具】，在属性栏中的工具模式中选择【形状】选项，然后单击【形状】右侧的三角形按钮，在弹出的形状面板中选择【边框 4】图形，如图 10-46 所示。

(2) 设置前景色为白色，然后在图像窗口中绘制一个边框图形，如图 10-47 所示。

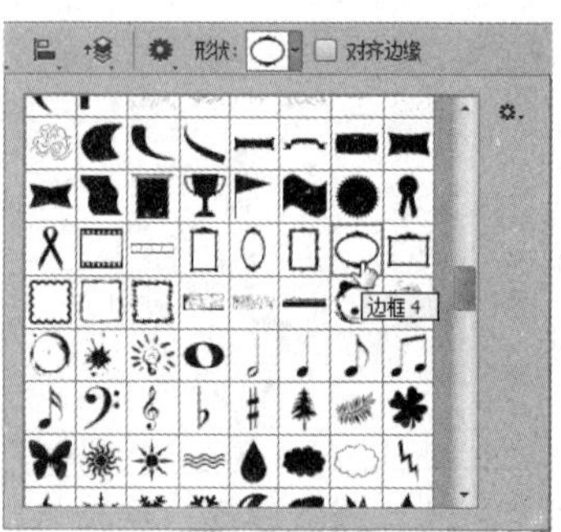

图 10-46　选择图形

图 10-47　绘制边框图形

(3) 绘制图形后，可以在【图层】面板中看到添加的是形状图层，如图 10-48 所示。使用【直接选择工具】可以编辑绘制的矢量图形，如图 10-49 所示。

图 10-48　矢量蒙版

图 10-49　编辑图形

(4) 选择【图层】→【栅格化】→【填充内容】命令，可以将形状图层转换为矢量蒙版图层，在【图层】面板将显示矢量蒙版，如图 10-50 所示。

(5) 将光标放到矢量蒙版图像中单击右键，可以弹出一个快捷菜单，在其中可以根据需要选择矢量蒙版编辑命令，如图 10-51 所示。

图 10-50　矢量蒙版

图 10-51　编辑图形

10.5　上机实战

本小节综合应用所学的 Photoshop 图像基本操作，包括查看图像、调整图像和编辑图像等，练习使用 Photoshop 调整照片和制作立体图像的操作。

10.5.1　制作个性边框

本实例将制作一个个性边框图像，首先使用了一张较为漂亮的素材图像，再通过新建通道，并在通道中应用滤镜命令，得到边框的喷溅效果，然后填充颜色，最后添加投影即可。实例效果如图 10-52 所示。

图 10-52　实例效果

本实例的具体操作如下。

(1) 打开【别墅.jpg】素材图像，如图 10-53 所示。切换到【通道】面板中，单击面板下方的【创建新通道】按钮，新建【Alpha 1】通道。

(2) 使用【套索工具】在图像四周绘制一个选区，并填充为白色，如图 10-54 所示。

图 10-53　素材图像

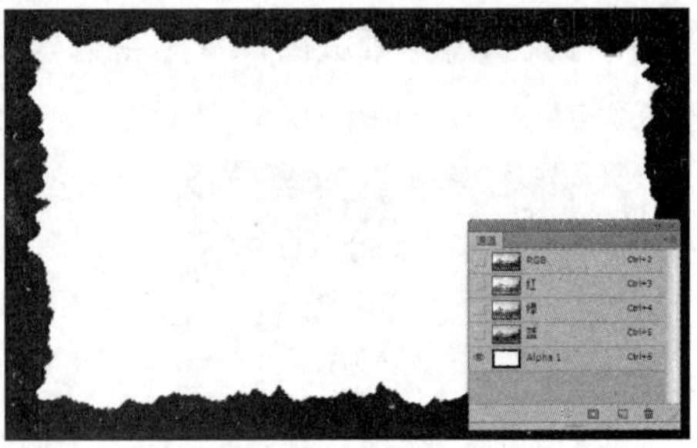
图 10-54　绘制并填充通道选区

(3) 按 Ctrl+D 组合键取消选区。选择【滤镜】→【滤镜库】命令，在打开的对话框中选择【画笔描边】→【喷溅】选项，设置其参数如图 10-55 所示。

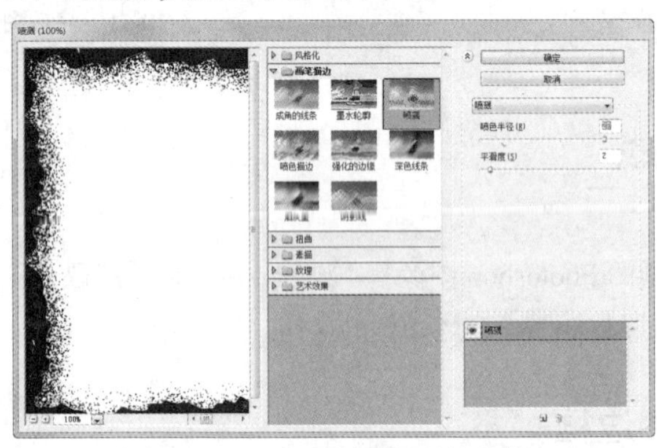
图 10-55　设置【喷溅】滤镜参数

(4) 单击【确定】按钮，按住 Ctrl 键单击【Alpha 1】通道，载入【Alpha 1】通道选区，切换到【图层】面板，按 Shift+Ctrl+I 键反选选区，如图 10-56 所示。

(5) 新建一个图层，将选区填充为白色，得到【图层 1】，如图 10-57 所示。

图 10-56　获取选区

图 10-57　转换图层

(6) 选择【图层】→【图层样式】→【投影】命令，在打开的【图层样式】对话框中设置投影颜色为黑色，其余参数如图 10-58 所示。

(7) 在对话框左侧选择【纹理】样式，在图案列表框中载入【自然】图案样式，然后选择【叶子】图案，如图 10-59 所示。

(8) 单击【确定】按钮，完成本实例的操作。

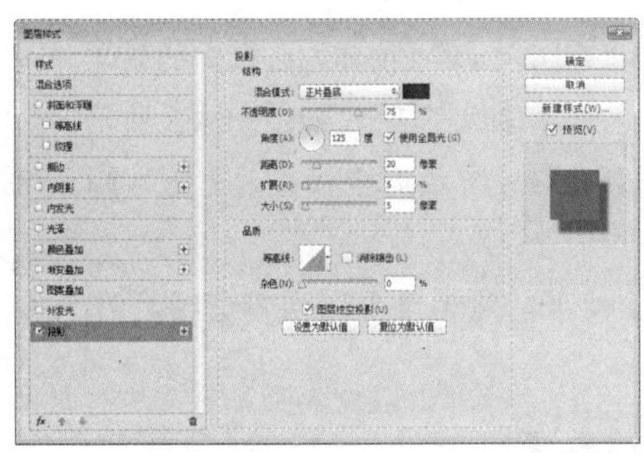

图 10-58　设置外发光参数

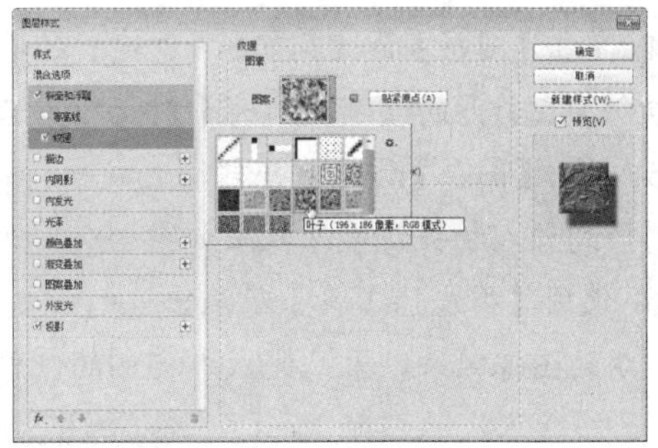

图 10-59　选择纹理样式

10.5.2　为头发染色

本实例制作的为头发染色图像效果，在图像中为人物头发添加了彩色效果，并且自然地与发质融合在一起。通过该案例的学习，用户可以掌握快速蒙版和填充图层的操作，实例效果如图 10-60 所示。

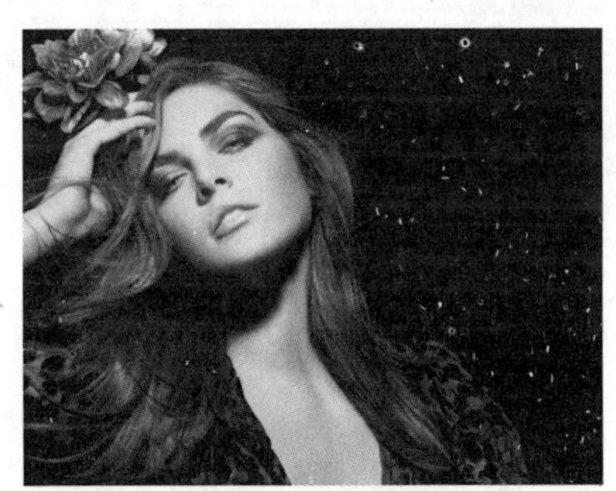

图 10-60　实例效果

本实例的具体操作如下。

(1) 打开【美女.jpg】素材图像，单击工具箱下方的【以快速蒙版模式编辑】按钮，进入快速蒙版编辑状态。

(2) 选择【画笔工具】对人物的头发进行涂抹，效果如图 10-61 所示。

(3) 按 Q 键返回到标准模式中，然后选择【选择】→【反向】命令，获取头发图像选区，如图 10-62 所示。

图 10-61　涂抹头发

图 10-62　获取选区

(4) 单击【图层】面板底部的【创建新的填充或调整图层】按钮，在弹出的菜单中选择【渐变】命令，在打开的【渐变填充】对话框中选择【色谱】渐变选项，如图 10-63 所示。

(5) 这时【图层】面板中将自动生成一个调整图层，设置图层混合模式为【叠加】，如图 10-64 所示，得到的人物头发染色效果如图 10-65 所示。

(6) 使用【橡皮擦工具】对溢出来的头发做擦除处理，然后设置图层不透明度为 50%，得到较为透明的图像效果，至此完成本实例的制作。

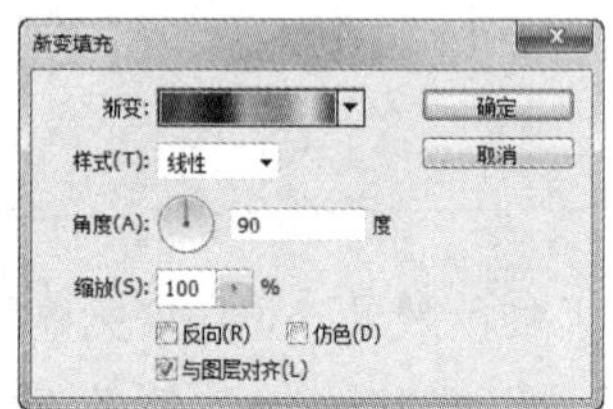

图 10-63 设置渐变色

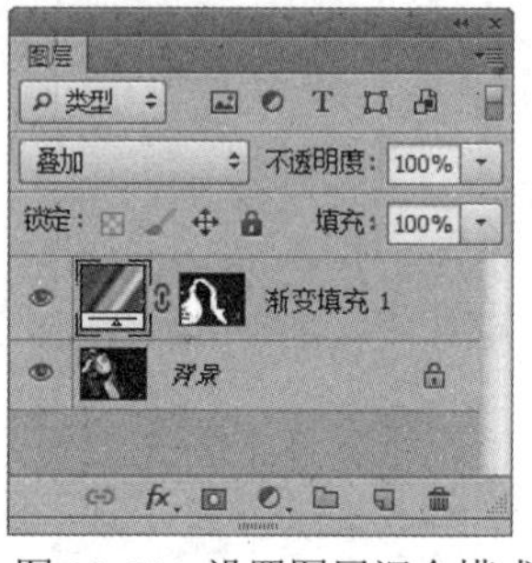

图 10-64 设置图层混合模式

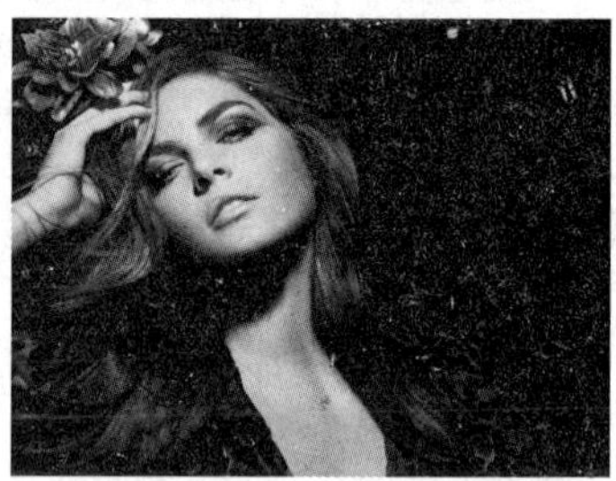

图 10-65 图像效果

10.6 思考与练习

10.6.1 填空题

1. 通道主要有两种作用：一种保存和调整图像的颜色信息；另一种是______________。
2. 单击通道前的____________，可以隐藏该通道。
3. 颜色通道主要用于描述__________信息。
4. __________是一种临时蒙版，使用快速蒙版只建立图像的选区，不会对图像进行修改。

10.6.2 选择题

1. 在 Photoshop 中，通道包括哪几种类型(　　)。

   A. 颜色通道　　B. Alpha 通道

   C. 滤镜通道　　D. 专色通道

2. RGB 颜色模式的图像有(　　)个默认的通道。

   A. 1　　B. 2

   C. 3　　D. 4

10.6.3　操作题

打开素材图像【老照片.jpg】，如图 10-66 所示。通过图层、通道等功能，对图像进行处理，制作撕裂的图像效果，如图 10-67 所示。

操作提示：

(1) 将背景图层转换为普通图层，得到【图层 0】。

(2) 新建一个【图层 1】，填充为白色，将【图层 1】放到【图层 0】的下方，选择【图层 0】，按 Ctrl＋T 键中心缩小图像。

(3) 为图像应用投影样式，然后切换到【通道 】面板中，创建一个新通道，选择套索工具随意选择图像的一半区域，填充为白色。

(4) 对图像应用【晶格化】滤镜，产生边缘撕裂效果。

(5) 返回 RGB 通道，选择【选择】→【载入选区】命令，读取 Alpha 1 通道，按住 Ctrl 键移动选择区域。

图 10-66　原图

图 10-67　撕裂图像效果

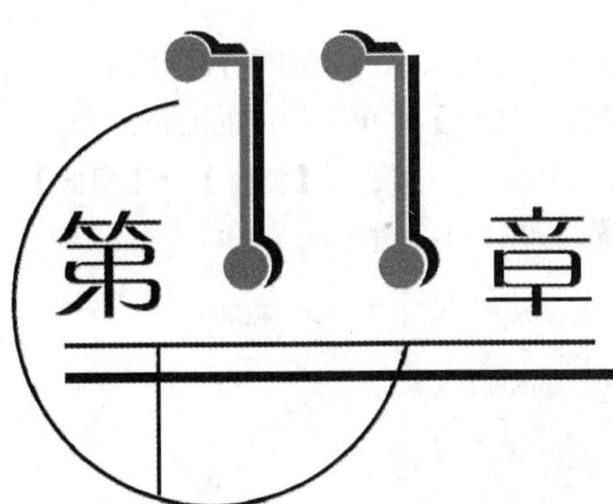

第11章 滤镜的基本操作

学习目标

本章主要介绍滤镜的基本操作，包括滤镜菜单的介绍、滤镜的一般使用方法以及几个常用滤镜的功能和操作。其中重点介绍了【液化】和【消失点】滤镜，其中【消失点】滤镜在平衡图像间的透视关系时非常有用。

本章重点

- 滤镜的基础操作
- 镜头校正滤镜
- 液化滤镜
- 消失点滤镜
- 滤镜库
- 智能滤镜

11.1 初识滤镜

Photoshop 中的滤镜功能十分强大，可以创建出各种各样的图像特效。Photoshop CC 2015 提供了近 100 种滤镜，可以完成纹理、杂色、扭曲和模糊等多种操作。

11.1.1 滤镜简介

Photoshop 的滤镜主要分为两部分，一部分是 Photoshop 程序内部自带的内置滤镜；另一部分是第三方厂商为 Photoshop 所生产的外挂滤镜。外挂滤镜数量较多，而且种类繁多、功能多样，用户可以使用不同的滤镜，轻松地达到创作的意图。

在【滤镜】菜单中可以找到所有 Photoshop 内置滤镜。单击【滤镜】菜单，在弹出的【滤镜】菜单中包括了多种滤镜组，在滤镜组中还包含了多种不同的滤镜效果，如图 11-1 所示。

Photoshop 的滤镜中，大部分滤镜都拥有对话框，选择【滤镜】菜单下相应的滤镜命令，可以在弹出的对话框中设置各项参数，然后单击【确定】按钮即可，如选择【滤镜】→【扭曲】→【波纹】命令，即可打开【波纹】对话框进行各项设置，如图 11-2 所示。

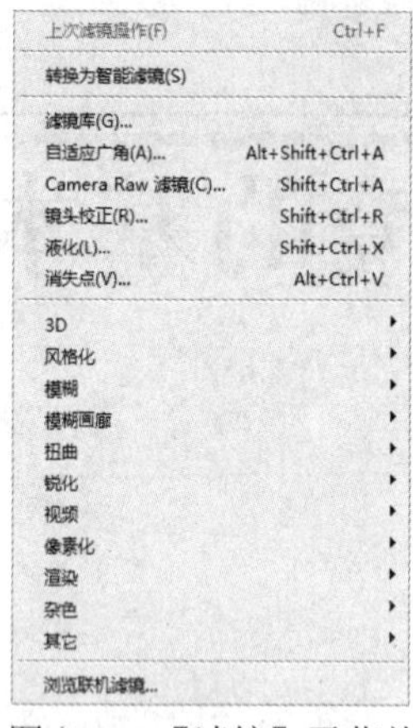

图 11-1 【滤镜】子菜单

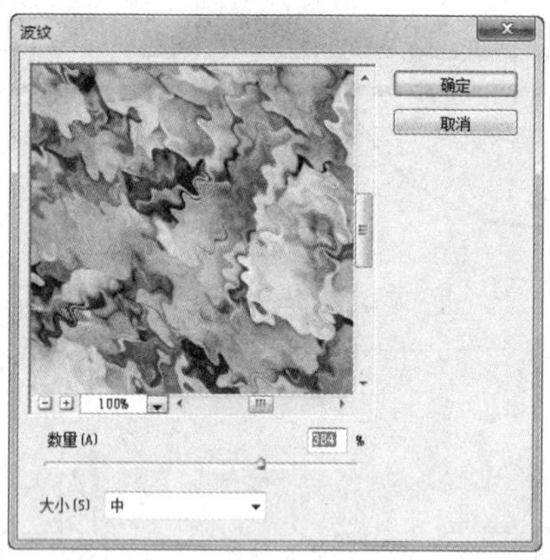

图 11-2 【波纹】对话框

11.1.2 滤镜的基础操作

在 Photoshop 中系统默认为每个滤镜都设置了效果，当应用该滤镜时，自带的滤镜效果就会应用到图像中，用户可以通过滤镜提供的参数对图像效果进行调整。

1. 预览滤镜

当用户在【滤镜】菜单下选择一种滤镜时，系统将打开对应的参数设置对话框，用户在其中可以预览到图像应用滤镜的效果，如图 11-3 和图 11-4 所示。

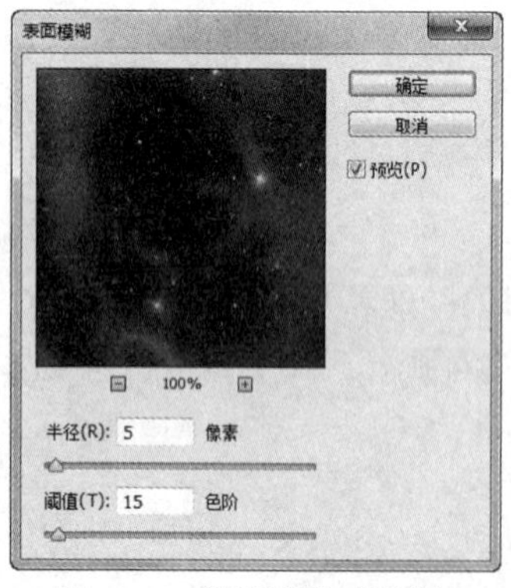

图 11-3 普通滤镜对话框

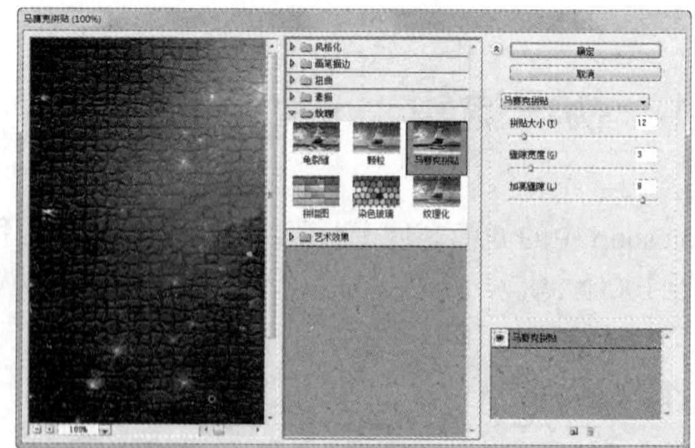

图 11-4 滤镜库对话框

在普通滤镜对话框中单击预览框底部的□或□按钮，可以缩小或放大预览图，如图 11-5 所示，当预览图放大到超过预览框大小时，可以在预览图中通过拖动图像来显示图像的其他区域，如图 11-6 所示。

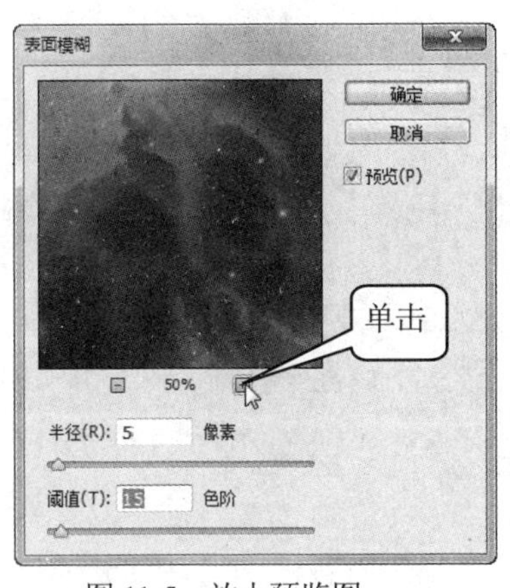

图 11-5　放大预览图

图 11-6　移动预览图

2. 应用滤镜

设置不同的滤镜参数可以得到不同变化的图像效果，应用滤镜的具体操作如下。

(1) 选择要应用滤镜的图层，或使用选区工具选取要应用滤镜的图像区域。

(2) 从【滤镜】菜单的子菜单中选取一个滤镜。

(3) 选取滤镜后，如果不出现任何对话框，则说明已应用该滤镜效果，如果出现对话框，则可在对话框中调整参数，然后单击【确定】按钮即可。

技巧

对图像应用滤镜后，如果发现效果不明显，可按 Ctrl+F 组合键再次应用该滤镜。

11.2　常用滤镜的设置与应用

在 Photoshop 中，液化滤镜和消失点滤镜等常用滤镜对用户修图的帮助很大，下面介绍常用滤镜的具体使用方法。

11.2.1　镜头校正滤镜

【镜头校正】滤镜可以修复常见的镜头瑕疵，如桶形和枕形失真、晕影和色差，该滤镜在 RGB 或灰度模式下只能用于 8 位/通道和 16 位/通道的图像。

【练习 11-1】镜头校正图像。

(1) 打开【城市建筑.jpg】图像文件，可以看到图像有球面化效果，如图 11-7 所示。

(2) 选择【滤镜】→【镜头校正】命令，打开【镜头校正】对话框，如图 11-8 所示。

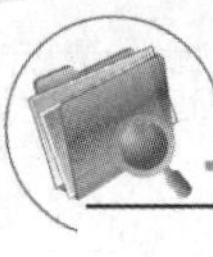

图 11-7　素材图像

图 11-8　【镜头校正】对话框

(3) 选择对话框右侧的【自动校正】选项卡，用户可以设置校正选项，在【边缘】下拉菜单中可以选择相应的命令，如图 11-9 所示。

(4) 在【搜索条件】下拉菜单中可以设置相机的品牌、型号和镜头型号，如图 11-10 所示。

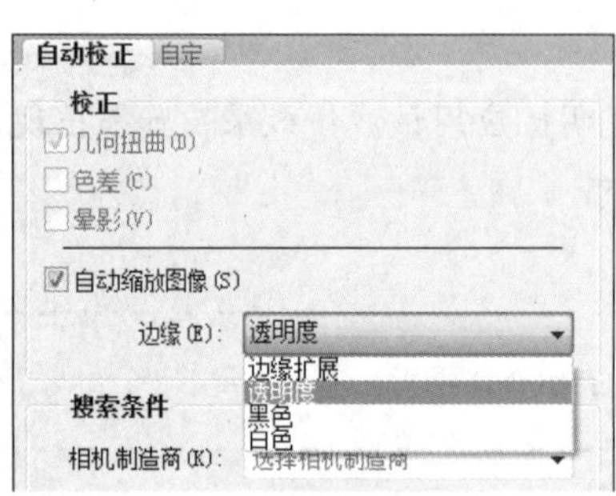

图 11-9　素材图像

图 11-10　搜索条件

(5) 选择对话框中的【自定】选项卡，可以精确地校正扭曲。这里设置【几何扭曲】为 100、再适当调整【色差】和【变换】中的各项参数，如图 11-11 所示。

(6) 单击【确定】按钮，得到校正后的图像效果，如图 11-12 所示。

图 11-11　设置参数

图 11-12　校正效果

11.2.2　液化滤镜

【液化】滤镜可以使图像产生扭曲效果，用户可以通过【液化】对话框自定义图像扭曲的范围和强度，还可以将调整好的变形效果存储起来，以便于以后使用。

【练习 11-2】液化图像。

(1) 选择【滤镜】→【液化】命令，打开【液化】对话框，对话框的左侧为工具箱，中间为预览图像窗口，右侧为参数设置区，如图 11-13 所示。

(2) 选中【高级模式】复选框，可以显示所有选项，如图 11-14 所示。

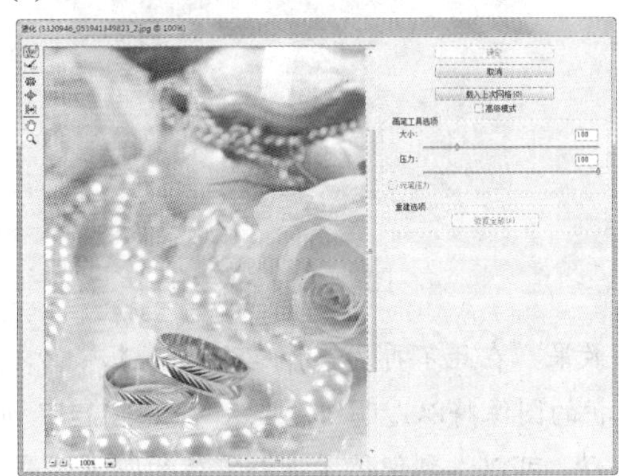

图 11-13　【液化】对话框

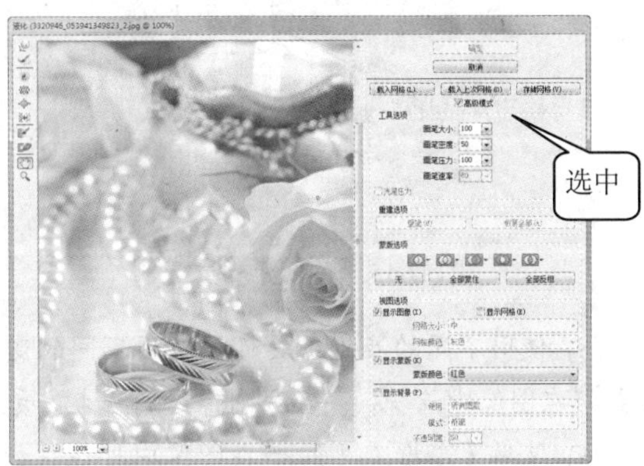

图 11-14　显示所有选项

【液化】对话框中常用工具的作用如下。

- 向前变形工具：在预览框中单击并拖动鼠标可以使图像中的颜色产生流动效果。在对话框右侧的【画笔大小】、【画笔密度】和【画笔压力】下拉列表中可以设置笔头样式。
- 重建工具：可以对图像中的变形效果进行还原操作。
- 顺时针旋转扭曲工具：在图像中按住鼠标左键不放，可以使图像产生顺时针旋转效果。
- 褶皱工具：拖动鼠标图像将产生向内压缩变形的效果。
- 膨胀工具：拖动鼠标图像将产生向外膨胀放大的效果。
- 左推工具：拖动鼠标图像中的像素将发生位移变形效果。
- 镜像工具：用于复制图像并使复制后的图像产生与原图像对称的效果。
- 湍流工具：拖动鼠标图像将产生波纹效果。
- 冻结蒙版工具：用于将图像中不需要变形的部分保护起来，被冻结区域将不会受到变形的处理。
- 解冻蒙版工具：用于解除图像中的冻结部分。
- 抓手工具：当图像大于预览框区域显示时，可以使用该工具拖动图像进行查看。
- 缩放工具：用户对图像的放大或缩小操作，直接在预览框中单击鼠标左键可以放大图像，按住 Alt 键在图像中单击可以缩小图像。

(3) 选择【向前变形工具】，然后将鼠标放到戒指图像中，按住鼠标进行拖动，将得到图像的变形效果，如图 11-15 所示。

(4) 使用【重建工具】在扭曲的图像上涂抹，可以将其恢复原状，如图 11-16 所示。

图 11-15　变形图像

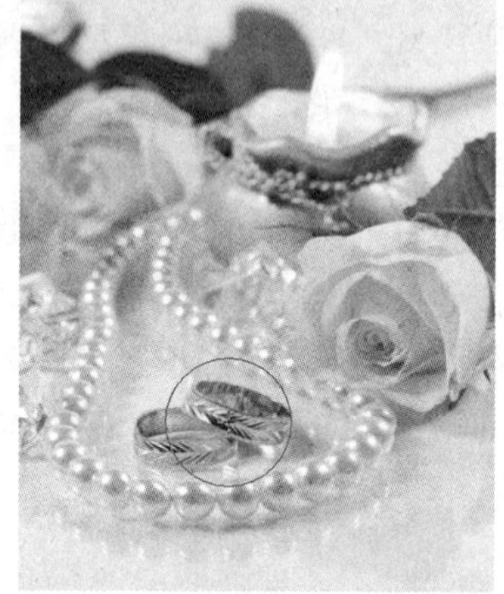

图 11-16　恢复图像

(5) 使用不同的液化工具可以应用不同的变形效果，在此不再逐一介绍。选择【冻结蒙版工具】在图像中涂抹，将部分图像进行保护，受保护的图像将以透明红色显示，如图 11-17 所示。

(6) 使用【左推工具】在图像中按住鼠标拖动，可以看到使用了冻结蒙版的图像效果并不能被改变，如图 11-18 所示。

图 11-17　使用冻结蒙版

图 11-18　左推图像效果

技巧

当用户在【液化】对话框中使用工具应用变形效果后，单击右侧的【恢复全部】按钮，可以将图像恢复到原始状态。

11.2.3　消失点滤镜

使用【消失点】滤镜可以在图像中自动应用透视原理，按照透视的角度和比例来自动适应图像的修改，从而大大节约精确设计和修饰照片所需的时间。

选择【滤镜】→【消失点】命令，可以打开【消失点】对话框，如图 11-19 所示。

【消失点】对话框中常用工具的作用如下。

- 创建平面工具：打开【消失点】对话框时，该工具为默认选择工具，在预览框中不同的位置单击4次，可创建一个透视平面，如图11-20所示。在对话框顶部的【网格大小】下拉列表框中可设置显示的密度。

图 11-19　【消失点】对话框

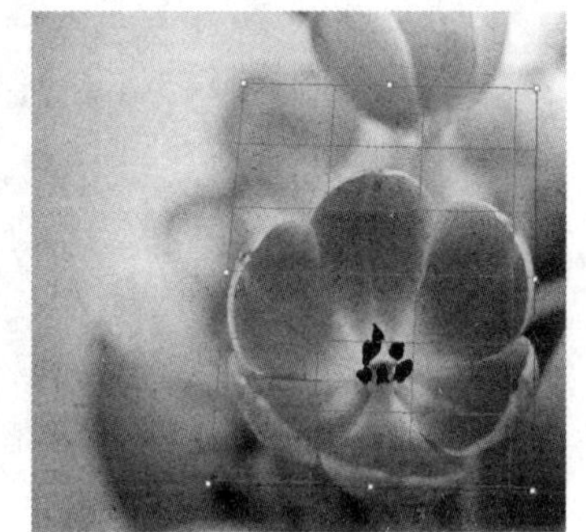

图 11-20　创建透视平面

- 编辑平面工具：选择该工具可以调整绘制的透视平面，调整时拖动平面边缘的控制点即可，如图11-21所示。
- 图章工具：该工具与工具箱中的【仿制图章工具】相同，在透视平面内按住 Alt 键并单击图像可以对图像取样，然后在透视平面其他位置单击，可以将取样图像进行复制，复制后的图像与透视平面保持相同的透视关系，如图11-22所示。

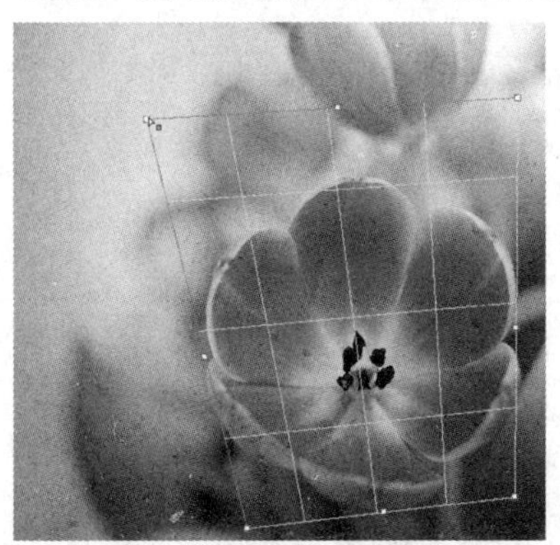

图 11-21　调整透视平面

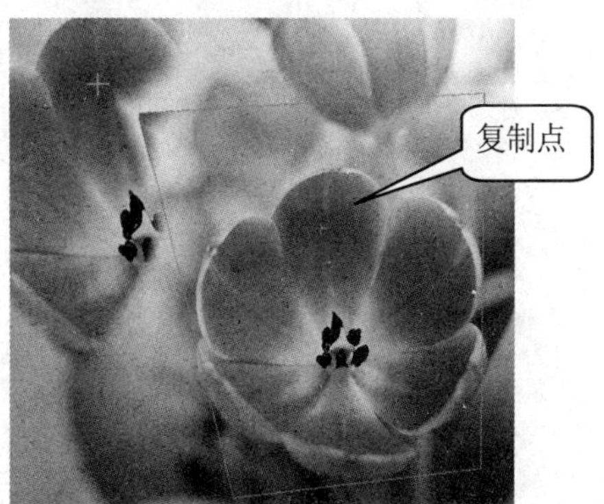

图 11-22　单击复制

11.2.4 滤镜库

在 Photoshop CC 2015 中滤镜菜单有所调整，对于存在于【滤镜库】中的滤镜将不在菜单中显示，需要打开【滤镜库】后才能进行查看和操作。用户通过【滤镜库】可以查看到各滤镜的应用效果，滤镜库整合了【扭曲】、【画笔描边】、【素描】、【纹理】、【艺术效果】和【风格化】6 种滤镜功能，通过该滤镜库，可预览同一图像应用多种滤镜的效果。

【练习 11-3】在滤镜库中添加滤镜。

(1) 打开任意一幅素材图像，选择【滤镜】→【滤镜库】命令，打开【滤镜库】对话框，如图 11-23 所示。

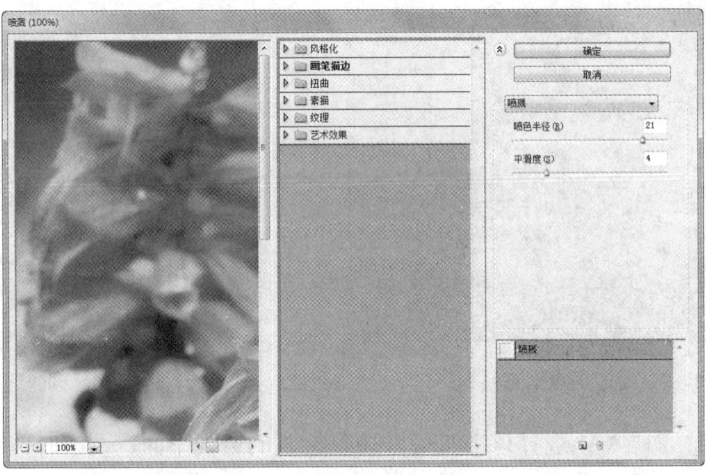

图 11-23 【滤镜库】对话框

(2) 在滤镜库中有 6 组滤镜，单击其中一组滤镜，即可打开该组中的其他滤镜，然后选择其中一种滤镜，可以为图像添加滤镜效果，在左侧的预览窗口中可以查看到图像滤镜效果，如图 11-24 所示。

图 11-24 添加滤镜

(3) 单击对话框右下角的【新建效果图层】按钮，可以将该滤镜效果保存，然后再单击其他滤镜效果，可以得到两种滤镜叠加的效果，如图 11-25 所示。

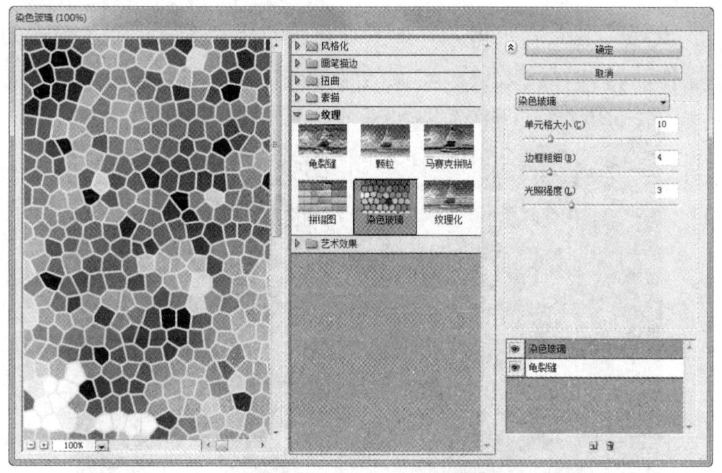

图 11-25　【染色玻璃】滤镜效果

11.2.5　智能滤镜

在 Photoshop 中，应用于智能对象的任何滤镜都是智能滤镜，使用智能滤镜可以将已经设置好的滤镜效果重新编辑。

首先选择【滤镜】→【转换为智能滤镜】命令，将图层中的图像转换为智能对象，如图 11-26 所示，然后对该图层应用滤镜，此时【图层】面板如图 11-27 所示。单击【图层】面板中添加的滤镜效果，可以开启对应的滤镜对话框，对其进行重新编辑。

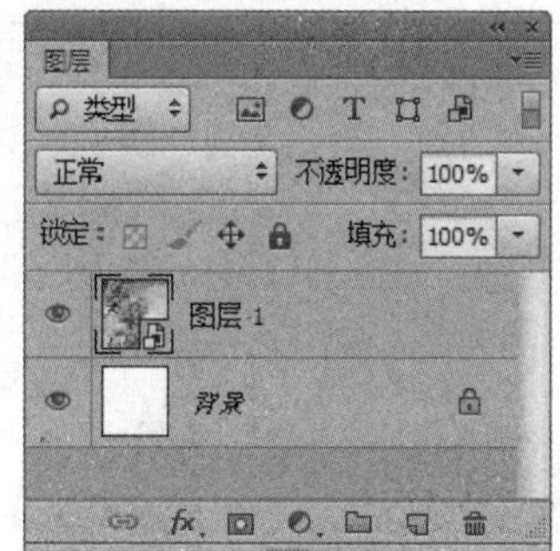

图 11-26　转换为智能滤镜

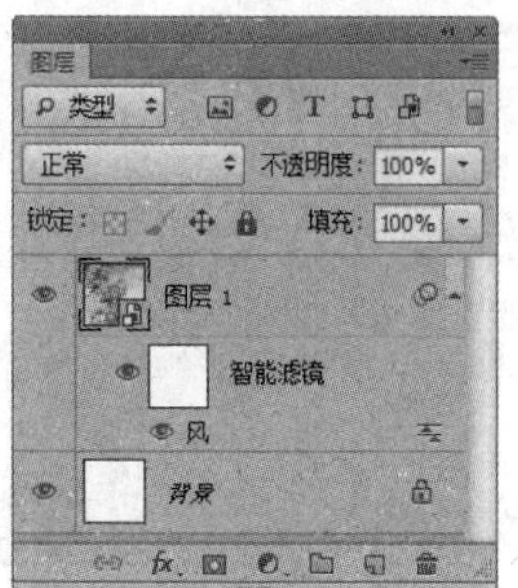

图 11-27　【图层】面板

11.3　上机实战

本章学习了滤镜的基本操作，包括滤镜的基本操作、镜头校正滤镜、液化滤镜和滤镜库的应用等，下面通过两个练习来巩固本章所学的知识。

11.3.1 制作搞笑卡通人物

本实例制作一个搞笑的卡通人物形象，主要通过【液化】滤镜，对人物的面部做夸张造型，然后对身体做缩小操作，得到喜剧效果。实例效果如图 11-28 所示。

图 11-28 实例效果

本实例的具体操作如下。

(1) 打开素材图像【人物.jpg】，如图 11-29 所示。

(2) 选择【钢笔工具】，沿着人物边缘绘制路径，勾画人物图像，然后按 Ctrl+Enter 组合键将路径转换为选区。

(3) 按 Ctrl+J 组合键复制选区中的图像，得到新图层，然后隐藏背景图层，效果如图 11-30 所示。

图 11-29 打开素材图像

图 11-30 隐藏背景图层后的效果

(4) 选择【滤镜】→【液化】命令，打开【液化】对话框，选择【向前变形工具】，设置画笔大小为 50，对人物的嘴部图像两侧向外拉伸，得到夸张的嘴巴造型，如图 11-31 所示。

(5) 选择【膨胀工具】，设置画笔大小为 70，在人物的两个眼睛中分别单击 2 到 3 次，得到眼睛的变形效果，如图 11-32 所示。

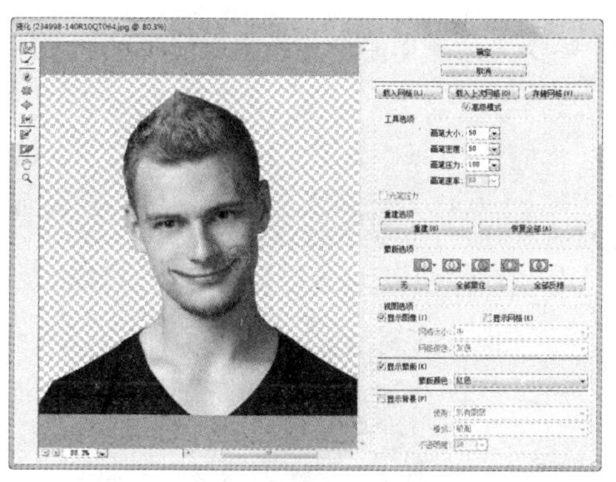

图 11-31　拉伸嘴巴

图 11-32　眼睛变形效果

(6) 选择【向前变形工具】，在人物的头部图像两侧分别向外拉伸，得到大头效果，如图 11-33 所示。

(7) 选择【冻结蒙版工具】，对人物的头部做涂抹，得到红色透明图像，将头部冻结起来，以方便对身体进行操作，如图 11-34 所示。

图 11-33　制作大头图像

图 11-34　冻结图像

(8) 使用【向前变形工具】，对人物的身体做向内收缩操作，如图 11-35 所示。

(9) 单击对话框中的【确定】按钮，完成人物造型的操作，效果如图 11-36 所示。

图 11-35　收缩身体

图 11-36　图像效果

(10) 打开素材图像【光斑.jpg】，使用【移动工具】将其拖动到当前编辑的图像中，得到图层 2，放到变形人物图层下方，如图 11-37 所示。

(11) 选择【滤镜】→【模糊】→【高斯模糊】命令，打开【高斯模糊】对话框，设置模糊【半径】为 7，如图 11-38 所示。

图 11-37　添加素材图像

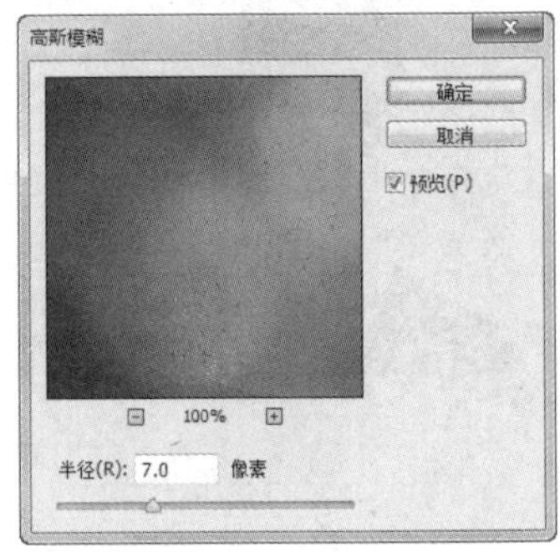

图 11-38　设置模糊半径

(12) 单击【确定】按钮，得到模糊效果，如图 11-39 所示。

(13) 按 Ctrl+J 组合键复制一次图层 2，将其放到图层顶层，然后调整图层混合模式为【正片叠底】，如图 11-40 所示。

图 11-39　图像模糊效果

图 11-40　复制图层

(14) 选择【橡皮擦工具】，在属性栏中设置不透明度为 50%，对复制的图像左侧做适当的擦除，效果如图 11-41 所示。

(15) 按 Ctrl+Alt+Shift+E 组合键盖印图层，选择【滤镜】→【滤镜库】命令，打开【滤镜库】对话框，选择【纹理】→【纹理化】命令，选择【纹理】为【画布】，再设置其他参数，如图 11-42 所示。单击【确定】按钮，得到纹理效果，完成本实例的操作。

图 11-41　擦除图像

图 11-42　打开滤镜库

11.3.2　制作朦胧画面

本实例制作的是一个朦胧的画面效果，主要是为了练习在滤镜库中增加新的滤镜，使图像得到叠加滤镜效果，实例效果如图 11-43 所示。

图 11-43　实例效果

本实例的具体操作如下。

(1) 选择【文件】→【打开】命令，打开素材图像【教堂.jpg】，如图 11-44 所示。

(2) 选择【滤镜】→【滤镜库】命令，打开【滤镜库】对话框，选择【扭曲】→【扩散光亮】命令，设置【粒度】为 6、【发光量】为 10、【清除数量】为 15，在图像左侧预览框中可以预览图像效果，如图 11-45 所示。

图 11-44　打开素材图像

图 11-45　使用【滤镜库】

(3) 单击【滤镜库】对话框下方的【新建效果图层】按钮，然后选择【纹理】→【颗粒】命令，设置【颗粒类型】为【斑点】，再设置其他参数，如图 11-46 所示。

(4) 单击【确定】按钮，得到特殊图像效果，如图 11-47 所示，至此完成本实例的制作。

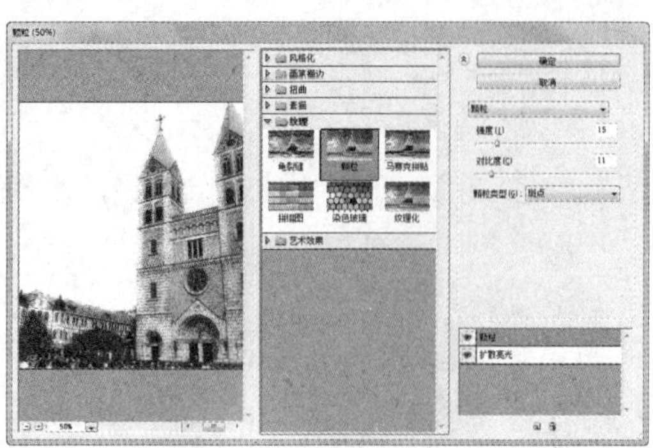
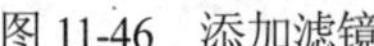

图 11-46　添加滤镜

图 11-47　图像效果

11.4　思考与练习

11.4.1　填空题

1. Photoshop 的滤镜主要分为两部分，一部分是 Photoshop 程序内部自带的__________；另一部分是第三方厂商为 Photoshop 所生产的__________。

2.__________滤镜可以修复常见的镜头瑕疵，如桶形和枕形失真、晕影和色差。

11.4.2　选择题

1. 使用(　　　)滤镜可以在图像中自动应用透视原理，按照透视的角度和比例来自动适应图像的修改。

A. 消失点　　B. 液化

C. 模糊　　D. 智能滤镜

2. (　　)滤镜可以使图像产生扭曲效果，用户可以通过滤镜对话框自定义图像扭曲的范围和强度。

A. 波纹　　B.液化

C. 风格化　　D. 消失点

11.4.3　操作题

打开【人物 2.jpg】素材图像，如图 11-48 所示，然后对人物图像进行液化操作，为人物进行瘦身处理，得到如图 11-49 所示的效果。

图 11-48　素材图像

图 11-49　瘦身处理

第12章 滤镜的深入解析

学习目标

本章将学习 Photoshop 滤镜菜单各种命令的使用方法，使用 Photoshop 中的滤镜可以制作出许多不同的效果，而且还可以制作出各种效果的图片设计。在使用滤镜时，参数的设置非常重要，用户在学习的过程中可以大胆地尝试，从而了解各种滤镜的效果特点。

本章重点

- 滤镜库中的滤镜
- 其他滤镜的应用

12.1 滤镜库中的滤镜

在前一章中学习了滤镜库的使用方法，其中有 6 个滤镜组，下面将分别介绍滤镜库中各类滤镜的操作效果。

12.1.1 风格化滤镜组

风格化滤镜组主要通过置换像素和查找增加图像的对比度，使图像产生印象派及其他风格化效果。该组滤镜提供了 9 种滤镜效果，只有照亮边缘滤镜位于滤镜库中。

1. 照亮边缘

该滤镜是通过查找并标识颜色的边缘，为其增加类似霓虹灯的亮光效果。选择【滤镜】→【滤镜库】命令，在打开的对话框中选择【风格化】→【照亮边缘】命令，在其中可以预览图像效果，如图 12-1 所示。

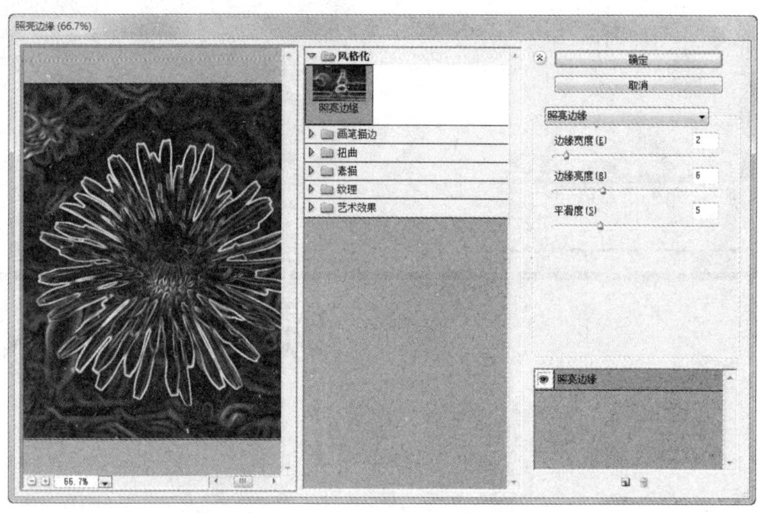

图 12-1　【照亮边缘】对话框

【照亮边缘】对话框中主要选项的作用如下。

- 【边缘宽度】：调整数值可以增加或减少被照亮边缘的宽度。
- 【边缘亮度】：调整数值可以设置被照亮边缘的亮度。
- 【平滑度】：调整数值可以设置被照亮边缘的平滑度。

2. 查找边缘

【查找边缘】滤镜可以找出图像主要色彩的变化区域，使之产生使用铅笔勾划过的轮廓效果，打开一幅素材图像，如图 12-2 所示，然后选择【滤镜】→【风格化】→【查找边缘】命令，得到的效果如图 12-3 所示。

图 12-2　原图

图 12-3　查找边缘滤镜效果

3. 等高线

使用【等高线】滤镜可以查找图像的亮区和暗区边界，并对边缘绘制出线条比较细、颜色比较浅的线条效果。选择【滤镜】→【风格化】→【等高线】命令，打开其参数设置对话框，如图 12-4 所示，设置好参数后单击【确定】按钮可以得到如图 12-5 所示的图像效果。

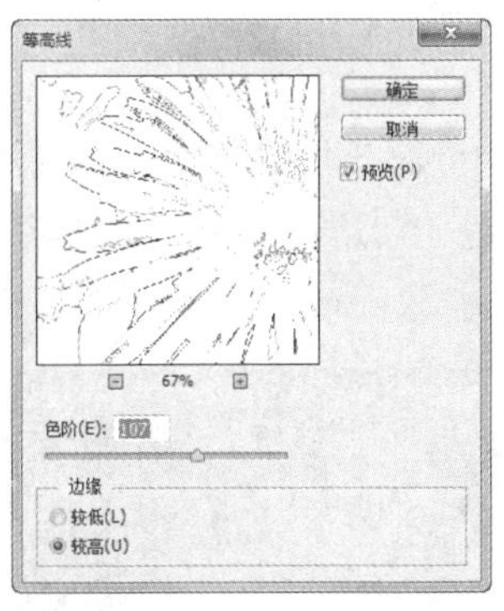

图 12-4　【等高线】对话框

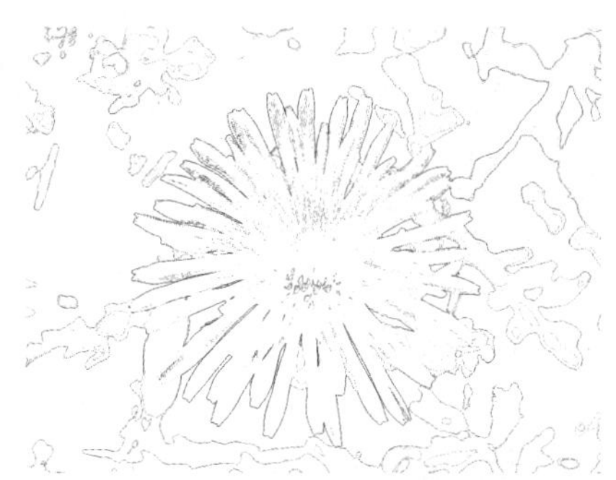

图 12-5　图像效果

4. 风

使用【风】滤镜可以模拟风吹效果，为图像添加一些短而细的水平线。选择【滤镜】→【风格化】→【风】命令，打开其参数设置对话框，如图12-6所示，应用滤镜后的效果如图12-7所示。

图 12-6　【风】对话框

图 12-7　风吹效果

5. 浮雕效果

使用【浮雕效果】滤镜可以描边图像，使图像显现出凸起或凹陷效果，并且能将图像的填充色转换为灰色。选择【滤镜】→【风格化】→【浮雕效果】命令，打开其对话框，如图 12-8 所示，使用【浮雕效果】滤镜后的效果如图 12-9 所示。

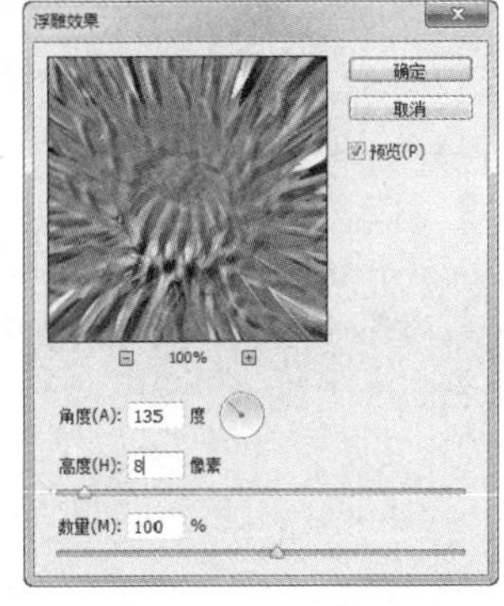

图 12-8　【浮雕效果】对话框

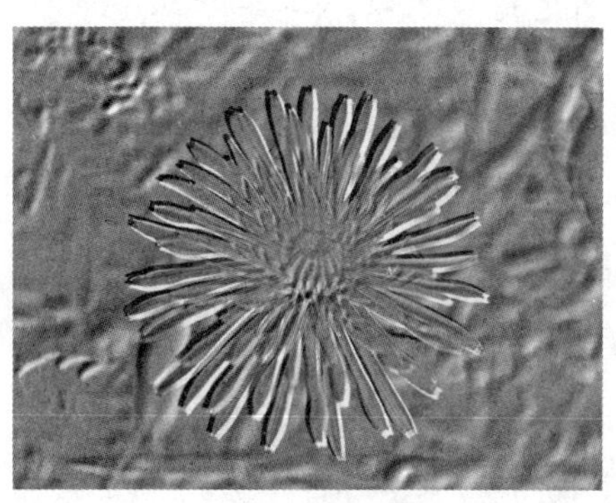

图 12-9　浮雕效果

6. 扩散

使用【扩散】滤镜可以产生透过磨砂玻璃观察图片一样的分离模糊效果。选择【滤镜】→【风格化】→【扩散】命令，打开其参数设置对话框，如图 12-10 所示，应用滤镜后的效果如图 12-11 所示。

图 12-10 【扩散】对话框

图 12-11 扩散效果

7. 拼贴

使用【拼贴】滤镜可以将图像分解为指定数目的方块，并且将这些方块从原来的位置移动一定的距离。选择【滤镜】→【风格化】→【拼贴】命令，打开其参数设置对话框，如图 12-12 所示，应用滤镜后的效果如图 12-13 所示。

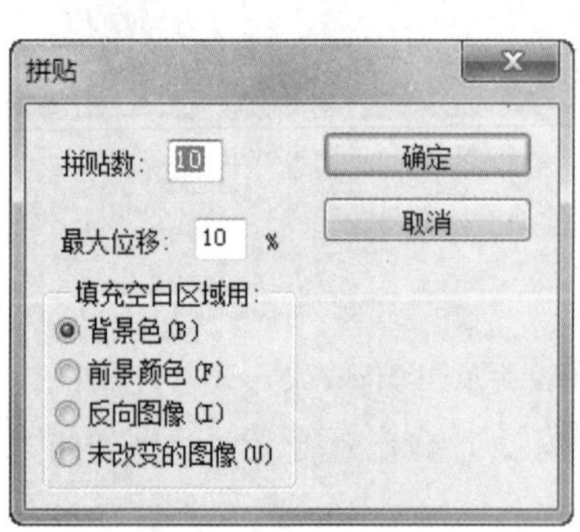

图 12-12 【拼贴】对话框

图 12-13 拼贴效果

8. 曝光过度

使用【曝光过度】滤镜可以使图像产生正片和负片混合的效果，类似于摄影中增加光线强度产生的曝光过度效果。选择【滤镜】→【风格化】→【曝光过度】命令，得到的图像效果如图 12-14 所示。

图 12-14　曝光过度效果

9. 凸出

【凸出】滤镜效果可使选择区域或图层产生一系列块状或金字塔状的三维纹理。选择【滤镜】→【风格化】→【凸出】命令，打开【凸出】对话框，如图 12-15 所示，使用【凸出】滤镜后的效果如图 12-16 所示。

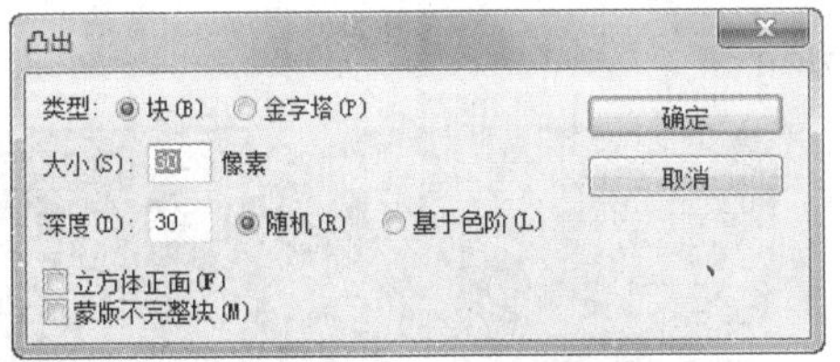

图 12-15　【凸出】对话框

图 12-16　凸出效果

【凸出】对话框中主要选项的作用如下。

- 【类型】：设置三维块的形状。
- 【大小】：输入数值可设置三维块大小。
- 【深度】：输入数值可设置凸出深度。
- 【立方体正面】：选中此项则对立方体的表面而不是对整个图案填充物体的平均色。此项必须在【类型】选项中选取【块】类型才有效。
- 【蒙版不完整块】：选中此项，则生成的图像中将不完全显示三维块。

12.1.2　画笔描边滤镜组

画笔描边滤镜组中的命令，主要用于模拟不同的画笔或油墨笔刷来勾画图像产生绘画效果。该滤镜组中的图像都可以在【滤镜库】中操作。

1. 成角的线条

使用【成角的线条】滤镜可以使图像中的颜色产生倾斜划痕效果，图像中较亮的区域用一个方向的线条，较暗的区域用相反方向的线条绘制。打开素材图像，如图 12-17 所示，选择【滤镜】→【滤镜库】命令，在打开的对话框中选择【画笔描边】→【成角的线条】命令，设置各项参数并得到如图 12-18 所示的效果。

图 12-17　原图

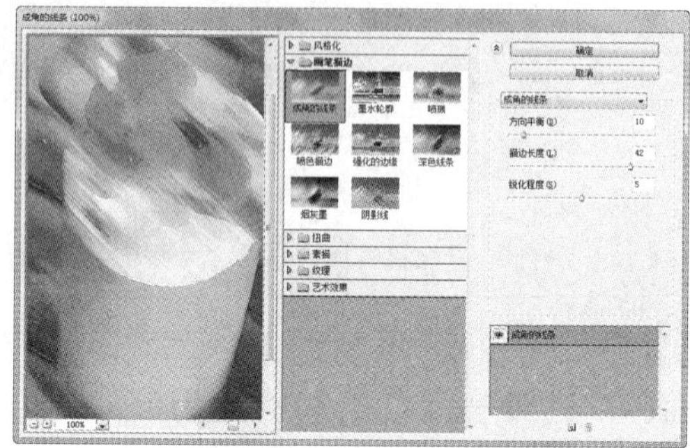

图 12-18　设置参数后的效果

2. 墨水轮廓

【墨水轮廓】滤镜可以产生类似钢笔绘图的风格，用细线条在原图细节上重绘图像。其参数控制区如图 12-19 所示。对应的滤镜效果如图 12-20 所示。

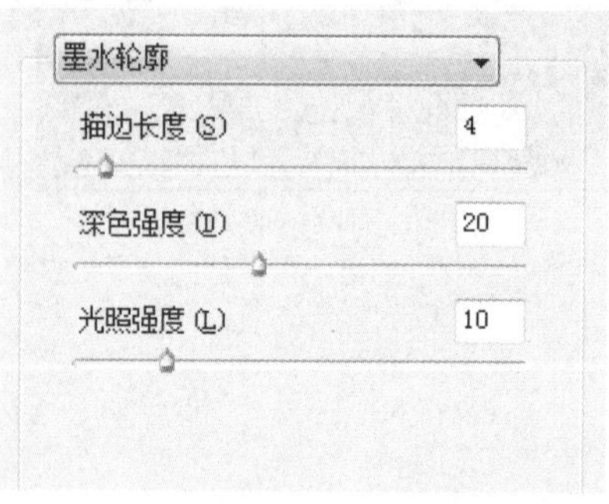

图 12-19　设置参数

图 12-20　图像效果

3. 喷溅

使用【喷溅】滤镜可以模拟喷枪绘图的工作原理使图像产生喷溅效果。其参数控制区如图 12-21 所示。对应的滤镜效果如图 12-22 所示。

4. 喷色描边

【喷色描边】滤镜采用图像的主导色，用成角的、喷溅的颜色来增加斜纹飞溅效果。其参数控制区如图 12-23 所示。对应的滤镜效果如图 12-24 所示。

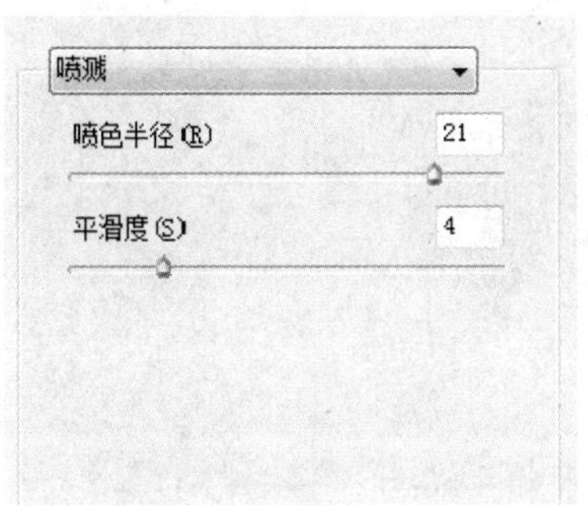

图 12-21　设置参数

图 12-22　喷溅图像效果

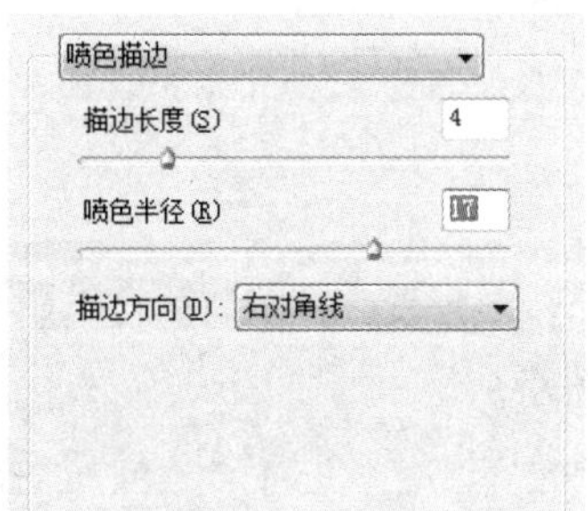

图 12-23　设置参数

图 12-24　喷色描边图像效果

5. 强化的边缘

【强化的边缘】滤镜的作用是强化勾勒图像的边缘。其参数控制区如图 12-25 所示，对应的滤镜效果如图 12-26 所示。

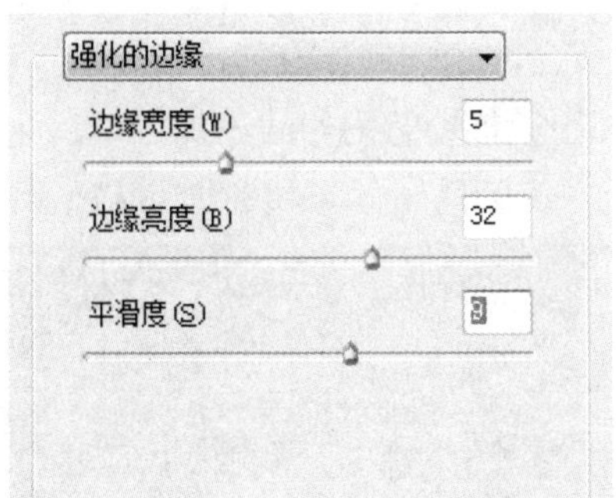

图 12-25　设置参数

图 12-26　强化的边缘图像效果

6. 深色线条

【深色线条】滤镜是用粗短、绷紧的线条来绘制图像中接近深色的颜色区域，然后用细长的白色线条绘制图像中较浅的区域。其参数控制区如图 12-27 所示。对应的滤镜效果如图 12-28 所示。

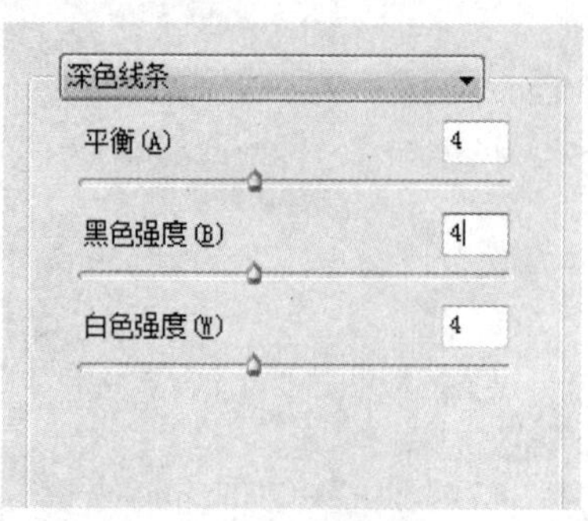

图 12-27　设置参数

图 12-28　深色线条图像效果

7. 烟灰墨

【烟灰墨】滤镜可以模拟饱含墨汁的湿画笔在宣纸上进行绘制的效果。其参数控制区如图 12-29 所示。对应的滤镜效果如图 12-30 所示。

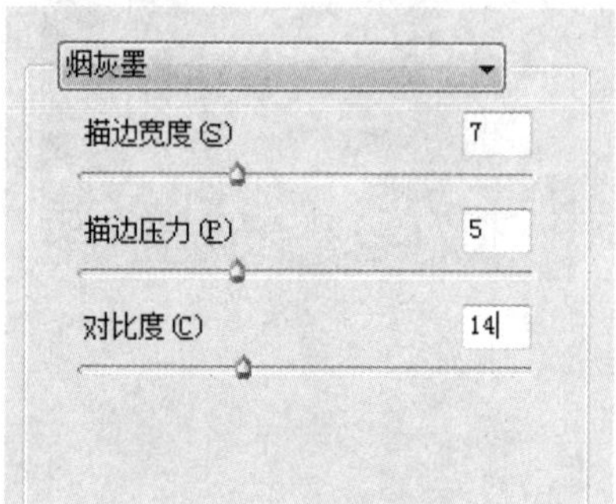

图 12-29　设置参数

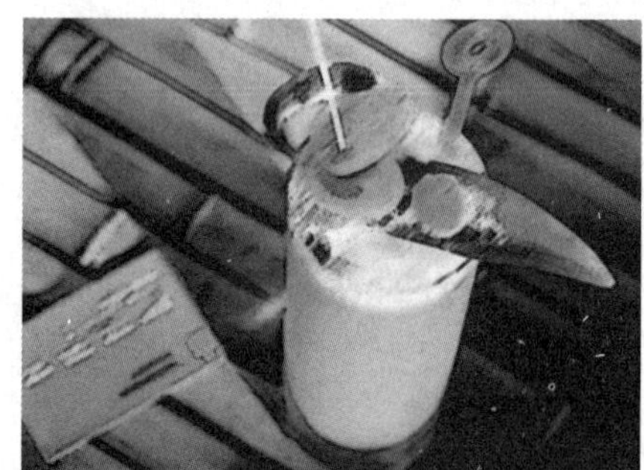

图 12-30　烟灰墨图像效果

8. 阴影线

【阴影线】滤镜将保留原图像的细节和特征，但会使用模拟铅笔阴影线添加纹理，并且色彩区域的边缘会变粗糙。其参数控制区如图 12-31 所示。对应的滤镜效果如图 12-32 所示。

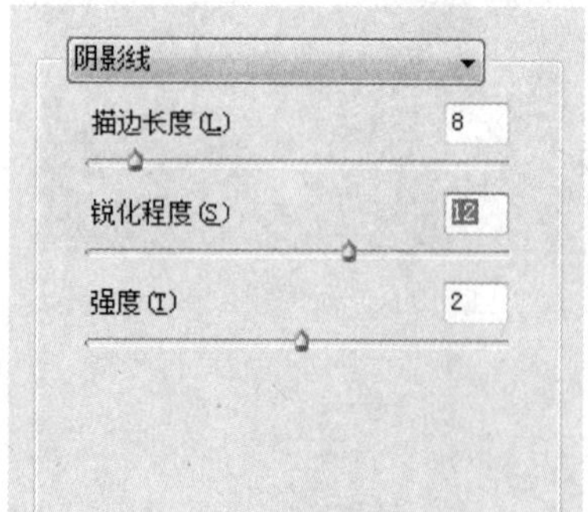

图 12-31　设置参数

图 12-32　阴影线图像效果

12.1.3　扭曲滤镜组

扭曲类滤镜主要用于对当前图层或选区内的图像进行各种各样的扭曲变形处理，图像可以产生三维或其他变形效果。

1. 玻璃

【玻璃】滤镜可以为图像添加一种玻璃效果，在对话框中可以设置玻璃的种类，使图像看起来像是透过不同类型的玻璃来显示。打开一幅素材图像，如图 12-33 所示，选择【滤镜】→【滤镜库】命令，在打开的对话框中选择【扭曲】→【玻璃】命令，在对话框中可以设置各项参数，如图 12-34 所示。

图 12-33　原图

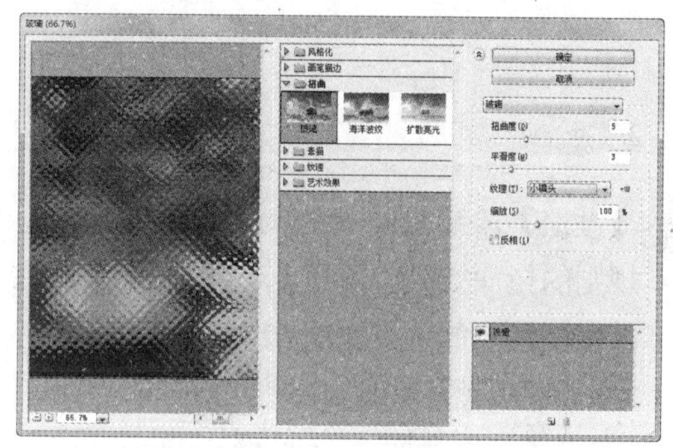

图 12-34　设置玻璃效果

【玻璃】滤镜中主要选项的作用如下。

- 【扭曲度】：用于调节图像扭曲变形的程度，值越大，扭曲越严重。
- 【平滑度】：用于调整玻璃的平滑程度。
- 【纹理】：用于设置玻璃的纹理类型，提供了【块状】、【画布】、【磨砂】和【小镜头】4个选项。

2. 海洋波纹

【海洋波纹】滤镜可以产生随机波纹效果，将其添加到图像表面。其参数控制区如图 12-35 所示。对应的滤镜效果如图 12-36 所示。

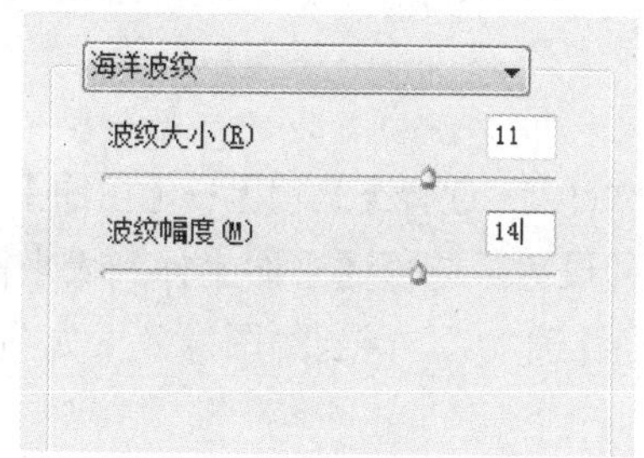

图 12-35　设置参数

图 12-36　海洋波纹效果

3. 扩散光亮

【扩散光亮】滤镜是将背景色的光晕添加到图像中较亮的部分，让图像产生一种弥漫的光漫射效果。其参数控制区如图 12-37 所示。对应的滤镜效果如图 12-38 所示。

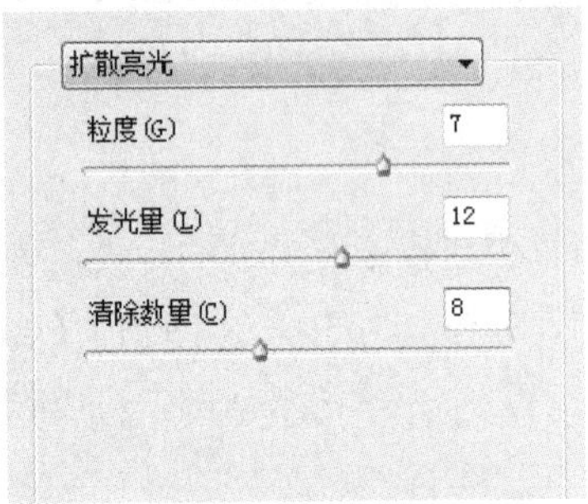

图 12-37　设置参数

图 12-38　扩散光亮效果

4. 波浪

【波浪】滤镜能模拟图像波动的效果，是一种较复杂并且精确的扭曲滤镜，常用于制作一些不规则的扭曲效果。选择【滤镜】→【扭曲】→【波浪】命令，其参数设置对话框如图 12-39 所示，使用波浪的效果如图 12-40 所示。

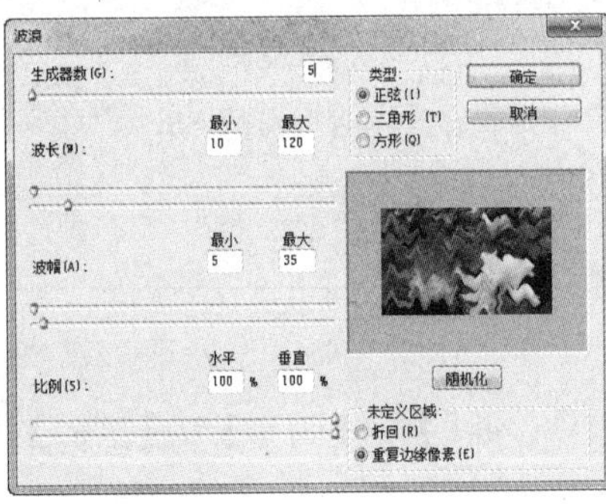

图 12-39　设置参数

图 12-40　波浪效果

5. 波纹

【波纹】滤镜可以模拟水波皱纹效果，常用来制作一些水面倒影图像。选择【滤镜】→【扭曲】→【波纹】命令，其参数设置对话框如图 12-41 所示，使用波纹的效果如图 12-42 所示。

6. 极坐标

使用【极坐标】滤镜可以使图像产生一种极度变形的效果。选择【滤镜】→【扭曲】→【极坐标】命令，打开其对话框如图 12-43 所示，其中有两种设置，选择【平面坐标到极坐标】选项后，图像效果如图 12-44 所示；选择【极坐标到平面坐标】选项后，得到的图像效果如图 12-45 所示。

图 12-41　设置参数

图 12-42　波纹效果

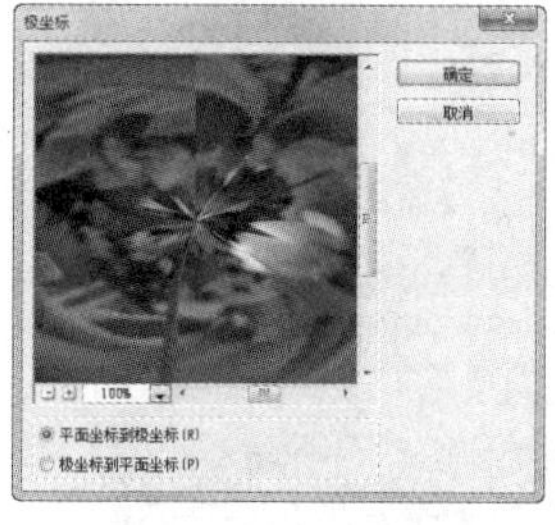

图 12-43　设置参数

图 12-44　极坐标效果

图 12-45　平面坐标效果

7. 挤压

使用【挤压】滤镜可以选择全部图像或部分图像，使选择的图像产生一个向外或向内挤压的变形效果。选择【滤镜】→【扭曲】→【挤压】命令，其参数设置对话框如图 12-46 所示，图像效果如图 12-47 所示。

图 12-46　设置参数

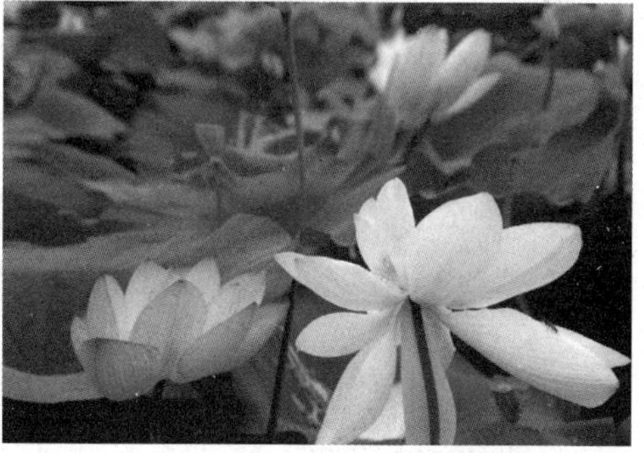

图 12-47　挤压效果

8. 切变

【切变】滤镜可以通过调节变形曲线来控制图像的弯曲程度。选择【切变】命令后，在弹出的【滤镜】→【扭曲】→【切变】对话框中可调整切变曲线，如图 12-48 所示，单击【确定】按钮，效果如图 12-49 所示。

图 12-48　设置参数

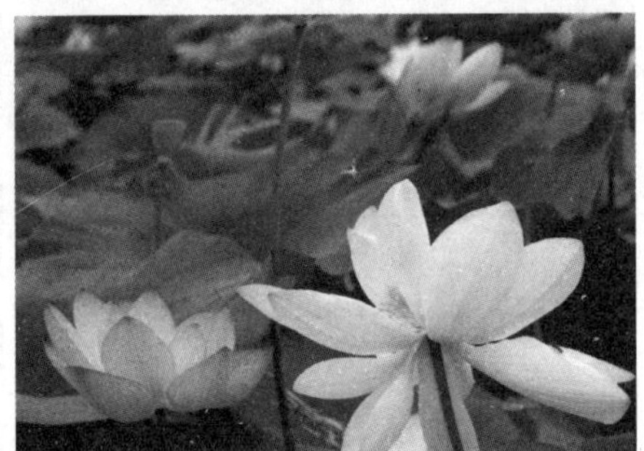

图 12-49　切变效果

9. 球面化

【球面化】滤镜可以通过立体化球形的镜头形态来扭曲图像，得到与挤压滤镜相似的图像效果，但它可以在垂直、水平方向上进行变形。选择【滤镜】→【扭曲】→【球面化】命令，其参数设置对话框如图 12-50 所示。图像效果如图 12-51 所示。

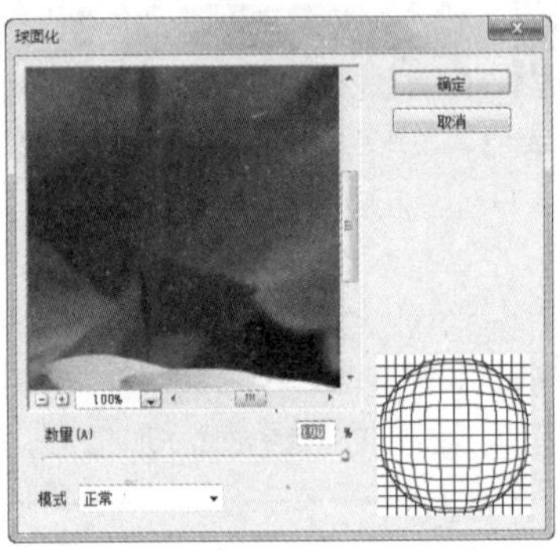

图 12-50　设置参数

图 12-51　球面化效果

10. 水波

【水波】滤镜可以模拟水面上产生的漩涡波纹效果。选择【滤镜】→【扭曲】→【水波】命令，其参数设置对话框如图 12-52 所示。图像效果如图 12-53 所示。

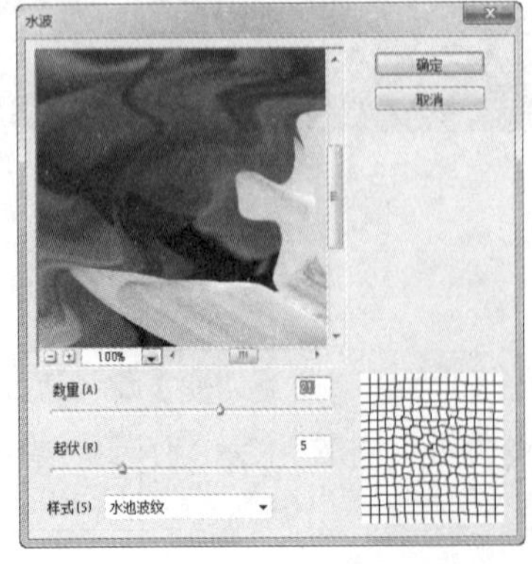

图 12-52　设置参数

图 12-53　水波效果

11. 旋转扭曲

【旋转扭曲】滤镜可以使图像产生顺时针或逆时针旋转的效果。图像中心的旋转程度比边缘的旋转程度大，对话框的参数设置如图 12-54 所示。图像效果如图 12-55 所示。

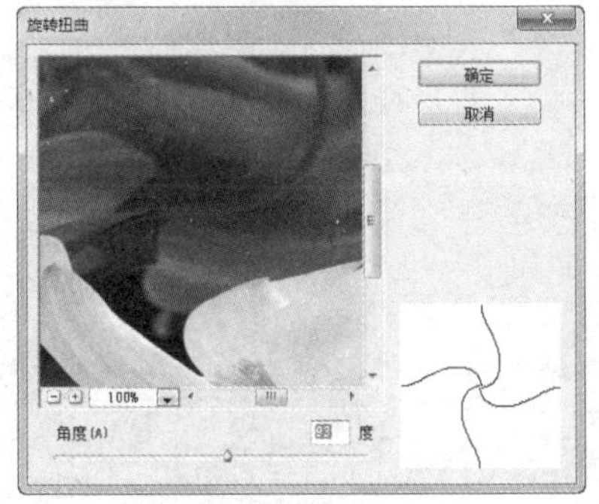

图 12-54　设置参数

图 12-55　旋转扭曲效果

12. 置换

【置换】滤镜是根据另一个 PSD 格式文件的明暗度将当前图像的像素进行移动，使图像产生扭曲的效果。

12.1.4　素描滤镜组

素描滤镜组用于在图像中添加各种纹理，使图像产生素描、三维及速写的艺术效果。该滤镜组提供了 14 种滤镜效果，全部位于该滤镜库中。

1. 半调图案

使用【半调图案】滤镜可以使用前景色显示凸显中的阴影部分，使用背景色显示高光部分，使图像产生一种网板图案效果。打开一幅素材图像，如图 12-56 所示，选择【滤镜】→【滤镜库】命令，在打开的对话框中选择【素描】→【半调图案】命令，在【半调图案】对话框中可以设置各项参数，如图 12-57 所示，其图像效果可在左侧的预览框中查看。

图 12-56　原图

图 12-57　设置参数

2. 便条纸

【便条纸】滤镜可以模拟凹陷压印图案，使图像产生草纸画效果。其参数控制区如图 12-58 所示。对应的滤镜效果如图 12-59 所示。

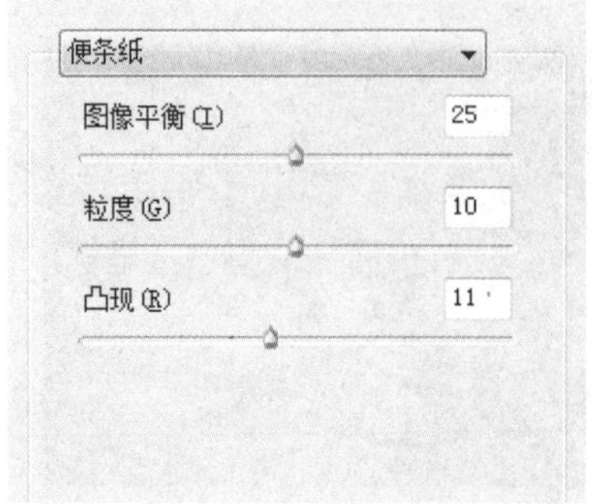

图 12-58　设置参数

图 12-59　便条纸效果

3. 粉笔和炭笔

【粉笔和炭笔】滤镜主要是使用前景色和背景色来重绘图像，使图像产生被粉笔和炭笔涂抹的草图效果。在处理过程中，使用粗糙的粉笔绘制中间调背景色，处理图像较亮的区域，而炭笔将使用前景色来处理图像较暗的区域。该滤镜的参数控制区如图 12-60 所示。对应的滤镜效果如图 12-61 所示。

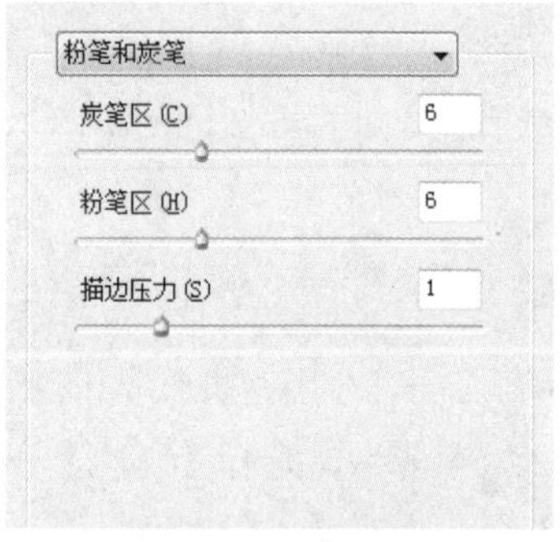

图 12-60　设置参数

图 12-61　粉笔和炭笔效果

4. 铬黄渐变

使用【铬黄渐变】滤镜可以使图像产生液态金属效果，原图像的颜色会完全丢失。该滤镜的参数控制区如图 12-62 所示。对应的滤镜效果如图 12-63 所示。

5. 绘图笔

【绘图笔】滤镜使用精细且具有一定方向的油墨线条重绘图像效果。该滤镜对油墨使用前景色，较亮的区域使用背景色。该滤镜的参数控制区如图 12-64 所示。对应的滤镜效果如图 12-65 所示。

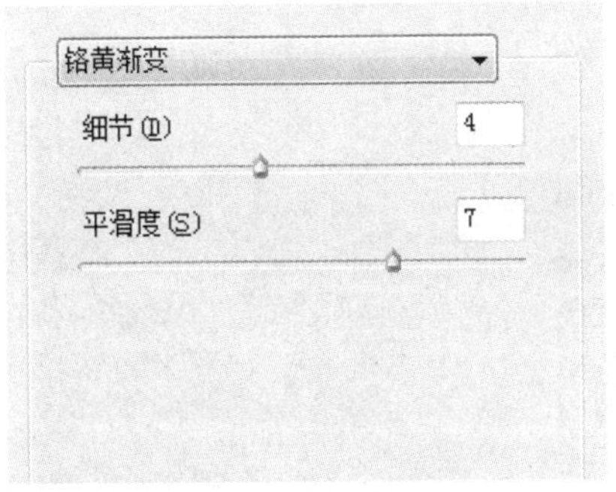

图 12-62　设置参数

图 12-63　铬黄渐变效果

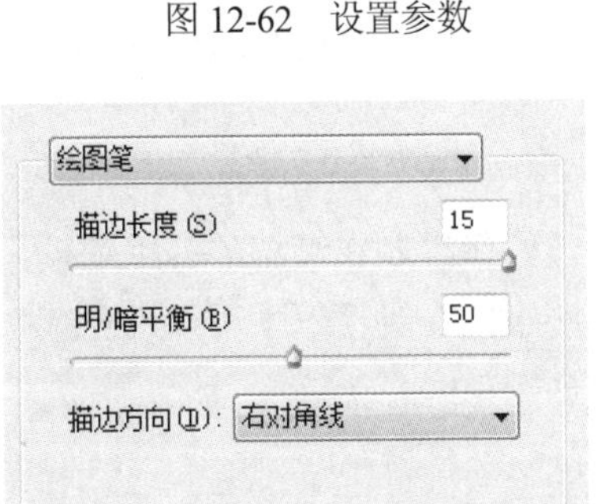

图 12-64　设置参数

图 12-65　绘图笔效果

6. 基底凸现

【基底凸现】滤镜可以使图像产生一种粗糙的浮雕效果。该滤镜的参数控制区如图 12-66 所示，对应的滤镜效果如图 12-67 所示。

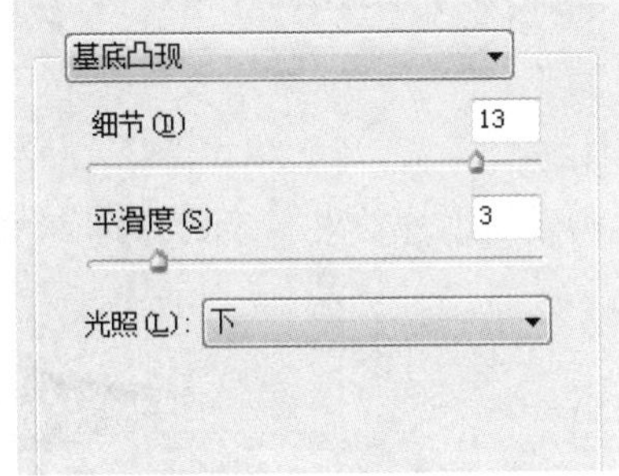

图 12-66　设置参数

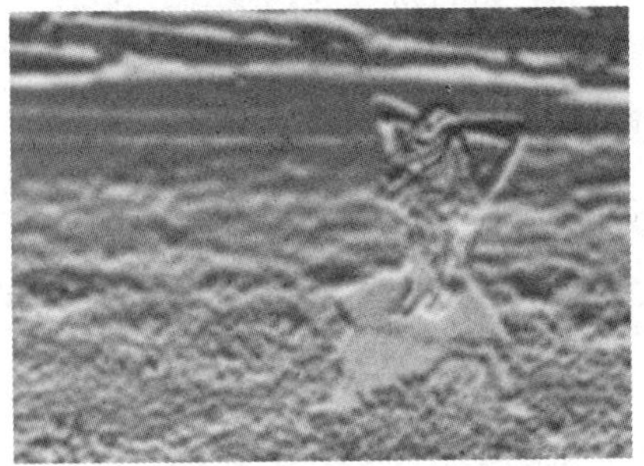

图 12-67　基底凸现效果

7. 石膏效果

使用【石膏效果】滤镜可以在图像上产生黑白浮雕图像效果，该滤镜效果黑白对比较明显。该滤镜的参数控制区如图 12-68 所示，在对话框中可以设置图像平衡、图像平滑度和光照方向，其对应的滤镜效果如图 12-69 所示。

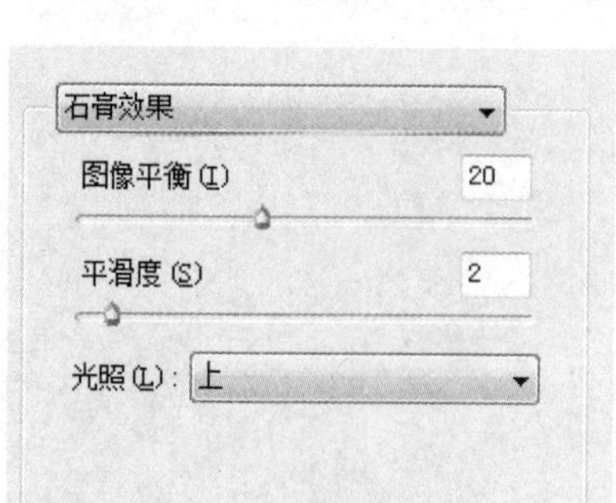

图 12-68　设置参数

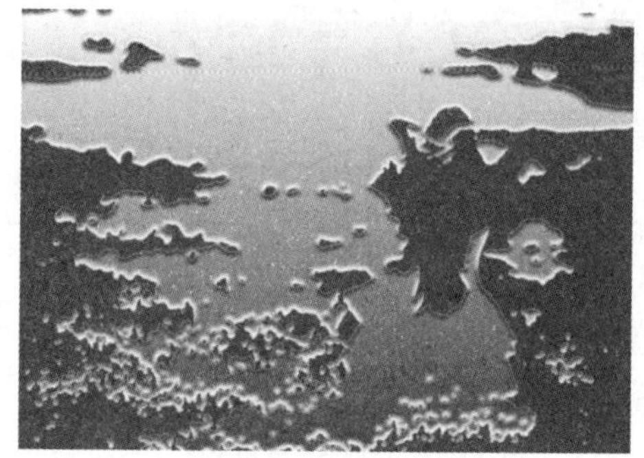

图 12-69　石膏效果

8. 水彩画纸

使用【水彩画纸】滤镜可以在图像上产生水彩效果，就好像绘制在潮湿的纤维纸上，颜色溢出、混合的渗透效果。该滤镜的参数控制区如图 12-70 所示，在对话框中可以设置纸张湿润的程度及笔触的长度、亮度和对比度，其对应的滤镜效果如图 12-71 所示。

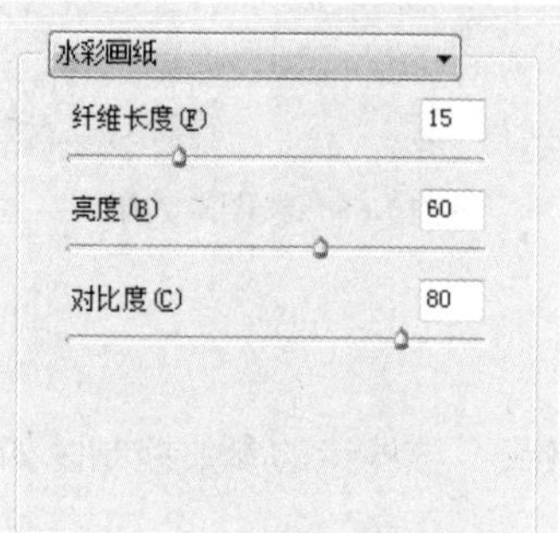

图 12-70　设置参数

图 12-71　水彩画纸效果

9. 撕边

【撕边】滤镜适用于高对比度图像，它可以模拟出撕破的纸片效果。该滤镜的参数控制区如图 12-72 所示，其对应的滤镜效果如图 12-73 所示。

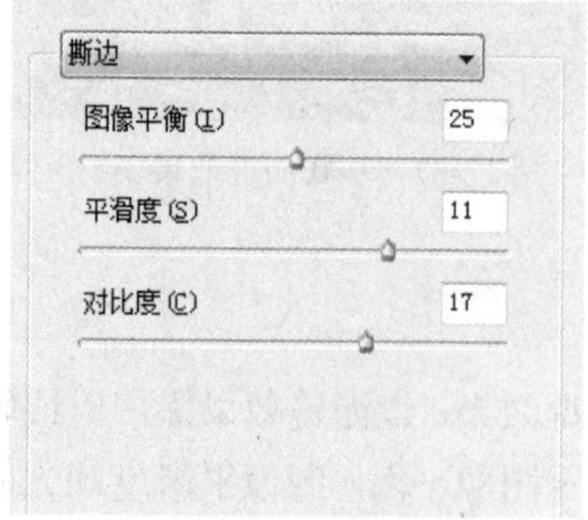

图 12-72　设置参数

图 12-73　撕边效果

10. 炭精笔

【炭精笔】滤镜可以模拟使用炭精笔绘制图像的效果，在暗区使用前景色绘制，在亮区使用背景色绘制。该滤镜的参数控制区如图 12-74 所示，其对应的滤镜效果如图 12-75 所示。

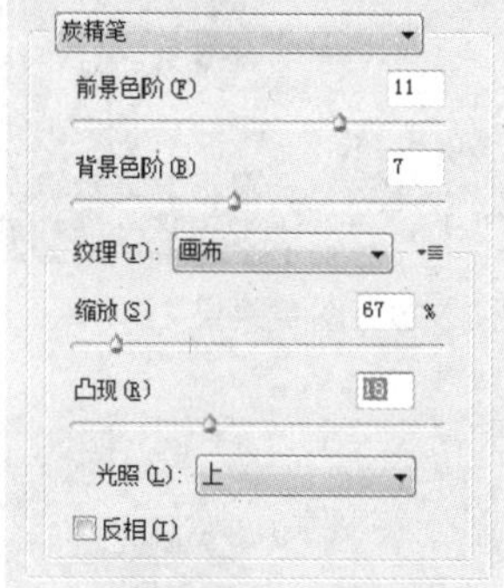

图 12-74　设置参数

图 12-75　炭精笔效果

11. 炭笔

【炭笔】滤镜在图像中创建海报化、涂抹的效果。图像中主要的边缘用粗线绘制，中间色调用对角线素描，其中碳笔使用前景色，纸张使用背景色。该滤镜的参数控制区如图 12-76 所示，其对应的滤镜效果如图 12-77 所示。

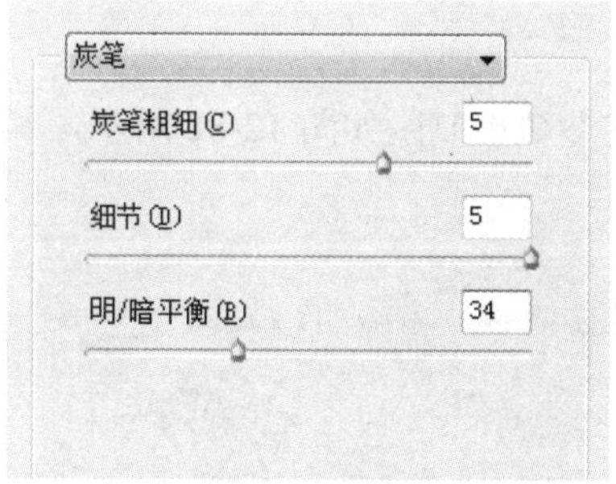

图 12-76　设置参数

图 12-77　炭笔效果

12. 图章

【图章】滤镜可以使图像简化、突出主体，看起来好像用橡皮或木制图章盖上去一样。该滤镜最好用于黑白图像。该滤镜的参数控制区如图 12-78 所示，其对应的滤镜效果如图 12-79 所示。

13. 网状

【网状】滤镜可以模拟胶片感光乳剂的受控收缩和扭曲的效果，使图像的暗色调区域好像被结块，高光区域好像被颗粒化。该滤镜的参数控制区如图 12-80 所示，其对应的滤镜效果如图 12-81 所示。

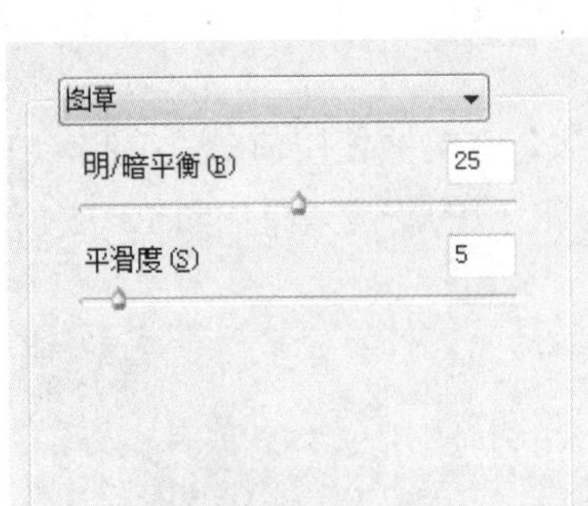

图 12-78　设置参数

图 12-79　图章效果

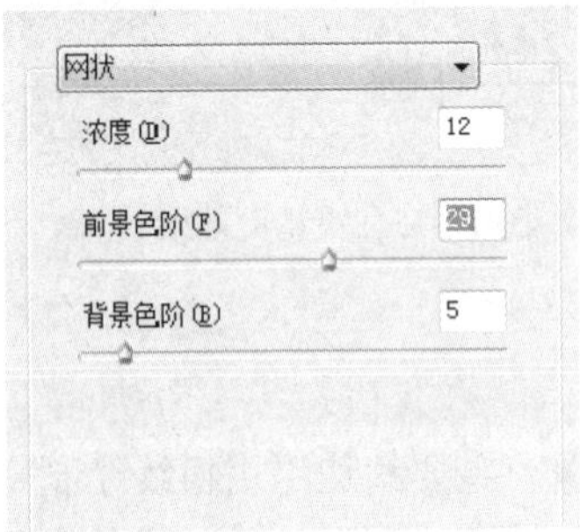

图 12-80　设置参数

图 12-81　网状效果

14. 影印

【影印】滤镜用于模拟图像影印的效果。该滤镜的参数控制区如图 12-82 所示，其对应的滤镜效果如图 12-83 所示。

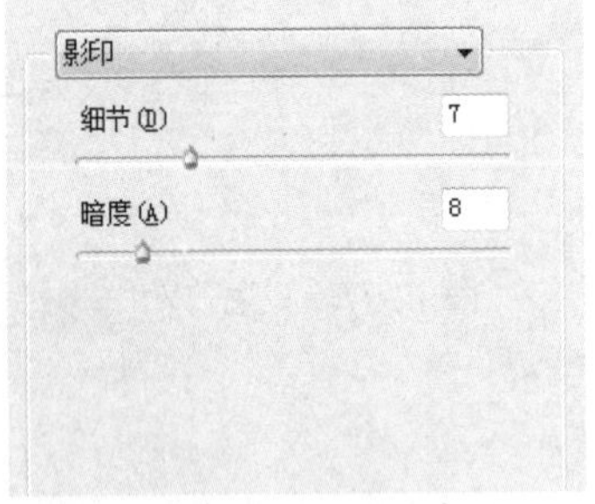

图 12-82　设置参数

图 12-83　影印效果

12.1.5　纹理滤镜组

使用纹理滤镜组可以为图像添加各种纹理效果，营造图像的深度感和材质感。该组滤镜提供了 6 种滤镜效果，全部位于该滤镜库中。选择【滤镜】→【滤镜库】命令，在打开的对话框中可以使用纹理组滤镜。

1. 龟裂缝

【龟裂缝】滤镜可以在图像中随机绘制一个高凸现的龟裂纹理，并且产生浮雕效果。打开一幅素材图像，如图 12-84 所示，选择【龟裂缝】命令，在打开的对话框中可以设置各项参数，如图 12-85 所示，其图像效果可在左侧的预览框中查看。

图 12-84　原图

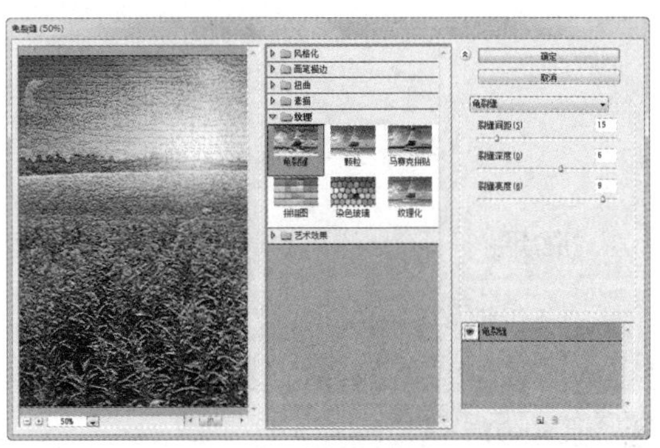

图 12-85　设置龟裂缝效果

2. 颗粒

【颗粒】滤镜可以模拟不同种类的颗粒纹理，并将其添加到图像中。选择【颗粒】命令，该滤镜的参数控制区如图 12-86 所示，在【颗粒类型】下拉列表框中可以选择各种颗粒类型，如选择【强反差】命令，其对应的滤镜效果如图 12-87 所示。

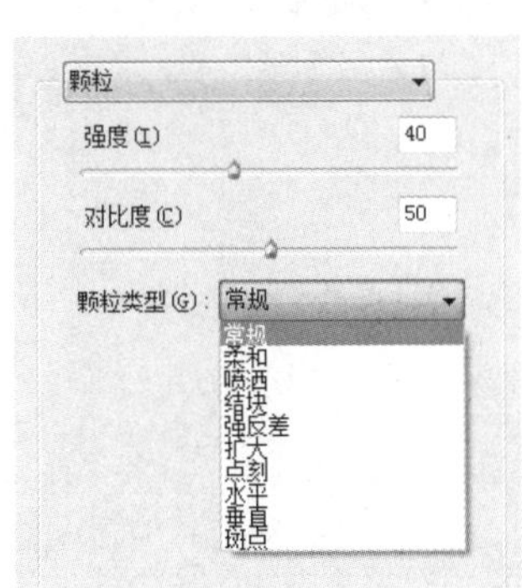

图 12-86　设置参数

图 12-87　颗粒效果

3. 马赛克拼贴

使用【马赛克拼贴】滤镜可以在图像表面产生不规则、类似马赛克的拼贴效果。该滤镜的参数控制区如图 12-88 所示，其对应的滤镜效果如图 12-89 所示。

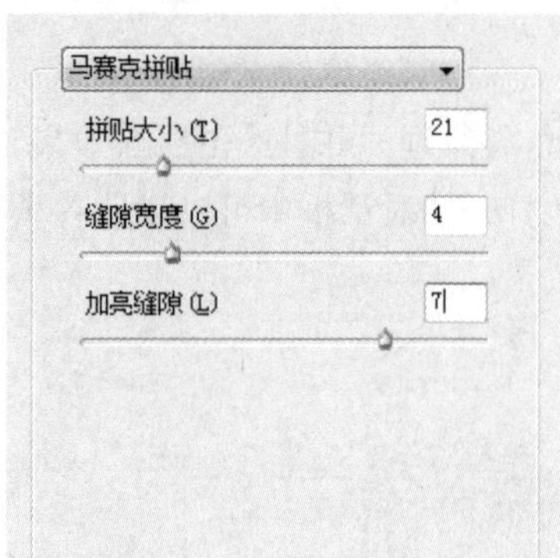

图 12-88 设置参数

图 12-89 马赛克效果

4. 拼缀图

使用【拼缀图】滤镜可以自动将图像分割成多个规则的矩形块，并且每个矩形块内填充单一的颜色，模拟出瓷砖拼贴的图像效果。该滤镜的参数控制区如图 12-90 所示，其对应的滤镜效果如图 12-91 所示。

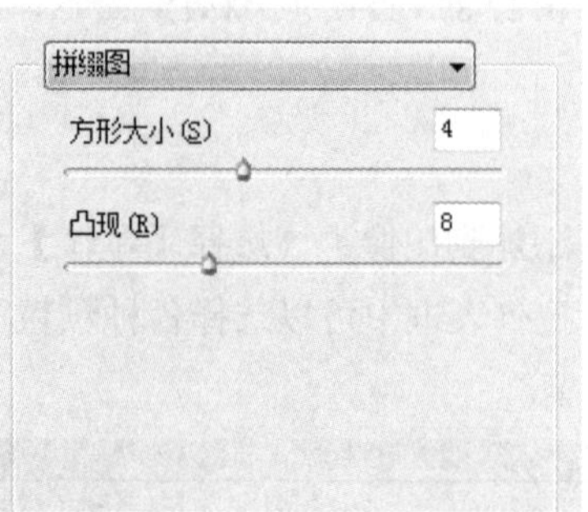

图 12-90 设置参数

图 12-91 拼缀图效果

5. 染色玻璃

【染色玻璃】滤镜可以模拟出透过花玻璃看图像的效果，并且使用前景色勾画单色的相邻单元格。该滤镜的参数控制区如图 12-92 所示，其对应的滤镜效果如图 12-93 所示。

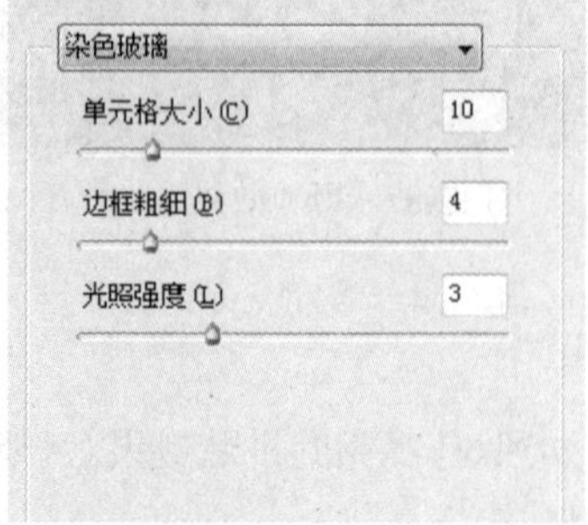

图 12-92 设置参数

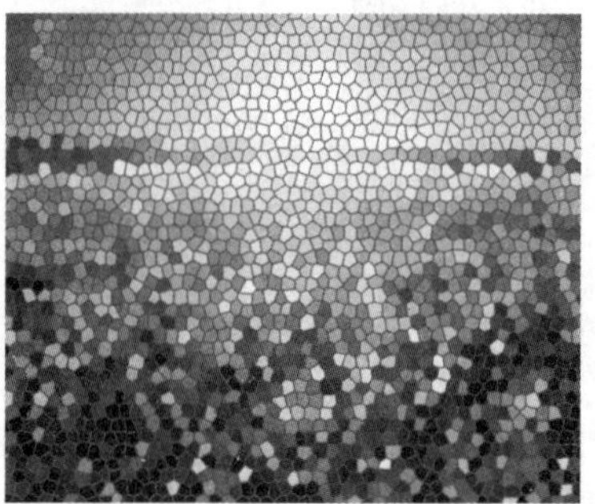

图 12-93 染色玻璃效果

6. 纹理化

使用【纹理化】滤镜可以为图像添加预设的纹理或者自己创建的纹理效果。该滤镜的参数控制区如图 12-94 所示，在【光照】下拉列表框中可以选择光照的方向，其对应的滤镜效果如图 12-95 所示。

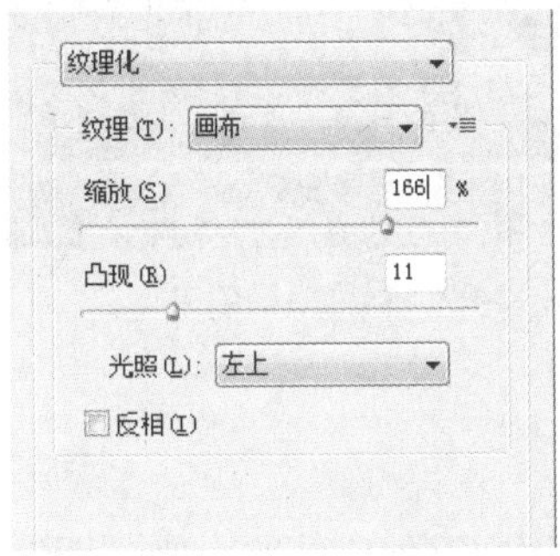

图 12-94　设置参数

图 12-95　纹理化效果

12.1.6　艺术效果滤镜组

艺术效果滤镜组模仿自然或传统绘画手法的途径，将图像制作成天然或传统的艺术图像效果。该组滤镜提供了 15 种滤镜效果，全部位于该滤镜库中。选择【滤镜】→【滤镜库】命令，在打开的对话框中可以直接打开艺术效果组滤镜。

1. 壁画

【壁画】滤镜主要通过短、圆和潦草的斑点来模拟粗糙的绘画风格。打开一幅素材图像，如图 12-96 所示，选择【壁画】命令，打开其对话框，设置各项参数后图像效果将显示在左侧预览框中，如图 12-97 所示。

图 12-96　原图

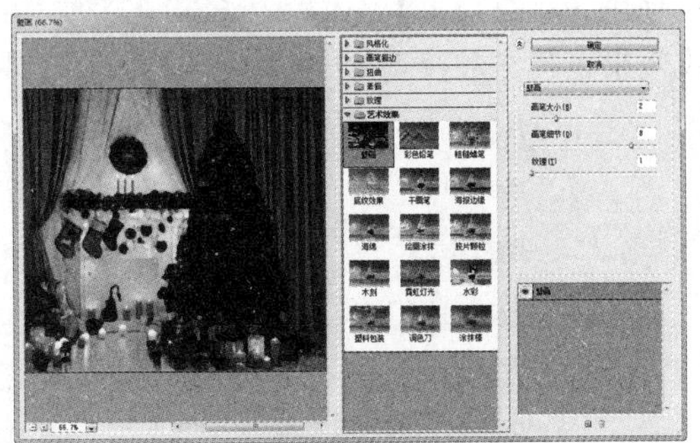

图 12-97　设置滤镜参数

2. 彩色铅笔

使用【彩色铅笔】滤镜可以在图像上模拟彩色铅笔在图纸上绘图的效果，其参数控制区如

图 12-98 所示，对应的滤镜效果如图 12-99 所示。

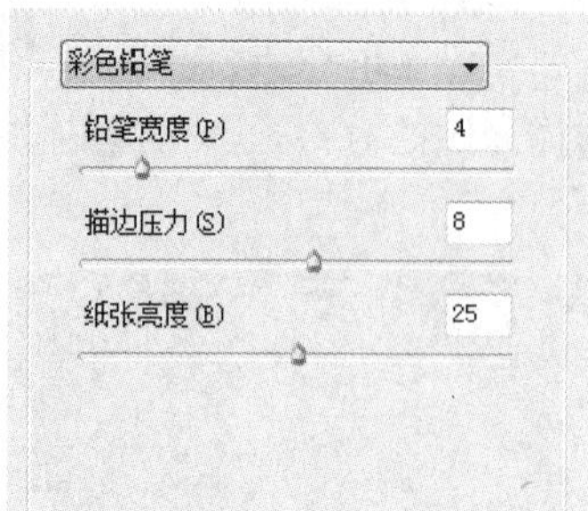

图 12-98　设置参数

图 12-99　彩色铅笔效果

3. 粗糙蜡笔

使用【粗糙蜡笔】滤镜可以模拟蜡笔在纹理背景上绘图的效果，从而生成一种纹理浮雕效果。其参数控制区如图 12-100 所示，对应的滤镜效果如图 12-101 所示。

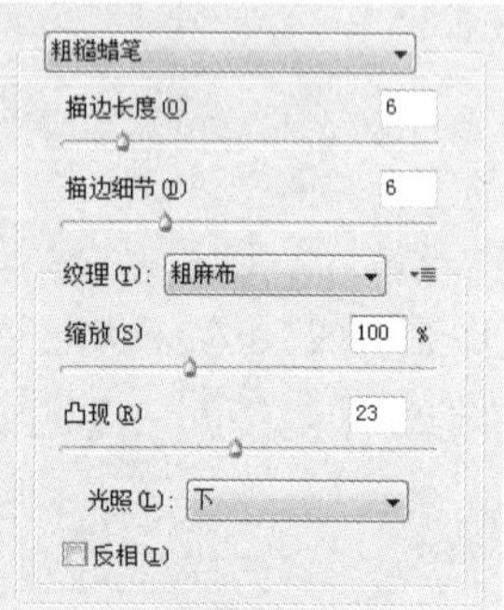

图 12-100　设置参数

图 12-101　粗糙蜡笔效果

4. 底纹效果

使用【底纹效果】滤镜可以模拟在带纹理的底图上绘画的效果，从而使整个图像产生一层底纹效果。其参数控制区如图 12-102 所示，对应的滤镜效果如图 12-103 所示。

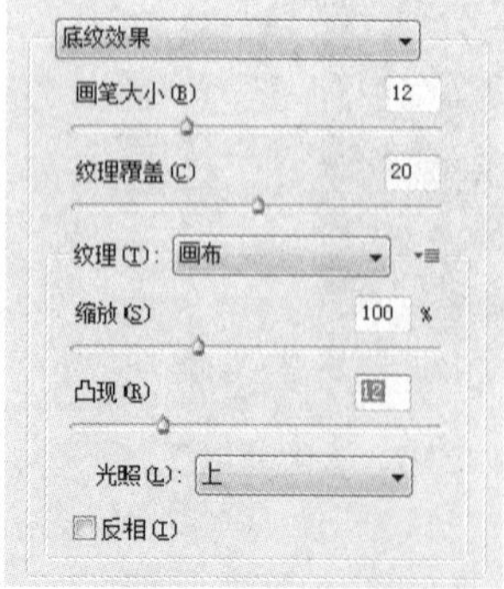

图 12-102　设置参数

图 12-103　底纹效果

5. 干画笔

使用【干画笔】滤镜可以模拟使用干画笔绘制图像边缘的效果，该滤镜通过将图像的颜色范围减少为常用颜色区来简化图像。其参数控制区如图 12-104 所示，对应的滤镜效果如图 12-105 所示。

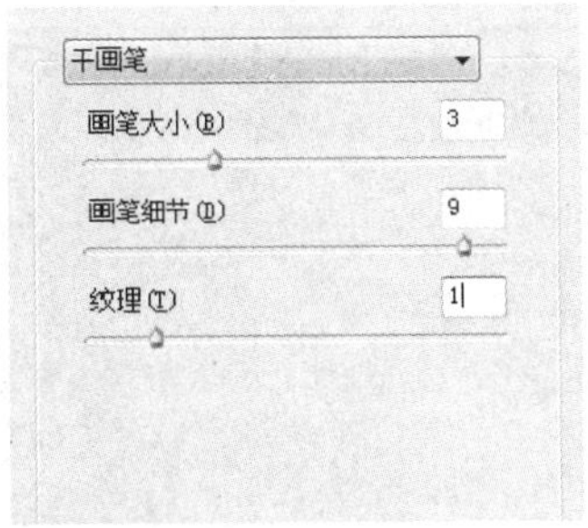

图 12-104　设置参数

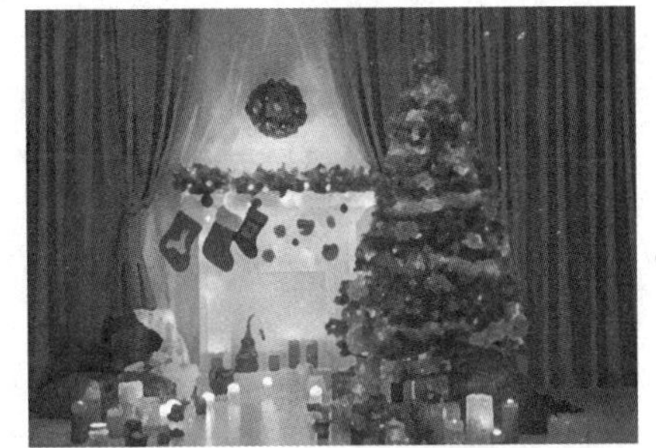

图 12-105　干画笔效果

6. 海报边缘

使用【海报边缘】滤镜将减少图像中的颜色复杂度，在颜色变化大区域边界填上黑色，使图像产生海报画的效果。其参数控制区如图 12-106 所示，滤镜效果如图 12-107 所示。

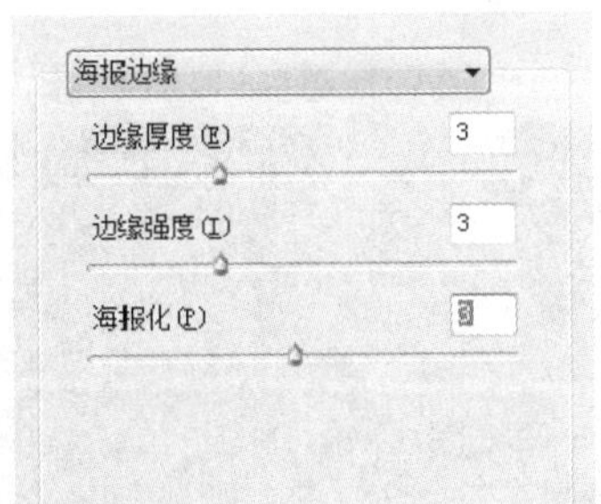

图 12-106　设置参数

图 12-107　海报边缘效果

7. 海绵

使用【海绵】滤镜可以模拟海绵在图像上绘画的效果，使图像带有强烈对比色纹理。其参数控制区如图 12-108 所示，对应的滤镜效果如图 12-109 所示。

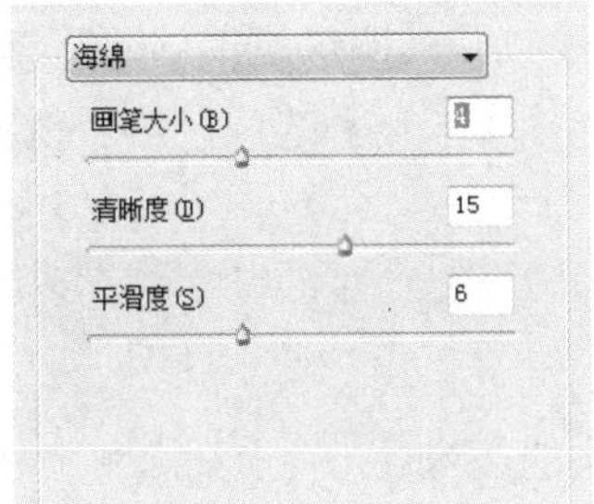

图 12-108　设置参数

图 12-109　海绵效果

8. 绘画涂抹

【绘画涂抹】滤镜可以选取各种大小和各种类型的画笔来创建画笔涂抹效果。其参数控制区如图 12-110 所示，在【画笔类型】下拉列表框中有多种画笔类型，选择【简单】选项后效果如图 12-111 所示。

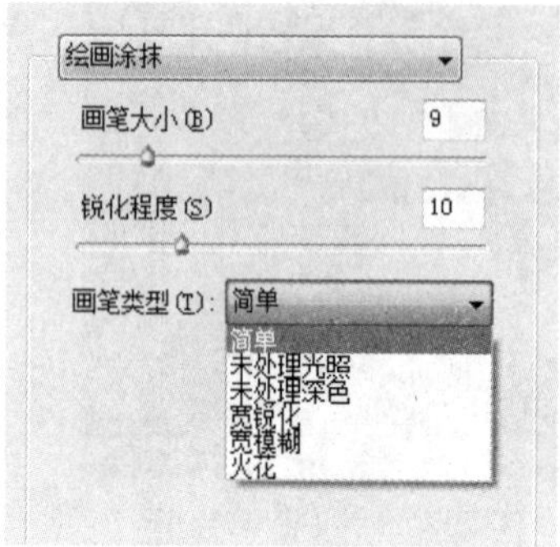

图 12-110　设置参数

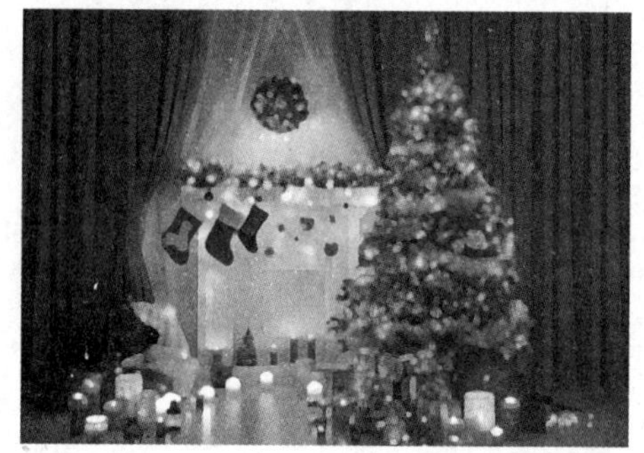
图 12-111　绘画涂抹效果

9. 胶片颗粒

使用【胶片颗粒】滤镜在图像表面产生胶片颗粒状纹理效果。其参数控制区如图 12-112 所示，对应的滤镜效果如图 12-113 所示。

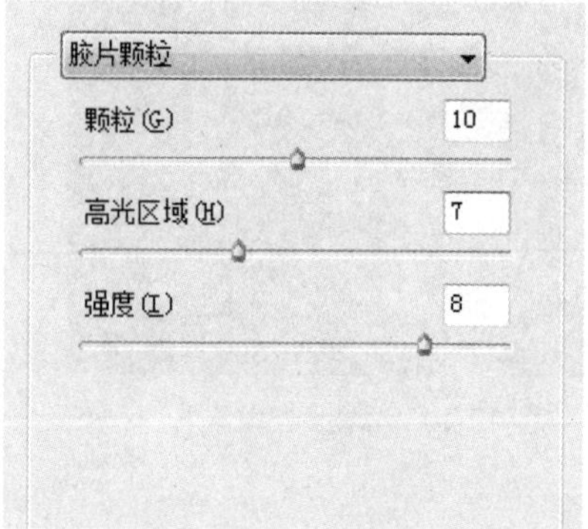

图 12-112　设置参数

图 12-113　胶片颗粒效果

10. 木刻

使用【木刻】滤镜可以使图像产生木雕画效果。对比度较强的图像运用该滤镜将呈剪影状，而一般彩色图像使用该滤镜则呈现彩色剪纸状。例如，选择【木刻】选项，然后设置其参数，如图 12-114 所示，得到的图像效果如图 12-115 所示。

11. 霓虹灯光

使用【霓虹灯光】滤镜将在图像中颜色对比反差较大的边缘处产生类似霓虹灯发光效果，单击发光颜色后面的色块可以在打开的对话框中设置霓虹灯颜色。其参数控制区如图 12-116 所

示，对应的滤镜效果如图 12-117 所示。

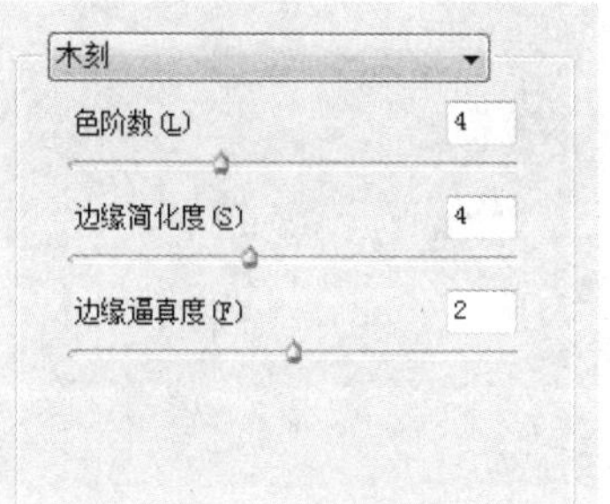

图 12-114　设置参数

图 12-115　木刻效果

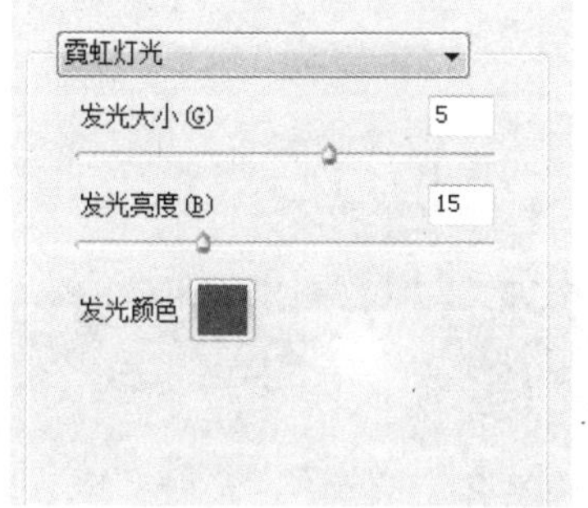

图 12-116　设置参数

图 12-117　霓虹灯光效果

12. 水彩

使用【水彩】滤镜将简化图像细节，并模拟使用水彩笔在图纸上绘画的效果。其参数控制区如图 12-118 所示，对应的滤镜效果如图 12-119 所示。

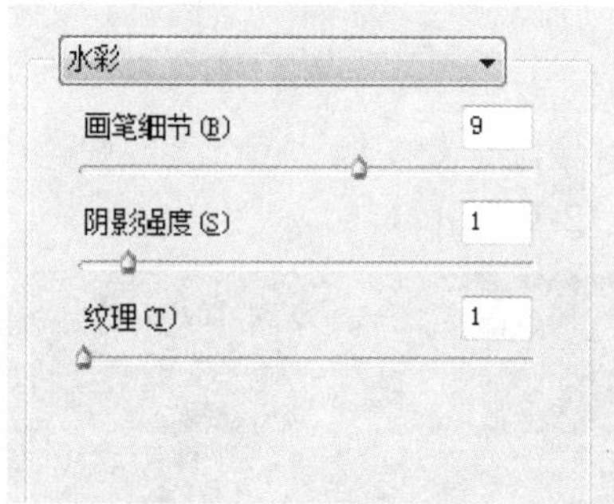

图 12-118　设置参数

图 12-119　水彩效果

13. 塑料包装

【塑料包装】滤镜可以使图像表面产生类似透明塑料袋包裹物体的效果，表面细节很突出。其参数控制区如图 12-120 所示，对应的滤镜效果如图 12-121 所示。

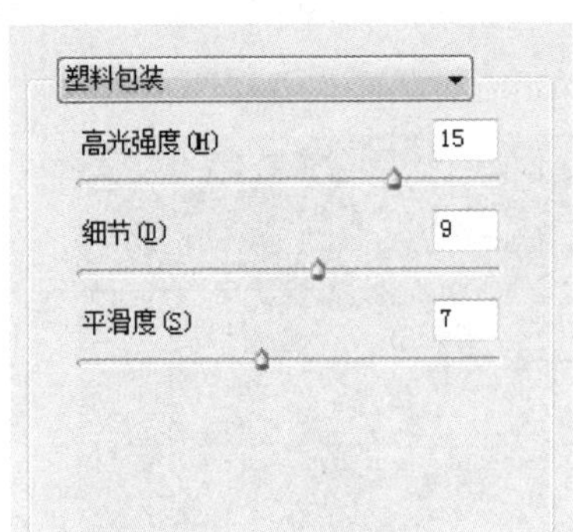

图 12-120　设置参数

图 12-121　塑料包装效果

14. 调色刀

使用【调色刀】滤镜可以使图像中的细节减少，图像产生薄薄的画布效果，露出下面的纹理。其参数控制区如图 12-122 所示，对应的滤镜效果如图 12-123 所示。

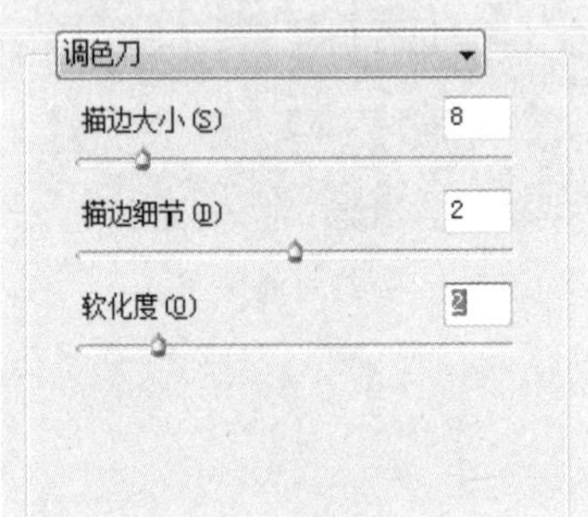

图 12-122　设置参数

图 12-123　调色刀效果

15. 涂抹棒

【涂抹棒】滤镜使用短的对角线涂抹图像的较暗区域来柔和图像，可增大图像的对比度。其参数控制区如图 12-124 所示，对应的滤镜效果如图 12-125 所示。

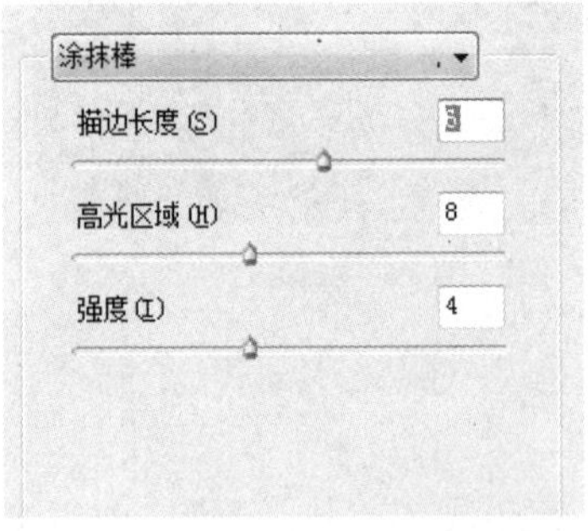

图 12-124　设置参数

图 12-125　涂抹棒效果

12.2 其他滤镜的应用

除了滤镜库中的滤镜外，在 Photoshop 中还有很多使用单独对话设置参数的滤镜，以及无对话框滤镜，下面分别做介绍。

12.2.1 像素化滤镜组

像素化滤镜组会将图像转换成平面色块组成的图案，使图像分块或平面化，通过不同的设置达到截然不同的效果。

1. 彩块化

使用【彩块化】滤镜可以让图像中纯色或相似颜色的像素结成相近颜色的像素块，从而使图像产生类似宝石刻画的效果，该滤镜没有参数设置对话框，直接使用即可，使用后的凸显效果比原图像更模糊。

2. 彩色半调

【彩色半调】滤镜可以将图像分成矩形栅格，从而使图像产生彩色半色调的网点。对于图像中的每个通道，该滤镜用小矩形将图像分割，并用圆形图像替换矩形图像，圆形的大小与矩形的亮度成正比。打开一幅素材图像，如图 12-126 所示。选择【彩色半调】命令可以打开其对话框，如图 12-127 所示，设置各项参数后得到的滤镜效果如图 12-128 所示。

图 12-126　原图

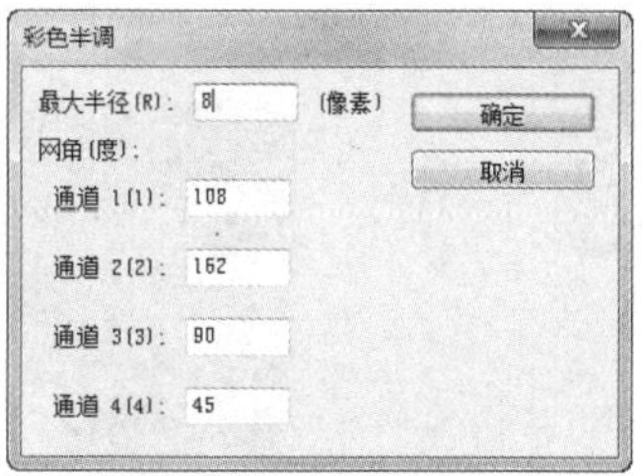

图 12-127　设置参数

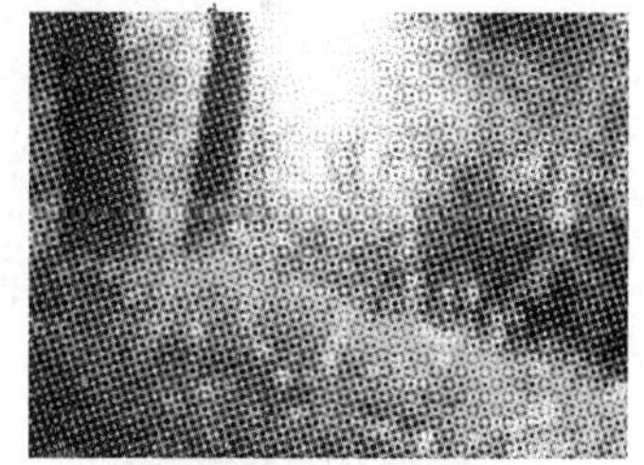

图 12-128　图像效果

3. 点状化

【点状化】滤镜将图像中的颜色分解为随机分布的网点，并使用背景色填充空白处。打开其参数对话框，如图 12-129 所示，设置各项参数后得到的滤镜效果如图 12-130 所示。

4. 晶格化

【晶格化】滤镜可以将图像中的像素结块为纯色的多边形。选择【晶格化】命令打开其参数对话框，如图 12-131 所示，设置各项参数后得到的滤镜效果如图 12-132 所示。

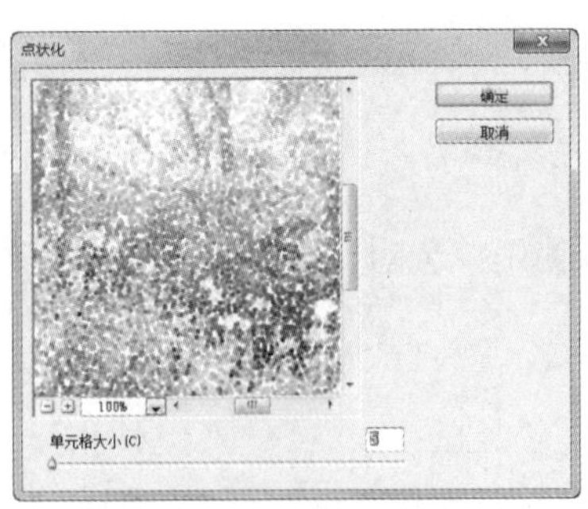

图 12-129 设置参数

图 12-130 图像效果

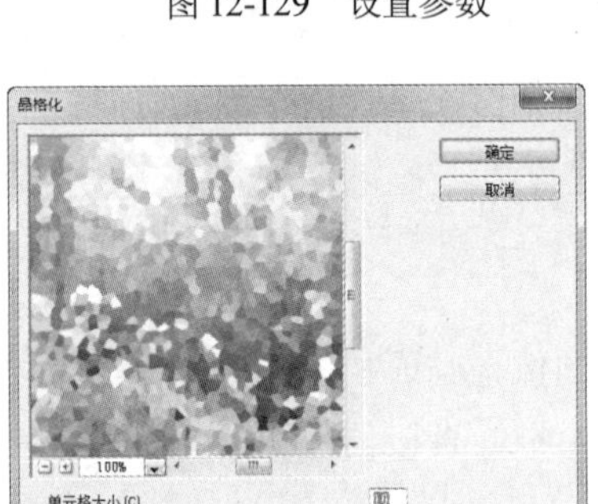

图 12-131 设置参数

图 12-132 图像效果

5. 马赛克

【马赛克】滤镜可以使图像中的像素形成方形块，并且使方形块中的颜色统一。选择【马赛克】命令打开其对话框，如图 12-133 所示，设置各项参数后得到的滤镜效果如图 12-134 所示。

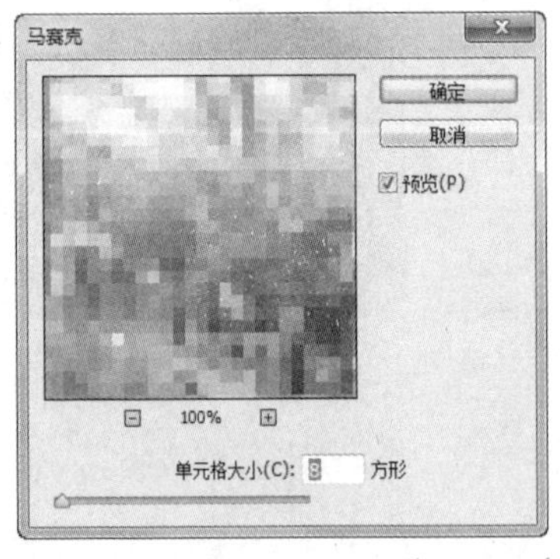

图 12-133 【马赛克】对话框

图 12-134 图像效果

6. 碎片

使用【碎片】滤镜可以使图像的像素复制 4 倍，然后将它们平均移位并降低不透明度，从而产生模糊效果，该滤镜无参数设置对话框。

7. 铜版雕刻

【铜版雕刻】滤镜可以在图像中随机分布各种不规则的线条和斑点，在图像中产生镂刻的版画效果，选择【马赛克】命令打开其对话框，如图 12-135 所示，在【类型】下拉菜单中选择【精细点】选项后得到的滤镜效果如图 12-136 所示。

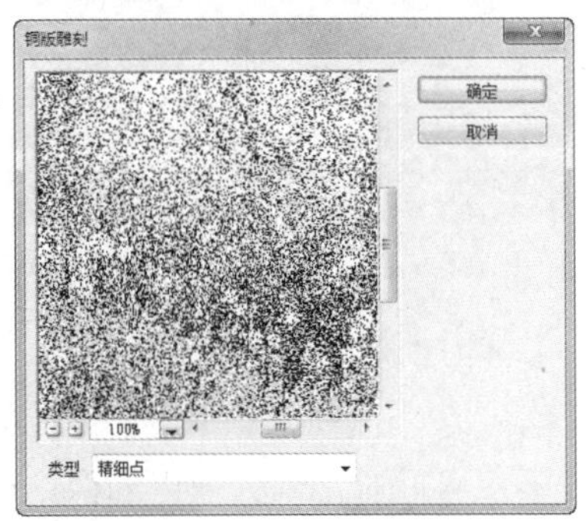

图 12-135　设置选项

图 12-136　图像效果

12.2.2　模糊滤镜组

对图像使用模糊类滤镜，可以让图像相邻像素间过渡平滑，从而使图像变得更加柔和。模糊滤镜组都不在滤镜库中显示，大部分都有独立的对话框。

1. 模糊和进一步模糊

使用【模糊】滤镜可以对图像边缘进行模糊处理；使用【进一步模糊】滤镜的模糊效果与【模糊】滤镜的效果相似，但要比【模糊】滤镜的效果强 3～4 倍。这两个滤镜都没有参数设置对话框。打开一幅素材图像，如图 12-137 所示，对其进行模糊和进一步模糊操作后效果如图 12-138 所示。

图 12-137　原图

图 12-138　图像模糊效果

2. 表面模糊

【表面模糊】滤镜在模糊图像的同时还会保留原图像边缘。选择【滤镜】→【模糊】→【表面模糊】命令，打开其参数对话框，如图 12-139 所示，得到的滤镜效果如图 12-140 所示。

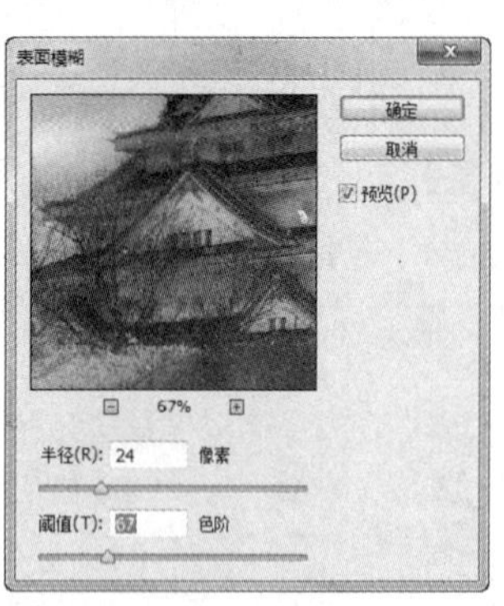

图 12-139　设置参数

图 12-140　表面模糊效果

3. 动感模糊

【动感模糊】滤镜可以让静态图像产生运动的模糊效果，通过对某一方向上的像素进行线性位移来产生运动的模糊效果。其参数设置对话框如图 12-141 所示，得到的滤镜效果如图 12-142 所示。

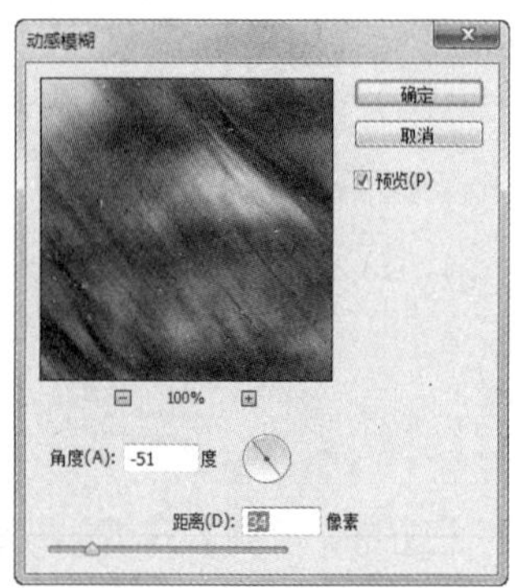

图 12-141　设置参数

图 12-142　动感模糊效果

4. 方框模糊

使用【方框模糊】滤镜可在图像中使用邻近像素颜色的平均值来模糊图像。选择该命令后其参数设置对话框如图 12-143 所示，得到的滤镜效果如图 12-144 所示。

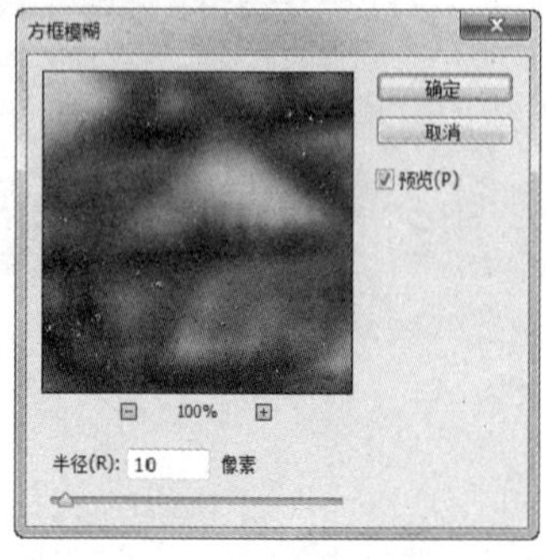

图 12-143　设置参数

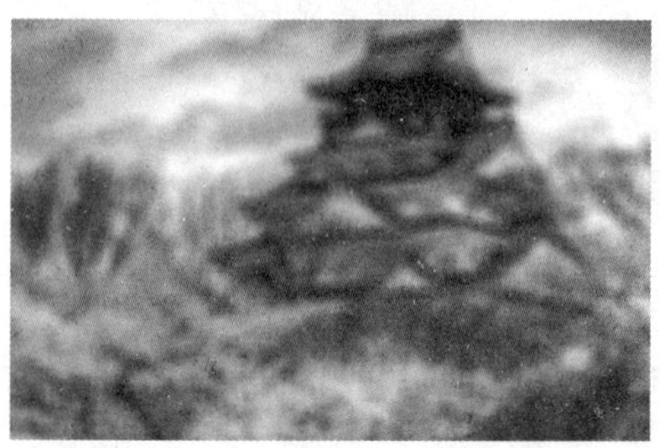

图 12-144　方框模糊效果

5. 径向模糊

【径向模糊】滤镜可以模拟出前后移动图像或旋转图像产生的模糊效果，制作出的模糊效果很柔和。【径向模糊】对话框如图 12-145 所示，在对话框中可以设置模糊的【数量】、【模糊方法】和【品质】，设置其参数后得到的滤镜效果如图 12-146 所示。

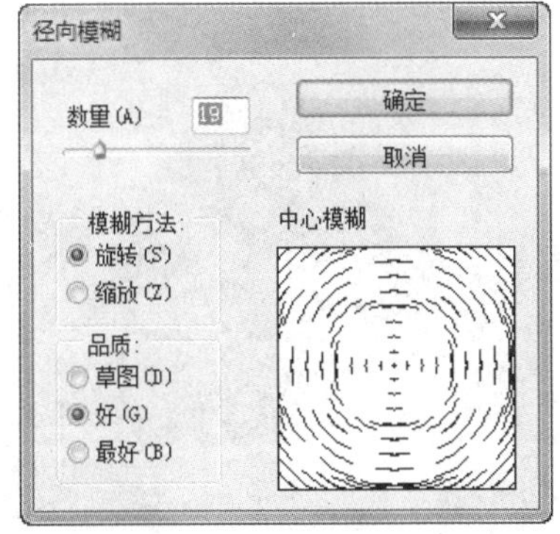

图 12-145 设置参数

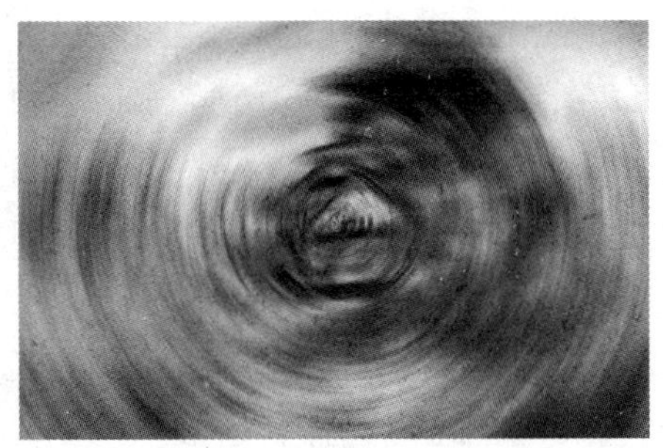

图 12-146 径向模糊效果

6. 镜头模糊

使用【镜头模糊】滤镜可以使图像模拟摄像时镜头抖动产生的模糊效果。选择【镜头模糊】命令后，其对话框如图 12-147 所示，在对话框左侧为图像预览图，右侧为参数设置区。

图 12-147 【镜头模糊】对话框

【镜头模糊】对话框中主要选项的作用如下。

- 【预览】：选中该选项后可以预览滤镜效果。其下方的单选按钮用于设置预览方式，选中【更快】可以快速预览调整参数后的效果，选中【更加准确】可以精确计算模糊的效果，但会增加预览的时间。
- 【深度映射】：通过设置【模糊焦距】数值可以改变模糊镜头的焦距。
- 【光圈】：用于对图像的模糊进行设置。
- 【镜面高光】：用于调整模糊镜面亮度的强弱程度。

◉ 【杂色】：在模糊过程中为图像添加杂色。

7. 高斯模糊

【高斯模糊】滤镜可以对图像总体进行模糊处理，根据高斯曲线调节图像像素色值。其参数设置对话框如图 12-148 所示，得到的滤镜效果如图 12-149 所示。

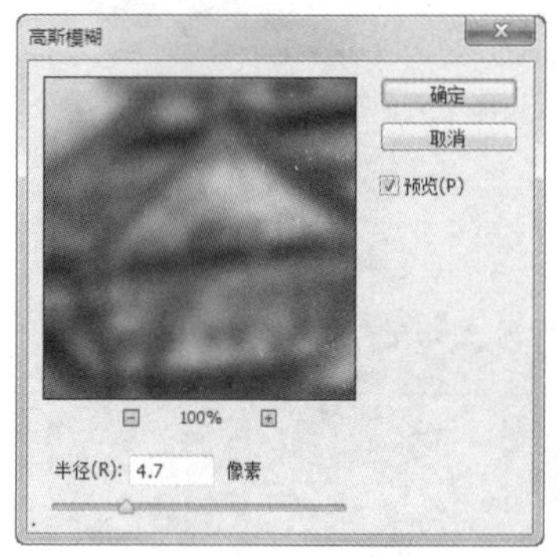

图 12-148　设置参数

图 12-149　高斯模糊效果

8. 平均模糊

选择【平均模糊】命令后，系统自动查找图像或选区的平均颜色进行模糊处理。一般情况下将会得到一片单一的颜色。

9. 特殊模糊

【特殊模糊】滤镜主要用于对图像进行精确模糊，是唯一不模糊图像轮廓的模糊方式。其参数设置对话框如图 12-150 所示，在其【模式】下拉列表框中可以选择模糊的模式，【特殊模糊】滤镜效果如图 12-151 所示。

图 12-150　设置参数

图 12-151　特殊模糊效果

10. 形状模糊

【形状模糊】滤镜是根据对话框中预设的形状来创建模糊效果。其参数设置对话框如图

12-152 所示，在对话框中可以选择模糊的形状，模糊后的图像效果如图 12-153 所示。

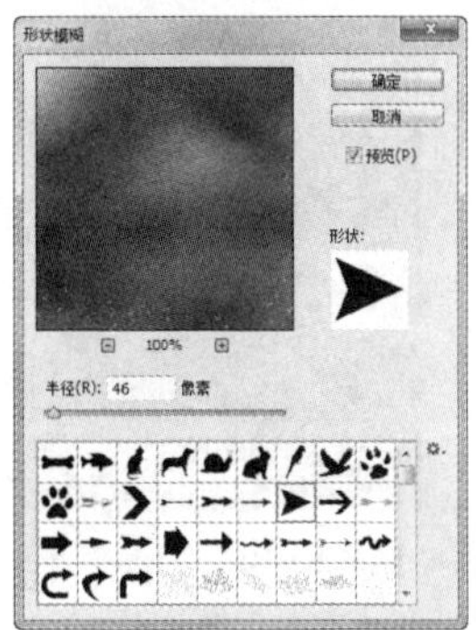

图 12-152　设置参数

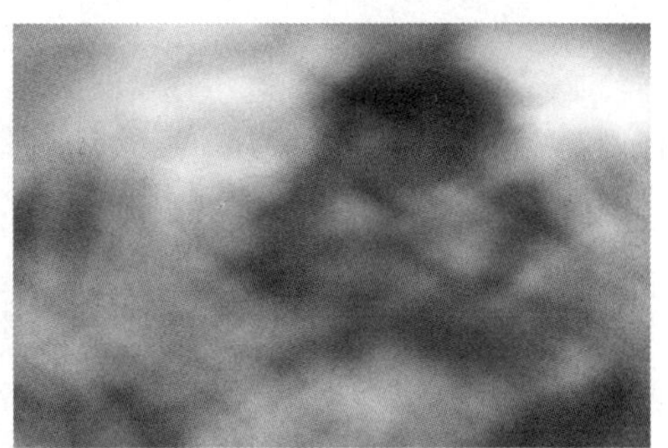

图 12-153　形状模糊效果

12.2.3　模糊画廊滤镜组

在 Photoshop CC 2015 中有 5 种模糊画廊滤镜，使用这 5 种滤镜能够模拟相机浅景深效果，给照片添加背景虚化，用户可在画面中设置保持清晰的位置，以及虚化范围和程度等参数。这 5 种滤镜的参数设置和使用方法都一致。

【练习】 创建镜头模糊图像。

(1) 打开【风景.jpg】素材图像，如图 12-154 所示，选择【滤镜】→【模糊】→【倾斜偏移】命令，图像中即可显示图钉和范围控制点，如图 12-155 所示。

(2) 在图像底部单击，增加一个图钉，使图像前方并不显示模糊效果，如图 12-156 所示。

图 12-154　原图

图 12-155　使用滤镜

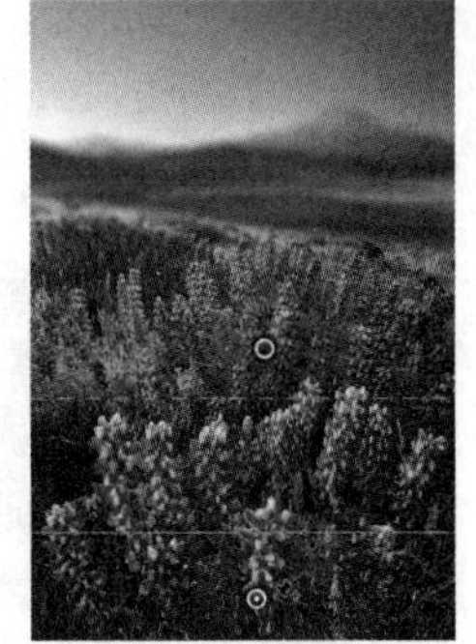

图 12-156　增加图钉

(3) 在打开的【模糊工具】面板中设置模糊参数，如图 12-157 所示。在【模糊效果】面板中设置散景参数，如图 12-158 所示。

(4) 按 Enter 键即可完成操作，得到景深图像效果，如图 12-159 所示。

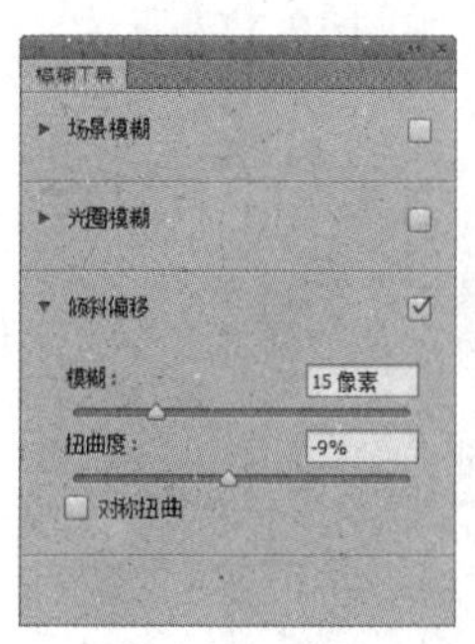

图 12-157　设置模糊参数

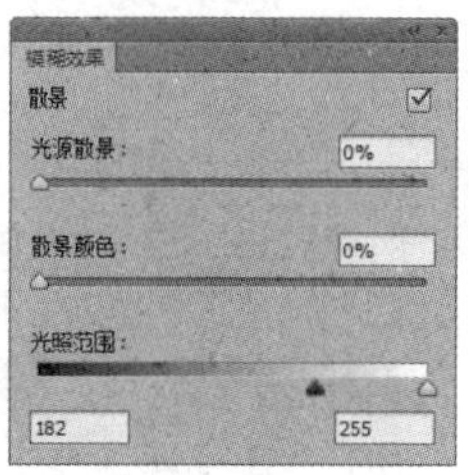

图 12-158　设置散景参数

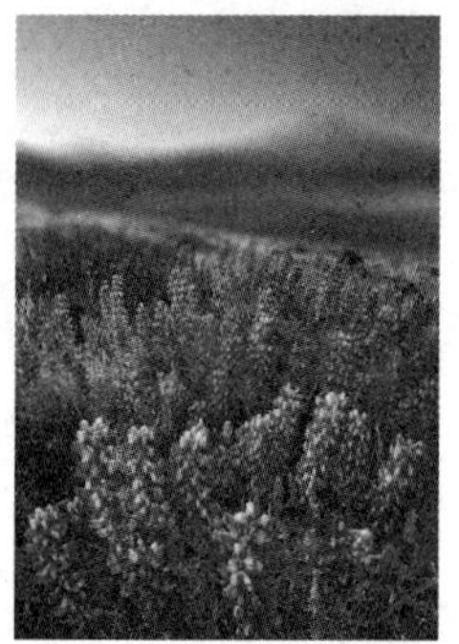

图 12-159　图像效果

用户还可以在【模糊工具】面板中同时使用【场景模糊】和【光圈模糊】滤镜。选择【场景模糊】滤镜后的图像如图 12-160 所示，同样可以在图像中添加图钉，【模糊工具】面板如图 12-161 所示。

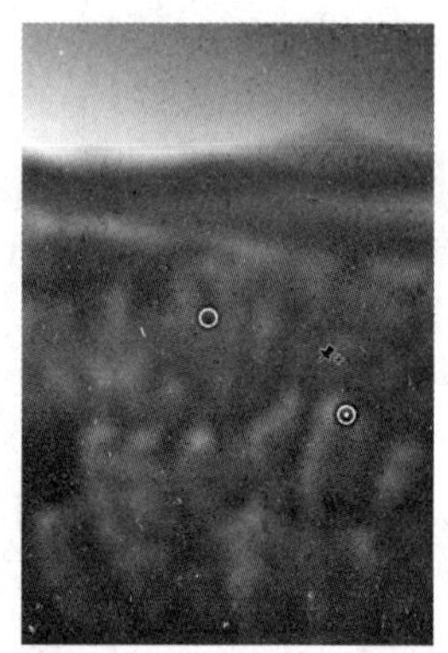

图 12-160　场景模糊图像效果

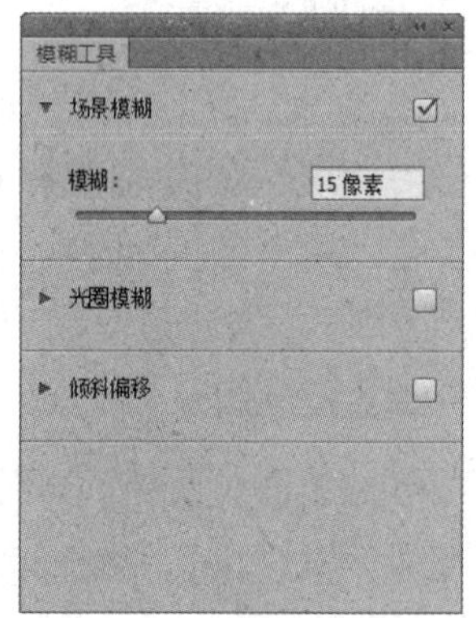

图 12-161　设置场景模糊参数

选择【光圈模糊】滤镜后的图像如图 12-162 所示，用户可以在图像中调整光圈的大小，用以控制模糊图像的范围，【模糊工具】面板如图 12-163 所示。

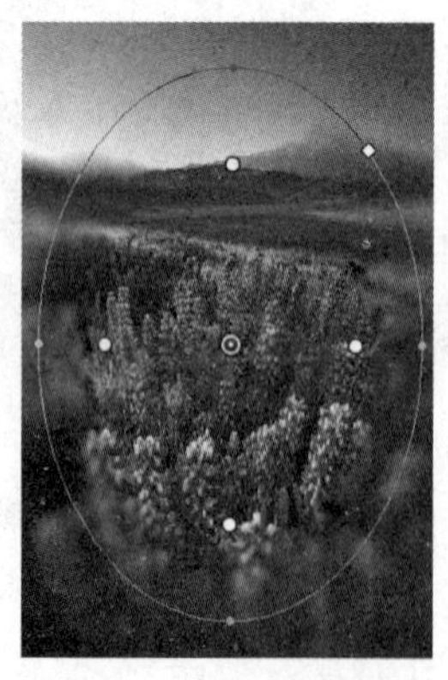

图 12-162　光圈模糊图像效果

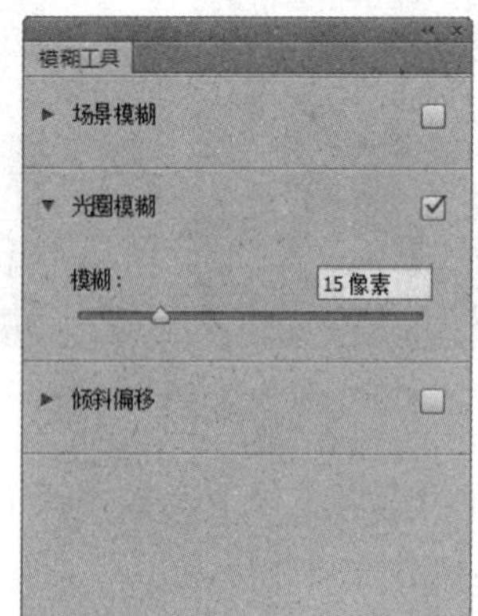

图 12-163　设置光圈模糊参数

12.2.4　杂色滤镜组

杂色滤镜组可以在图像中添加彩色或单色杂点效果，或者将图像中的杂色移去。该组滤镜对图像有优化的作用，因此在输出图像的时候经常使用。

1. 去斑

【去斑】滤镜可以检测图像边缘并模糊其他图像区域，从而达到掩饰图像中细小斑点、消除轻微折痕的效果。该滤镜无参数设置对话框，执行滤镜效果并不明显。

2. 蒙尘与划痕

【蒙尘与划痕】滤镜是通过将图像中有缺陷的像素融入周围的像素，使图像产生柔和的效果。打开一幅素材图像，如图 12-164 所示。选择【蒙尘与划痕】命令即可打开其对话框，如图 12-165 所示，设置各项参数后得到的滤镜效果如图 12-166 所示。

图 12-164　原图

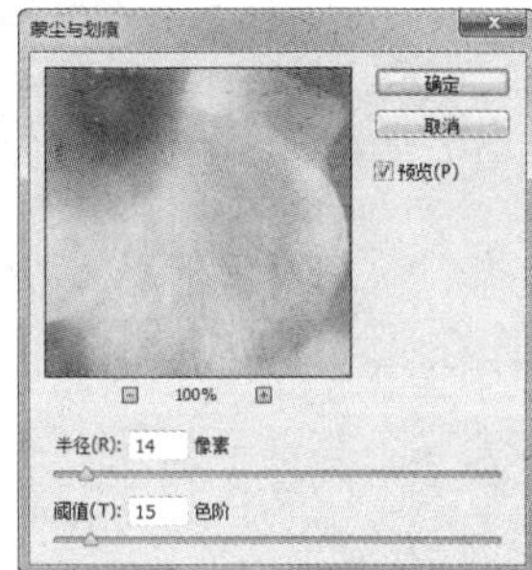

图 12-165　设置参数

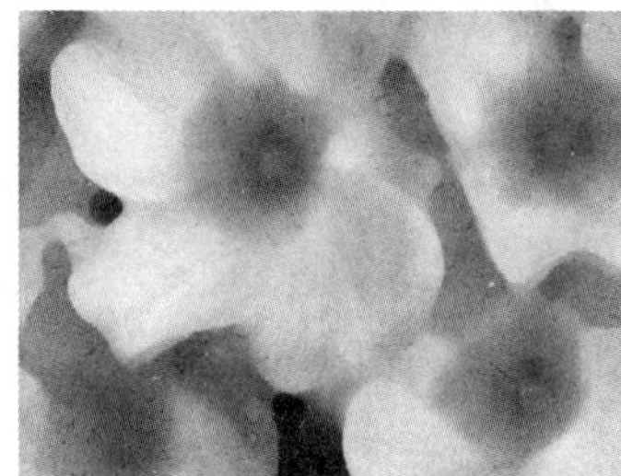

图 12-166　图像效果

3. 减少杂色

【减少杂色】滤镜可以在保留图像边缘的同时减少图像中各个通道中的杂色，它具有比较智能化的减少杂色的功能。选择【减少杂色】命令，打开其对话框，如图 12-167 所示，设置参数后可以在预览框中查看图像效果。

图 12-167　设置减少杂色选项

4. 添加杂色

【添加杂色】滤镜可以在图像上添加随机像素，在对话框中可以设置添加杂色为单色或彩色。选择【添加杂色】命令，打开其对话框，如图 12-168 所示，设置其参数后得到的滤镜效果如图 12-169 所示。

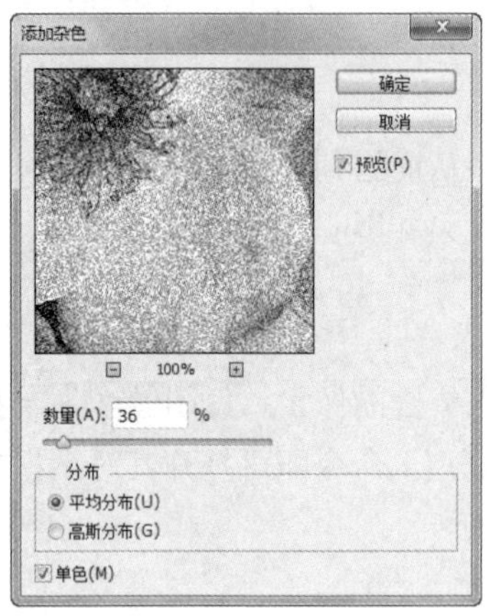

图 12-168　设置参数

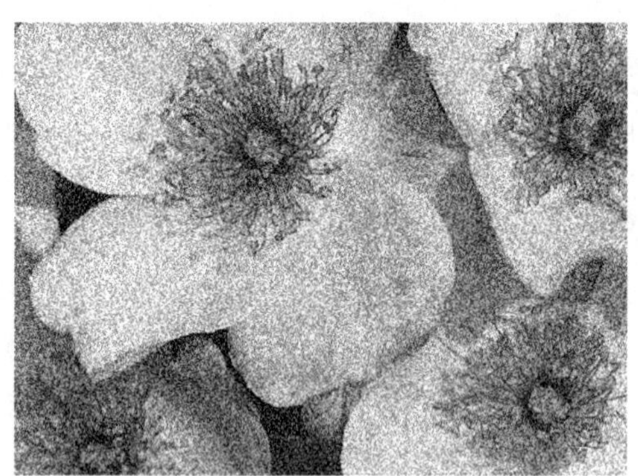

图 12-169　添加杂色效果

5. 中间值

【中间值】滤镜主要是混合图像中像素的亮度，以减少图像中的杂色。该滤镜对于消除或减少图像中的动感效果非常有用。选择【中间值】命令，打开其对话框，如图 12-170 所示，设置其参数后得到的滤镜效果如图 12-171 所示。

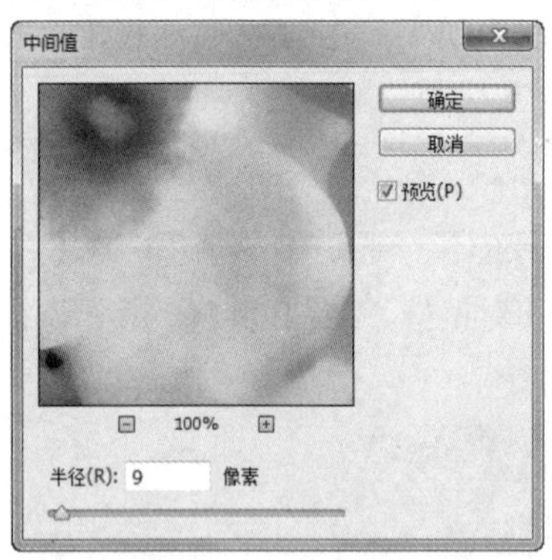

图 12-170　设置参数

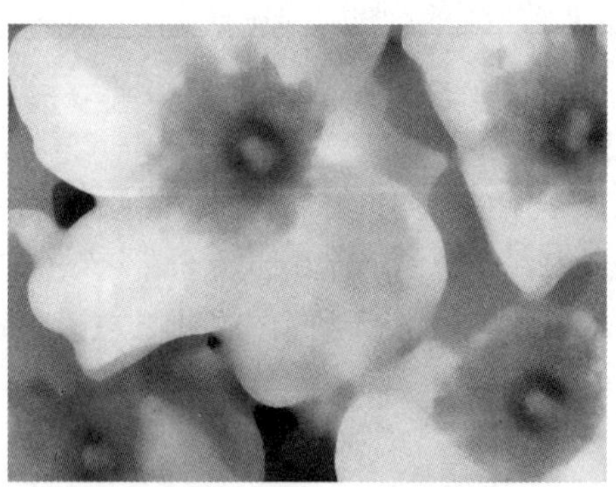

图 12-171　中间值效果

12.2.5　渲染滤镜组

渲染滤镜组提供了 8 种滤镜，主要用于模拟不同的光源照明效果，创建出云彩图案、折射图案等，下面介绍几种常用的渲染滤镜。

1. 云彩和分层云彩

该滤镜使用前景色和背景色相融合，随机生成云彩状图案，并填充到当前图层或选区中。分层云彩滤镜和云彩滤镜类似，都是使用前景色和背景色随机产生云彩图案，不同的是【分层云彩】生成的云彩图案不会替换原图，而是按差值模式与原图混合。打开一幅素材图像，如图 12-172 所示，设置前景色为黄色，背景色为白色，使用【分层云彩】命令后的效果如图 12-173 所示。

图 12-172　原图

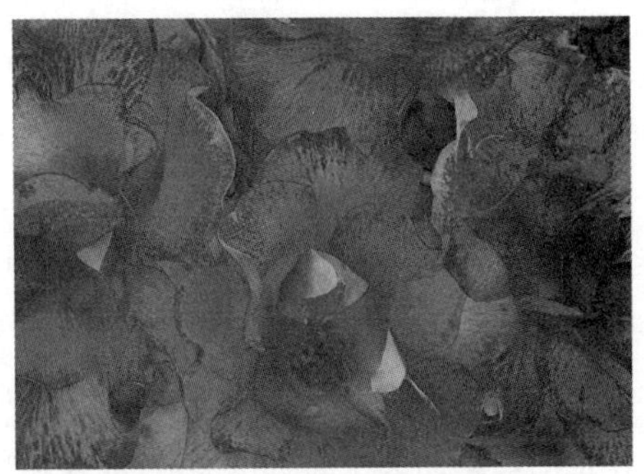

图 12-173　分层云彩效果

2. 光照效果

【光照效果】滤镜可以对平面图像产生类似三维光照的效果，选择该命令将进入【属性】面板，在其中可以设置各选项参数，如图 12-174 所示，图像效果如图 12-175 所示。

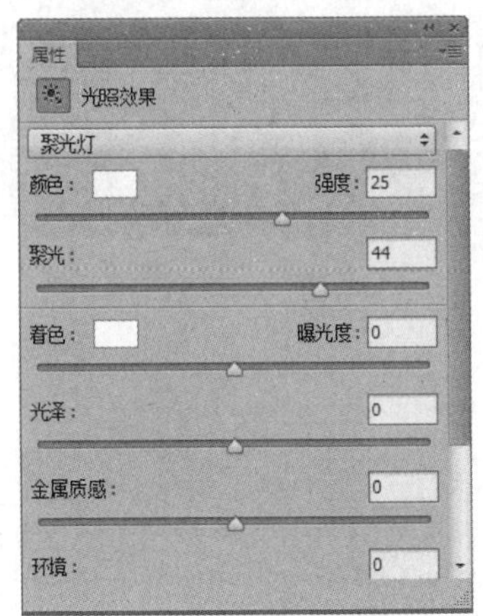

图 12-174　【光照效果】对话框

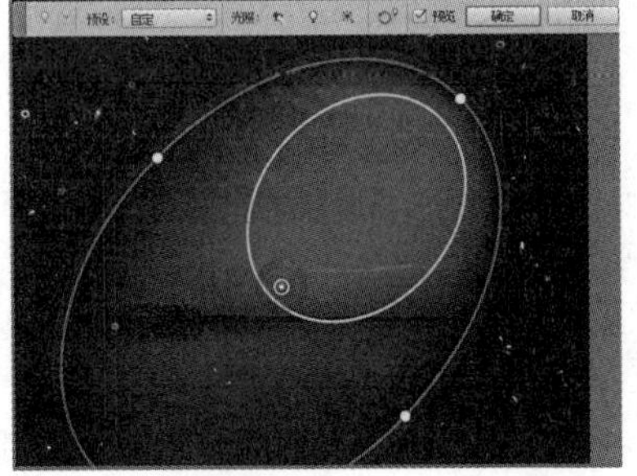

图 12-175　光照效果

3. 镜头光晕

【镜头光晕】滤镜可以模拟出照相机镜头产生的折射光效果。选择【镜头光晕】命令打开其对话框，如图 12-176 所示，得到的滤镜效果如图 12-177 所示。

图 12-176　设置镜头光晕

图 12-177　图像效果

4. 纤维

【纤维】滤镜可以使用前景色和背景色创建出编辑纤维的图像效果。选择【纤维】命令打开其对话框，如图 12-178 所示，设置参数后得到的滤镜效果如图 12-179 所示。

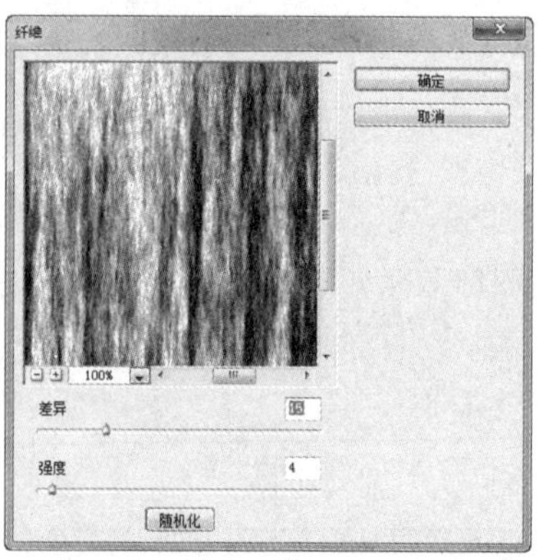

图 12-178　设置参数

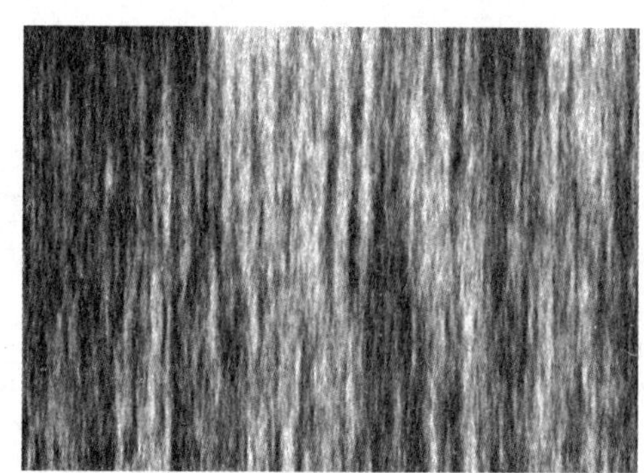

图 12-179　图像效果

12.2.6　锐化滤镜组

锐化滤镜组是通过增加相邻图像像素的对比度，让模糊的图像变得清晰，画面更加鲜明、细腻。下面介绍一下常用的锐化滤镜。

1. USM 锐化

使用【USM 锐化】滤镜将在图像中相邻像素之间增大对比度，使图像边缘清晰。打开一幅素材图像，如图 12-180 所示。选择【USM 锐化】命令，打开其对话框，如图 12-181 所示，设置参数后得到的滤镜效果如图 12-182 所示。

图 12-180　原图

图 12-181　设置参数

图 12-182　图像效果

2. 智能锐化

【智能锐化】滤镜比【USM 锐化】滤镜更加智能化。可以设置锐化算法或控制在阴影和高光区域中进行的锐化量，以获得更好的边缘检测并减少锐化晕圈。选择【智能锐化】命令，打开其对话框，如图 12-183 所示，设置参数后可以在其左侧的预览框中查看图像效果。选择【高级】单选项，可以设置锐化、阴影和高光参数，如图 12-184 所示。

图 12-183　智能锐化滤镜

图 12-184　高级选项

3. 锐化边缘、锐化和进一步锐化

【锐化边缘】滤镜通过查找图像中颜色发生显著变化的区域进行锐化；【锐化】滤镜可增加图像像素间的对比度，使图像更清晰；【进一步锐化】滤镜和锐化滤镜功效相似，只是锐化效果更加强烈。

12.3　上机实战

本章对滤镜进行了深入的解析，对各类常用滤镜进行了详细介绍，下面通过两个练习来巩固本章所学的知识。

12.3.1 制作雕刻板图像

本实例将制作一个雕刻板图像，在图像中应用了多个滤镜，结合起来制作出特殊图像效果，实例效果如图 12-185 所示。

图 12-185　图像效果

本实例的具体操作如下。

(1) 打开素材图像【面部.jpg】，如图 12-186 所示，按 Ctrl+J 键复制一次该图层，得到【图层 1】，如图 12-187 所示。

图 12-186　打开素材图像

图 12-187　复制图层

(2) 选择【滤镜】→【风格化】→【等高线】命令，打开【等高线】对话框，设置【色阶】为 69，然后选择【较高】选项，如图 12-188 所示。

(3) 单击【确定】按钮，得到等高线图像效果，如图 12-189 所示。

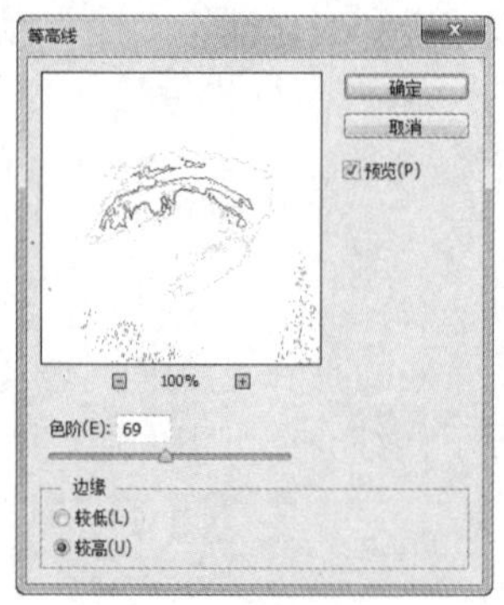

图 12-188　设置滤镜参数

图 12-189　图像效果

(4) 选择【图像】→【调整】→【去色】命令，去除图像色彩，得到黑白的图像效果，如图 12-190 所示。

(5) 新建一个图层，将其填充为土黄色(R181,G148,B116)，然后设置该图层的混合模式为【正片叠底】、【不透明度】为 50%，如图 12-191 所示，得到图像效果如图 12-192 所示。

图 12-190　黑白图像效果

图 12-191　设置图层属性

图 12-192　图像效果

(6) 选择背景图层，复制一次该图层，并放到顶部，如图 12-193 所示。

(7) 选择【图像】→【调整】→【阈值】命令，打开【阈值】对话框，设置【阈值色阶】为 127，如图 12-194 所示。

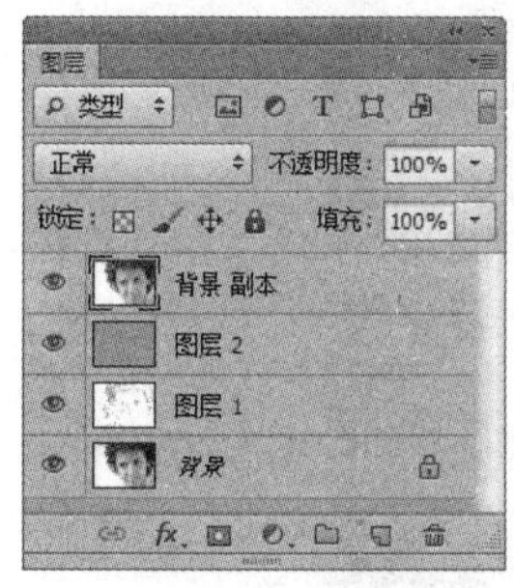

图 12-193　复制图层

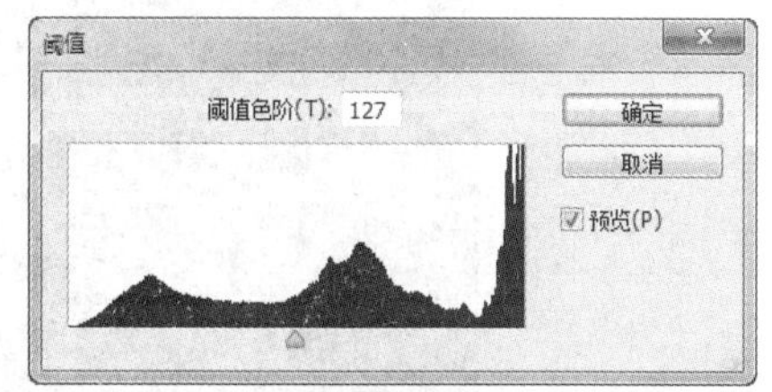

图 12-194　设置参数

(8) 单击【确定】按钮，得到色块图像效果，如图 12-195 所示。

(9) 设置该图层的混合模式为【正片叠底】，【不透明度】为 44%，得到的图像效果如图 12-196 所示。

图 12-195　色块图像

图 12-196　设置图层属性效果

(10) 选择【滤镜】→【滤镜库】命令，打开【滤镜库】对话框。选择【纹理】→【颗粒】命令，设置【颗粒类型】为【水平】，再设置其他各项参数，如图 12-197 所示。

(11) 单击【确定】按钮，雕刻板图像效果，如图 12-198 所示，至此完成本实例的制作。

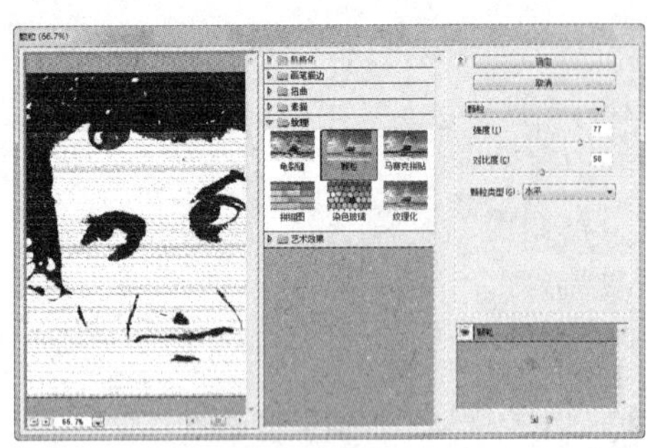

图 12-197 设置滤镜参数

图 12-198 图像效果

12.3.2 制作发光的花朵

本实例将制作一个发光的花朵图像，主要用于巩固【扭曲】滤镜组中滤镜的使用，并结合渐变工具和图层混合模式制作出特殊图像效果，实例效果如图 12-199 所示。

图 12-199 图像效果

本实例的具体操作如下。

(1) 选择【文件】→【新建】命令，新建一个图像文件，设置前景色为黑色，背景色为白色，使用【渐变工具】在图像中从上到下应用线性渐变填充，如图 12-200 所示。

(2) 选择【滤镜】→【扭曲】→【波浪】命令，打开【波浪】对话框，在其中设置各项参数，如图 12-201 所示。

图 12-200 填充背景

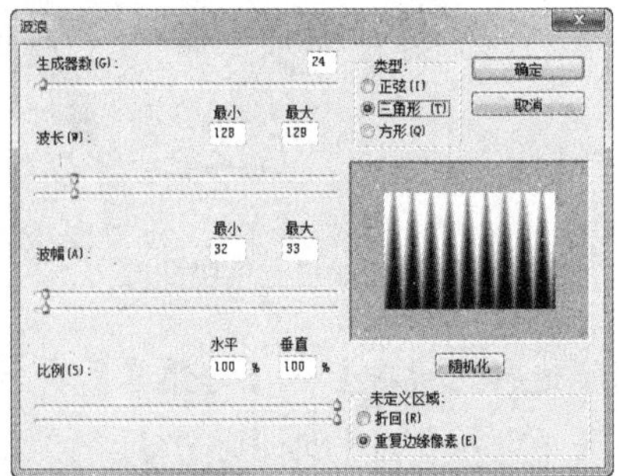

图 12-201 设置【波浪】滤镜参数

(3) 单击【确定】按钮，得到波浪图像效果，如图 12-202 所示。

(4) 选择【滤镜】→【扭曲】→【极坐标】命令，打开【极坐标】对话框，选择【平面坐标到极坐标】选项，如图 12-203 所示。

图 12-202　波浪图像效果

图 12-203　【极坐标】对话框

(5) 单击【确定】按钮，得到极坐标图像效果，如图 12-204 所示。

(6) 选择【滤镜】→【滤镜库】命令，打开【滤镜库】对话框。选择【素描】→【铬黄渐变】命令，设置参数分别为 8 和 9，如图 12-205 所示。

图 12-204　极坐标图像效果

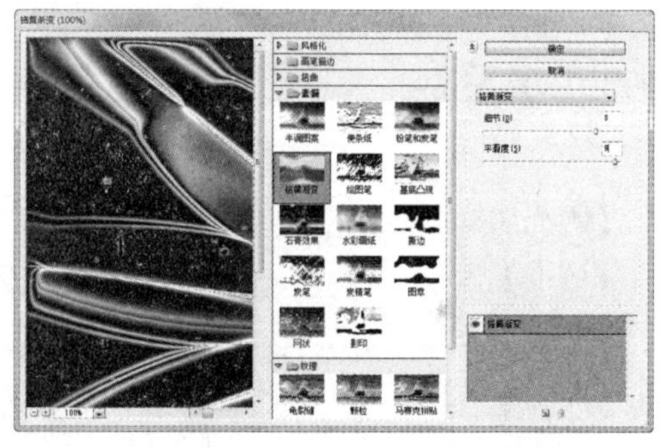

图 12-205　【铬黄渐变】滤镜

(7) 单击【确定】按钮，得到铬黄渐变图像效果，如图 12-206 所示。

(8) 新建一个图层，选择渐变填充工具，打开【渐变编辑器】对话框，选择渐变样式为【色谱】，如图 12-207 所示。

图 12-206　铬黄渐变图像效果

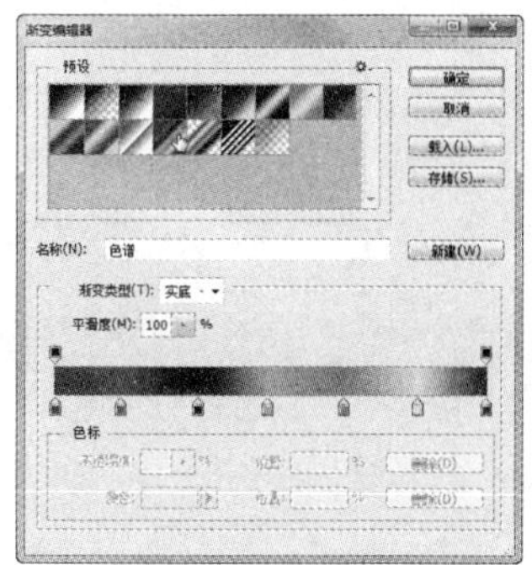

图 12-207　设置渐变颜色

(9) 单击【确定】按钮，对图像应用线性渐变填充，如图 12-208 所示。

(10) 设置该图层的混合模式为【颜色】，得到的图像效果如图 12-209 所示，至此完成本实例的操作。

图 12-208　填充图像

图 12-209　图像效果

12.4　思考与练习

12.4.1　填空题

1. 【照亮边缘】属于______________滤镜组中的滤镜。
2. 【玻璃】属于______________滤镜组中的滤镜。
3. 【龟裂缝】属于______________滤镜组中的滤镜。

12.4.2　选择题

1. 马赛克是属于(　　　)类的滤镜。
   A. 渲染　　B. 纹理
   C. 像素化　　D. 杂色
2. 光照效果是属于(　　　)类的滤镜。
   A. 渲染　　B. 模糊
   C. 像素化　　D. 艺术效果
3. 木刻是属于(　　　)类的滤镜。
   A. 渲染　　B. 素描类
   C. 艺术效果　　D. 杂色

12.4.3　操作题

打开【向日葵.jpg】素材图像，如图 12-210 所示。复制背景图层，选择【滤镜】→【模糊】→【高斯模糊】命令，为图像应用模糊效果；再次复制背景图层，得到背景【图层 2】，对其应用【扩散亮光】命令，在【图层】面板中将图层混合模式设置为【叠加】即可，得到绚丽的艺术图像效果如图 12-211 所示。

图 12-210　素材图像

图 12-211　图像效果

第13章 动作和批处理图像

学习目标

本章将学习动作及其应用范围的相关知识，以及批处理图像的操作方法。通过对【动作】面板的详细介绍让读者掌握其操作方式，并且和批处理图像结合起来使用，充分运用快捷方式提高工作效率。

本章重点

- 动作的使用
- 动作的编辑
- 批处理图像

13.1 动作的使用

动作就是对单个文件或一批文件回放一系列命令的操作。大多数命令和工具操作都可以记录在动作中。

13.1.1 认识【动作】面板

在【动作】面板中可以快速地使用一些已经设定的动作，也可以设置一些自己的动作，存储起来以便今后使用。通过【动作】功能的应用，可以对图像进行自动化的操作，从而大大提高工作效率。

选择【窗口】→【动作】命令，打开【动作】面板，如图 13-1 所示，可以看到【动作】面板中默认的动作设置。

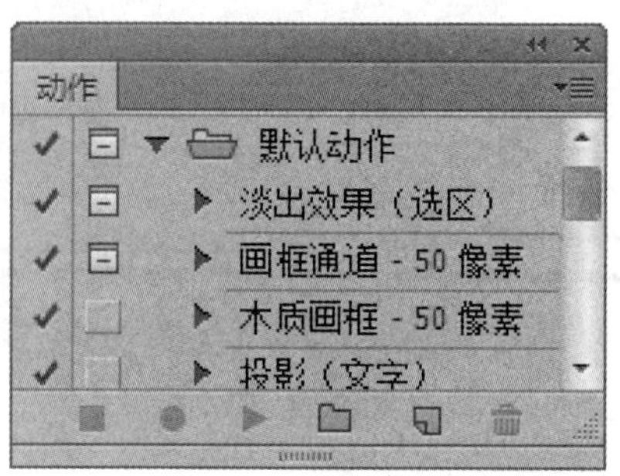

图 13-1 【动作】面板

【动作】面板中功能按钮的作用如下。

- 单击●按钮，开始录制动作。
- 单击■按钮，停止录制动作。
- 单击▶按钮，可以播放所选的动作。
- 单击按钮，可以创建新动作。
- 单击按钮，将弹出一个提示对话框，单击【确定】按钮可删除所选的动作。
- 单击按钮，可以新建一个动作组。
- ✓按钮：用于切换项目开关。
- 图标：用于控制当前所执行的命令是否需要弹出对话框。

13.1.2 创建动作组

为了方便对动作进行管理，用户可以创建一个动作组来对动作进行分类管理。下面介绍创建动作组的方法。

【练习 13-1】在【动作】面板中新建动作组。

(1) 打开一个需要处理的图像文件，选择【窗口】→【动作】命令，打开【动作】面板，单击【动作】面板底部的【创建新组】按钮，弹出【新建组】对话框，如图 13-2 所示。

(2) 单击【确定】按钮即可在【动作】面板中创建一个新动作组，如图 13-3 所示。

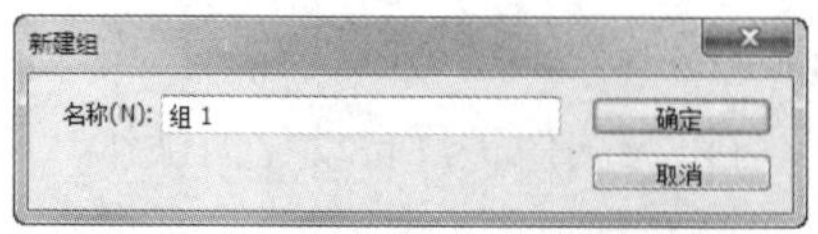

图 13-2 【新建组】对话框

图 13-3 新建动作组

13.1.3　录制新动作

在【动作】面板中创建组后，用户可以在动作组中创建新动作，以便记录操作的步骤。

【练习 13-2】创建动作。

(1) 打开任意一幅素材图像，如图 13-4 所示，然后单击【动作】面板右上方的按钮，在弹出的菜单中选择【新建动作】命令，即可打开【新建动作】对话框，如图 13-5 所示。

图 13-4　素材图像

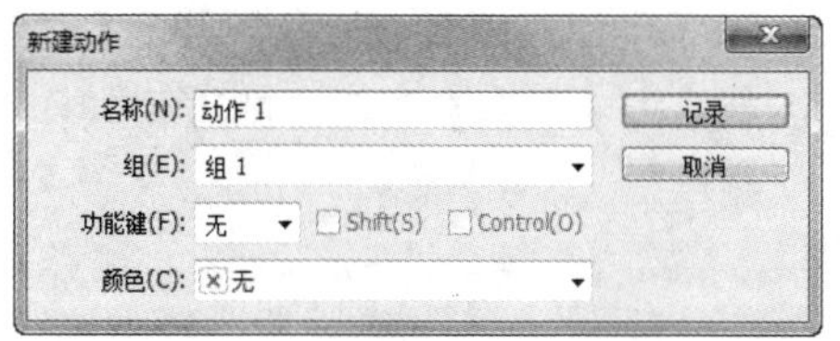

图 13-5　【新建动作】对话框

(2) 在【新建动作】对话框中单击【记录】按钮，即可在组 1 中得到新建的动作，如图 13-6 所示，这时操作将被录制下来。

(3) 选择【图像】→【调整】→【亮度/对比度】命令，打开【亮度/对比度】对话框，适当增加图像亮度和对比度图像颜色，如图 13-7 所示。

图 13-6　创建新动作

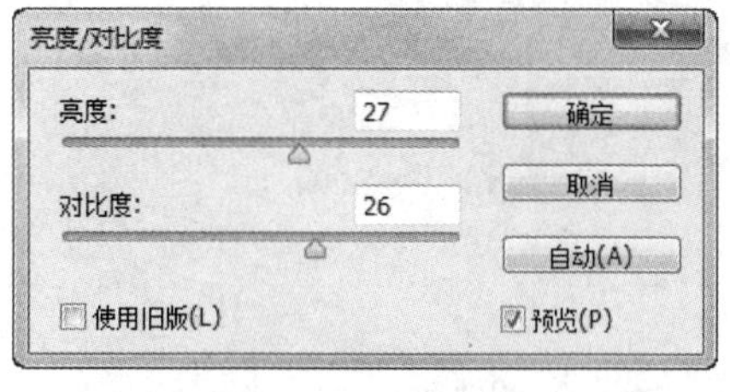

图 13-7　调整曲线

(4) 单击【确定】按钮，得到的图像效果如图 13-8 所示，这时【动作】面板中将记录下颜色调整，如图 13-9 所示。

图 13-8　图像效果

图 13-9　记录动作

(5) 完成图像的处理后，单击【停止播放/记录】按钮■，完成操作的录制。

13.1.4 保存动作

对于用户自己创建的动作将暂时保存在 Photoshop 的动作面板中，在每次启动 Photoshop 后即可使用。如不小心删除了动作，或重新安装了 Photoshop，则用户手动制作的动作将消失。因此，应将这些已创建好的动作以文件的形式进行保存，需使用时再通过加载文件的形式载入到【动作】面板中即可。

选定要保存的动作序列，单击【动作】面板右上角的按钮，在弹出的下拉菜单中选择【存储动作】命令，如图 13-10 所示，在打开的【存储】对话框中指定保存位置和文件名，如图 13-11 所示，完成后单击【保存】按钮，即可将动作以.ATN 文件格式进行保存。

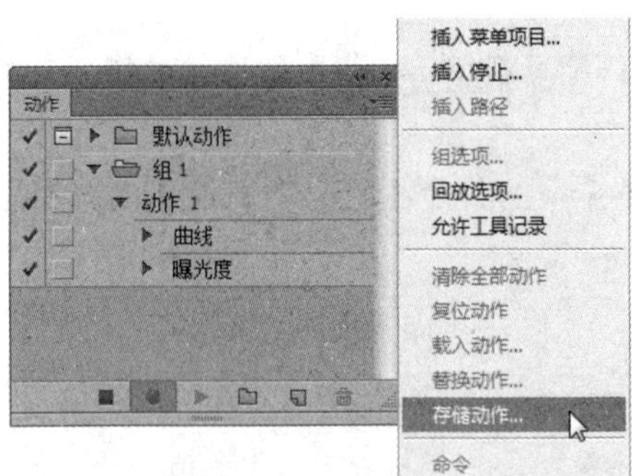

图 13-10　记录动作

图 13-11　存储动作

13.1.5 载入动作

如果需要载入保存在硬盘上的动作序列，可以单击【动作】面板右上角的按钮，在弹出的下拉菜单中选择【载入动作】命令。在弹出的【载入】对话框中查找需要载入动作序列的名称和路径，即可将其载入到【动作】面板中。

提示

单击【动作】面板右上方的按钮，也可直接选择其菜单底部相应的动作序列命令来载入，同时选择【复位动作】命令可以将动作面板恢复到默认状态。

13.1.6　播放动作

在录制并保存对图像进行处理的操作过程后，即可将该动作应用到其他的图像中。

【练习 13-3】选择动作进行播放。

(1) 打开一个需要应用动作的图像文件，如图 13-12 所示。

(2) 在【动作】面板中选择需要应用到该图像上的动作，如选择【木质画框】动作，然后单击【播放选定的动作】按钮▶，如图 13-13 所示，即可将【木质画框】效果应用到当前图像上，如图 13-14 所示。

图 13-12　素材图像

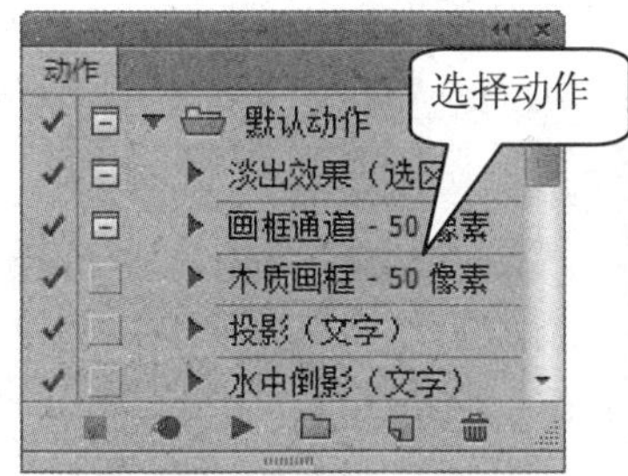

图 13-13　选择动作播放

图 13-14　图像效果

13.2　动作的编辑

用户对操作进行记录后，该记录都保存在【动作】面板中，用户可根据需要对这些动作进行一系列的编辑。

13.2.1　插入菜单项目

插入菜单项目就是在动作中插入菜单命令。比如用户在操作过程中遗漏了某些步骤，或者需要添加某些步骤的时候，就可以用到这个命令。

【练习 13-4】在动作中插入菜单项目。

(1) 当用户在【动作】面板中创建动作后，在面板中选择需要插入动作的位置，然后单击【动作】面板右上角的☰按钮，在弹出的菜单中选择【插入菜单项目】命令，打开【插入菜单项目】对话框，如图 13-15 所示。

(2) 保持对话框的显示状态，这里我们可以插入所需的状态，如选择【图像】→【调整】→【色相/饱和度】命令，此时【插入菜单项目】对话框中的【菜单项】中即可显示该菜单命令，如图 13-16 所示。

图 13-15 【插入菜单项目】对话框

图 13-16 对话框的显示

(3) 单击【确定】按钮，即可将该命令插入到当前动作中，如图 13-17 所示。

(4) 当用户插入动作后，可以双击该动作命令，打开相应的对话框，对其进行编辑，即可得到这个动作所需的效果。如双击【色相/饱和度】命令，打开【色相/饱和度】对话框，可以看到动作面板进入录制状态，如图 13-18 所示。

(5) 单击【确定】按钮，得到录制的动作，在【色相/饱和度】命令前将出现一个三角形图标，表示该动作有具体的操作，如图 13-19 所示。

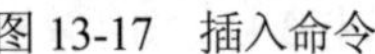

图 13-17 插入命令

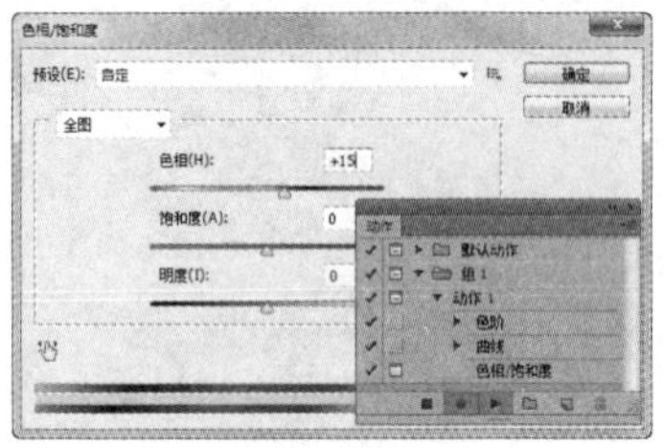

图 13-18 编辑动作

图 13-19 完成操作

提示

单击每个动作前面的三角形按钮，即可展开该动作，其中详细记录了该动作的属性和具体参数。

13.2.2 插入停止命令

在实际录制动作的过程中，有很多命令无法被记录下来，如使用【画笔工具】涂抹图像，为了使操作完整，用户可以暂停动作的录制。

【练习 13-5】在动作中插入停止命令。

(1) 在录制操作的情况下，使用【画笔工具】涂抹图像，可以看到在【动作】面板中没有任何记录，如图 13-20 所示。

(2) 单击【动作】面板右上方的按钮，在弹出的菜单中选择【插入停止】命令，将打开【记录停止】对话框，在其中输入停止的提示和要求，如图 13-21 所示。

(3) 设置完成后单击【确定】按钮，可以将【停止】命令插入到【动作】面板中，如图 13-22 所示。

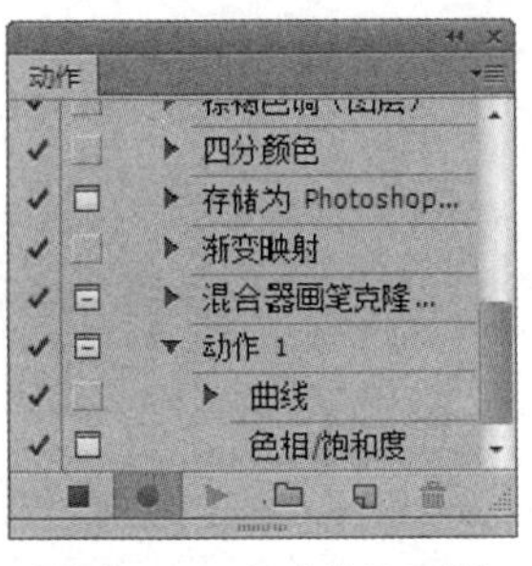

图 13-20　【动作】面板

图 13-21　输入文字

图 13-22　插入【停止】命令

13.2.3　复制和删除动作

当用户对个操作过程录制完成后，还可以在【动作】面板中对动作进行复制和删除操作。

【练习 13-6】复制和删除动作。

(1) 选择需要复制的动作，按住鼠标左键将其拖至【创建新动作】按钮 上，如图 13-23 所示。

(2) 释放鼠标，即可在【动作】面板中得到复制的动作，如图 13-24 所示。

图 13-23　拖动需要复制的动作

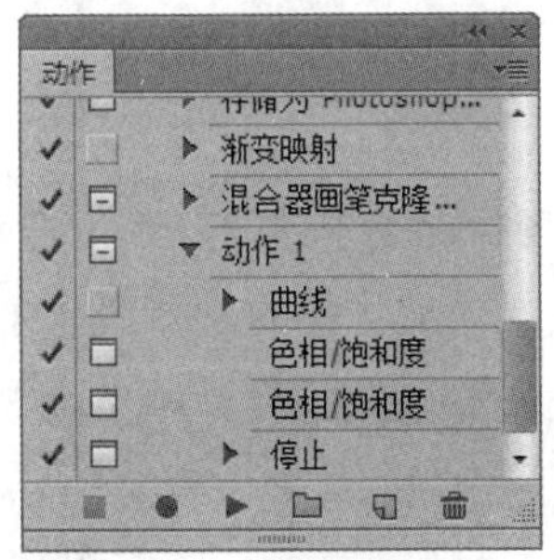

图 13-24　复制的动作

(3) 选择需要删除的动作，如【曲线】命令，单击面板底部的【删除】按钮，将弹出提示对话框，如图 13-25 所示。

(4) 单击【确定】按钮即可将该动作删除，如图 13-26 所示。

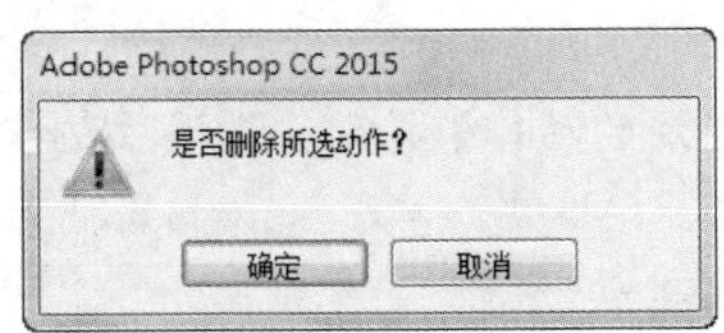

图 13-25　提示对话框

图 13-26　删除动作

13.3 执行默认动作

Photoshop 提供了很多默认的动作，选择这些动作可以快速制作出各种丰富的图像效果。

【练习 13-7】使用默认动作。

(1) 选择【文件】→【打开】命令，打开一幅图像文件，如图 13-27 所示。

(2) 单击【动作】面板右上方的按钮，在弹出的菜单中选择【图像效果】命令，如图 13-28 所示。

图 13-27　素材图像

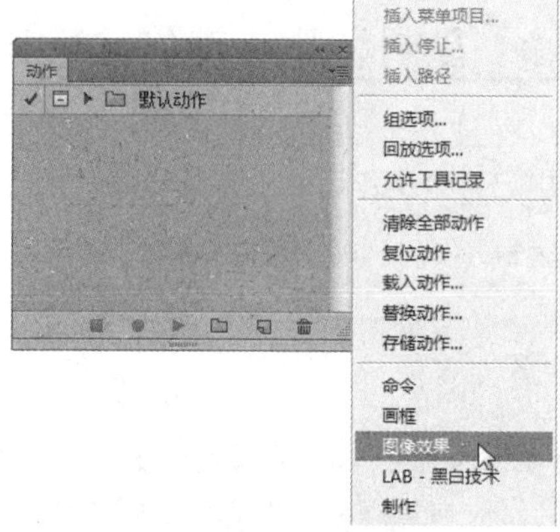

图 13-28　载入动作

(3) 将【图像效果】组动作载入到面板中，如图 13-29 所示。选择【油彩蜡笔】命令，然后单击【播放选定的动作】按钮，将该动作播放，得到如图 13-30 所示的效果。

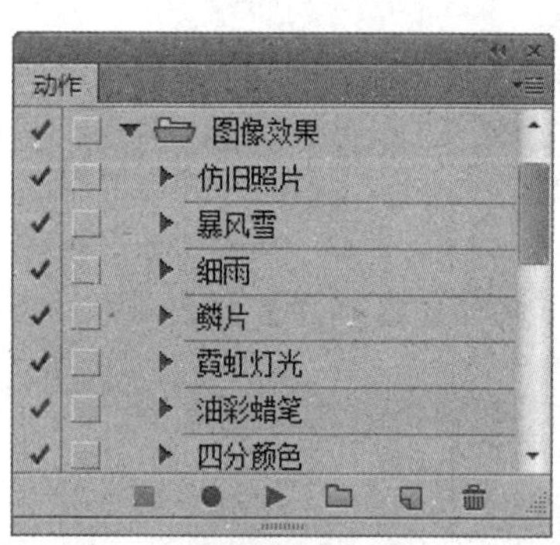

图 13-29　【图像效果】组

图 13-30　图像效果

(4) 打开【动作】面板中的菜单，选择【画框】命令，即可将画框动作组载入到面板中，如图 13-31 所示。

(5) 选择【波形画框】动作，然后单击【播放选定的动作】按钮播放动作，得到的图像效果如图 13-32 所示。

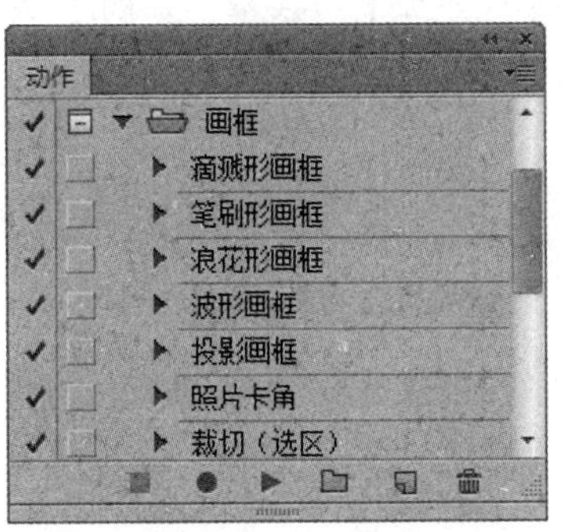

图 13-31　载入【画框】动作组

图 13-32　添加画框图像

13.4　批处理图像

在 Photoshop 中使用动作批处理文件，让计算机自动完成设置的步骤，省时又省力，给用户带来了极大的方便。

13.4.1　批处理

Photoshop 提供的批处理命令允许用户对一个文件夹的所有文件和子文件夹按批次输入并自动执行动作，从而大幅度地提高处理图像的效率。

【练习 13-8】快速为图像添加效果。

(1) 在计算机中创建两个文件夹，一个用于放置存储批处理的图片，一个用于放置需要处理的图像，如图 13-33 所示。

(2) 选择需要处理的图片文件夹，打开【动作】面板，并将【纹理】动作组载入到面板中，然后选择【再生纸】动作，如图 13-34 所示。

图 13-33　创建文件夹

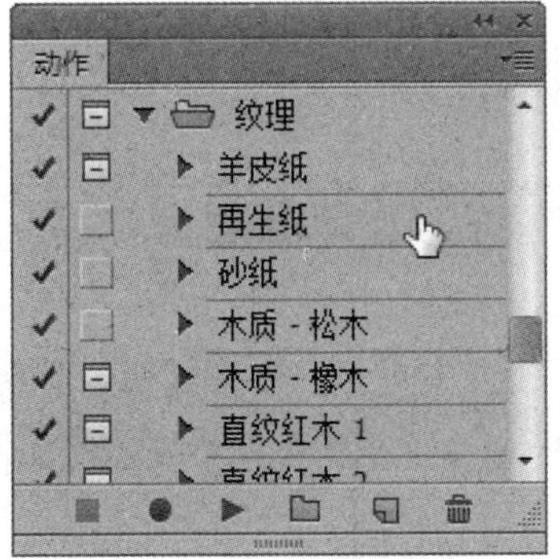

图 13-34　载入动作组

(3) 选择【文件】→【自动】→【批处理】命令，打开【批处理】对话框，如图 13-35 所示。

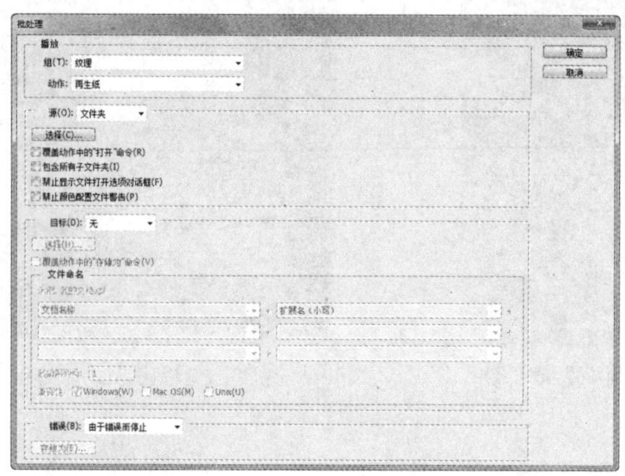

图 13-35　【批处理】对话框

【批处理】对话框中常用选项的作用如下。

- 【组】：在该下拉列表框中可以选择所要执行的动作所在的组。
- 【动作】：选择所要应用的动作。
- 【源】：用于选择批处理图像文件的来源。
- 【目标】：用于选择处理文件的目标。选择【无】选项，表示不对处理后的文件做任何操作；选择【存储并关闭】选项，可将文件保存到原来的位置，并覆盖原文件；选择【文件夹】选项，并单击下面的【选择】按钮，可选择目标文件所保存的位置。
- 【文件命名】：在【文件命名】选项区域中的6个下拉列表框中，可以指定目标文件生成的命名规则。
- 【错误】：在该下拉列表框中可指定出操作错误时的处理方式。

(4) 单击【源】右侧的三角形按钮，在其下拉列表框中选择【文件夹】选项，然后单击【选择】按钮，在弹出的对话框中选择需要处理的图片文件夹，如图 13-36 所示。

(5) 单击【目标】右侧的三角形按钮，在其下拉列表框中选择【文件夹】选项，然后单击【选择】按钮，在弹出的对话框中选择存储批处理图片文件夹，如图 13-37 所示。

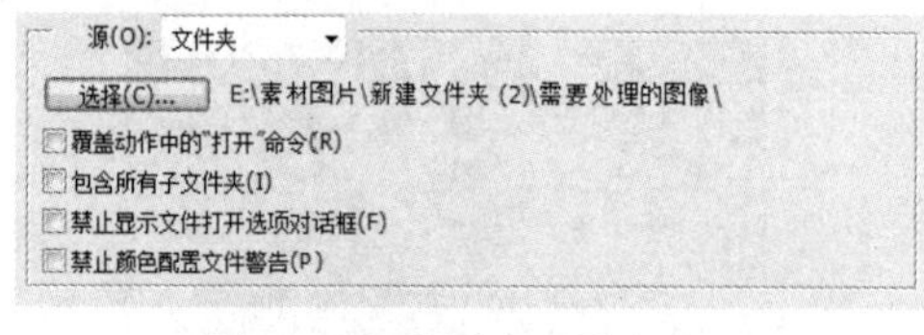

图 13-36　设置【源】文件

图 13-37　设置【目标】文件

(6) 设置完成后，单击【确定】按钮，逐一将处理的文件进行保存，打开用于存储批处理的图像文件夹，即可查看批处理后的文件，如图 13-38 所示。

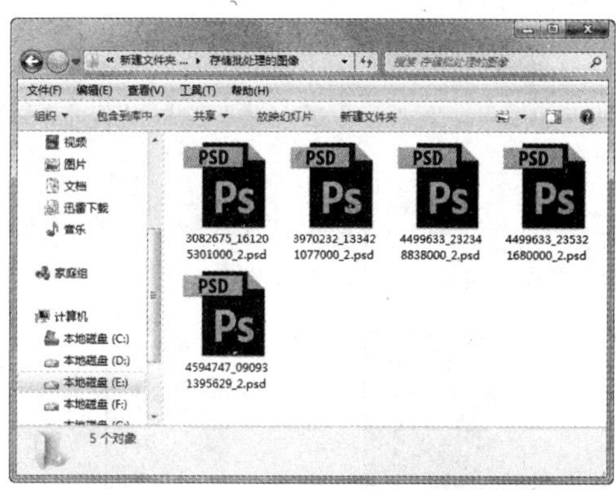

图 13-38　批处理后的文件

13.4.2　创建快捷批处理方式

【创建快捷批处理】命令是一个小应用程序，其操作方法与【批处理】命令相似，只是在创建快捷批处理方式后，在相应的位置会创建一个快捷图标 。

【练习 13-9】使用快捷批处理方式。

(1) 选择【文件】→【自动】→【创建快捷批处理】命令，打开【创建快捷批处理】对话框，在该对话框中设置好快捷批处理，以及目标文件的存储位置和需要的动作，如图 13-39 所示。

(2) 单击【确定】按钮，打开存储快捷批处理的文件夹，即可在其中看到一个快捷图标，如图 13-40 所示。

(3) 将需要处理的文件拖至该图标上即可自动对图像进行处理。

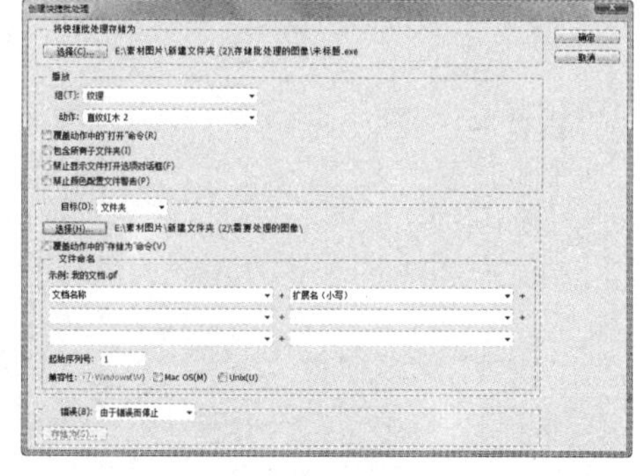

图 13-39　【创建快捷批处理】对话框

图 13-40　创建快捷图标

13.5　上机实战

本节将快速将一张普通照片制作成旧照片的效果，首先要选择所需的序列组，然后播放动作，即可得到旧照片效果。制作旧照片的具体操作如下。

(1) 打开素材图像【小木屋.jpg】，选择【窗口】→【动作】命令，打开【动作】面板，如图 13-41 所示。

(2) 单击【动作】面板右侧的 按钮，在弹出的快捷菜单中选择【图像效果】序列，这时【动作】面板中将添加图像效果序列组，如图 13-42 所示。

图 13-41　打开素材图像

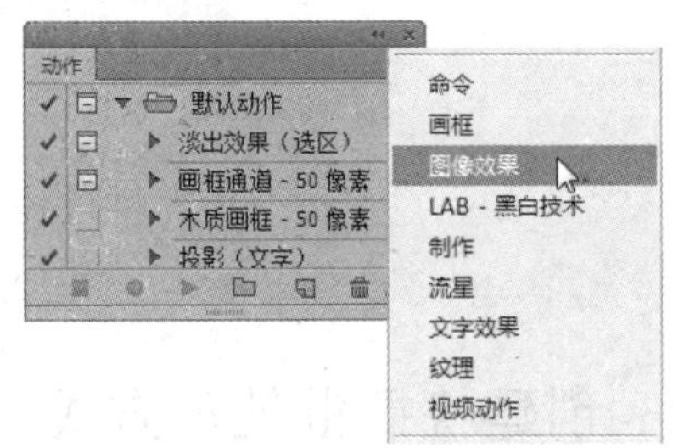

图 13-42　选择动作命令

(3) 选择【仿旧照片】动作，单击【动作】面板底部的【播放选定的动作】 按钮，如图 13-43 所示，图像中将进行自动操作，得到旧照片效果，如图 13-44 所示。

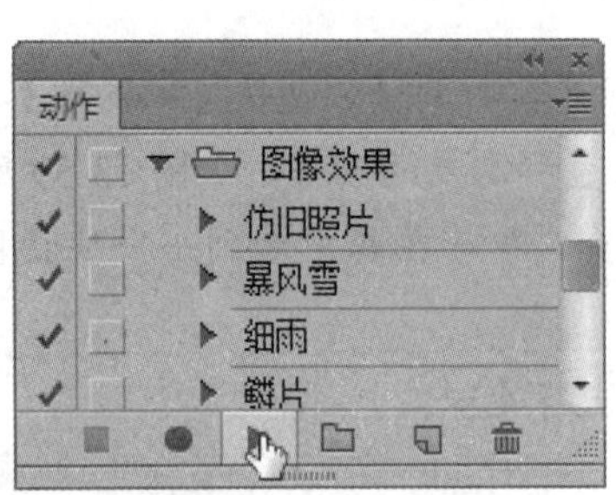

图 13-43　播放动作

图 13-44　图像效果

13.6　思考与练习

13.6.1　填空题

1. ____________就是对单个文件或一批文件回放一系列命令的操作。

2. Photoshop 提供的____________命令允许用户对一个文件夹的所有文件和子文件夹按批次输入并自动执行动作。

13.6.2　操作题

打开【休闲时光.jpg】素材图像，如图 13-45 所示。在【动作】面板的快捷菜单中选择【图像效果】序列，然后选择【四分颜色】，单击【播放选定的动作】▶按钮对当前图片应用该动作，对图像进行四分颜色，效果如图 13-46 所示。

图 13-45　素材图像

图 13-46　播放动作后的效果

第14章 图像印刷与输出

学习目标

本章将介绍图像的印前处理及输出知识和操作。包括打印设计图之前的一些准备工作，如何为图像定稿，如何对在计算机中校正色彩等，以及如何设置打印页面及其他参数等。

本章重点

- 图像设计与印刷流程
- 图像文件的输出
- 打印图像

14.1 图像设计与印刷流程

创作成功的设计作品不仅需要熟练掌握软件操作，还需要在设计图像之前做好准备工作。下面就来介绍图像设计与印刷的流程。

14.1.1 设计准备

在进行产品图像设计前，首先需要在完成市场和产品调查的基础上，对获得的资料进行分析与研究，通过对特定资料和一般资料的分析与研究，初步找出产品与这些资料的连接点，并探索它们之间各种组合的可能性和效果，并从资料中去除多余内容、保留有价值的部分。

14.1.2　设计提案

在大量占有第一手资料的基础上，对初步形成的各种组合方案和立意进行选择和酝酿，从新的思路去获得灵感。在这个阶段，设计者还可适当多参阅、比较相类似的构思，以便调整创意与心态，使思维更为活跃。

在经过以上阶段之后，创意将会逐步明朗化，它会在不经意间突然涌现。这时可以制作设计草稿，制定初步设计方案。

14.1.3　设计定稿

从数张设计草图中选定一张作为最后方案，然后在计算机中做设计正稿。针对不同的广告内容可以使用不同的软件来制作，运用 Photoshop 软件能制作出各种特殊图像效果，为画面增添丰富的色彩。

14.1.4　色彩校正

如果显示器显示的颜色有偏差或者打印机在打印图像时造成的图像颜色有偏差，将导致印刷后的图像色彩与在显示器中所看到的颜色不一致。因此，图像的色彩校准是印前处理工作中不可缺少的一步，色彩校准主要包括以下几种。

- 显示器色彩校准：如果同一个图像文件的颜色在不同的显示器或不同时间在同一显示器上的显示效果不一致，就需要对显示器进行色彩校准。有些显示器自带色彩校准软件，如果没有，用户可以手动调节显示器的色彩。
- 打印机色彩校准：在计算机显示屏幕上看到的颜色和用打印机打印到纸张上的颜色一般不能完全匹配，这主要是因为计算机产生颜色的方式和打印机在纸上产生颜色的方式不同。要让打印机输出的颜色和显示器上的颜色接近，设置好打印机的色彩管理参数和调整彩色打印机的偏色规律是一个重要途径。
- 图像色彩校准：图像色彩校准主要是指图像设计人员在制作过程中或制作完成后对图像的颜色进行校准。当用户指定某种颜色后，在进行某些操作后颜色有可能发生变化，这时就需要检查图像的颜色和当时设置的 CMYK 颜色值是否相同，如果不同，可以通过【拾色器】对话框调整图像颜色。

14.1.5　分色与打样

图像在印刷之前必须进行分色和打样，二者也是印前处理的重要步骤。

- 分色：在输出中心将原稿上的各种颜色分解为黄、品红、青和黑4种原色，在计算机印刷设计或平面设计软件中，分色工作是将扫描图像或其他来源图像的颜色模式转换为 CMYK 模式。
- 打样：印刷厂在印刷之前，必须将所印刷的作品交给出片中心。出片中心先将 CMYK 模式的图像进行青色、品红、黄色和黑色4种胶片分色，再进行打样，从而检验制版阶调与色调能否取得良好再现，并将复制再现的误差及应达到的数据标准提供给制版部门，作为修正或再次制版的依据，打样校正无误后交付印刷中心进行制版、印刷。

14.2　图像文件的输出

在进行图像设计时，Photoshop 可以与很多软件结合起来使用，下面将对 Illustrator 和 CorelDRAW 这两种常用软件进行介绍。

14.2.1　将路径图形导入到 Illustrator 中

与 Photoshop 同样出自 Adobe 公司的 Illustrator，是一款矢量图形绘制软件，它支持在 Photoshop 中存储的 PSD、EPS、TIFF 等文件格式，可以将 Photoshop 中的图像导入到 Illustrator 中进行编辑。

打开 Illustrator 软件，选择【文件】→【置入】命令，找到所需的.psd 格式文件即可将 Photoshop 图像文件置入到 Illustrator 中。

14.2.2　将路径图形导入到 CorelDRAW 中

CorelDRAW 是 Corel 公司推出的矢量图形绘制软件，适用于文字设计、图案设计、版式设计、标志设计及工艺美术设计等。Photoshop 可以打开从 CorelDRAW 中导出的 TIFF、JPG 格式的图像，而 CorelDRAW 也支持 Photoshop 的 PSD 分层文件格式。

在 Photoshop 中绘制好路径图形后，可以选择【文件】→【导出】→【路径到 Illustrator】命令，将路径文件存储为 AI 格式，然后切换到 CorelDRAW 中，选择【文件】→【导入】命令，即可将存储好的路径文件导入到 CorelDRAW 中。

14.3　打印图像

图像处理校准完成后，接下来的工作就是打印输出。为了获得良好的打印效果，掌握正确的打印方法非常重要。

打印输出图像，首先需要选择打印设备名称，然后根据打印输出的要求对打印份数、纸张的页面大小和方向等进行设置。

选择【文件】→【打印】命令，打开【Photoshop 打印设置】对话框，在该对话框中可以选择打印机、设置打印份数等，如图 14-1 所示。单击【打印设置】按钮，可以在打开的打印机属性对话框中设置纸张的页面大小和方向，如图 14-2 所示。

图 14-1 【Photoshop 打印设置】对话框

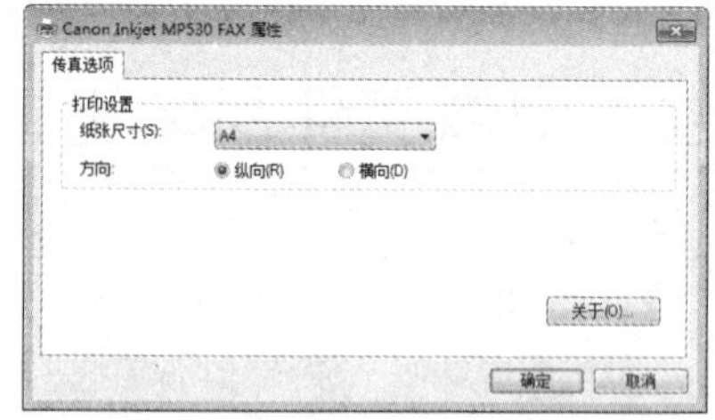

图 14-2 设置纸张大小和方向

14.4 上机实战

本小节综合应用所学的图像印刷知识，通过打印广告设计图，练习图像打印的纸张设置、方向设置等操作。

(1) 打开需要打印的素材图像【月饼广告.jpg】，如图 14-3 所示。

(2) 选择【文件】→【打印】命令，打开【Photoshop 打印设置】对话框，在【打印机】下拉列表中选择连接在计算机上的打印机，在【份数】后面的数值框中输入打印份数，再设置【颜色处理】选项，然后在【正常打印】下拉列表框中选择【印刷校样】选项，如图 14-4 所示。

图 14-3 素材图像

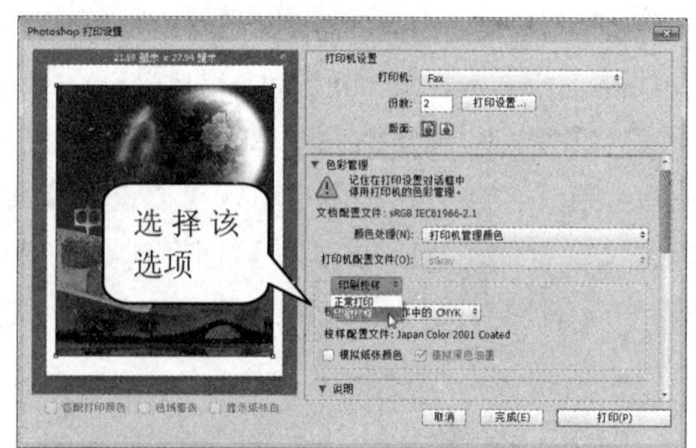

图 14-4 【Photoshop 打印设置】对话框

(3) 单击【打印设置】按钮，打开打印机的属性对话框，然后在【纸张大小】下拉列表中选择打印的纸张大小，如图 14-5 所示。

(4) 在【方向】选项栏中选中【纵向】单选项，如图 14-6 所示，然后单击【确定】按钮，返回【Photoshop 打印设置】对话框，再单击【打印】按钮，即可开始打印图像。

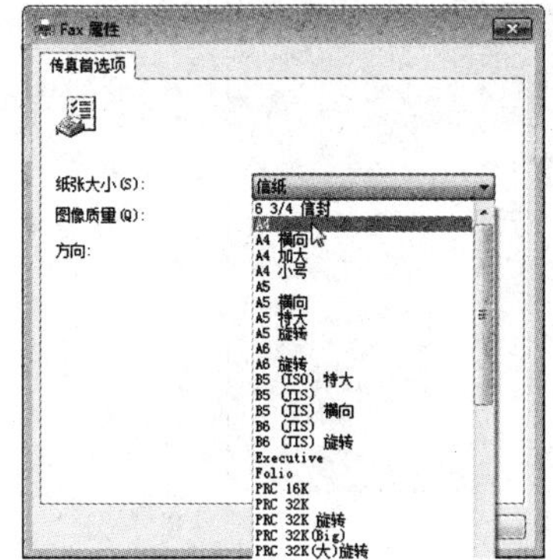

图 14-5　设置纸张大小

图 14-6　设置打印方向

14.5　思考与练习

14.5.1　填空题

1. 如果同一个图像文件的颜色在不同的显示器或不同时间在同一显示器上的显示效果不一致，就需要对______________进行色彩校准。

2. 分色工作是将扫描图像或其他来源图像的颜色模式转换为_________ 模式。

14.5.2　选择题

1. 分色是在输出中心将原稿上的各种颜色分解为哪 4 种原色(　　)。

A. 紫、品红、蓝、黑　　B. 黄、品红、青、黑

C. 绿、品红、蓝、黑　　D. 白、品红、蓝、黑

2. 在进行图像设计时，Photoshop 可以与以下哪几种软件进行配合使用(　　)。

A. CorelDRAW　　B. Word

C. AutoCAD　　D. Illustrator

14.5.3　操作题

打开【证件照.jpg】图像文件，选择【文件】→【打印】命令，打开【Photoshop 打印设置】

对话框，然后设置打印参数，并进行证件照打印，如图 14-7 所示。

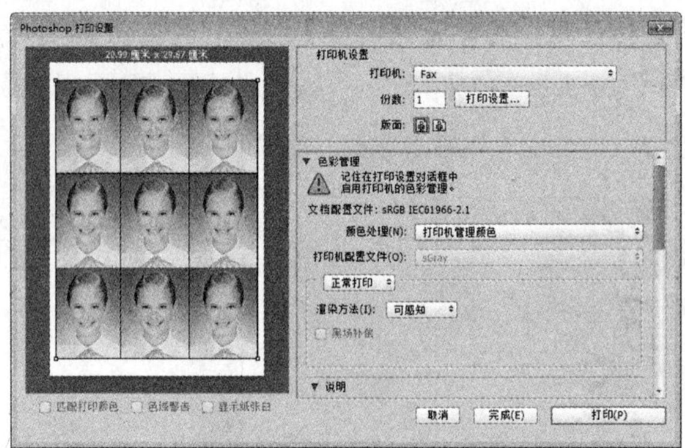

图 14-7　打印证件照

第15章 综合案例解析

学习目标

虽然前面已经学习 Photoshop 的基础操作、选区、色彩调整、文字、路径、图层和滤镜等知识，但是对于初学者而言，完成图像设计的实际案例还比较陌生。本章将通过 3 个综合案例来讲解本书所学知识的具体应用，帮助初学者掌握 Photoshop 在实际工作中的应用，并达到举一反三的效果，为以后的工作打下良好的基础。

本章重点

- 香水杂志广告设计
- 手表海报广告设计
- 节日促销 DM 单设计

15.1 香水杂志广告设计

1. 实例效果

本例将学习绘制香水杂志广告设计图的方法，请打开【香水杂志广告.psd】文件，查看本例的最终效果，如图 15-1 所示。

2. 操作思路

在绘制本例的过程中，首先需要通过图层混合模式制作出背景图像，然后添加素材图像，输入文字进行排列。绘制本例图形的关键步骤如下。

(1) 打开素材图像，将光圈图像移动到相应的位置。

(2) 设置图层混合模式，然后复制图像，移动到相应的位置并擦除多余的图像。

(3) 输入文字，并设置不同的大小和位置，排列成广告文字效果。

3. 操作过程

根据对本实例广告的绘制分析，可以将其分为两个主要部分进行绘制，首先需要新建一个图像文件，将相应的素材移动过来，然后再添加文字，具体操作如下。

图 15-1　香水杂志广告设计图

15.1.1　制作唯美背景

(1) 选择【文件】→【新建】命令，打开【新建】对话框，设置【宽度】和【高度】为 62 × 35 厘米，文件名称为【香水杂志广告】，如图 15-2 所示。

(2) 打开【蓝色背景.jpg】素材图像，在工具箱中选择【移动工具】，按住鼠标左键将其拖动到当前编辑的图像中，适当调整图像大小，使其布满整个画面，如图 15-3 所示。

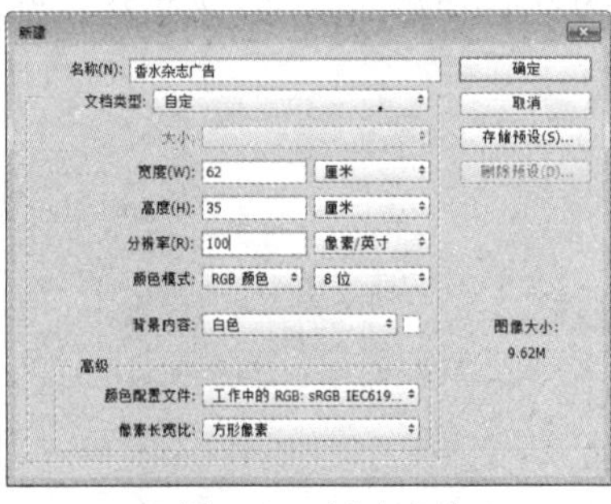

图 15-2　新建文件

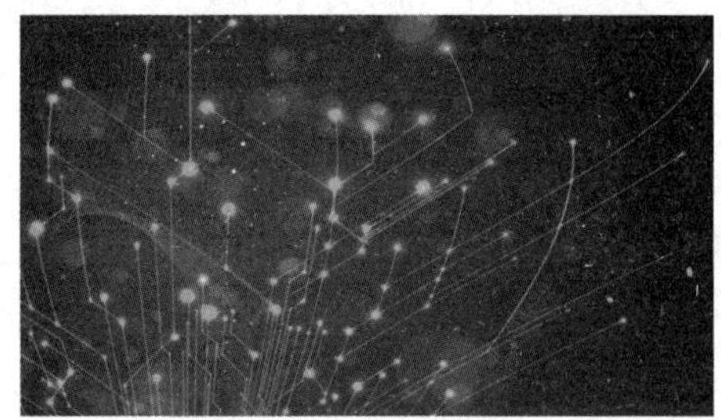

图 15-3　添加蓝色背景

(3) 打开【光圈.psd】素材图像，使用【移动工具】将其拖动到当前编辑的图像中，置于画面的右上方，如图 15-4 所示，【图层】面板中将自动生成【图层 2】。

(4) 在【图层】面板中设置【图层 2】的混合模式为【滤色】，如图 15-5 所示，得到的图像效果如图 15-6 所示。

图 15-4　添加素材图像

图 15-5　设置图层混合模式

(5) 按两次 Ctrl+J 组合键，复制两次光圈图像，然后分别将其放到画面左侧和顶部，如图

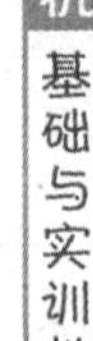

15-7 所示。

图 15-6　图像效果

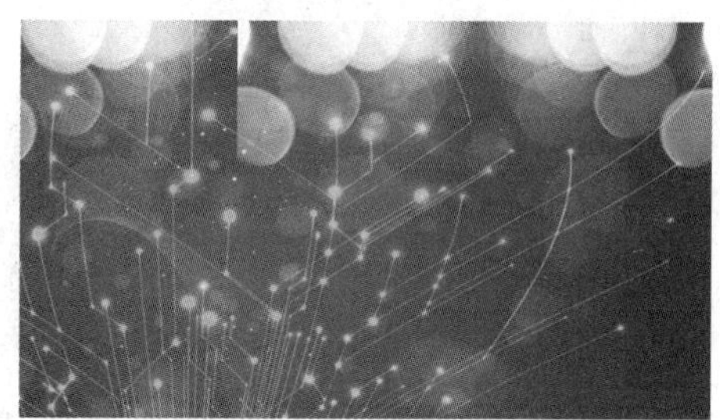

图 15-7　复制图像

(6) 在工具箱中选择【橡皮擦工具】，然后在属性栏中设置画笔大小为 200，【不透明度】为 60%，对复制的两个对象边缘进行擦除，得到如图 15-8 所示的效果。

(7) 打开【香水瓶.psd】素材图像，使用【移动工具】将其拖动到当前编辑的图像中，置于画面左侧，如图 15-9 所示。

图 15-8　擦除图像边缘

图 15-9　添加香水瓶

(8) 单击【图层】面板底部的【创建新图层】按钮，新建一个图层，然后设置前景色为淡黄色（R244,G253,B217）。

(9) 在工具箱中选择【画笔工具】，然后打开画笔面板，设置【大小】为 70 像素、硬度为 23%，如图 15-10 所示。

(10) 在香水瓶周围单击鼠标，绘制出多个圆点图像，如图 15-11 所示。

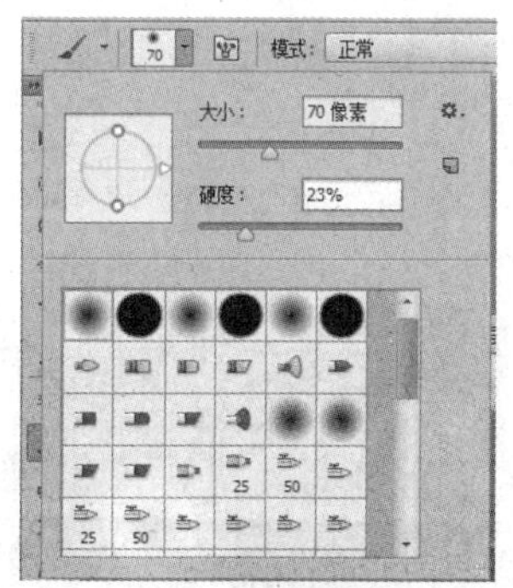

图 15-10　设置画笔属性

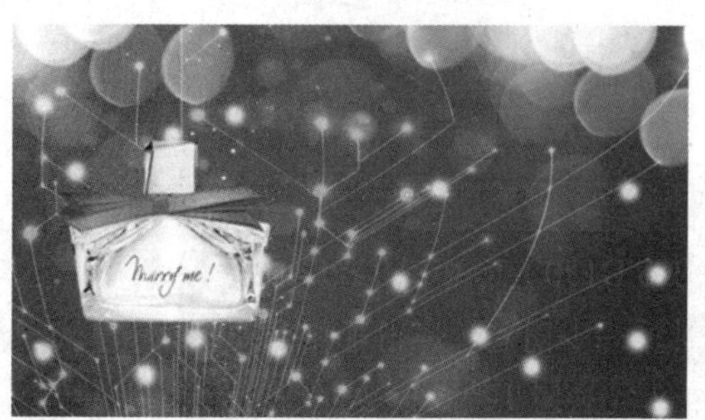

图 15-11　绘制圆点图像

(11) 在【图层】面板中设置该图层的混合模式为【颜色减淡】，如图 15-12 所示，得到的图像效果如图 15-13 所示。

图 15-12　设置图层混合模式

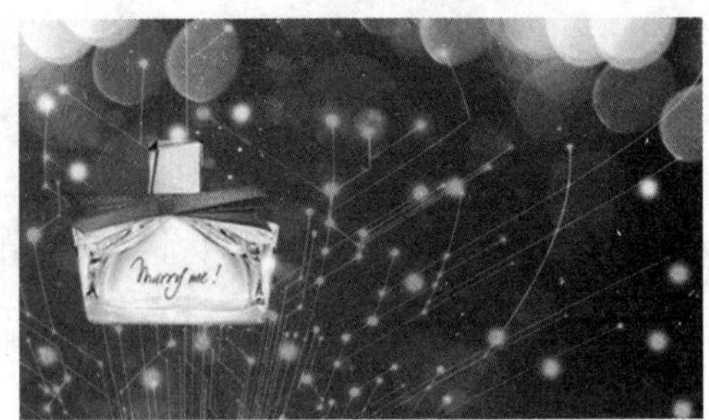
图 15-13　图像效果

15.1.2　添加主题文字

(1) 打开【花瓣.psd】素材图像，使用【移动工具】将其拖动到当前编辑的图像中，放到画面下方，如图 15-14 所示。

(2) 选择【图层】→【图层样式】→【投影】命令，打开【图层样式】对话框，设置投影颜色为黑色，其他参数设置如图 15-15 所示。

图 15-14　添加花瓣图像

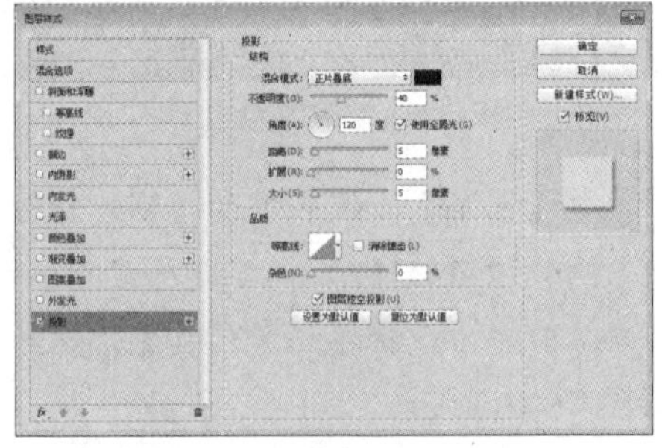
图 15-15　设置投影效果

(3) 单击【确定】按钮，得到画笔图像的投影效果，如图 15-16 所示。

(4) 使用【横排文字工具】在两个花瓣中间输入两行文字，然后在属性栏中设置字体为【方正粗宋简体】，文字颜色为白色，如图 15-17 所示。

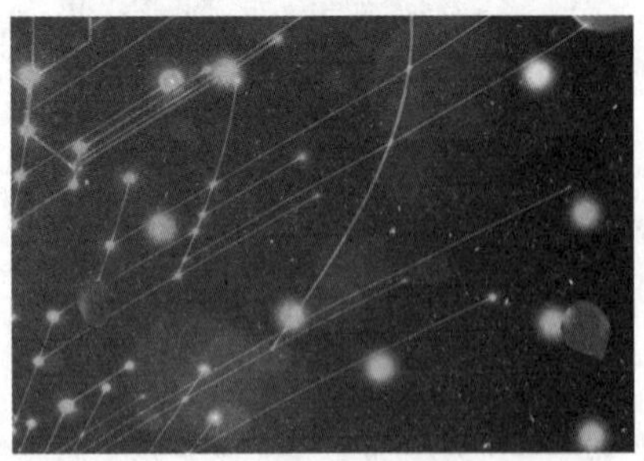
图 15-16　花瓣投影效果

图 15-17　输入文字

(5) 分别输入文本【最爱】，并适当调整两个字的大小，放到左侧花瓣旁边，在属性栏中设置字体为【文鼎中行书简】，文字颜色为白色，效果如图 15-18 所示。

(6) 在【爱】字右上方再输入一行英文文字，文字颜色为白色，适当调整文字大小，如图 15-19 所示。

(7) 使用【矩形选框工具】在文字中间绘制一条细长的矩形选区，并填充为白色，然后输入两行小字，至此完成本实例的制作。

图 15-18　花瓣投影效果

图 15-19　输入文字

提示

平面广告设计是以加强销售为目的所做的设计。也就是奠基在广告学与设计上面，来替产品、品牌和活动等做广告。平面广告包括杂志广告、报纸广告、海报、包装、宣传卡（DM 单）和书籍装帧等。

15.2　手表海报广告设计

1. 实例效果

本例将学习绘制手表海报广告设计图的方法，用户打开【手表海报广告.psd】文件，查看本例的最终效果，如图 15-20 所示。

2. 操作思路

在绘制本例的过程中，首先绘制云层效果，然后制作特殊文字效果，最后添加素材图像。绘制本例广告的关键步骤如下。

(1) 新建一个图像文件，使用画笔工具绘制出背景图像。

(2) 通过【图层样式】命令制作特殊文字。

(3) 添加素材图像，并添加图层样式。

图 15-20　手表海报广告

3. 操作过程

根据对本实例海报图像的绘制分析，可以将其分为 2 个主要部分进行绘制，操作过程依次为绘制云层效果和添加特殊文字，具体操作如下。

15.2.1 绘制云层效果

(1) 选择【文件】→【新建】命令，打开【新建】对话框，设置宽度和高度为 30 × 40 厘米，文件名称为【手表海报广告】，如图 15-21 所示。

(2) 在工具箱中选择【画笔工具】，在属性栏中设置画笔大小为 600，设置前景色为粉红色（R244,G197,B200），在图像中进行涂抹，然后适当调整不同深浅的粉红色，绘制出如图 15-22 所示的效果。

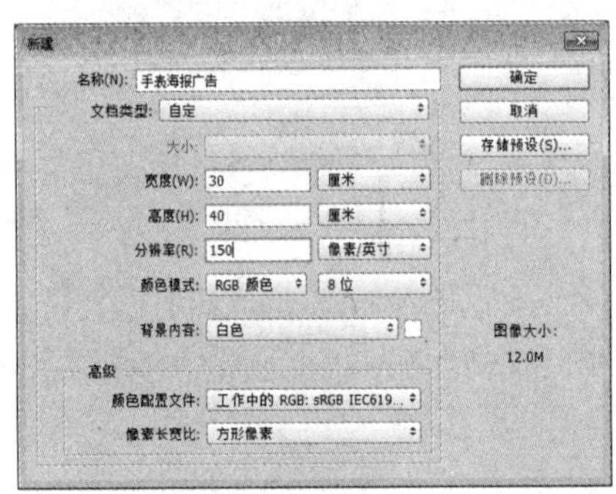

图 15-21 新建图像文件

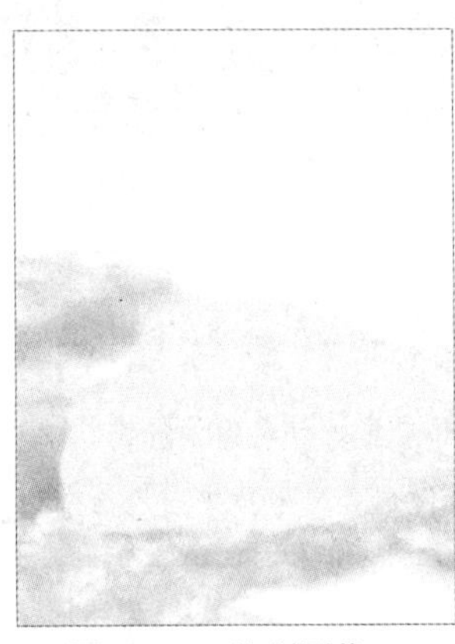

图 15-22 绘制图像

(3) 使用【画笔工具】对图像上方进行涂抹，并适当调整不同深浅的粉红色，效果如图 15-23 所示。

(4) 打开【飘扬花瓣.psd】素材图像，使用【移动工具】将其拖动到当前编辑的图像中，放到画面左上方，如图 15-24 所示。

图 15-23 绘制其他图像

图 15-24 添加素材图像

(5) 打开【气球.psd】素材图像，使用【移动工具】将其拖动到当前编辑的图像中，放到画面右上方，效果如图 15-25 所示。

(6) 在【图层】面板中设置气球所在图层的【混合模式】为【叠加】，得到的图像效果如图 15-26 所示。

图 15-25　添加气球

图 15-26　设置图层混合模式

15.2.2　制作特殊文字

(1) 打开【手表.psd】素材图像，使用【移动工具】将其拖动到当前编辑的图像中，放到画面左上方，如图 15-27 所示。

(2) 使用【橡皮擦工具】对手表图像下方表带图像进行涂抹，擦除部分图像，使手表与背景图像自然融合在一起，效果如图 15-28 所示。

图 15-27　添加手表图像

图 15-28　擦除图像

(3) 使用【横排文字工具】在图像中输入一行文字，并在属性栏中设置字体为【微软雅黑】，文字颜色为黑色，如图 15-29 所示。

(4) 单击文字工具属性栏中的【创建文字变形】按钮，打开【变形文字】对话框，选择

【样式】为【扇形】，然后设置其他参数，如图 15-30 所示。

(5) 单击【确定】按钮，得到文字变形效果，再适当旋转文字，效果如图 15-31 所示。

(6) 选择【图层】→【图层样式】→【渐变叠加】命令，打开【图层样式】对话框，设置渐变颜色从红色（R225,G0,B25）到绿色（R0,G96,B27），其他参数如图 15-32 所示。

图 15-29　输入文字

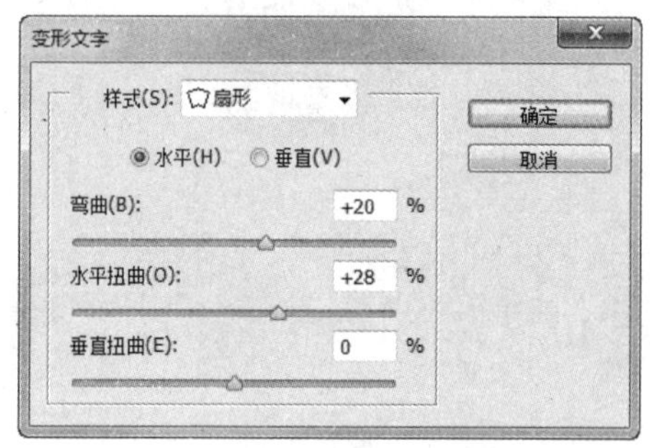

图 15-30　创建变形文字

图 15-31　文字变形效果

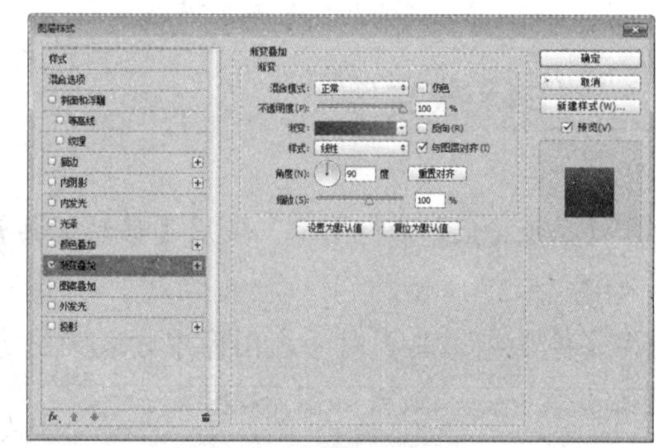

图 15-32　设置图层样式

(7) 单击【确定】按钮，得到添加图层样式后的文字效果，如图 15-33 所示。

(8) 输入一行英文文字，在属性栏中设置字体为【黑体】，文字颜色为黑色，然后适当旋转文字，效果如图 15-34 所示。

图 15-33　文字效果

图 15-34　输入英文

(9) 打开【变形文字】对话框，同样对其应用【扇形】样式，参数与之前的扇形文字相同，如图 15-35 所示。

(10) 单击【确定】按钮，得到扇形文字，将英文文字放到中文文字下方，排列成如图 15-36 所示的样式。

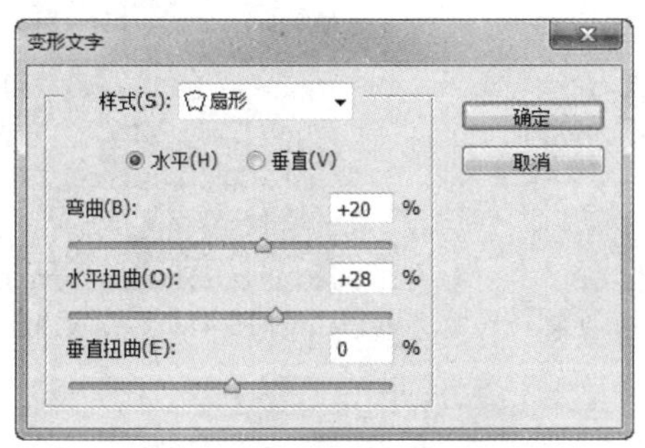

图 15-35　设置【扇形】样式

图 15-36　文字效果

(11) 选择中文字所在图层，单击鼠标右键，在弹出的菜单中选择【拷贝图层样式】命令，拷贝该图层样式，如图 15-37 所示。

(12) 选择英文字所在图层，单击鼠标右键，在弹出的菜单中选择【粘贴图层样式】命令，得到相同的图层样式效果，如图 15-38 所示。

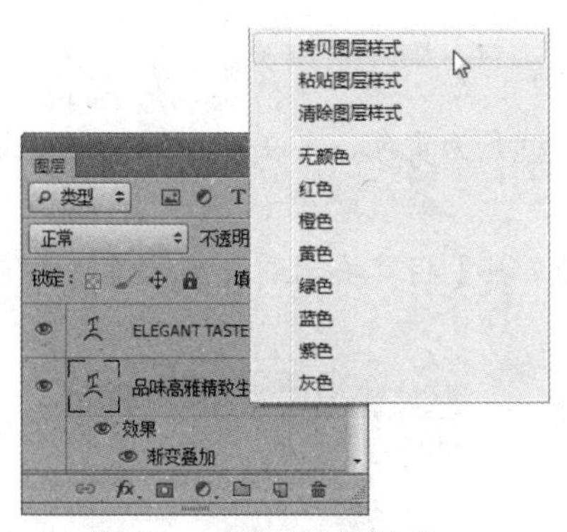

图 15-37　拷贝图层样式

图 15-38　粘贴图层样式

(13) 按住 Ctrl 键选择这两个文字图层，然后按 Ctrl+G 键将其合并为一个图层组，并将其命名为【文字】，如图 15-39 所示。

(14) 单击【图层】面板底部的【创建图层蒙版】按钮，设置前景色为黑色、背景色为白色，使用【画笔工具】对文字左侧进行涂抹，适当减弱部分图像颜色，效果如图 15-40 所示，【图层】面板中的蒙版效果如图 15-41 所示。

(15) 打开【一组手表.psd】素材图像，使用【移动工具】将其拖动到当前编辑的图像中，放在文字下方，如图 15-42 所示。

(16) 新建一个图层，使用【矩形选框工具】在手表下方绘制一个矩形选区，填充选区为紫色（R214,G62,B130），如图 15-43 所示。

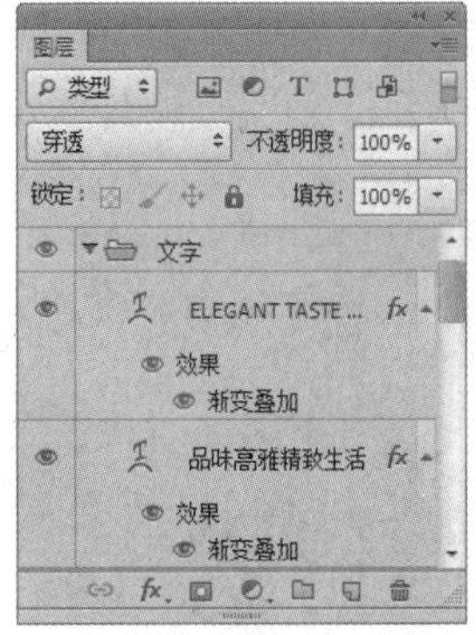

图 15-39　组成图层组

图 15-40　文字效果

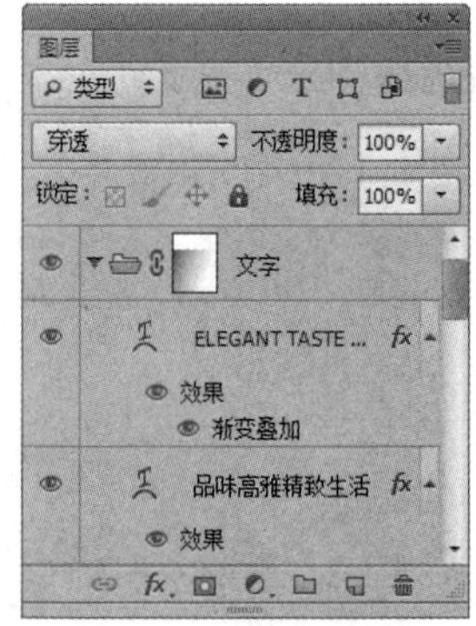

图 15-41　蒙版效果

图 15-42　添加手表图像

图 15-43　绘制矩形

(17) 使用【横排文字工具】在矩形中输入文字，填充为黄色，再在下方输入一行文字，文字颜色为灰色，参照如图 15-44 所示的样式排列。

(18) 打开【51 文字.psd】素材图像，使用【移动工具】将其拖动到当前编辑的图像中，放在画面右侧，如图 15-45 所示。

图 15-44　输入文字

图 15-45　添加素材图像

(19) 选择【图层样式】→【图层样式】→【渐变叠加】命令，打开【图层样式】对话框，设置渐变颜色从深紫色（R117,G24,B52）到紫色（R230,G31,B116）到深紫色（R117,G24,B52），其他参数设置如图 15-46 所示。

(20) 选择对话框左侧的【外发光】选项，设置外发光颜色为白色，再设置其他参数，如图 15-47 所示。

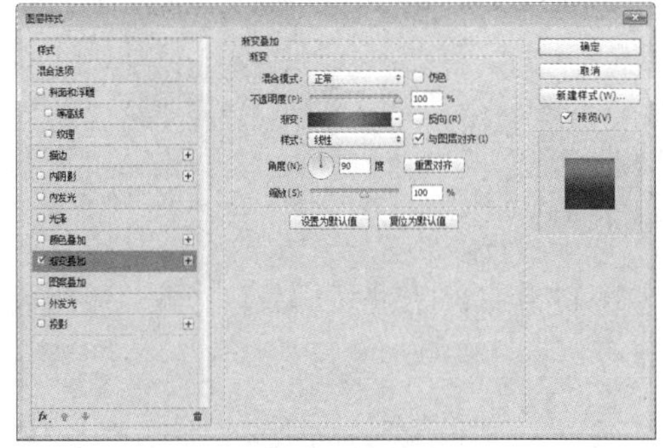

图 15-46　设置【渐变叠加】样式

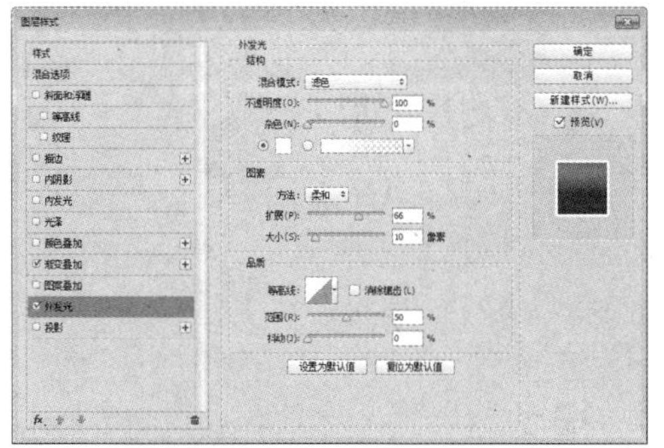

图 15-47　设置【外发光】样式

(21) 选择对话框左侧的【投影】选项，设置投影颜色为黑色，然后设置其他参数，如图 15-48 所示。

(22) 单击【确定】按钮，得到添加图层样式后的效果，如图 15-49 所示。

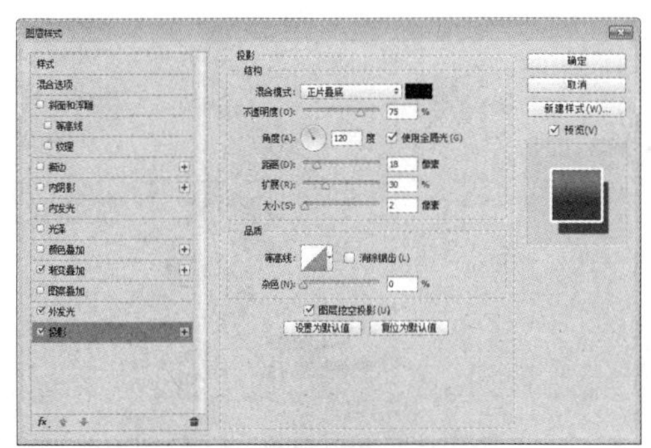

图 15-48　设置【投影】样式

图 15-49　添加样式后的效果

(23) 打开【彩带.psd】素材图像，使用【移动工具】将其拖动到当前编辑的图像中，放在画面右下方，如图 15-50 所示。

(24) 选择【图层样式】→【图层样式】→【投影】命令，打开【图层样式】对话框，设置投影颜色为黑色，再设置其他参数如图 15-51 所示。

(25) 单击【确定】按钮，得到彩带的投影效果，至此完成本实例的制作。

图 15-50 添加彩带图像

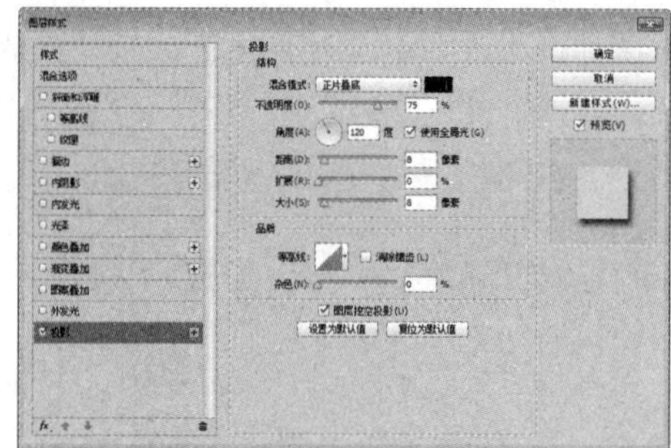

图 15-51 【图层样式】对话框

提示

海报是一种非常经济的表现形式，即使用最少的信息就能获得良好的宣传效果。进行海报设计时，需要注意 3 个原则：一致原则、关联原则和重复原则。

15.3 节日促销 DM 单设计

1. 实例效果

本例将学习绘制节日促销 DM 单设计图的方法，打开【节日促销 DM 单.psd】文件，查看本例的最终效果，如图 15-52 所示。

图 15-52 DM 单设计图

2. 操作思路

在绘制本例的过程中，首先制作背景图效果，然后图像背景进行处理，再添加文字内容。绘制本实例关键步骤如下。

(1) 使用【渐变工具】对图像应用渐变填充。

(2) 添加素材图像，并对其应用图层蒙版，隐藏部分图像。

(3) 制作立体字中的渐变效果。

(4) 使用文字工具添加其他文字信息。

3. 操作过程

根据对本例 DM 单图像的绘制分析，可以将其分为 3 个主要部分进行绘制，操作过程依次为制作花团

锦簇背景、制作立体字和添加其他文字，具体操作如下。

15.3.1　制作花团锦簇背景

(1) 选择【文件】→【新建】命令，打开【新建】对话框，设置【宽度】和【高度】为 42×70 厘米，文件名称为【节日促销 DM 单】，如图 15-53 所示。

(2) 设置前景色为粉红色（R253,G236,B233），然后按 Alt+Delete 组合键使用前景色填充背景，如图 15-54 所示。

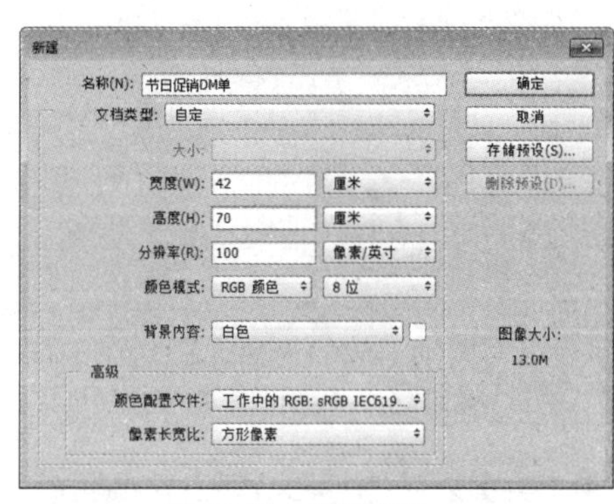

图 15-53　新建文件

图 15-54　填充背景

(3) 新建一个图层，使用【矩形选框】工具在画面下方绘制一个矩形选区，然后使用【渐变工具】对其应用线性渐变填充，设置颜色从白色到桃红色（R243,G172,B209），如图 15-55 所示。

(4) 选择【图层】→【图层蒙版】→【显示全部】命令，为该图层添加图层蒙版，使用【画笔工具】对白色图像做适当的涂抹，隐藏部分图像，在【图层】面板中被隐藏的图像将以黑色显示，如图 15-56 所示，得到的图像效果如图 15-57 所示。

图 15-55　渐变填充

图 15-56　【图层】面板

图 15-57　应用图层蒙版

(5) 打开【花朵背景.jpg】素材图像，使用【移动工具】将其拖动到当前编辑的图像中，放到画面左下方，如图 15-58 所示。

(6) 单击【图层】面板底部的【添加图层蒙版】按钮，确认前景色为黑色，背景色为白色，然后使用【画笔工具】在图像上方进行涂抹，隐藏部分图像，效果如图 15-59 所示。

技巧

添加图层蒙版后，可以将前景色设置为白色，再次涂抹即可显示已经隐藏的图像。

图 15-58　添加素材图像

图 15-59　添加图层蒙版效果

(7) 打开【多个花朵.psd】素材图像，使用【移动工具】分别将其拖动到当前编辑的图像中，分别将图像放到画面的四个角落，然后为图像添加图层蒙版，适当隐藏部分图像，参照如图 15-60 所示的效果放置图像。

(8) 打开【爱心.psd】素材图像，使用【移动工具】分别将其拖动到当前编辑的图像中，设置该图层的混合模式为【正片叠底】，置于画面右下方，如图 15-61 所示。

(9) 打开素材图像【底部花朵.psd】，使用【移动工具】分别将其拖动到当前编辑的图像中，置于画面最下方，如图 15-62 所示。

图 15-60　添加多个花朵图像

图 15-61　添加爱心图像

图 15-62　添加底部花纹

15.3.2　制作立体字效果

(1) 打开【母亲节文字.psd】素材图像，使用【移动工具】将其拖动到当前编辑的图像中，置于画面上方，如图 15-63 所示。

(2) 使用【魔棒工具】单击文字中白色图像，获取白色图像选区，如图 15-64 所示。

(3) 新建一个图层，填充选区为任意颜色，如填充为玫红色，然后按 Ctrl+D 组合键取消选区，如图 15-65 所示。

图 15-63　添加立体文字

图 15-64　获取选区

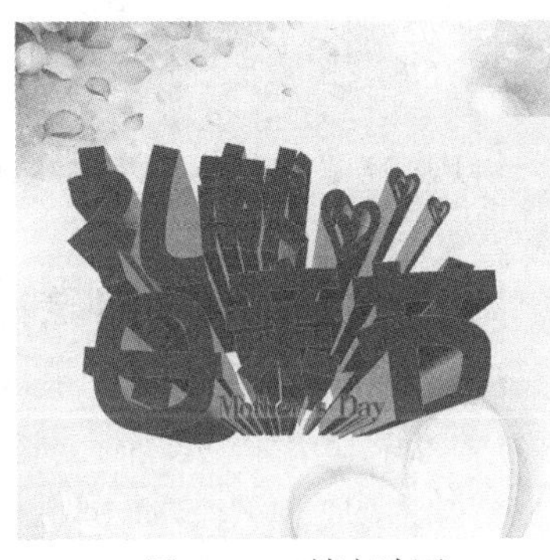

图 15-65　填充选区

(4) 选择【图层】→【图层样式】→【内发光】命令，打开【图层样式】对话框，设置混合模式为【滤色】，设置颜色为粉红色（R253,G240,B247）到透明，其他参数设置如图 15-66 所示。

(5) 在【图层样式】对话框中选择【渐变叠加】样式，设置渐变颜色从玫红色（R252,G110,B168）到白色，其他参数设置如图 15-67 所示。

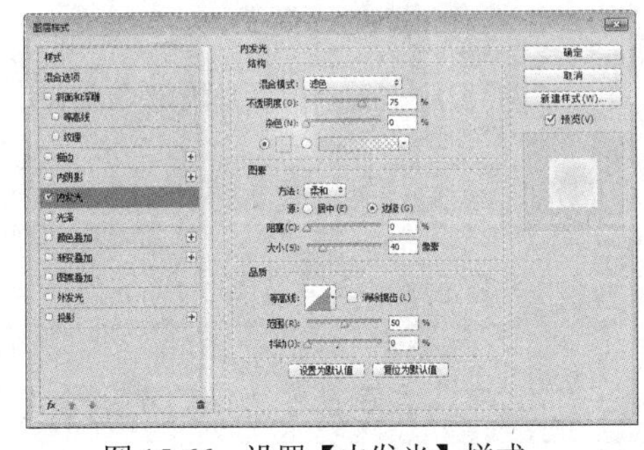

图 15-66　设置【内发光】样式

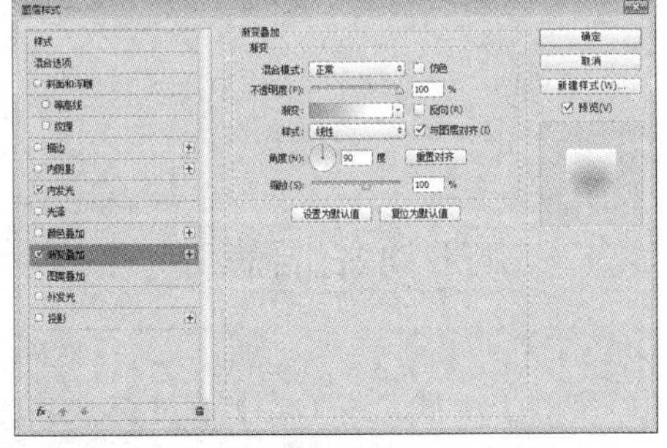

图 15-67　设置【渐变叠加】样式

(6) 单击【确定】按钮，得到添加图层样式后的效果，如图 15-68 所示。

(7) 选择立体字所在图层，按住 Ctrl 键单击该图层，载入该图像选区。

(8) 选择【选择】→【修改】→【羽化】命令，打开【羽化选区】对话框，设置【羽化半径】为 10 像素，如图 15-69 所示。

(9) 单击【确定】按钮，新建一个图层，将其命名为【投影】，然后将其放到立体字图层的下方，并填充为黑色，得到羽化选区效果，如图 15-70 所示。

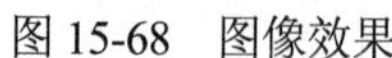
图 15-68　图像效果

图 15-69　设置羽化半径

图 15-70　填充选区

(10) 将【投影】图层的【不透明度】设置为 70%，得到较为透明的投影效果，如图 15-71 所示。

(11) 打开【礼品.psd】素材图像，使用【移动工具】将所有礼品图像都移动到当前编辑的图像中，放在立体字上方。在【图层】面板中将所有礼品图像所在图层调整到【投影】图层的下方，效果如图 15-72 所示。

图 15-71　调整图层不透明度

图 15-72　添加礼品素材图像

15.3.3　添加商品信息

(1) 使用【横排文字工具】在立体文字下方输入一行文字，在属性栏中设置字体为【华康海报体】，文字颜色为红色（R255,G0,B0），如图 15-73 所示。

(2) 选择【图层】→【图层样式】→【描边】命令，打开【图层样式】对话框，设置描边颜色为白色，其他参数如图 15-74 所示。

图 15-73　输入文字

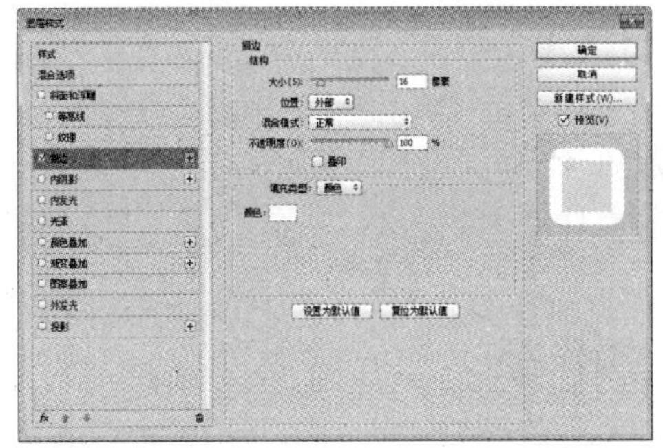

图 15-74　设置【描边】样式

(3) 在【图层样式】对话框中选择【投影】样式，设置投影颜色为黑色，其他参数如图 15-75 所示。

(4) 单击【确定】按钮，得到文字的描边和投影效果，如图 15-76 所示。

(5) 使用【横排文字工具】输入其他文字内容，并在属性栏中设置字体为【微软雅黑】，并将重点文字加粗显示，填充为红色（R255,G0,B0），参照如图 15-77 所示的样式排列，至此完成本实例的绘制。

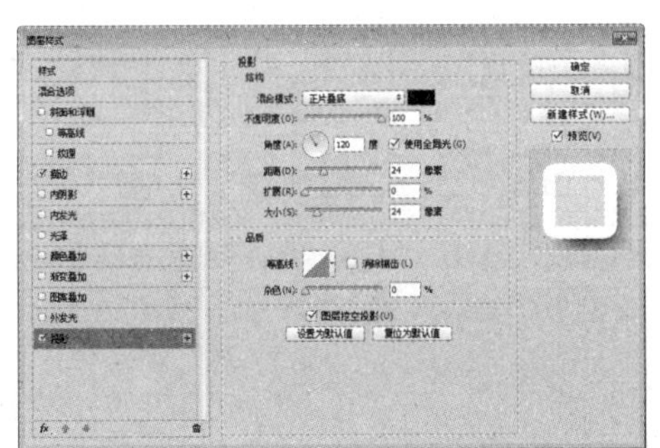

图 15-75　设置【投影】样式

图 15-76　文字效果

图 15-77　完成效果

提示

在平面图的设计中，版面设计的原则是主题鲜明突出、形式与内容统一、强化整体布局。

15.4　思考与练习

15.4.1　填空题

1. 平面广告设计是以加强销售为目的所做的设计，即奠基在广告学与设计上面，来替产品、

品牌、活动等做广告。平面广告包括________________________________、宣传卡和书籍装帧等。

2. 海报是一种非常经济的表现形式，即使用最少的信息就能获得良好的宣传效果。进行海报设计时，需要注意 3 个原则：___________、___________、_____________。

15.4.2 操作题

1. 本实例绘制的是商场开业广告，请打开【商场开业广告.psd】图像文件，查看本例的效果，如图 15-78 所示。

提示：

(1) 新建一个图像文件，并将【花朵.psd】素材图像拖动到新建图像中；

(2) 绘制一个矩形选区，填充为白色，形成遮挡的效果；

(3) 绘制 4 个红色边框，在其中输入文字。

2. 请打开【背景.jpg】、【宝贝.jpg】和【花纹.psd】素材图像，参照如图 15-79 所示的效果，进行照片设计处理。

提示：

(1) 使用【多边形套索工具】选中宝贝头像，将其拖动到背景图像中，并适当调整图像大小和方向；

(2) 添加图层蒙版，使用画笔工具对宝贝图像周围做涂抹，隐藏边缘的背景图像；

(3) 新建一个图层，选择矩形选框工具在画面右侧绘制一个矩形选区，并填充为白色；

(4) 将花纹图像拖动到当前编辑的图像中，然后对其进行复制，并调整花纹图像大小；

(5) 使用【横排文字工具】在画面右侧输入文字，并设置文字属性。

图 15-78　商场开业广告

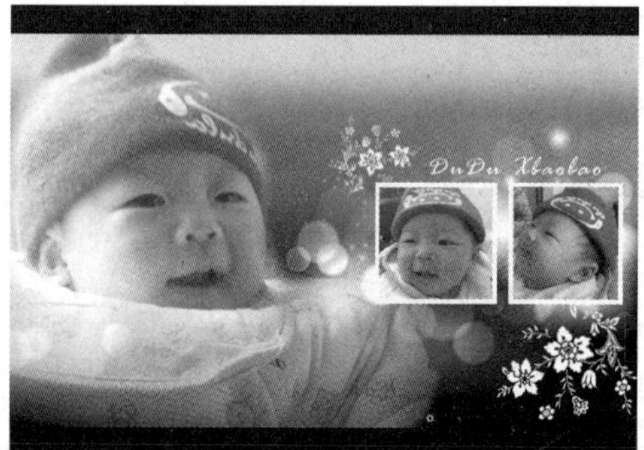

图 15-79　照片设计